rtist

NCS 교과과정에 따른

메이크업 미용사 실기

한권으로 끝내기

사람이 길에서 우연하게 만나거나 함께 살아가는 것만이 인연은 아니라고 생각합니다.
책을 펴내는 출판사와 그 책을 읽는 독자의 만남도 소중한 인연입니다.
(주)시대고시기획은 항상 독자의 마음을 헤아리기 위해 노력하고 있습니다. 늘 독자와 함께하겠습니다.

머 / 리 / 말

PREFACE

전문인으로 인정받는 메이크업미용사의 길로 안내합니다.

메이크업의 사전적 의미는 '제작하다 혹은 보완하다'라는 뜻을 가지고 있습니다. 즉, 신체의 장점을 부각하고 단점은 수정 및 보완하는 미적 행위입니다.

2016년 7월부터 메이크업 국가자격증이 시행되면서 많은 수험자들이 창업을 준비하고 있습니다. 특히 메이크업이 국가고시로 바뀌고 속눈썹 연장 분야가 메이크업 종목으로 플러스가 되면서 속눈썹 샵을 운영하고 계시는 원장님들 이하 메이크업 국가자격증에 관심이 있으신 분들, 메이크업 아티스트의 꿈을 가지고 있는 학생 여러분들께 메이크업 국가자격증 취득에 많은 도움이 되었으면 하는 바람에 메이크업 아티스트로서 메이크업미용사 실기 책을 집필하게 되었습니다.

"메이크업미용사 실기 한권으로 끝내기"는 메이크업 실기시험을 준비하는 수험생들에게 보다 단기간에 쉽게 합격할 수 있도록 다음의 특징으로 구성되었습니다.

1. 한국산업인력공단의 최신 출제기준을 반영하여 국가자격증 심사위원이 직접 공저하였습니다.
2. 과제별로 상세한 사진과 친절한 설명으로 이해도를 높였습니다.
3. 과제별로 과제유형, 체크포인트, 심사기준 및 감점요인 등을 수록하여 중요 사항을 미리 점검할 수 있도록 하였습니다.
4. 놓치기 쉬운 부분들은 일러스트 그림과 Tip을 수록하여 실기시험에 대비할 수 있도록 하였습니다.
5. 고품질 무료 동영상 강의 DVD를 수록하여 저자 노하우를 생생하게 담았습니다.

본 도서가 모든 메이크업 아티스트를 목표로 하는 수험생들의 자격증 취득에 도움이 되는 수험서가 되기를 바라며 앞으로 꾸준히 연구하고 보완하겠습니다.
끝으로 수험생 여러분들의 합격을 기원하며, 본 교재를 출판하기까지 도움을 주신 시대고시기획 임직원 및 편집부 관계자분들께 감사드립니다.

편저자 일동

메이크업미용사 실기시험 가이드

개 요

메이크업에 관한 숙련기능을 가지고 현장업무를 수용할 수 있는 능력을 가진 전문기능인력을 양성하고자 자격제도를 제정

수행직무

특정한 상황과 목적에 맞는 이미지, 캐릭터 창출을 목적으로 이미지 분석, 디자인, 메이크업, 뷰티코디네이션, 후속관리 등을 실행함으로써 얼굴 · 신체를 표현하는 업무 수행

진로 및 전망

메이크업아티스트, 메이크업강사, 화장품 관련 회사, 메이크업 미용업 창업, 고등기술학교 등

시험일정 (상반기)

1.19~7.10(월요일부터 금요일까지 주중 시행을 원칙으로 하며, 주말은 2일 중 1일만 시행)

※ 상기 시험일정은 시행처의 사정에 따라 변경될 수 있으니, www.q-net.or.kr에서 확인하시기 바랍니다.

시행지역

서울, 서울서부, 서울남부, 강원, 강원동부, 부산, 부산남부, 경남, 울산, 대구, 경북, 경북동부, 인천, 경기, 경기북부, 경기동부, 광주, 전북, 전남, 전남서부, 제주, 대전, 충북, 충남

※ 24개 소속기관을 원칙으로 하되, 공단 이사장이 일부 지역 조정 가능

시험요강

① **시행처** : 한국산업인력공단(www.q-net.or.kr)

② **시험과목**

㉠ 필기 : 메이크업개론, 공중위생관리학, 화장품학

㉡ 실기 : 메이크업 미용실무

③ **검정방법**

㉠ 필기 : 객관식 4지 택일형(60문항)

㉡ 실기 : 작업형(2시간 30분 정도)

④ **합격기준**

㉠ 필기 : 100점을 만점으로 하여 60점 이상

㉡ 실기 : 100점을 만점으로 하여 60점 이상

출제기준

직무 분야	이용 · 숙박 · 여행 오락 · 스포츠	중직무 분야	이용 · 미용	자격 종목	미용사 (메이크업)	적용 기간	2016. 7. 1. ~ 2020. 12. 31.

○ **직무내용** : 얼굴 · 신체를 아름답게 하거나 특정한 상황과 목적에 맞는 이미지분석, 디자인, 메이크업, 뷰티코디네이션, 후속관리 등을 실행하기 위해 적절한 관리법과 도구, 기기 및 제품을 사용하여 메이크업을 수행하는 직무

○ **수행준거** : 1. 작업자와 고객 위생관리를 포함한 메이크업 용품, 시설, 도구 등을 청결히 하고 안전하게 사용할 수 있도록 관리 · 점검할 수 있다.
2. 고객과의 상담을 통해 메이크업 TPO(Time, Place, Occasion)를 파악할 수 있다.
3. 메이크업의 기본을 알고 기본, 웨딩, 미디어 등의 메이크업을 실행할 수 있다.

실기검정방법	작업형	시험시간	2시간 30분 정도

실기과목명	주요항목	세부항목
메이크업 미용실무	1. 메이크업샵 안전 위생관리	메이크업샵 위생관리하기
	2. 메이크업 상담	얼굴 특성 분석 및 메이크업 상담하기
	3. 기본 메이크업	• 기초제품 사용하기 • 베이스 메이크업하기 • 아이 메이크업하기 • 아이브로 메이크업하기 • 립 & 치크 메이크업 • 마무리 스타일링하기
	4. 웨딩 메이크업	• 웨딩 이미지 파악하기 • 웨딩 메이크업 이미지 제안하기 • 웨딩 메이크업 실행하기
	5. 미디어 메이크업	• 미디어 기획의도 파악하기 • 미디어 현장 분석하기 • 미디어 메이크업 이미지 분석하기 • 미디어 메이크업 캐릭터 개발하기 • 미디어 메이크업 실행하기

2시간 35분

메이크업미용사 과제유형

<table>
<tr><th rowspan="2">과제유형</th><th>제1과제(40분)</th><th>제2과제(40분)</th><th>제3과제(50분)</th><th>제4과제(25분)</th></tr>
<tr><td>뷰티 메이크업</td><td>시대 메이크업</td><td>캐릭터 메이크업</td><td>속눈썹 익스텐션 및 수염</td></tr>
<tr><th>작업대상</th><td colspan="3">모 델</td><td>마네킹</td></tr>
<tr><th rowspan="4">세부과제</th><td>① 웨딩(로맨틱)</td><td>① 현대1 – 1930
(그레타 가르보)</td><td>① 이미지(레오파드)</td><td>① 속눈썹
익스텐션(왼쪽)</td></tr>
<tr><td>② 웨딩(클래식)</td><td>② 현대2 – 1950
(마릴린 먼로)</td><td>② 무용(한국)</td><td>② 속눈썹
익스텐션(오른쪽)</td></tr>
<tr><td>③ 한 복</td><td>③ 현대3 – 1960
(트위기)</td><td>③ 무용(발레)</td><td>③ 미디어 수염</td></tr>
<tr><td>④ 내추럴</td><td>④ 현대4 – 1970~1980
(펑크)</td><td>④ 노역(추면)</td><td></td></tr>
<tr><th>배 점</th><td>30</td><td>30</td><td>25</td><td>15</td></tr>
</table>

※ 총 4과제로 시험 당일 각 과제가 랜덤 선정되는 방식으로 다음과 같이 선정된다.

1과제 : ①~④ 과제 중 1과제 선정
2과제 : ①~④ 과제 중 1과제 선정
3과제 : ①~④ 과제 중 1과제 선정
4과제 : ①~③ 과제 중 1과제 선정

※ 각 과제 작업 종료 후 다음 과제를 위한 준비시간이 부여될 예정이며, 1, 2과제 작업 후 클렌징 및 세안(준비시간 내)이 진행된다.

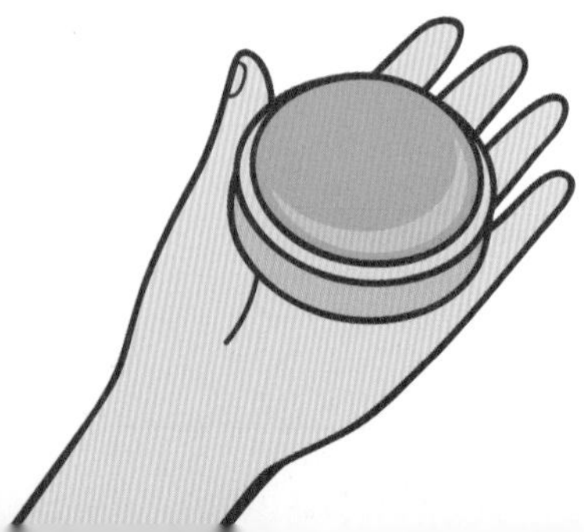

수험자 유의사항

1. 수험자와 모델은 감독위원의 지시에 따라야 하며, 지정된 시간에 시험장에 입실해야 한다.
2. 수험자는 수험표 및 신분증(본인임을 확인할 수 있는 사진이 부착된 증명서)을 지참해야 한다.
3. 수험자는 반드시 반팔 또는 긴팔 흰색 위생복(1회용 가운 제외)을 착용하여야 하며 복장에 소속을 나타내거나 암시하는 표식이 없어야 한다.
4. 수험자 및 모델은 눈에 보이는 표식(예 : 문신, 헤나, 네일 컬러링, 디자인 등)이 없어야 하며, 표식이 될 수 있는 액세서리(예 : 반지, 시계, 팔찌, 발찌, 목걸이, 귀걸이 등)를 착용할 수 없다(단, 문신, 헤나 등의 범위가 작은 경우 살색의 의료용 테이프 등으로 가릴 수 있음).
5. 수험자 및 모델이 머리카락 고정용품(머리핀, 머리띠, 머리망, 고무줄 등)을 착용할 경우 검은색만 허용한다.
6. 수험자 또는 모델은 스톱워치나 핸드폰을 사용할 수 없다.
7. 모든 수험자는 함께 대동한 모델에 작업해야 하고 모델을 대동하지 않을 시에는 과제에 응시할 수 없으며, 채점 대상에서 제외된다.

   ※ 메이크업 모델의 연령제한에 따라 대동하는 모델은 본인의 신분증을 지참하여야 한다.

   ※ 모델기준 : 문신 및 반영구 메이크업(눈썹, 아이라인, 입술), 속눈썹 연장을 하지 않은 만 14세 이상~만 55세 이하(연도 기준)의 여성

   ※ 모델은 사전에 메이크업이 되어 있지 않은 상태로 시험에 임하여야 한다.

   ※ 모델 조건에 부적합한 경우 시험은 응시할 수 있으나 채점대상에서 제외(실격조치)
8. 수험자는 시험 중에 관리상 필요한 이동을 제외하고 지정된 자리를 이탈하거나 모델 또는 다른 수험자와 대화할 수 없다.
9. 과제별 시험 시작 전 준비시간에 해당 시험 과제의 모든 준비물을 작업대에 세팅하여야 하며, 시험 중에는 도구 또는 재료를 꺼내는 경우 감점 처리한다.
10. 지참하는 준비물은 시중에서 판매되는 제품이면 무방하며, 브랜드를 따로 지정하지 않는다(정품 사용, 덜어오는 것 제외).
11. 지참하는 화장품 등은 외국산, 국산 구별 없이 시중에서 누구나 쉽게 구입할 수 있는 것을 지참(수험자가 평소 사용하던 화장품도 무방함)하도록 한다.
12. 수험자가 도구 또는 재료에 구별을 위해 표식(스티커 등)을 만들어 붙일 수 없다.
13. 수험자는 위생봉투(투명비닐)를 준비하여 쓰레기봉투로 사용할 수 있도록 작업대에 부착한다.
14. 매 과정별 요구사항에 여러 가지의 형이 있는 경우에는 반드시 시험위원이 지정하는 형을 작업해야 한다.
15. 매 작업과정 시술 전에는 준비 작업시간을 부여하므로 시험위원의 지시에 따라 행동하고, 각종 도구도 잘 정리 정돈한 다음 작업에 임하며, 과제 시작 전 사용에 적합한 상태를 유지하도록 미리 준비(작업대 세팅 및 모델 터번 착용 등)한다.

16. 작업에 필요한 각종 도구를 바닥에 떨어뜨리는 일이 없도록 하여야 하며, 특히 눈썹칼, 가위 등을 조심성 있게 다루어 안전사고가 발생되지 않도록 주의해야 한다.

17. 시험 종료 후 지참한 모든 재료는 가지고 가며, 주변정리 정돈을 끝내고 퇴실토록 한다.

18. 제시된 시험기간 안에 모든 작업과 마무리 및 작업대 정리 등을 끝내야 하며, 시험시간을 초과하여 작업하는 경우는 해당 과제를 0점 처리한다.

19. 각 과제별 작업을 위한 모델의 준비가 적합하지 않을 경우 감점 혹은 과제 0점 처리될 수 있다.

20. 각 (1~3)과제 종료 후 본부요원의 지시에 따라 클렌징 제품 및 도구를 사용하여 완성된 과제를 제거하고 다음 과제 작업 준비를 해야 한다.

21. 시험 종료 후 본부요원의 지시에 따라 마네킹에 기작업된 4과제 작업분을 변형 또는 제거한 후 퇴실하여야 한다.

22. 다음의 경우에는 득점과 관계없이 채점대상에서 제외된다.

   ① 시험의 전체 과정을 응시하지 않은 경우

   ② 시험 도중 시험장을 무단으로 이탈하는 경우

   ③ 부정한 방법으로 타인의 도움을 받거나 타인의 시험을 방해하는 경우

   ④ 무단으로 모델을 수험자 간에 교체하는 경우

   ⑤ 국가자격검정 규정에 위배되는 부정행위 등을 하는 경우

   ⑥ 수험자가 위생복을 착용하지 않은 경우

   ⑦ 수험자 유의사항 내에 모델 조건에 부적합한 경우

   ⑧ 요구사항 등의 내용을 사전에 준비해 온 경우[예 눈썹을 미리 그려 온 경우, 수염 과제를 미리 해 온 경우, 턱 부위에 밑그림을 그려온 경우, 속눈썹(J컬)을 미리 붙여온 상태 등]

23. 시험 응시 제외사항 : 모델을 데려오지 않은 경우 해당 과제는 응시할 수 없다.

24. 오작사항

   ① 요구된 과제가 아닌 다른 과제를 작업하는 경우

   예 웨딩(로맨틱) 메이크업을 웨딩(클래식) 메이크업으로 작업한 경우 등이 해당함

   ② 작업부위를 바꿔서 작업하는 경우

   예 마네킹(속눈썹)의 좌우를 바꿔서 작업하는 경우 등이 해당함

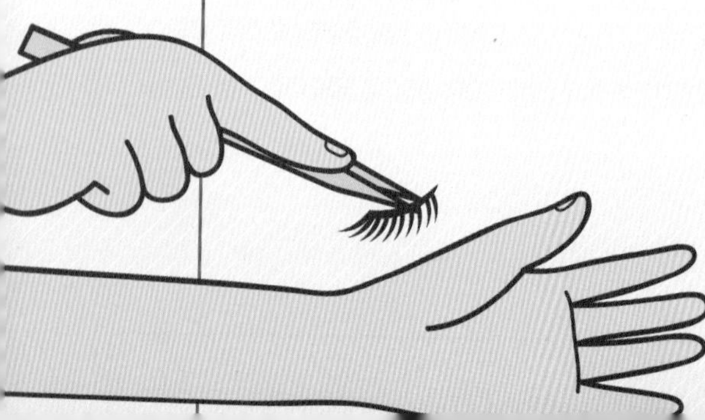

25. 득점 외 별도 감점사항

① 수험자의 복장상태, 모델 및 마네킹의 사전 준비상태 등 어느 하나라도 미준비하거나 사전준비 작업이 미흡한 경우

② 필요한 기구 및 재료 등을 시험 도중에 꺼내는 경우

③ 문신 및 반영구 메이크업(눈썹, 아이라인, 입술)을 한 모델을 대동한 경우

④ 눈썹염색 및 틴트제품을 사용한 모델을 대동한 경우

26. 미완성 사항

① 4과제 속눈썹 익스텐션 작업 시 최소 40가닥 이상의 속눈썹(J컬)을 연장하지 않은 경우

② 4과제 미디어 수염 작업 시 콧수염과 턱수염 중 어느 하나라도 작업하지 않은 경우

※ 타월류의 경우는 비슷한 크기면 무방하다.

※ 아트용 컬러, 물통, 아트용 브러시, 바구니(흰색), 더마왁스, 실러(메이크업용), 홀더(마네킹) 및 수험자 지참준비물 중 기타 필요한 재료의 추가 지참은 가능하다(송풍기, 부채 등은 지참 및 사용 불가).

※ 공개문제 및 수험자 지참 준비물에 언급된 도구 및 재료 중 기타 실기시험에서 요구한 작업 내용에 영향을 주지 않는 범위 내에서 수험자가 메이크업 미용 작업에 필요하다고 생각되는 재료 및 도구 등[예 아이섀도(크림 · 펄 타입 등)류, 브러시류, 핀셋류 등]은 더 추가 지참할 수 있다.

※ 소독제를 제외한 주요 화장품을 덜어서 가져오면 안 된다.

※ 미용사(메이크업) 실기시험 공개문제(도면)의 헤어스타일(업스타일, 흰머리 표현 등 불가) 및 장신구(티아라, 비녀 등 지참 불가), 써클 · 컬러렌즈(모델 착용 불가), 헤어컬러링 상태 등은 채점 대상이 아니며 대동 모델에게 착용 등이 불가하다.

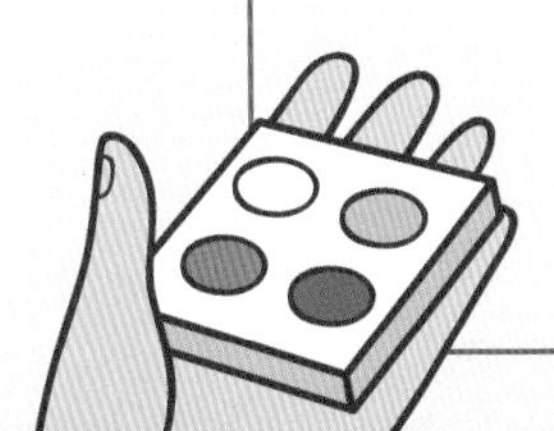

자격취득 과정

①

원서접수

한국산업인력공단 홈페이지(www.q-net.or.kr)에 접속하여 시험일정을 확인한 후 원서접수를 클릭합니다.

※ 필기시험에 합격하면 2년간 필기시험이 면제되며, 원서접수 시간은 원서접수 첫날 10:00부터 마지막 날 18:00까지입니다.

②

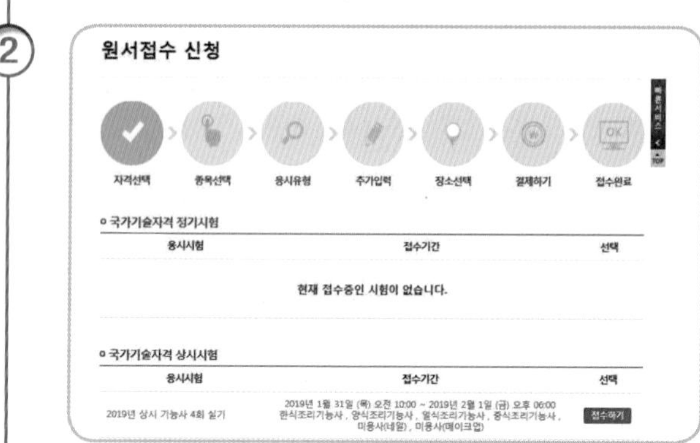

원서접수 신청

원서접수 신청을 클릭하면 현재 접수할 수 있는 응시시험과 접수기간이 나타납니다. 해당 응시시험의 접수하기 버튼을 클릭합니다.

③

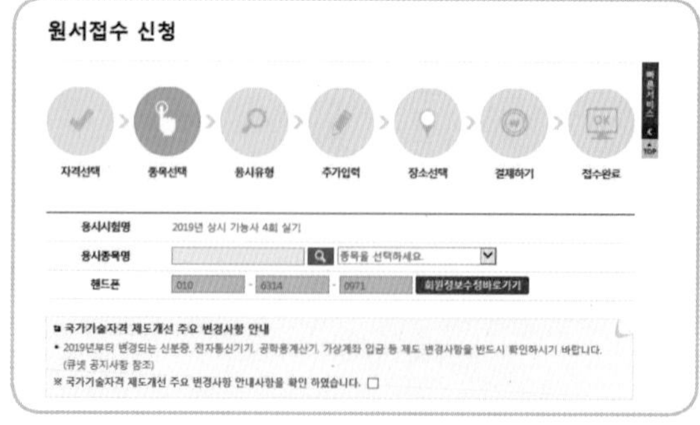

응시종목 선택

응시하고자 하는 시험을 선택하여 클릭합니다.

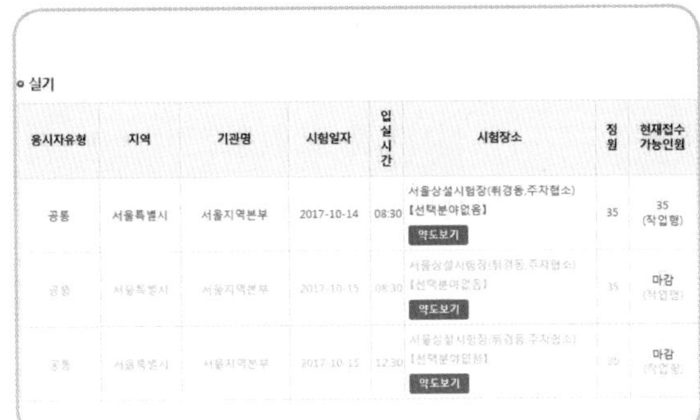

o 실기

응시자유형	지역	기관명	시험일자	입실시간	시험장소	정원	현재접수 가능인원
공통	서울특별시	서울지역본부	2017-10-14	08:30	서울상설시험장(휘경동,주차협소) 【선택분야없음】 약도보기	35	35 (작업형)
공통	서울특별시	서울지역본부	2017-10-15	08:30	서울상설시험장(휘경동,주차협소) 【선택분야없음】 약도보기	35	마감 (작업형)
공통	서울특별시	서울지역본부	2017-10-15	12:30	서울상설시험장(휘경동,주차협소) 【선택분야없음】 약도보기	35	마감 (작업형)

원서접수 완료

[종목선택–응시유형–추가입력–장소선택–결제하기–접수완료]까지 차례대로 해당되는 사항을 클릭하여 접수합니다. 장소선택에서는 응시 정원수와 현재 접수 가능 인원을 반드시 확인하여 선택합니다. 마감된 곳은 응시할 수 없습니다.

※ 응시료 : 필기(14,500원), 실기(17,200원)

5

원서접수 최종 점검

마지막으로 [마이페이지–원서접수내역–진행 중인 접수내역]에 들어가서 제대로 접수가 되었는지 최종 확인한 후 수험표를 출력합니다.

6

실기시험 응시

- 시험 당일 필요한 재료도구를 지참하고 조건에 맞는 모델과 동석합니다.
- 시험 날짜와 장소, 입실시간을 준수하여 시험장에 30분 전에 입실합니다.
  ※ 신분증을 꼭 지참해야 하며, 입실시간을 준수하지 않을 시 시험 응시가 불가합니다.

7

합격자 발표

- 한국산업인력공단의 [시험정보–시험일정–최종합격자 발표일]을 먼저 확인합니다.
- [마이페이지–원서접수관리–시험결과보기]에서 확인하거나 [합격자/답안발표–합격자 발표조회]에서 응시과목을 선택하여 조회하실 수 있습니다.

8

자격증 발급

한국산업인력공단 지사에 직접 방문하여 수령하거나 인터넷으로 신청을 하면 우편으로 수령받을 수 있습니다.

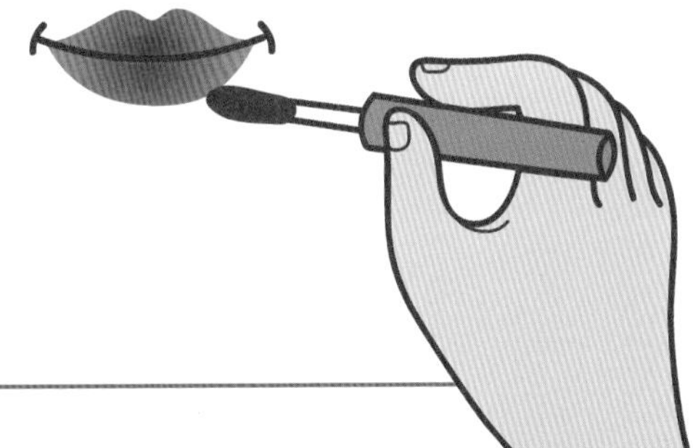

이 책의 구성

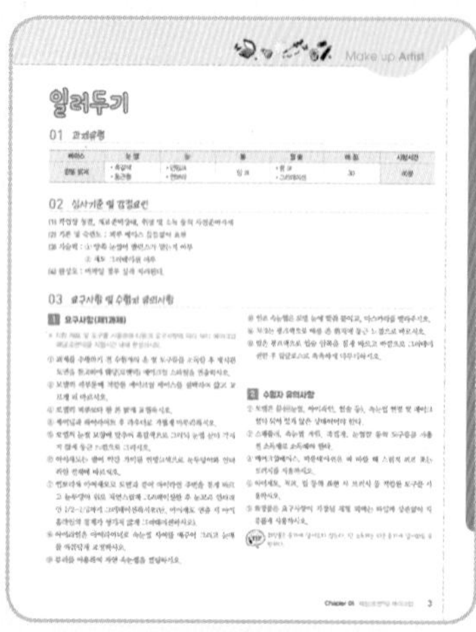

Make up Artist

알려두기

심사기준 및 감점요인

각 과제별로 미리 알아 두어야 할 심사기준 및 감점요인을 수록하였습니다. 준비 및 위생, 숙련도, 기술력, 완성도 등 부분별로 중요도를 체크할 수 있습니다.

Make up Artist

작업대 세팅

각 과제별로 도구 및 재료를 알아보기 쉽게 정리하였고, 사전준비와 과제 재료 세팅 시 감점요인을 수록하였습니다.

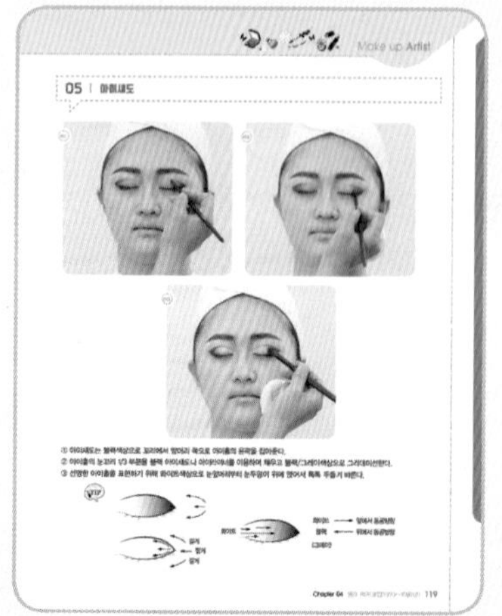

Make up Artist

일러스트 그림 및 Tip

중요하게 짚고 넘어가야 할 부분들은 일러스트 그림 및 Tip을 수록하여 핵심 포인트를 점검할 수 있도록 하였습니다.

상세한 사진과 친절한 설명

수험자의 입장에서 작업의 흐름에 맞는 사진들을 수록하였고, 전문가의 노하우가 담긴 친절한 설명으로 이해도를 높였습니다.

한 눈에 보는 완성컷

각 과제별로 처음과 마지막에 과제 완성 사진을 넣어 최종 완성작품을 파악할 수 있도록 하였습니다.

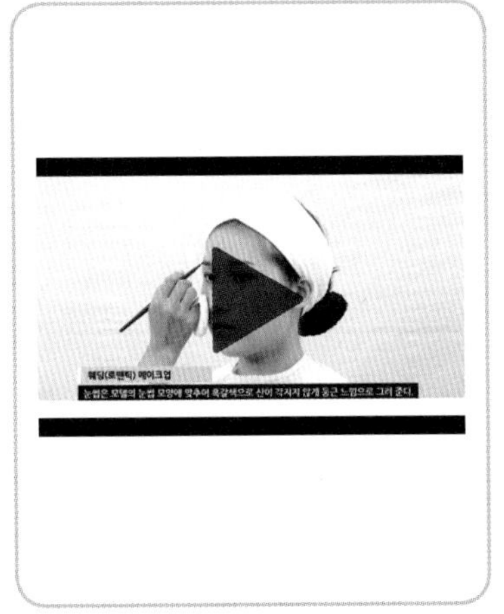

무료 동영상 강의

고화질 DVD를 수록하여 책과 함께 부족한 부분을 보충할 수 있도록 하였고 모든 과제를 담아 시험에 완벽 대비할 수 있도록 하였습니다.

수험자 지참 재료목록

1~3과제

뷰티, 시대, 캐릭터 메이크업

탈지면(미용솜)

위생봉투(투명비닐)

미용티슈

위생가운

타 월

면 봉

해 면

리퀴드 라텍스

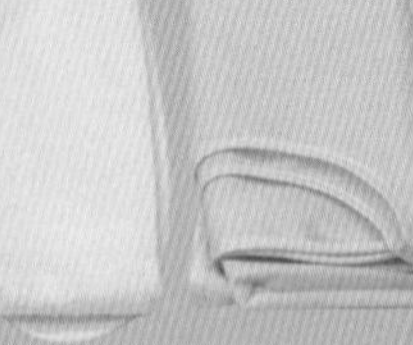
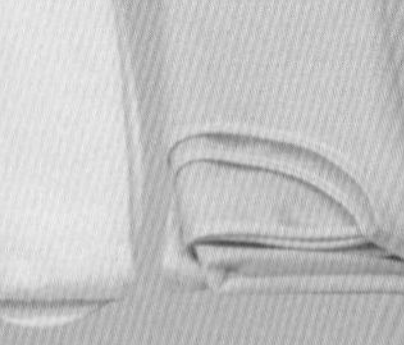
터번(헤어밴드)

어깨보

송풍기

안티셉틱

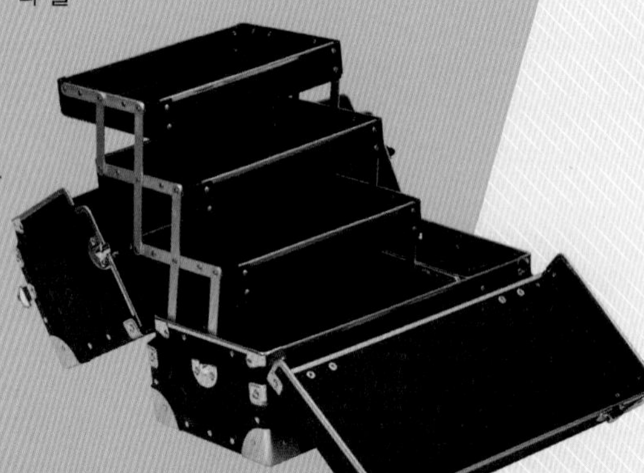
수납박스

컵, 소독제, 소독용기

스폰지 퍼프

공통

더마왁스

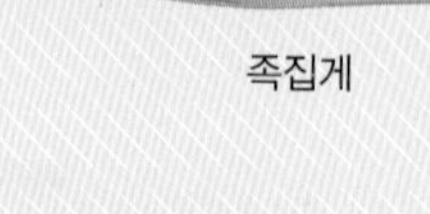
족집게

눈썹 칼

스패튤러

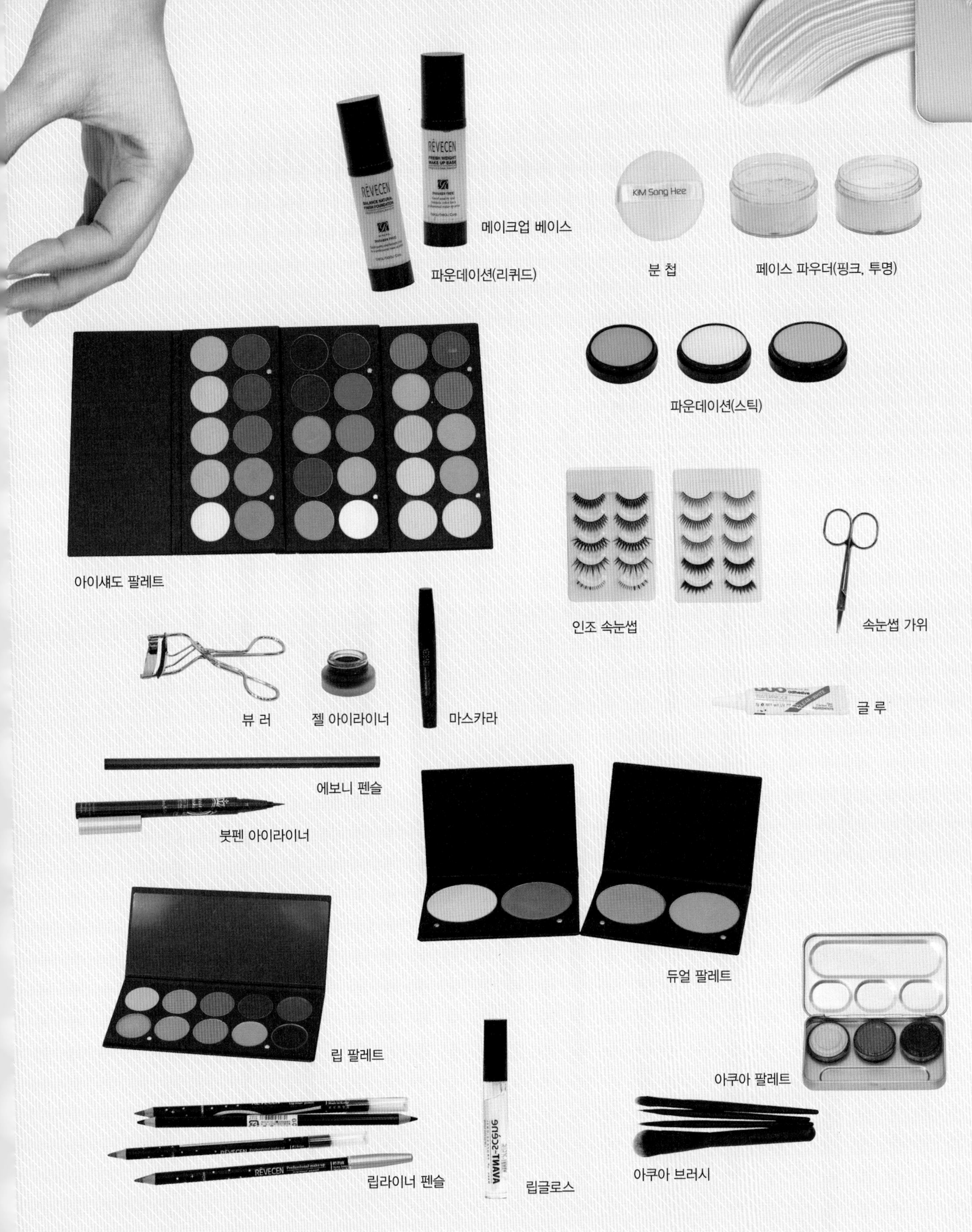
메이크업 베이스
파운데이션(리퀴드)
분 첩
페이스 파우더(핑크, 투명)
파운데이션(스틱)
아이섀도 팔레트
인조 속눈썹
속눈썹 가위
뷰 러
젤 아이라이너
마스카라
글 루
에보니 펜슬
붓펜 아이라이너
듀얼 팔레트
립 팔레트
아쿠아 팔레트
아쿠아 브러시
립라이너 펜슬
립글로스

1~3과제

뷰티, 시대, 캐릭터
메이크업

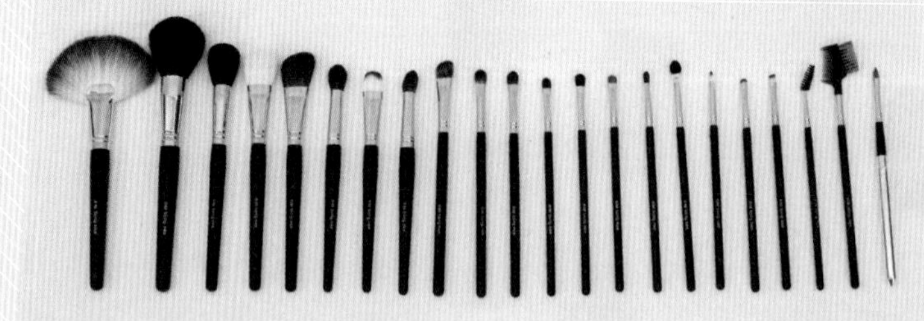

브러시 세트

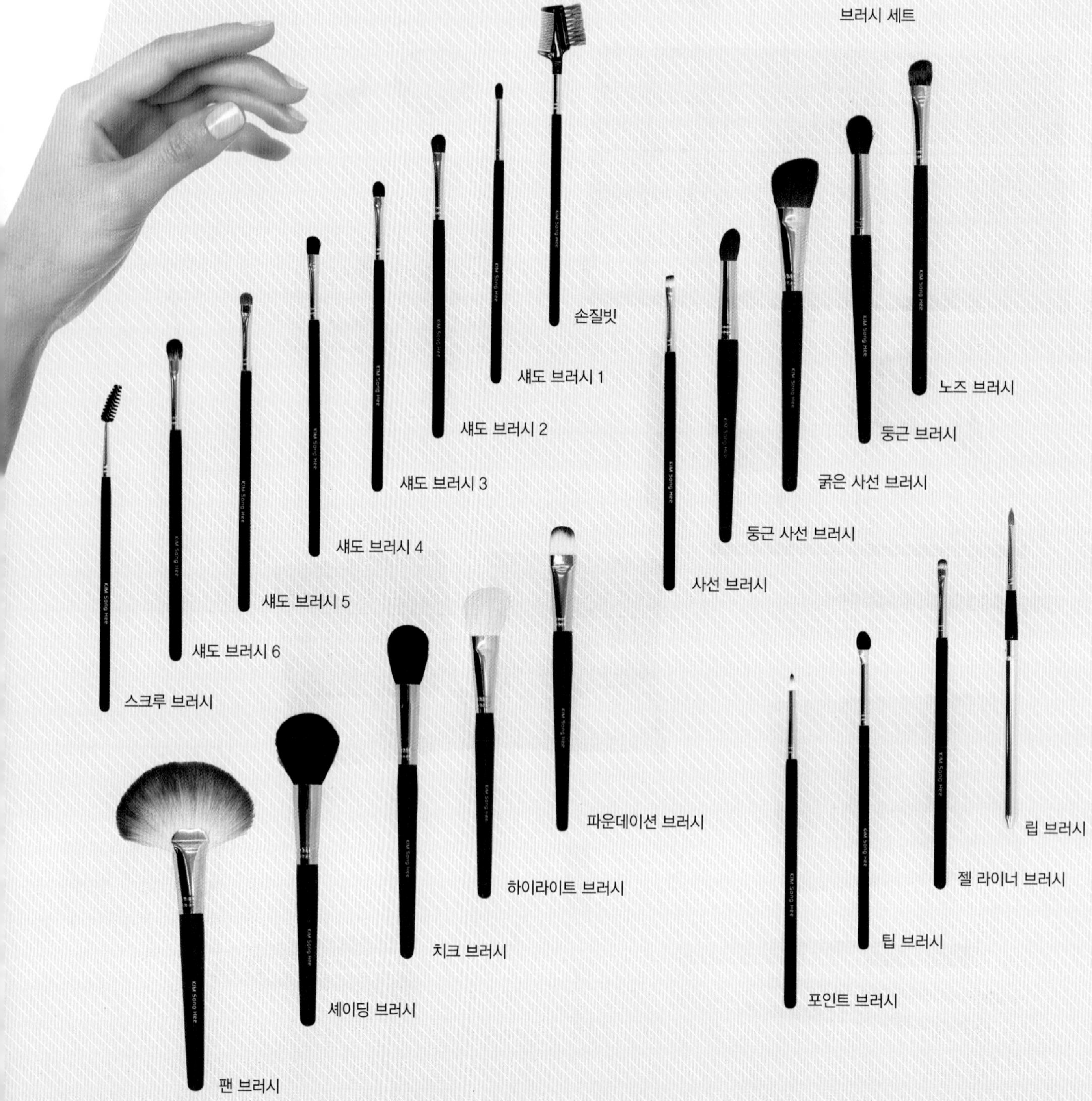

손질빗

섀도 브러시 1

섀도 브러시 2

섀도 브러시 3

섀도 브러시 4

섀도 브러시 5

섀도 브러시 6

스크루 브러시

노즈 브러시

둥근 브러시

굵은 사선 브러시

둥근 사선 브러시

사선 브러시

파운데이션 브러시

하이라이트 브러시

치크 브러시

셰이딩 브러시

팬 브러시

립 브러시

젤 라이너 브러시

팁 브러시

포인트 브러시

4과제

미디어 수염

수염(가공된 상태)

가위(수염관리용)

고정 스프레이

리무버, 스프리트 검

빗(꼬리빗)

핀셋(일자형)

홀 더

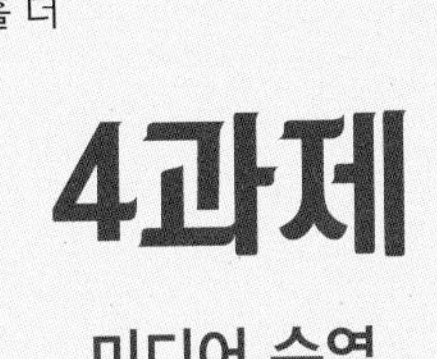

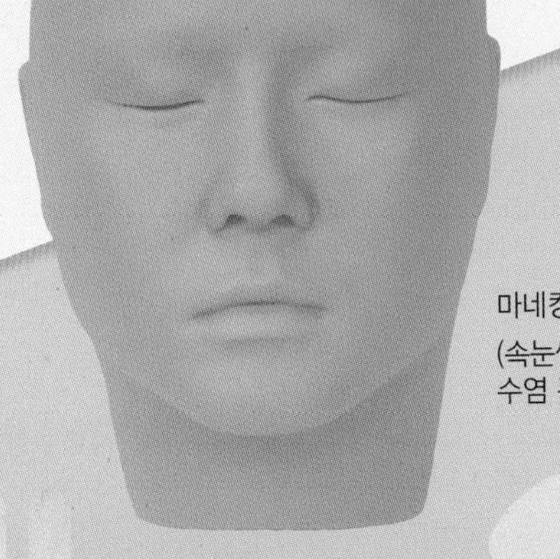

마네킹
(속눈썹 관리 및
수염 관리용)

4과제

속눈썹 익스텐션

속눈썹 KC 글루

속눈썹 리무버

전처리제

속눈썹 빗

우드 스패튤러

아이패치

3M 테이프

마이크로 면봉

속눈썹 핀셋(일자형, 곡선형)

글루판

속눈썹(J컬-8~12mm)

인조 속눈썹(5~6mm)

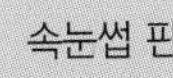

속눈썹 판

목차

PART 1 뷰티 메이크업

PART 2 시대 메이크업

PART 3 캐릭터 메이크업

PART 4 속눈썹 익스텐션 및 수염

PART 5 부 록

Part 1
뷰티 메이크업

Wedding(Romantic) Make-up

웨딩(로맨틱) 메이크업

Check Point

- 모델의 피부톤보다 한톤 밝게 표현하고 얼굴형에 따라 셰이딩, 하이라이트를 표현한다.
- 핑크 파우더로 가볍게 마무리한다.
- 눈썹은 흑갈색의 둥근 눈썹으로 표현한다.
- 연핑크, 연보라색 아이섀도로 눈두덩이를 그러데이션으로 표현한다.
- 아이라인은 속눈썹 사이사이를 메꾸어 점막을 채워준다.
- 뷰러를 이용하여 자연스러운 속눈썹 컬링 후, 마스카라를 바른 후 인조 속눈썹을 붙인다.
- 치크는 핑크색으로 애플존(웃었을 때 튀어나온 부분) 위치에 둥근 느낌으로 표현한다.
- 입술은 핑크색으로 입술 안쪽부터 바깥쪽으로 그러데이션한다.

일러두기

01 과제유형

베이스	눈썹	눈	볼	입술	배점	시험시간
한톤 밝게	• 흑갈색 • 둥근형	• 연핑크 • 연보라	핑크	• 핑크 • 그러데이션	30	40분

02 심사기준 및 감점요인

(1) 작업장 청결, 재료준비상태, 위생 및 소독 등의 사전준비자세

(2) 기본 및 숙련도 : 피부 베이스 들뜸없이 표현

(3) 기술력 : ① 양쪽 눈썹이 밸런스가 맞는지 여부
② 섀도 그러데이션 여부

(4) 완성도 : 미작일 경우 실격 처리된다.

03 요구사항 및 수험자 유의사항

1 요구사항(제1과제)

※ 지참 재료 및 도구를 사용하여 다음의 요구사항에 따라 뷰티 메이크업 웨딩(로맨틱)을 시험시간 내에 완성하시오.

① 과제를 수행하기 전 수험자의 손 및 도구류를 소독한 후 제시된 도면을 참고하여 웨딩(로맨틱) 메이크업 스타일을 연출하시오.

② 모델의 피부톤에 적합한 메이크업 베이스를 선택하여 얇고 고르게 펴 바르시오.

③ 모델의 피부보다 한 톤 밝게 표현하시오.

④ 셰이딩과 하이라이트 후 파우더로 가볍게 마무리하시오.

⑤ 모델의 눈썹 모양에 맞추어 흑갈색으로 그리되 눈썹 산이 각지지 않게 둥근 느낌으로 그리시오.

⑥ 아이섀도는 펄이 약간 가미된 연핑크색으로 눈두덩이와 언더라인 전체에 바르시오.

⑦ 연보라색 아이섀도로 도면과 같이 아이라인 주변을 짙게 바르고 눈두덩이 위로 자연스럽게 그러데이션한 후 눈꼬리 언더라인 1/2~1/3까지 그러데이션하시오(단, 아이섀도 연출 시 아이홀라인의 경계가 생기지 않게 그러데이션하시오).

⑧ 아이라인은 아이라이너로 속눈썹 사이를 메꾸어 그리고 눈매를 아름답게 교정하시오.

⑨ 뷰러를 이용하여 자연 속눈썹을 컬링하시오.

⑩ 인조 속눈썹은 모델 눈에 맞춰 붙이고, 마스카라를 발라주시오.

⑪ 치크는 핑크색으로 애플 존 위치에 둥근 느낌으로 바르시오.

⑫ 립은 핑크색으로 입술 안쪽을 짙게 바르고 바깥으로 그러데이션한 후 립글로스로 촉촉하게 마무리하시오.

2 수험자 유의사항

① 모델은 문신(눈썹, 아이라인, 입술 등), 속눈썹 연장 및 메이크업이 되어 있지 않은 상태이어야 한다.

② 스패튤러, 속눈썹 가위, 족집게, 눈썹칼 등의 도구류를 사용 전 소독제로 소독해야 한다.

③ 메이크업베이스, 파운데이션을 펴 바를 때 스펀지 퍼프 또는 브러시를 사용하시오.

④ 아이섀도, 치크, 립 등의 표현 시 브러시 등 적합한 도구를 사용하시오.

⑤ 화장품은 요구사항이 지정된 제형 외에는 타입에 상관없이 자유롭게 사용하시오.

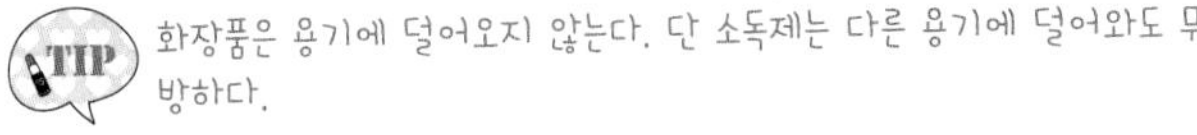
TIP 화장품은 용기에 덜어오지 않는다. 단 소독제는 다른 용기에 덜어와도 무방하다.

준비사항

01 | 수험자 및 모델의 복장

(1) 수험자 복장

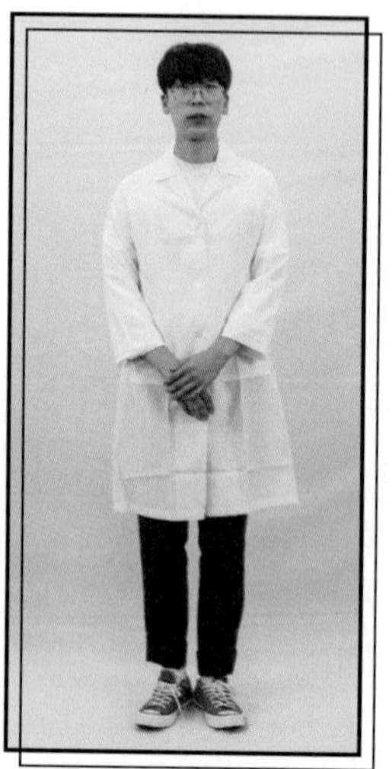

① **마스크(흰색) 착용**

② **상의** : 흰색 위생가운(반팔 또는 긴팔 가능, 일회용 가운 불가)

③ **하의** : 긴바지(색상, 소재 무관)

주의사항

- 눈에 보이는 표식[문신, 헤나, 컬러링(지정색 외)], 디자인, 손톱장식이 없어야 함
- 복장에 소속을 나타내는 표식이 없어야 함
- 액세서리 착용금지(반지, 팔찌, 시계, 목걸이, 귀걸이 등)
- 고정용품(머리핀, 머리망, 고무줄 등)은 검은색만 허용
- 스톱워치나 휴대전화 사용금지
- 재료 구별을 위한 스티커 부착금지

(2) 모델의 복장

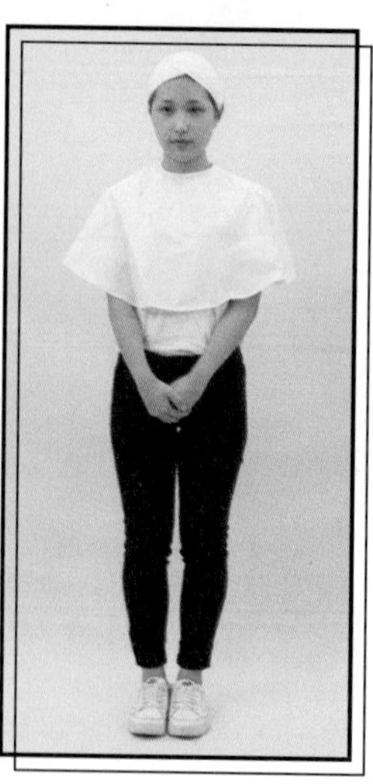

① **마스크(흰색) 착용**

② **상의** : 흰색 무지 상의(유색 무늬 불가, 소재 무관, 남방 및 니트류 허용, 아이보리색 등의 유색 불가)

③ **하의** : 긴바지(색상, 소재 무관)

※ 모델의 준비 상태가 부적합한 경우 감점 또는 0점 처리된다.

주의사항

- 눈에 보이는 표식[문신, 헤나, 컬러링(지정색 외)], 디자인, 손톱장식이 없어야 함
- 액세서리 착용금지(반지, 팔찌 시계, 목걸이, 귀걸이 등)
- 고정용품(머리핀, 머리망, 고무줄 등)은 검은색만 허용

02 | 도면 및 작업대 세팅

(1) 도구 및 재료

01	위생가운	16	아이브로 펜슬(에보니)
02	헤어밴드	17	인조 속눈썹
03	위생봉지	18	속눈썹 접착제(풀)
04	타월(흰색)	19	눈썹 칼
05	어깨보	20	눈썹 가위
06	탈지면 용기	21	브러시 세트
07	소독제	22	스펀지(퍼프)
08	화장솜(탈지면)	23	스패튤러
09	메이크업 베이스	24	분 첩
10	파운데이션	25	뷰 러
11	페이스 파우더	26	미용티슈
12	아이섀도 팔래트	27	물티슈
13	립 팔래트	28	면 봉
14	아이라이너	29	족집게
15	마스카라	30	클렌징 제품

(2) 사전준비

모든 세팅이 준비되어 있어야 한다.

과제 재료 세팅 시 감점 요인

- 과제가 시작되면 도구나 재료를 꺼낼 수 없으므로 흰 타월 안에 과제에 필요한 모든 재료를 세팅한다.
- 불필요한 도구가 세팅되어 있으면 안 되고 도구 및 재료는 바닥에 떨어뜨리지 않는다.

시술과정

01 | 소독 및 위생

(1) 수험자 손 소독하기

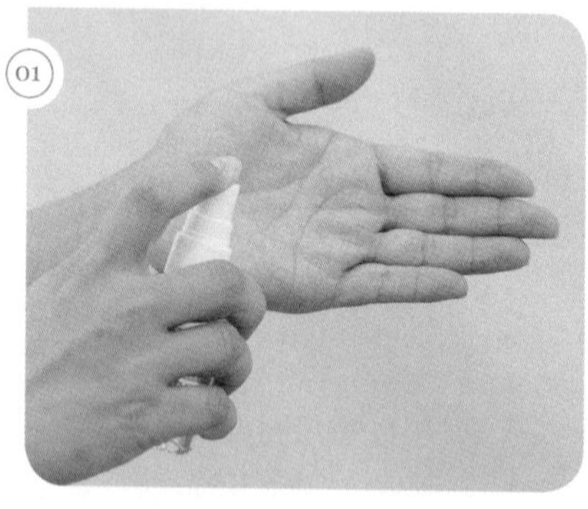

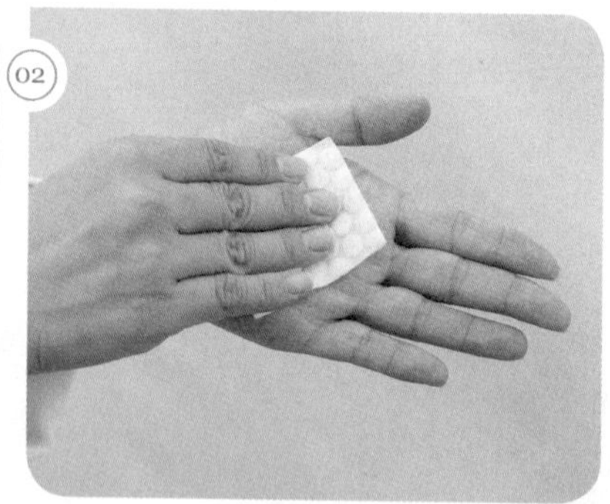

① 손 소독제 사용 : 손 소독제를 사용하여 수험자의 손을 전체적으로 소독한다.
② 화장솜으로 손 소독 : 화장솜을 사용해 손을 한 번 더 닦아 준다.

(2) 도구 소독하기

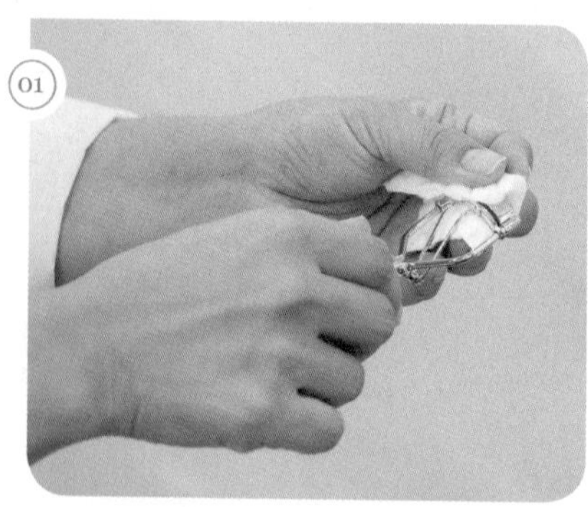

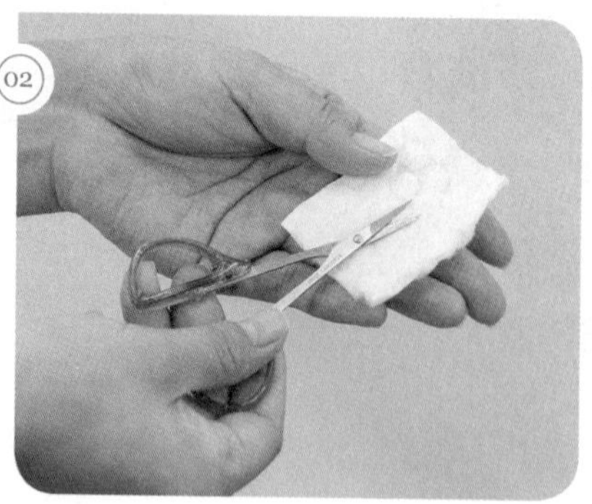

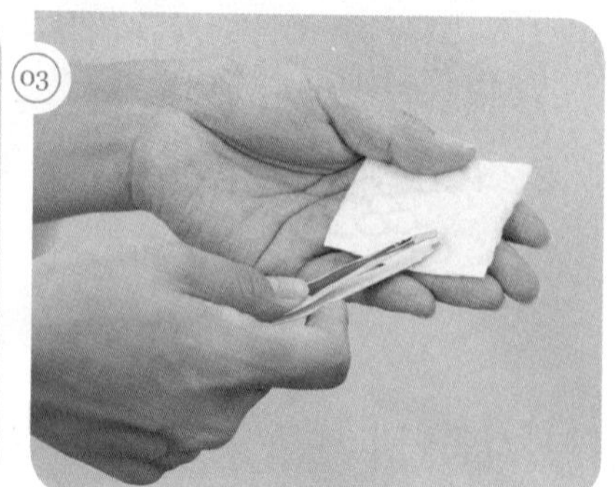

뷰러, 쪽가위, 족집게, 스패튤러, 눈썹칼 등을 소독해 준다.

02 | 베이스 메이크업

(1) 메이크업 베이스

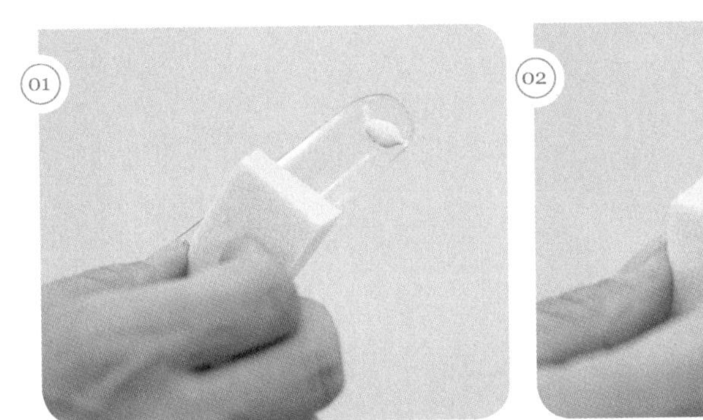
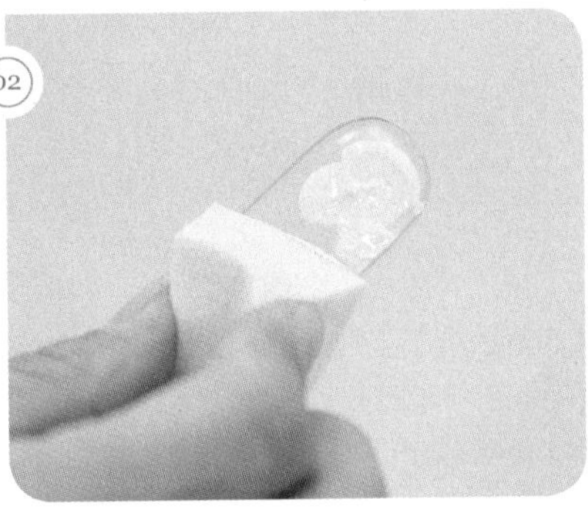
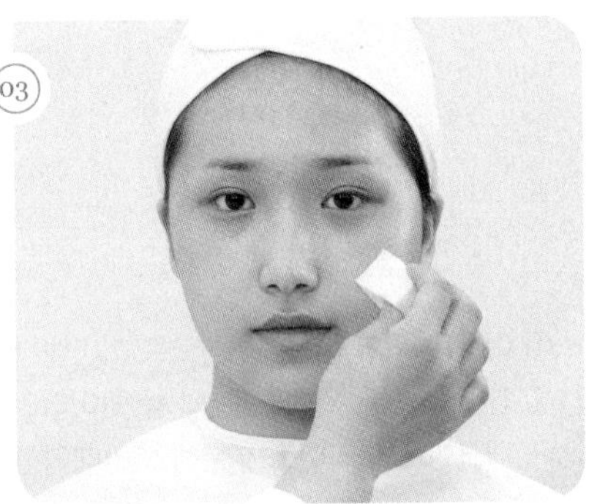

메이크업 베이스를 적당량 이용해서 얇고 고르게 펴 바른다.

(2) 파운데이션, 컨실러

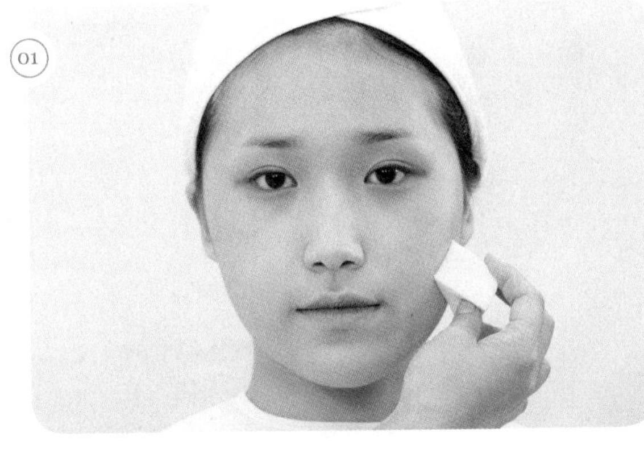
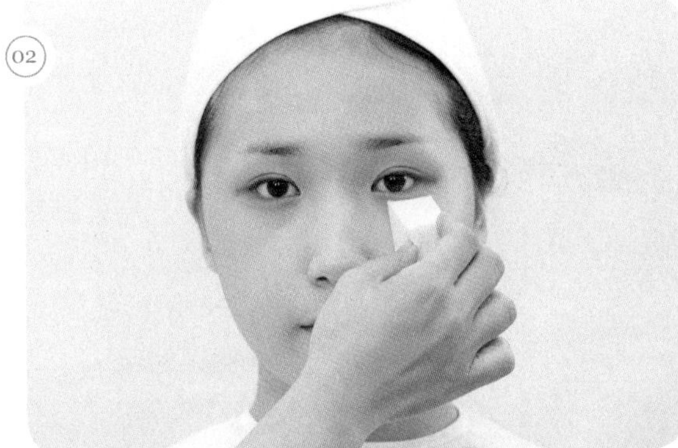
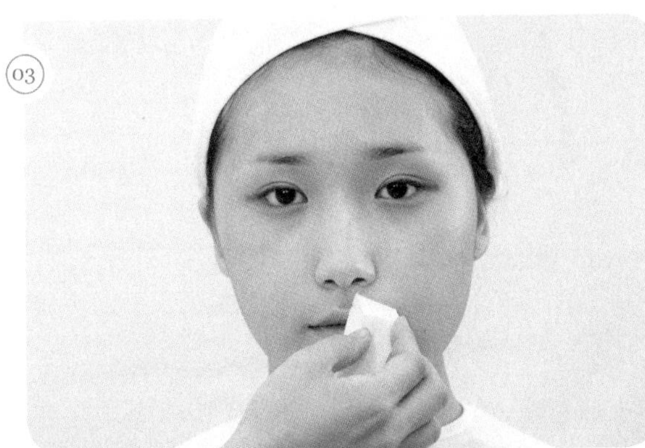
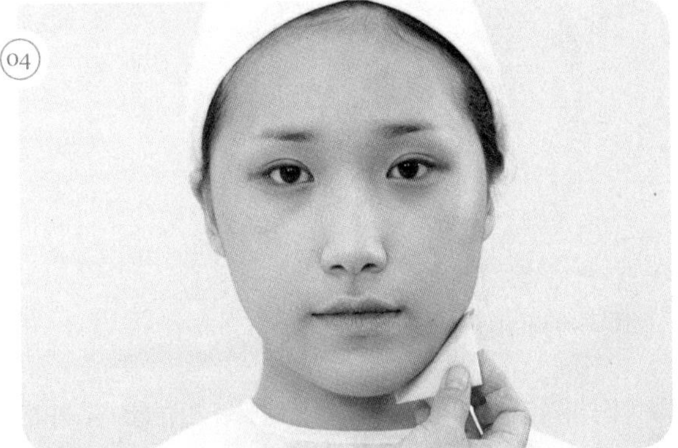

① 모델의 피부톤보다 한톤 밝게 두껍지 않고 자연스럽게 리퀴드, 크림 파운데이션을 펴 바른다.
② 피부톤보다 약간 밝은 컨실러를 이용하여 잡티, 다크서클, 입 주변, 코 등을 컨실러로 깨끗하게 정리한다.

(3) 셰이딩, 하이라이트

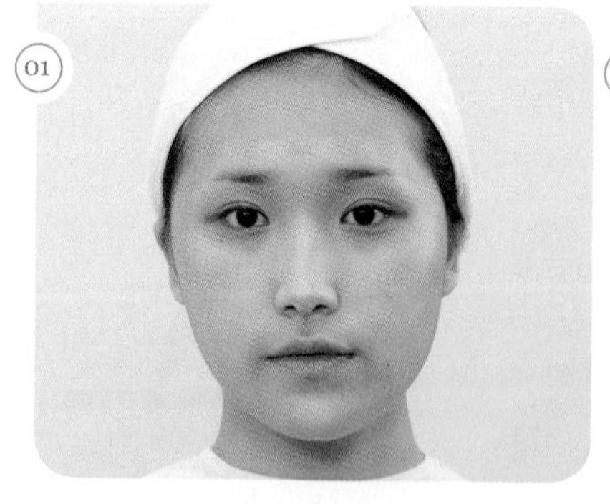
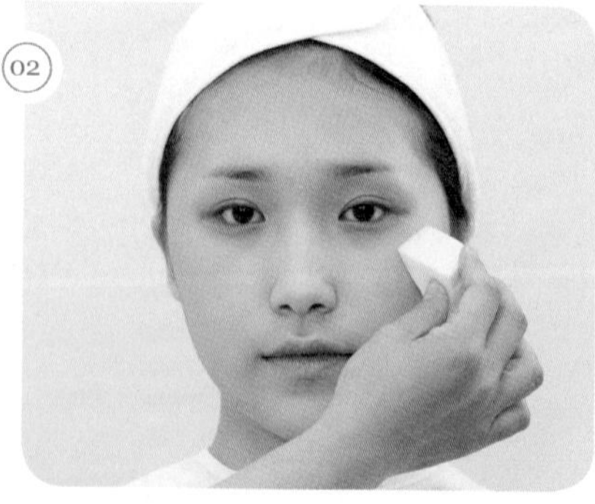
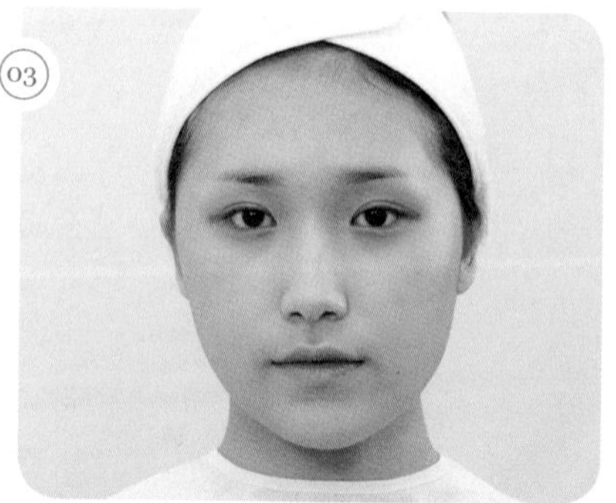

① 어두운 색의 파운데이션으로 이마에서 턱 경계선까지 경계선이 생기지 않게 셰이딩한다.
② T존, 애플존, 팔자주름, 턱 등 하이라이트 부위를 체크한다.
③ 체크한 하이라이트 부분에 그러데이션을 해 준다.

(4) 파우더

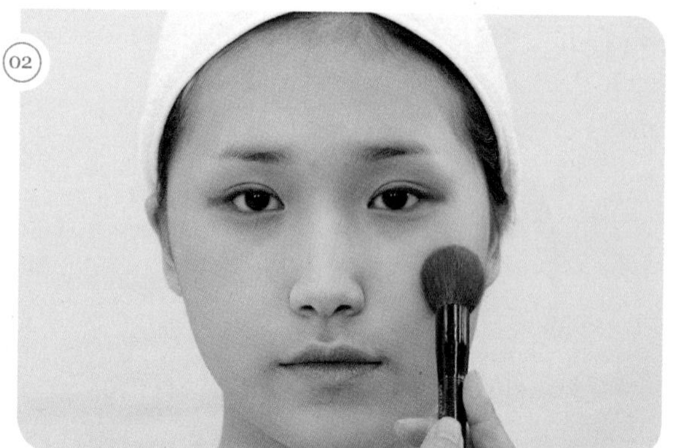
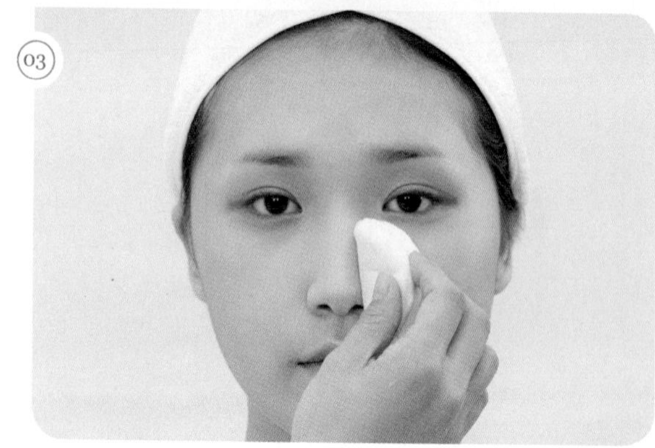
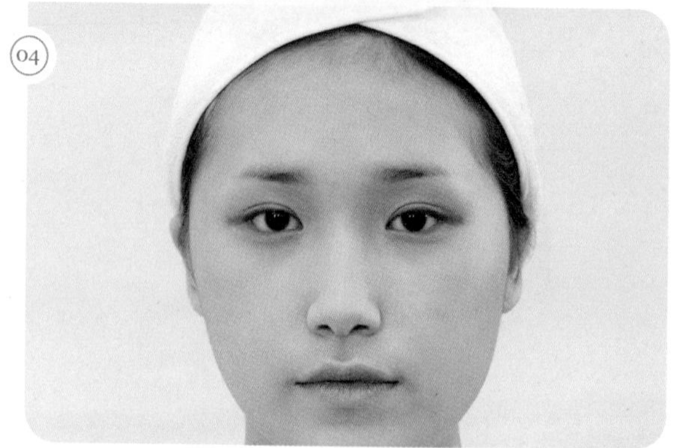

브러시를 이용하여 핑크 파우더를 얼굴 전체에 덮고 분첩으로 가볍게 마무리 해 준다.

- 브러시의 파우더 양은 분첩을 이용해 조절한다.
- 분첩을 이용할 시 볼, 이마 등 넓은 부분은 전체를 사용하고 면적이 작은 부위(눈 밑, 코 옆, 인중, 턱)는 분첩을 반으로 접어서 사용한다.

03 | 아이브로

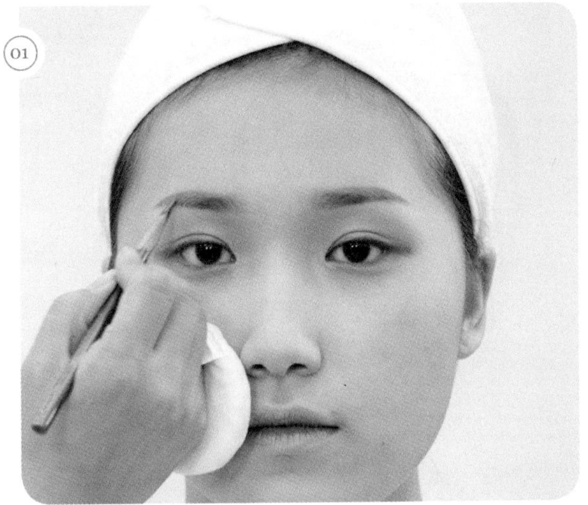

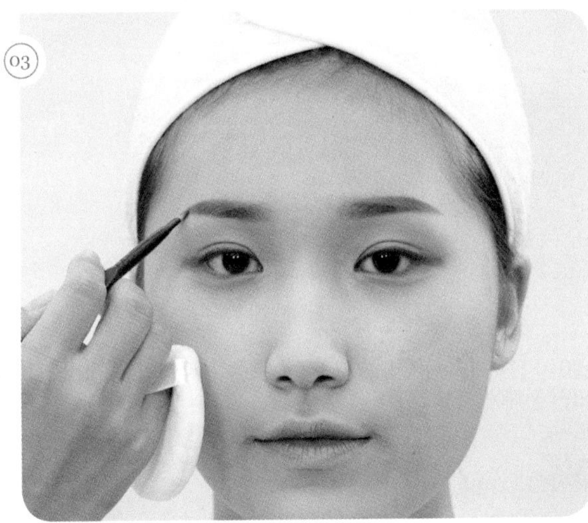

① 눈썹은 모델의 눈썹 모양에 맞추어 흑갈색으로 산이 각지지 않게 둥근 느낌으로 그려 준다.

② 눈썹뼈 아랫부분을 하이라이트로 처리해 준다.

- 스크루 브러시로 눈썹 결을 정리한 후 에보니 펜슬로 베이스를 그리고 사선브러시로 색을 입힌다.
- 스크루 브러시는 눈썹 결 정리뿐만 아니라 눈썹 수정에도 도움을 준다.

04 | 아이섀도

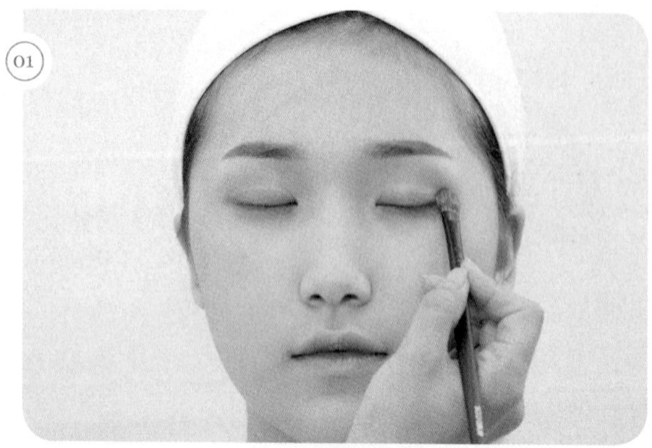

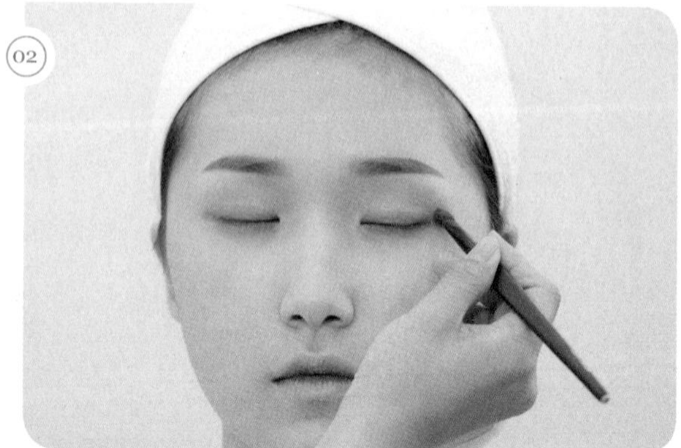

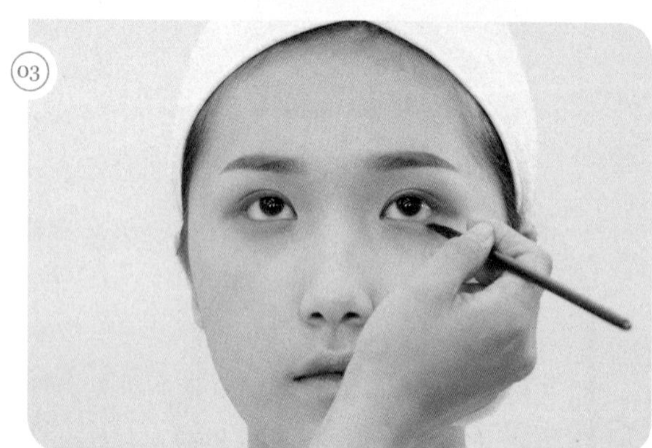

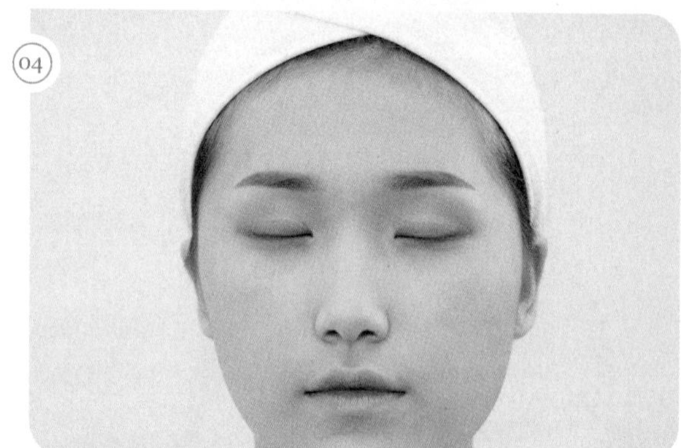

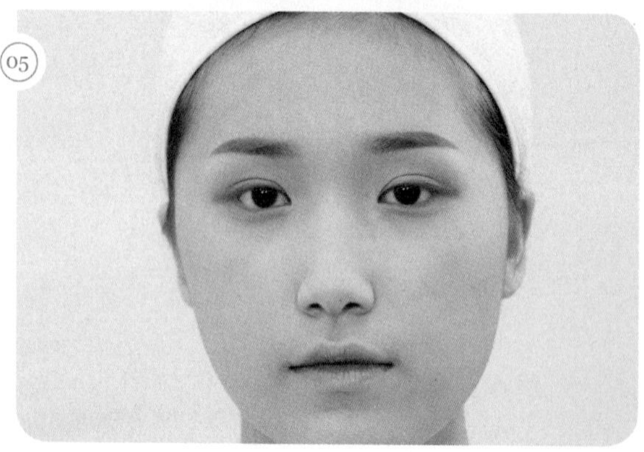

① 펄이 약간 가미된 연핑크색 아이섀도를 눈두덩이와 언더라인 전체에 펴 발라 준다.

동공이 튀어나온 부분부터 바르기 시작해 눈두덩이 위로 자연스럽게 그러데이션한다.

② 연보라색 아이섀도를 이용하여 쌍꺼풀라인을 채워준다.

③ 연보라색 섀도로 눈꼬리 언더라인의 1/2~1/3까지 그러데이션한다.

- 아이섀도 연출 시 아이홀라인에 경계가 생기지 않도록 그러데이션한다.
- 화이트색 섀도로 아이홀을 한 번 더 쓸어주면 경계선을 그러데이션하기 편하다.

05 | 아이라인, 속눈썹 컬링

01

02

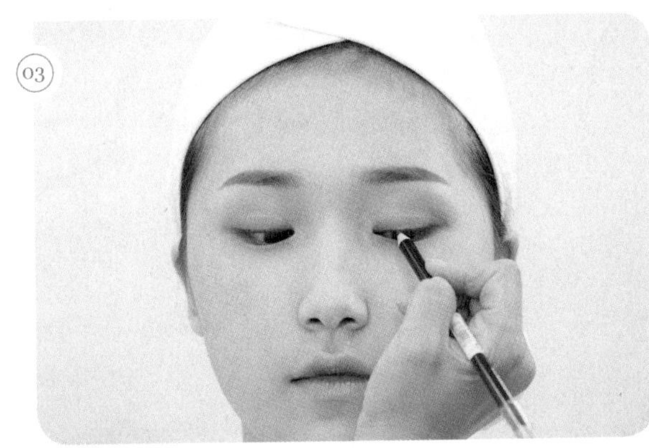
03

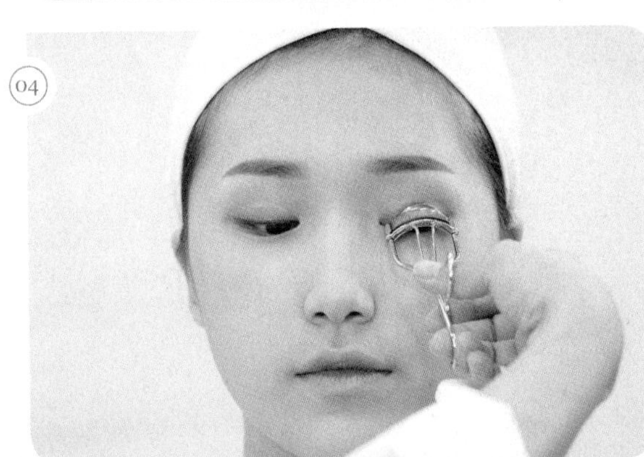
04

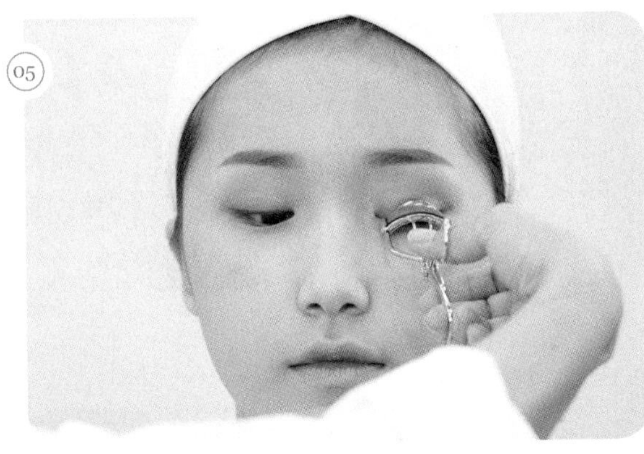
05

06

① 아이라인으로 속눈썹 사이와 점막을 채워준다.

② 뷰러를 이용하여 속눈썹을 자연스럽게 컬링해 준다.

뷰러를 이용할 때 세 번 나누어 집어주면 더욱 자연스러운 컬링을 연출할 수 있다.

06 | 마스카라, 인조 속눈썹 붙이기

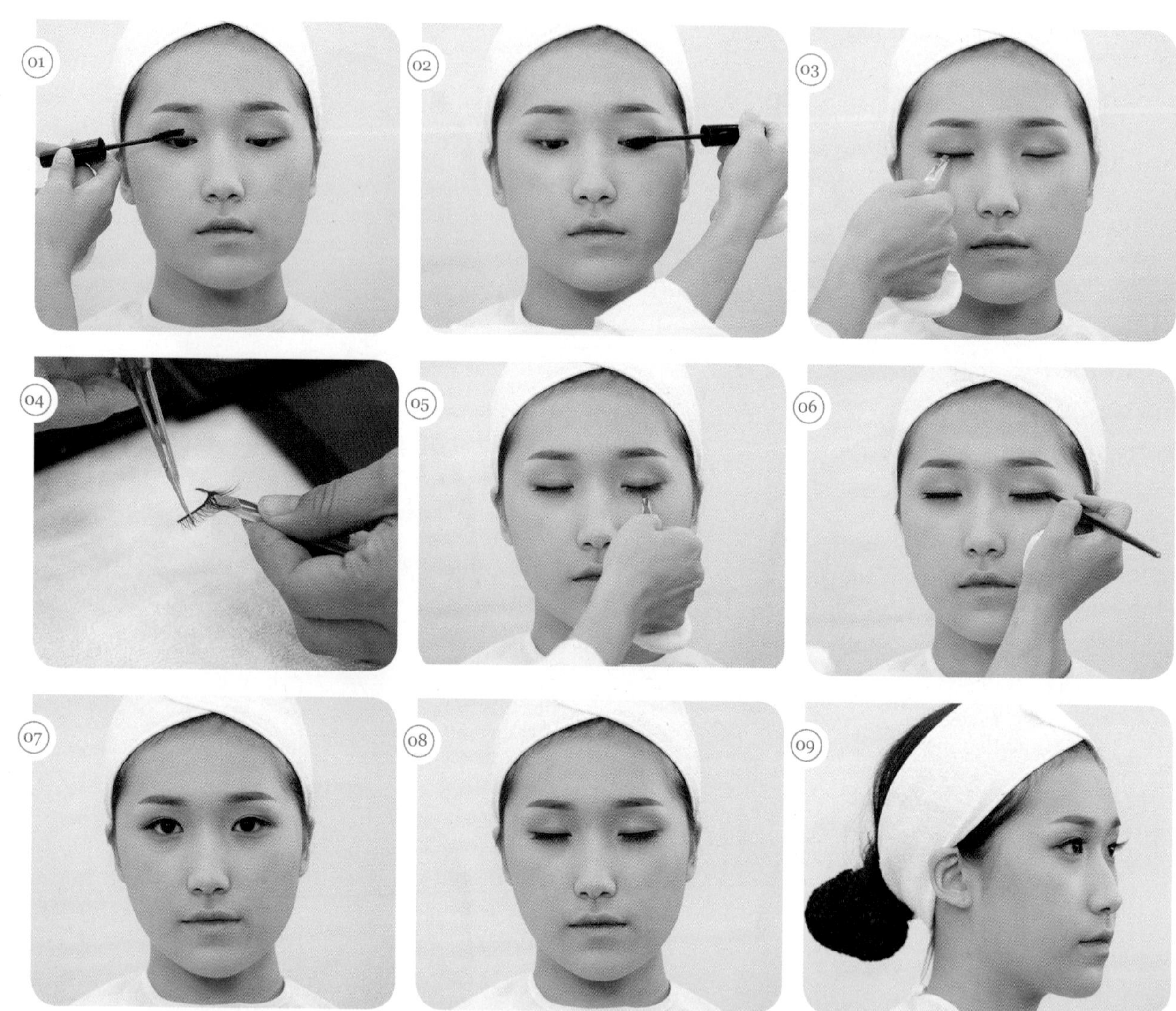

① 마스카라를 이용하여 속눈썹을 자연스럽게 표현해 준다.

TIP
- 마스카라를 이용할 때 마스카라 입구에서 양 조절을 하면 과한 사용을 방지할 수 있다.
- 모델에게 눈을 뜨고 아래방향으로 시선처리를 하게 한 후 마스카라를 사용하면 바르기 쉽다.

② 인조 속눈썹은 모델의 눈 길이를 체크하고 너무 길지 않게 뒷부분을 커팅한 후 한 번 더 확인하여 붙여준다.

TIP
인조 속눈썹 위에 보일지도 모르는 풀을 감추기 위해 리퀴드나 젤라이너를 이용하여 한 번 더 아이라인을 깔끔하게 그려 준다.

07 | 코 셰이딩, 하이라이트

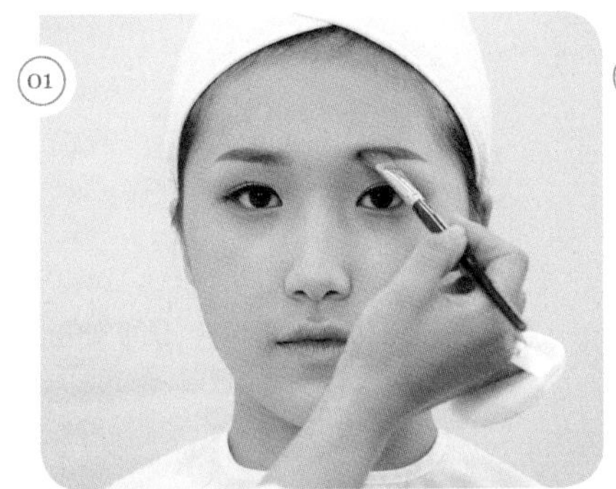
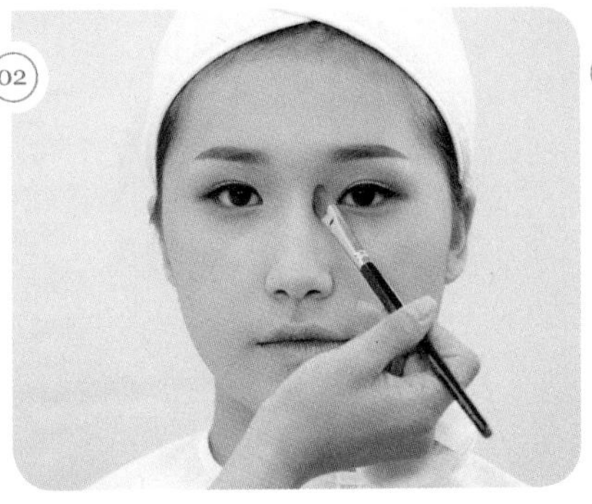

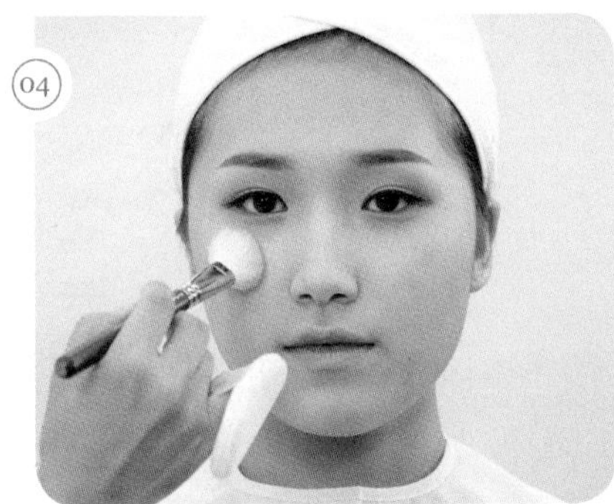
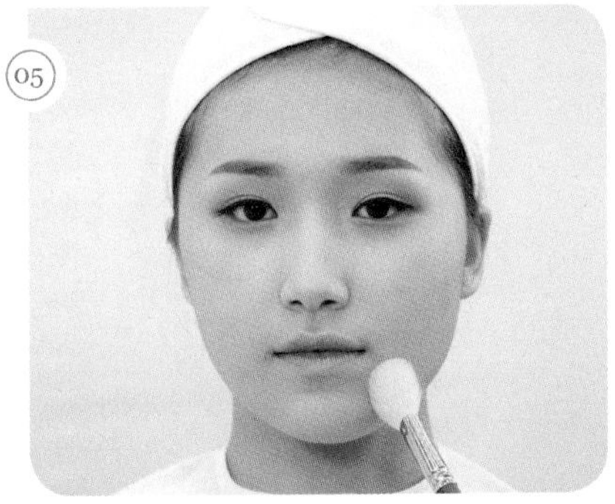

① 노즈 브러시로 브라운색 섀도를 눈썹 앞머리에서 콧방울 끝까지 쓸어서 자연스럽게 발라 준다.

노즈 브러시로 눈썹을 한번 쓸어준 뒤 콧대와 이어주면 더욱 자연스럽게 연출할 수 있다.

② 하이라이트는 밝은색 파우더를 이용하여 T존, 애플존, 팔자주름, 턱에 펴 발라 준다.

08 | 치크

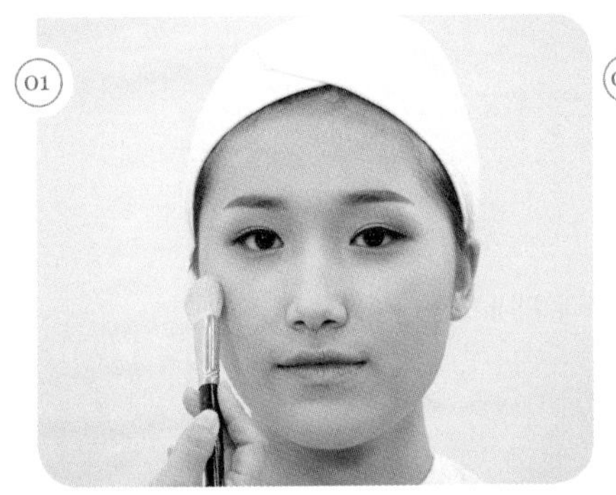
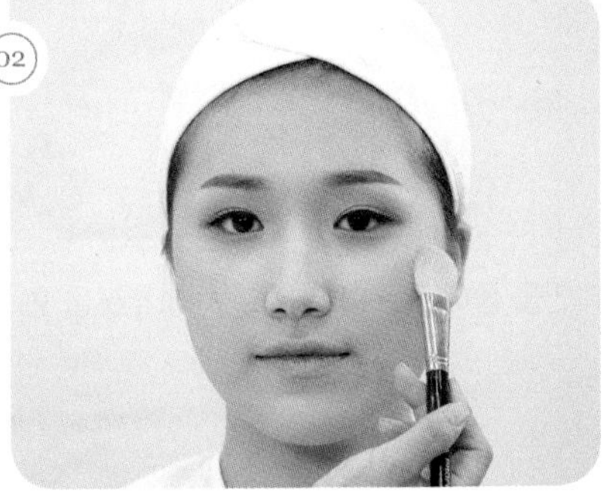

치크는 핑크색으로 애플존 위치에 둥근 느낌으로 블렌딩한다.

- 미소를 지으면 튀어나오는 부분(애플존)의 확인이 편하다.
- 치크가 과하게 표현될 경우 하이라이트로 한번 쓸어주면 커버가 가능하다.

09 | 립

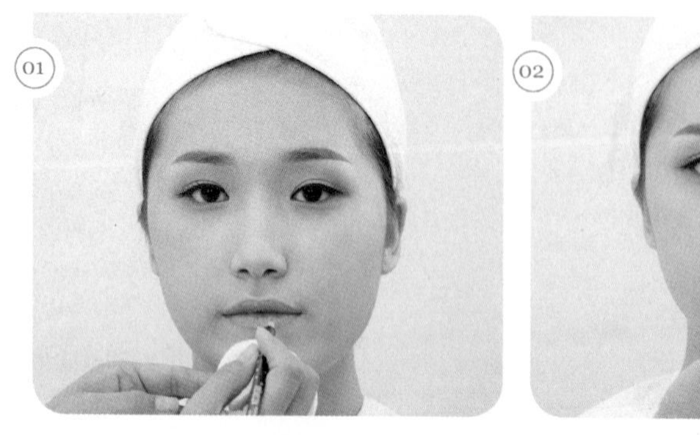
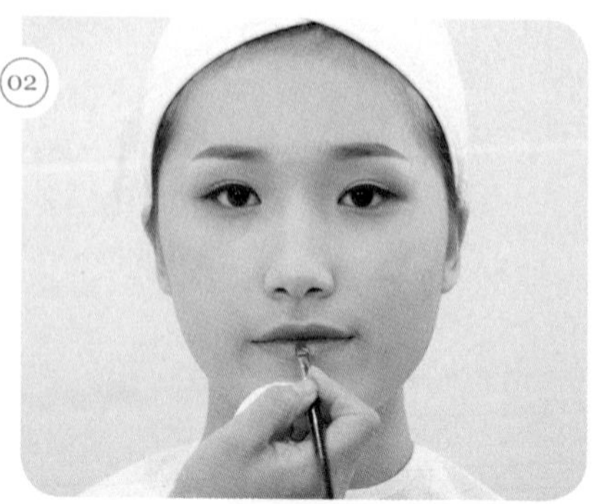

립은 핑크색으로 안쪽은 짙게 바르고, 바깥쪽으로 그러데이션한 후 립글로스로 촉촉하게 마무리한다.

립 표현이 진하게 되었을 시 미용티슈를 사용하면 된다.

10 | 셰이딩

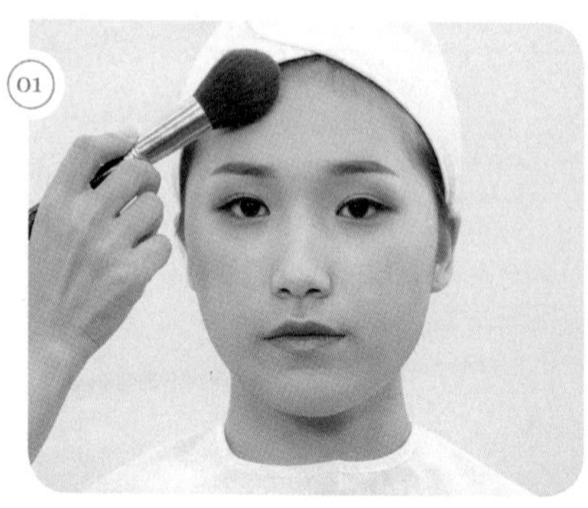
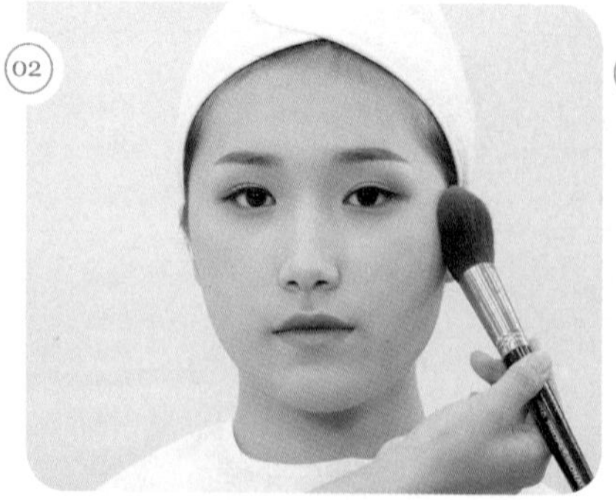
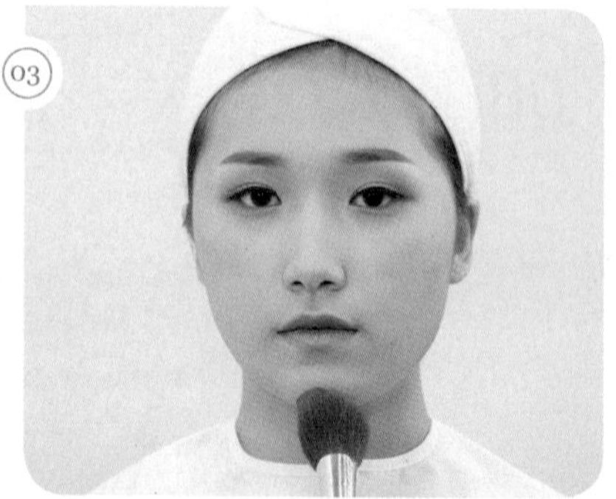

셰이딩은 브라운색 섀도를 이용하여 페이스라인을 쓸어주듯 펴 바르고 치크 부분을 한 번 더 지나가 준다.

11 | 마무리

① 시술 시 사용한 도구는 모두 제자리에 정리한다.
② 작업대 위를 깨끗하게 정리 정돈한다.

시술이 끝난 후 위생봉지(쓰레기)를 정리한다.

12 | 완성

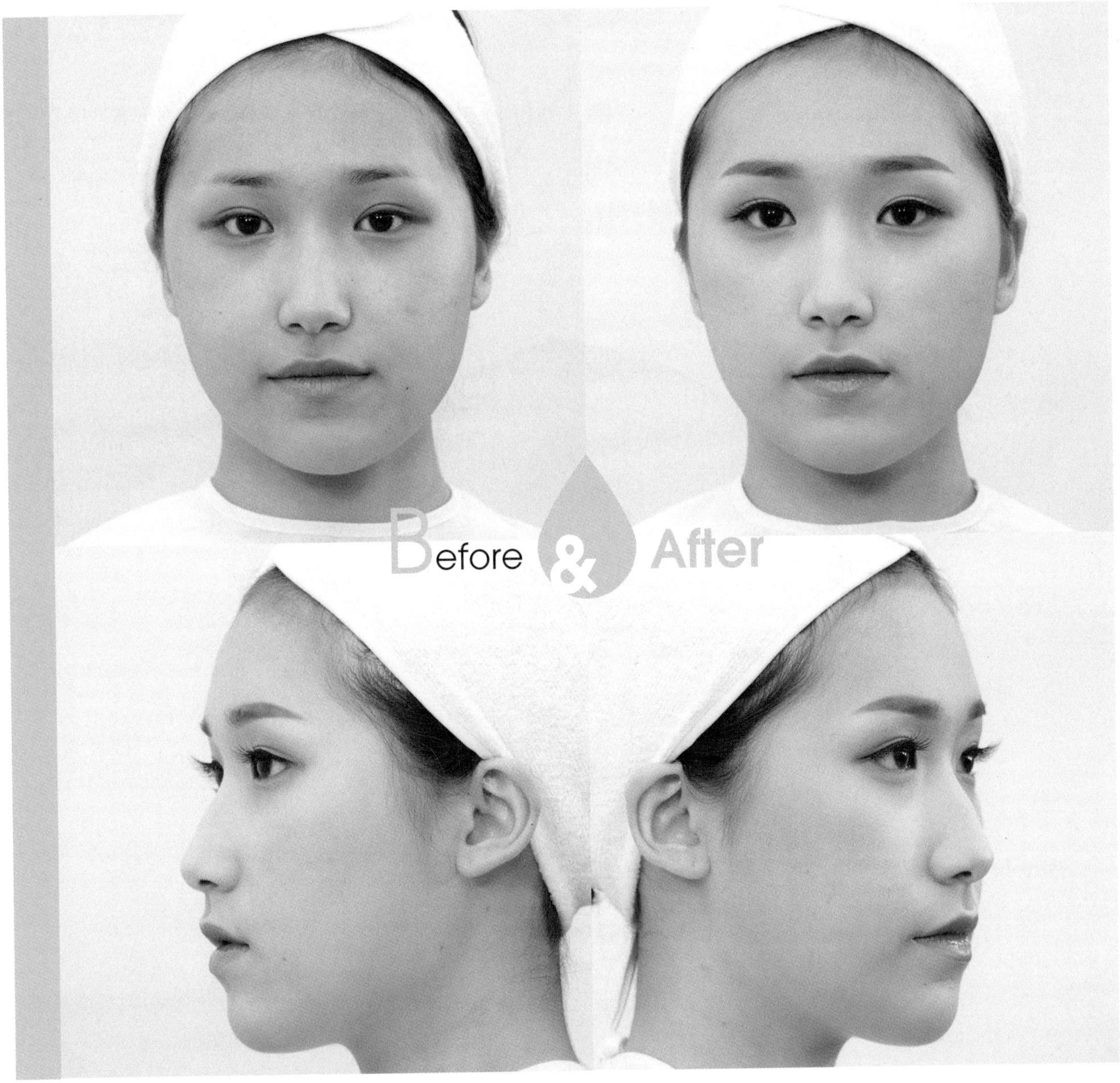

Before & After

Wedding(Classic) Make-up

웨딩(클래식) 메이크업

Check Point

- 모델의 피부톤에 맞게 깨끗한 피부톤을 표현하고 얼굴형에 따라 셰이딩, 하이라이트를 표현한다.
- 핑크 파우더로 매트하게 마무리한다.
- 눈썹은 흑갈색의 각진 눈썹산으로 표현한다.
- 피치색 아이섀도로 눈두덩이를 그러데이션으로 표현한다. 브라운색 아이섀도로 속눈썹라인에 깊이감을 주고 펴 바른다.
- 눈 앞머리에 위, 아래에 골드 펄로 포인트를 준다.
- 아이라인은 속눈썹 사이사이를 메꾸어 점막을 채워준다.
- 뷰러를 이용하여 자연스러운 속눈썹 컬링 후, 마스카라를 바르고 인조 속눈썹의 뒤쪽을 커팅 후 붙인다(앞쪽이 짧고 뒤쪽이 길도록 붙인다).
- 치크는 피치색으로 광대뼈 바깥에서 안쪽으로 블렌딩한다.
- 입술은 베이지 핑크색으로 입술라인을 선명하게 표현한다.

일러두기

01 과제유형

베이스	눈 썹	눈	볼	입 술	배 점	시험시간
깨끗한 표현	• 흑갈색 • 각진형	• 피 치 • 브라운 • 골드펄	피 치	베이지 핑크	30	40분

02 심사기준 및 감점요인

(1) 작업장 청결, 재료준비상태, 위생 및 소독 등의 사전준비자세

(2) 기본 및 숙련도 : 피부 베이스 들뜸없이 표현

(3) 기술력 : ① 양쪽 눈썹이 밸런스가 맞는지 여부
② 섀도 그러데이션 여부

(4) 완성도 : 미작일 경우 실격 처리된다.

03 요구사항 및 수험자 유의사항

1 요구사항(제1과제)

※ 지참 재료 및 도구를 사용하여 다음의 요구사항에 따라 뷰티 메이크업 웨딩(클래식)을 시험시간 내에 완성하시오.

① 과제를 수행하기 전 수험자의 손 및 도구류를 소독한 후 제시된 도면을 참고하여 웨딩(클래식) 메이크업 스타일을 연출하시오.

② 모델의 피부톤에 적합한 메이크업 베이스를 선택하여 얇고 고르게 펴 바르시오.

③ 모델의 피부톤에 맞춰 결점을 커버하여 깨끗하게 피부표현하시오.

④ 셰이딩과 하이라이트로 윤곽 수정 후 파우더로 매트하게 마무리하시오.

⑤ 모델의 눈썹 모양에 맞추어 흑갈색으로 그리되 눈썹 산이 약간 각지도록 그려주시오.

⑥ 피치색의 아이섀도를 눈두덩이 전체에 펴 바른 후 브라운색으로 속눈썹라인에 깊이감을 주고 눈두덩이 위로 펴 바르시오.

⑦ 눈 앞머리의 위, 아래는 골드 펄을 발라 화려함을 연출하시오(단, 아이섀도 연출 시 아이홀라인의 경계가 생기지 않게 그러데이션하시오).

⑧ 아이라인은 속눈썹 사이를 메꾸어 그리고 눈매를 아름답게 교정하시오.

⑨ 뷰러를 이용하여 자연 속눈썹을 컬링하시오.

⑩ 인조 속눈썹은 뒤쪽이 긴 스타일로 모델 눈에 맞춰 붙이고, 마스카라를 발라주시오.

⑪ 치크는 피치색으로 광대뼈 바깥쪽에서 안쪽으로 블렌딩하시오.

⑫ 립은 베이지 핑크색으로 바르고 입술라인을 선명하게 표현하시오.

2 수험자 유의사항

① 모델은 문신(눈썹, 아이라인, 입술 등), 속눈썹 연장 및 메이크업이 되어 있지 않은 상태이어야 한다.

② 스패튤러, 속눈썹 가위, 족집게, 눈썹칼 등의 도구류를 사용 전 소독제로 소독해야 한다.

③ 메이크업 베이스, 파운데이션을 펴 바를 때 스펀지 퍼프 또는 브러시를 사용하시오.

④ 아이섀도, 치크, 립 등의 표현 시 브러시 등 적합한 도구를 사용하시오.

⑤ 화장품은 요구사항이 지정된 제형 외에는 타입에 상관없이 자유롭게 사용하시오.

화장품은 용기에 덜어오지 않는다. 단 소독제는 다른 용기에 덜어와도 무방하다.

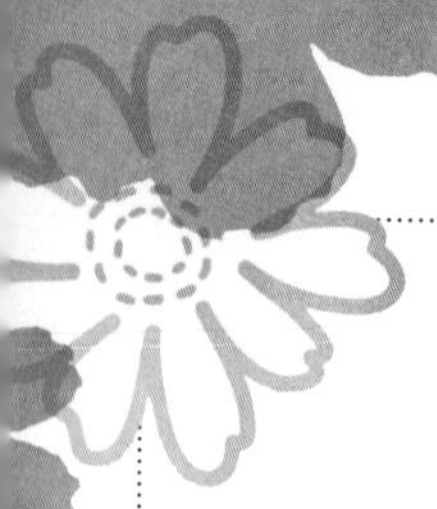

준비사항

01 | 수험자 및 모델의 복장

(1) 수험자 복장

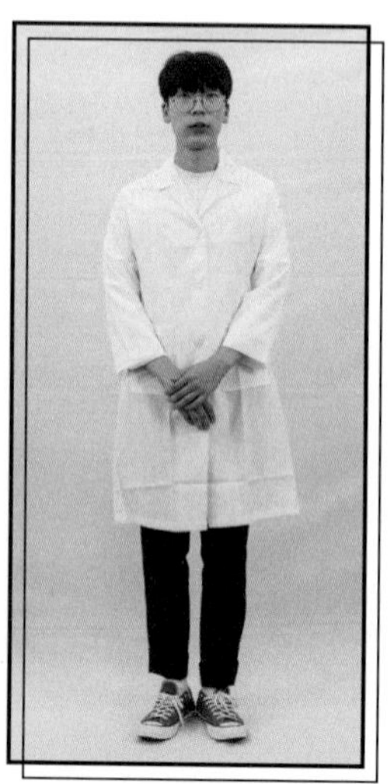

① **마스크(흰색) 착용**
② **상의** : 흰색 위생가운(반팔 또는 긴팔 가능, 일회용 가운 불가)
③ **하의** : 긴바지(색상, 소재 무관)

주의사항
- 눈에 보이는 표식[문신, 헤나, 컬러링(지정색 외)], 디자인, 손톱장식이 없어야 함
- 복장에 소속을 나타내는 표식이 없어야 함
- 액세서리 착용금지(반지, 팔찌, 시계, 목걸이, 귀걸이 등)
- 고정용품(머리핀, 머리망, 고무줄 등)은 검은색만 허용
- 스톱워치나 휴대전화 사용금지
- 재료 구별을 위한 스티커 부착금지

(2) 모델의 복장

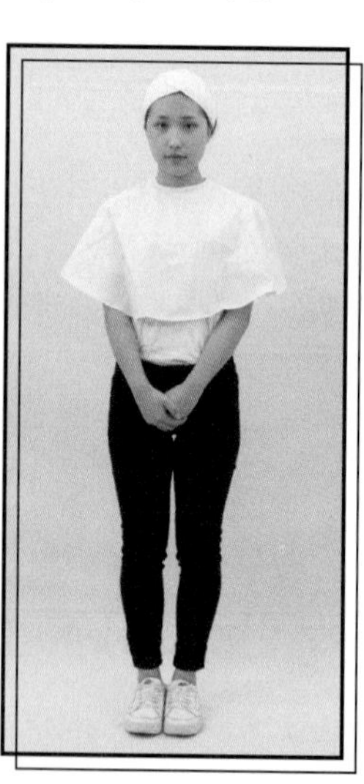

① **마스크(흰색) 착용**
② **상의** : 흰색 무지 상의(유색 무늬 불가, 소재 무관, 남방 및 니트류 허용, 아이보리색 등의 유색 불가)
③ **하의** : 긴바지(색상, 소재 무관)

※ 모델의 준비 상태가 부적합한 경우 감점 또는 0점 처리된다.

주의사항
- 눈에 보이는 표식[문신, 헤나, 컬러링(지정색 외)], 디자인, 손톱장식이 없어야 함
- 액세서리 착용금지(반지, 팔찌 시계, 목걸이, 귀걸이 등)
- 고정용품(머리핀, 머리망, 고무줄 등)은 검은색만 허용

02 | 도면 및 작업대 세팅

(1) 도구 및 재료

01	위생가운	16	아이브로 펜슬(에보니)
02	헤어밴드	17	인조 속눈썹
03	위생봉지	18	속눈썹 접착제(풀)
04	타월(흰색)	19	눈썹 칼
05	어깨보	20	눈썹 가위
06	탈지면 용기	21	브러시 세트
07	소독제	22	스펀지(퍼프)
08	화장솜(탈지면)	23	스패튤러
09	메이크업 베이스	24	분 첩
10	파운데이션	25	뷰 러
11	페이스 파우더	26	미용티슈
12	아이섀도 팔래트	27	물티슈
13	립 팔래트	28	면 봉
14	아이라이너	29	족집게
15	마스카라	30	클렌징 제품

(2) 사전준비

모든 세팅이 준비되어 있어야 한다.

과제 재료 세팅 시 감점 요인

- 과제가 시작되면 도구나 재료를 꺼낼 수 없으므로 흰 타월 안에 과제에 필요한 모든 재료를 세팅한다.
- 불필요한 도구가 세팅되어 있으면 안 되고 도구 및 재료는 바닥에 떨어뜨리지 않는다.

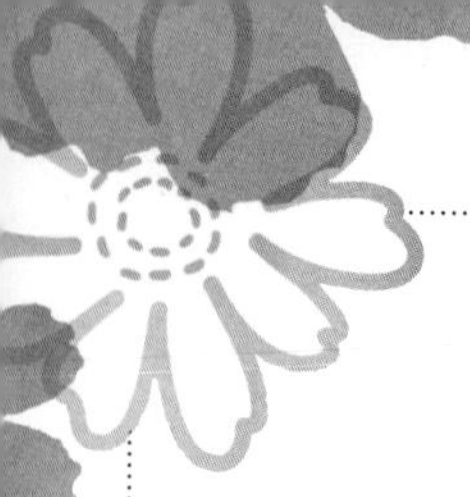

시술과정

01 | 소독 및 위생

(1) 수험자 손 소독하기

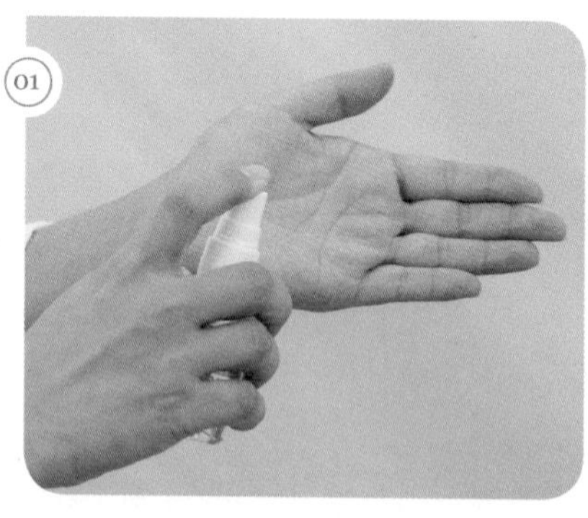

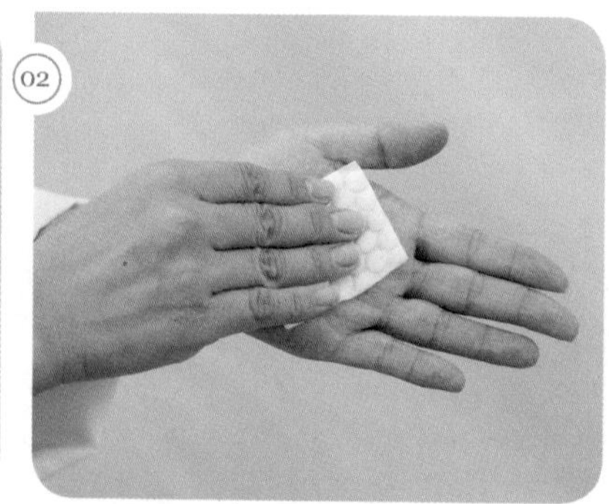

① 손 소독제 사용 : 손 소독제를 사용하여 수험자의 손을 전체적으로 소독한다.
② 화장솜으로 손 소독 : 화장솜을 사용해 손을 한 번 더 닦아 준다.

(2) 도구 소독하기

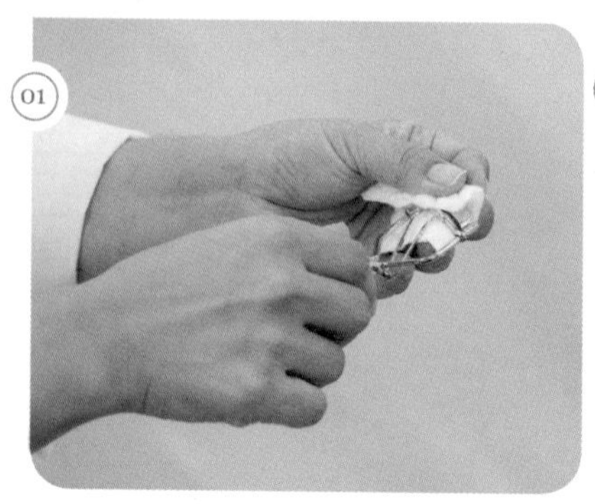

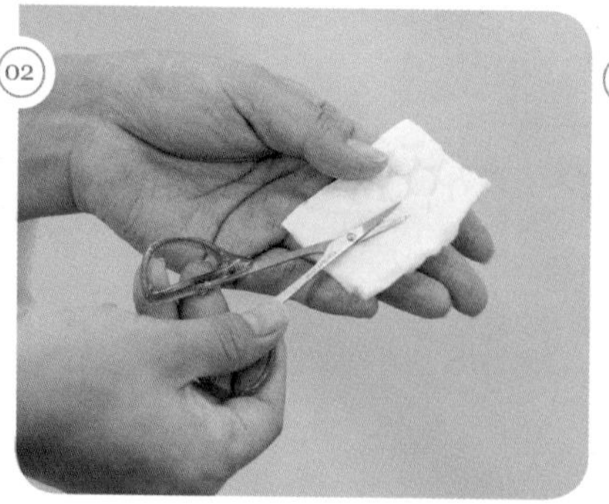

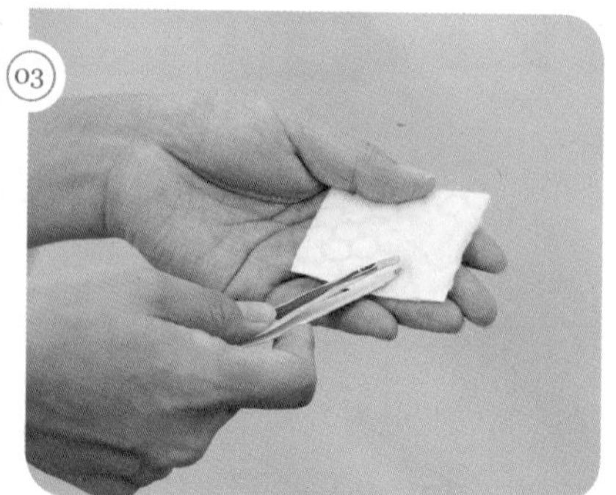

뷰러, 쪽가위, 족집게, 스패튤러, 눈썹칼 등을 소독해 준다.

02 | 베이스 메이크업

(1) 메이크업 베이스

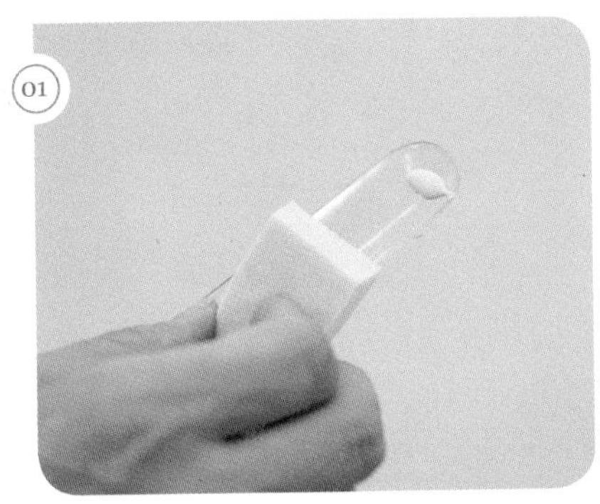

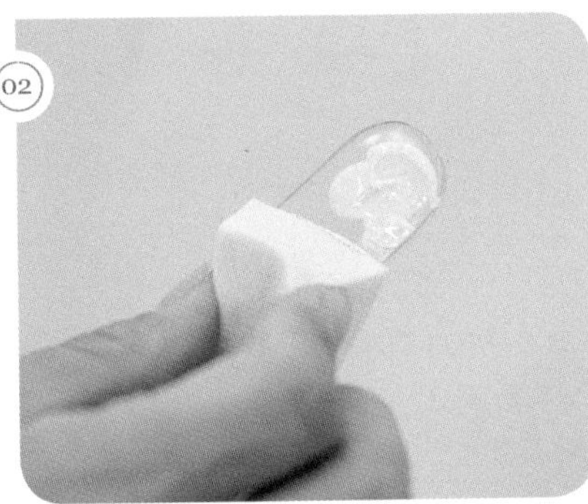

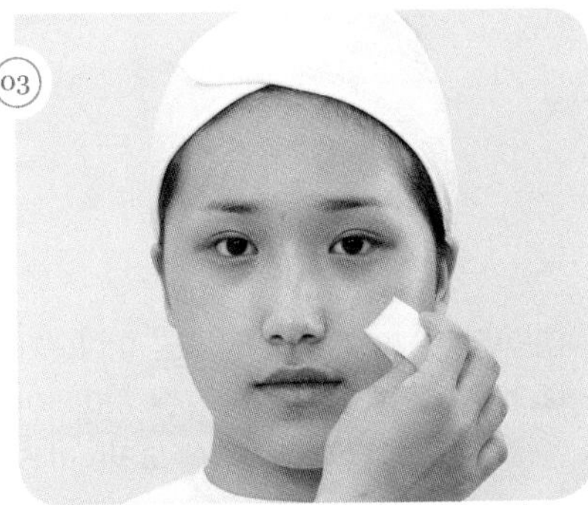

메이크업 베이스를 적당량 이용해서 얇고 고르게 펴 바른다.

(2) 파운데이션, 컨실러

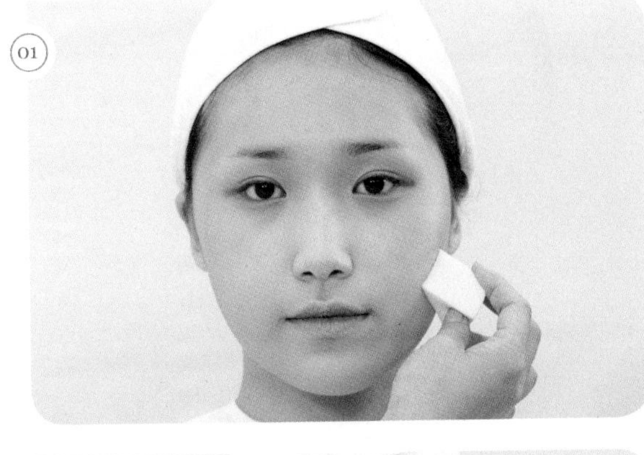

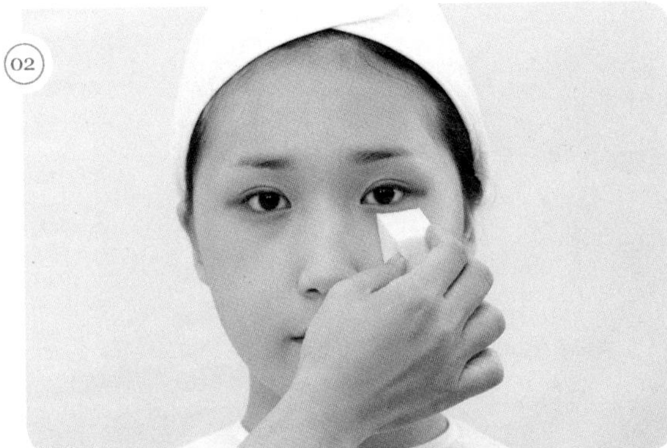

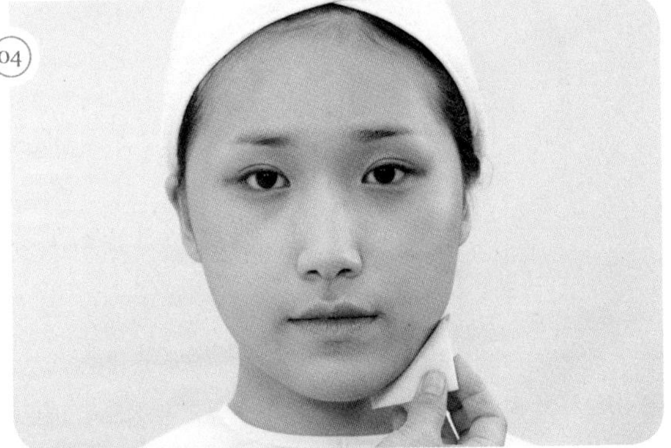

① 모델의 피부톤보다 한톤 밝게 결점을 커버하여 깨끗한 피부로 표현한다.

② 피부톤보다 약간 밝은 컨실러를 이용하여 잡티, 다크서클, 입 주변, 코 등을 컨실러로 깨끗하게 정리한다.

(3) 셰이딩, 하이라이트

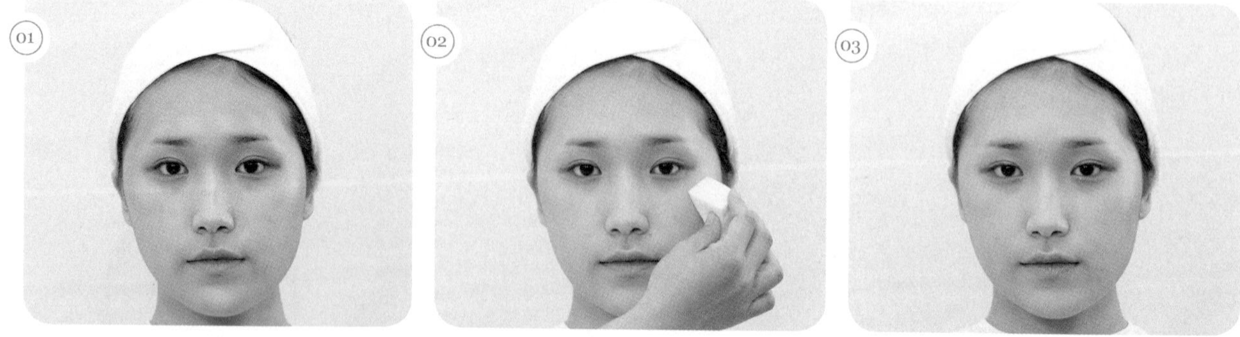

① 어두운 색의 파운데이션으로 이마에서 턱 경계선까지 경계선이 생기지 않게 셰이딩한다.
② T존, 애플존, 팔자주름, 턱 등 하이라이트 부위를 체크한다.
③ 체크한 하이라이트 부분에 그러데이션을 해 준다.

(4) 파우더

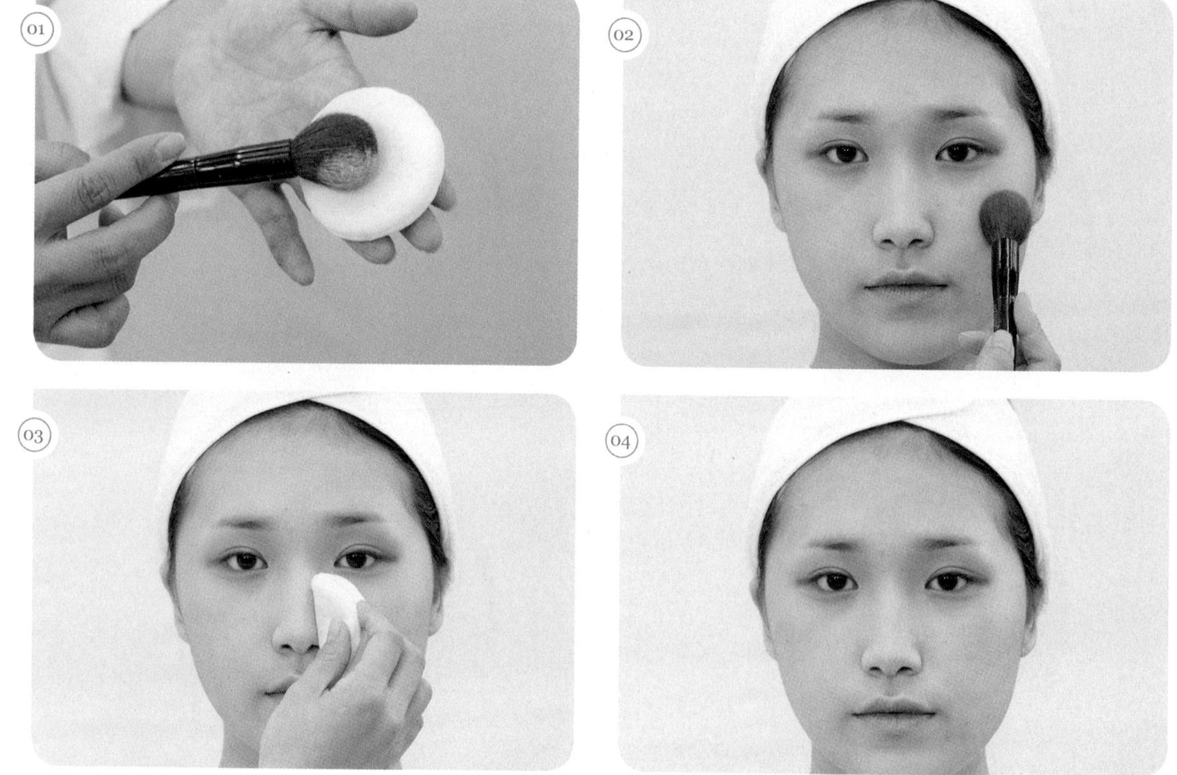

브러시를 이용하여 핑크 파우더를 얼굴 전체에 덮고 분첩으로 매트하게 마무리 해 준다.

- 브러시의 파우더 양은 분첩을 이용해 조절한다.
- 분첩을 이용할 시 볼, 이마 등 넓은 부분은 전체를 사용하고 면적이 작은 부위(눈 밑, 코 옆, 인중, 턱)는 분첩을 반으로 접어서 사용한다.
- 클래식 웨딩 메이크업의 베이스는 번들거리지 않도록 한다.

03 | 아이브로

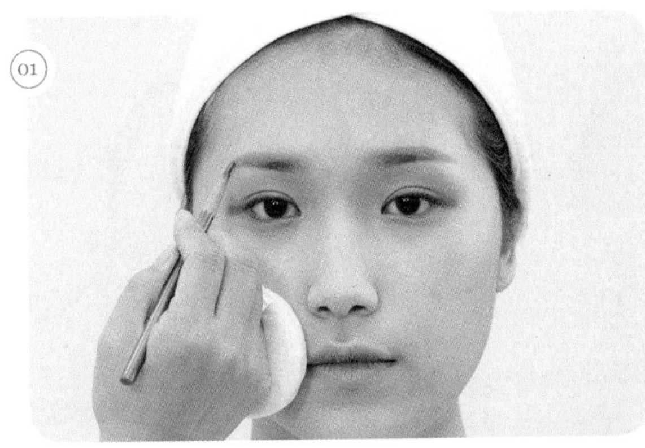

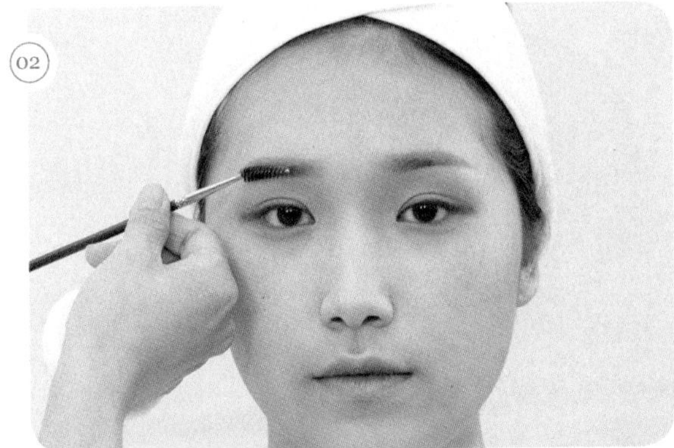

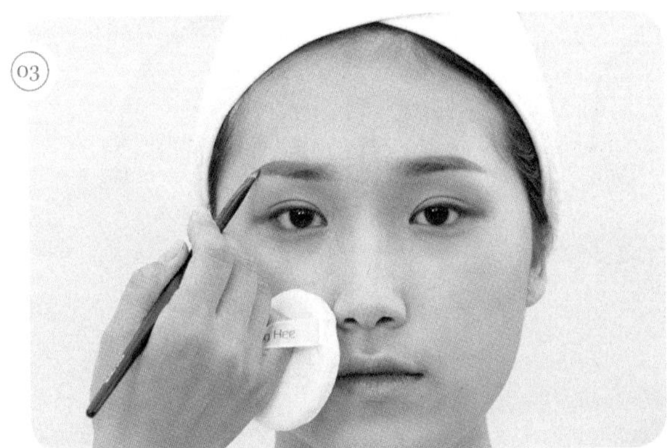

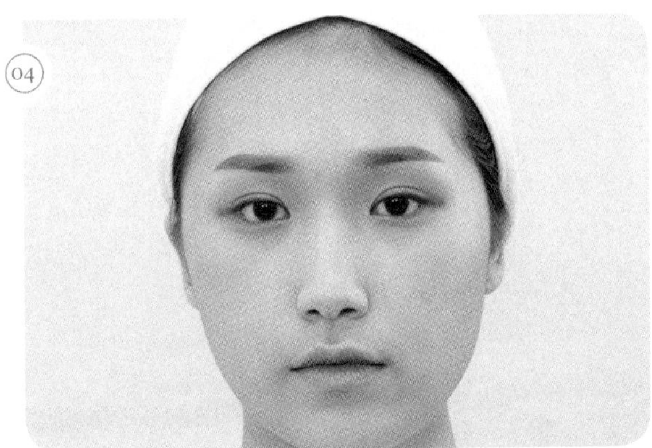

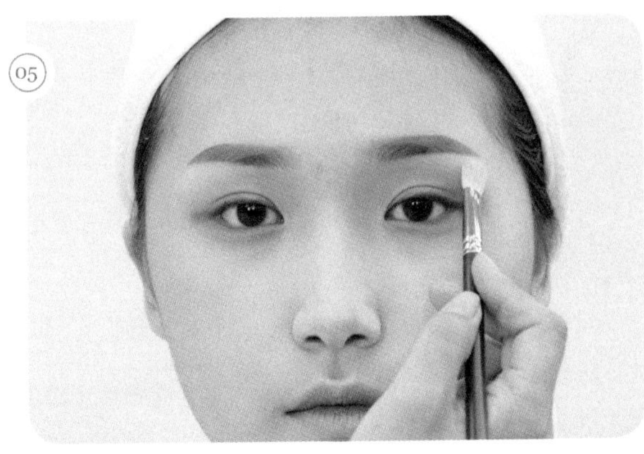

① 눈썹은 모델의 눈썹 모양에 맞추어 흑갈색으로 그리되 눈썹 산이 약간 각지도록 그린다.
② 눈썹의 좌우 균형 및 모양을 확인한다.
③ 눈썹뼈 아랫부분을 하이라이트로 처리해 준다.

- 스크루 브러시로 눈썹 결을 정리한 후 에보니 펜슬로 베이스를 그리고 사선브러시로 색을 입힌다.
- 스크루 브러시는 눈썹 결 정리뿐만 아니라 눈썹 수정에도 도움을 준다.
- 일반적으로 자연 눈썹은 대칭이 아닌 경우가 많으므로 눈썹 앞머리의 높이를 주의해서 그려야 한다.

04 | 아이섀도

01

02

03

04

05

06

07

08

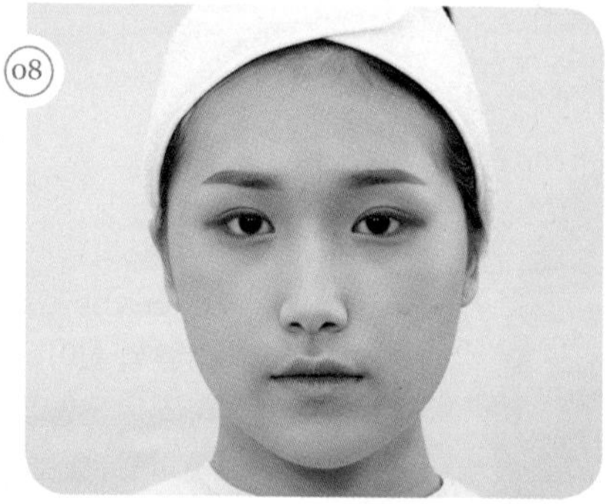

① 피치색 아이섀도를 눈두덩이와 언더라인 전체에 펴 발라 준다.

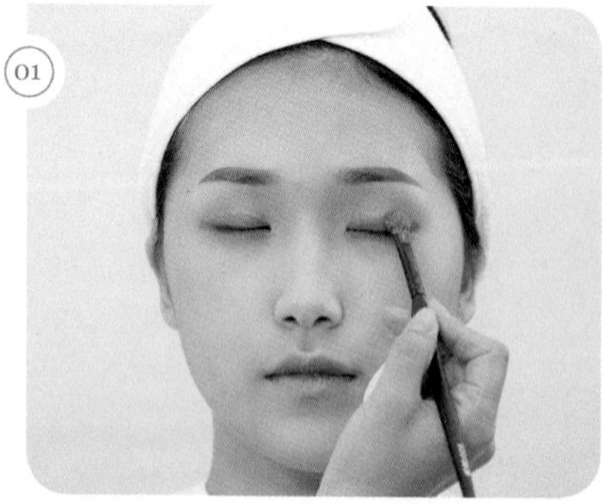

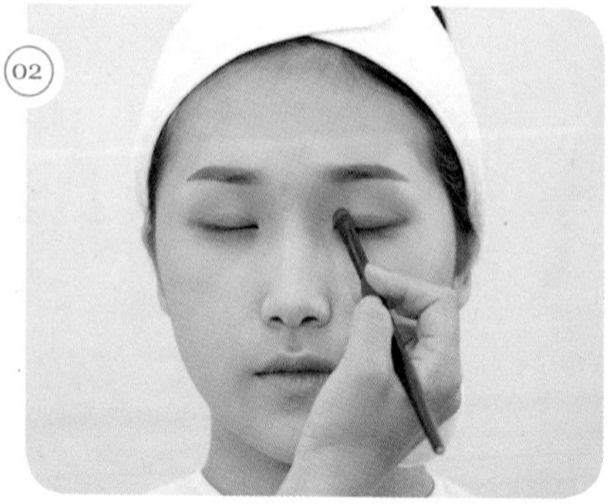

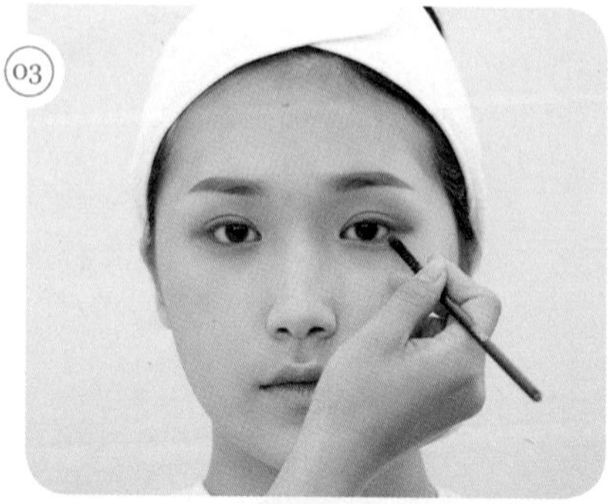

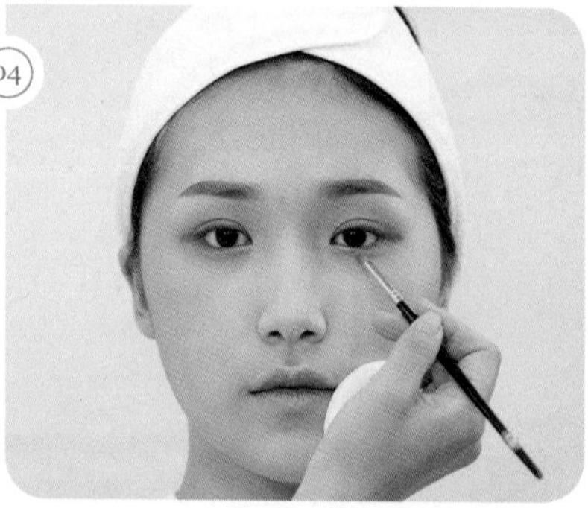

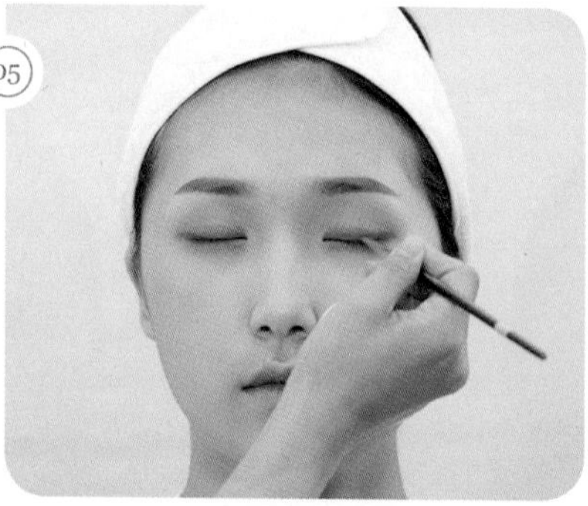

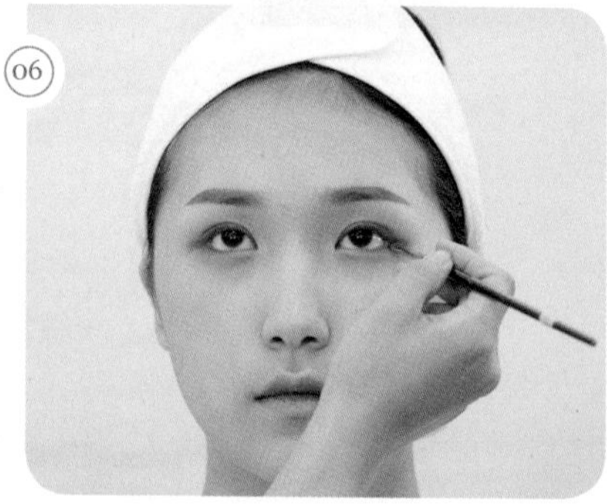

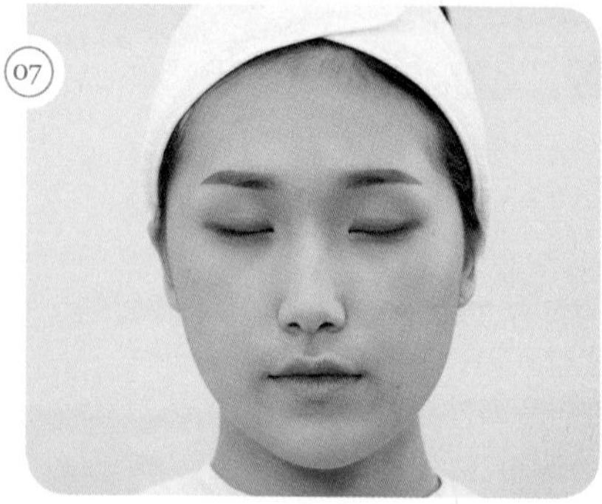

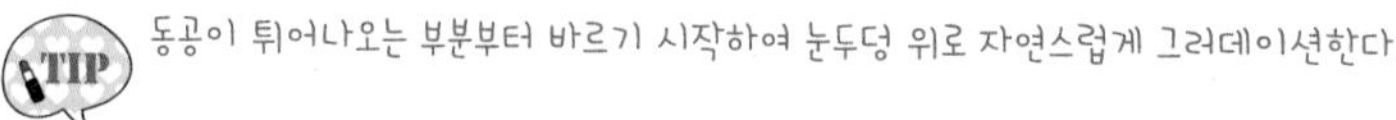

TIP 동공이 튀어나오는 부분부터 바르기 시작하여 눈두덩 위로 자연스럽게 그러데이션한다.

② 브라운색 포인트 컬러를 사용하여 속눈썹라인과 언더 1/2~1/3 부분까지 바르고 그러데이션하여 깊이감을 준다.

TIP
- 아주 작은 납작 브러시를 사용하면 편리하다.
- 아이섀도 연출 시 아이홀라인에 경계가 생기지 않도록 그러데이션한다.
- 화이트색 섀도로 아이홀을 한 번 더 쓸어주면 경계선을 그러데이션하기 편하다.

③ 눈앞머리의 위, 아래에는 골드 펄을 발라 화려함을 연출한다.

TIP 눈을 뜬 상태에서 눈앞머리에 바르고, 시선을 아래로 향한 상태에서 눈앞머리에 발라준다.

05 | 아이라인, 속눈썹 컬링

01

02

03

04
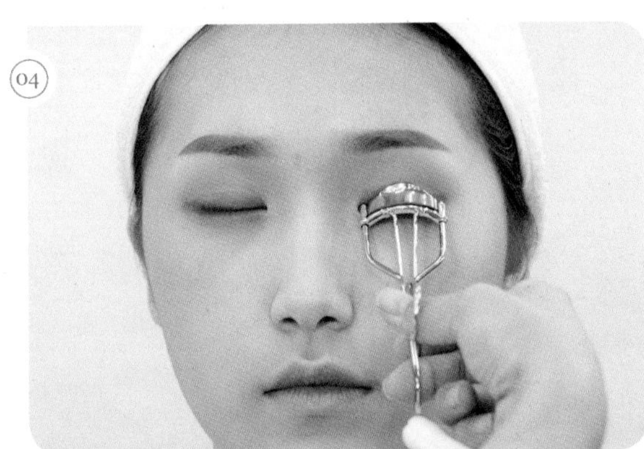

05
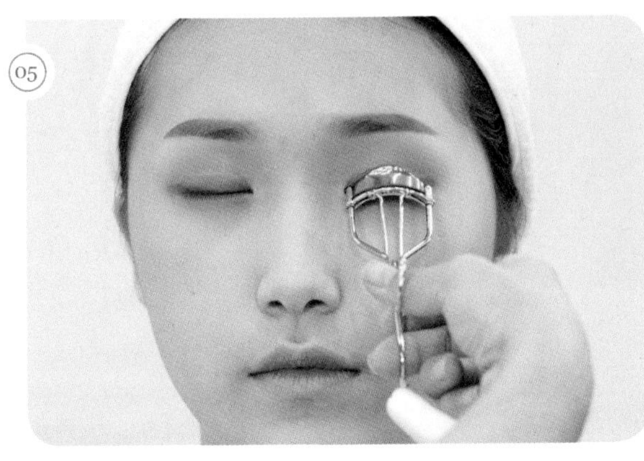

06
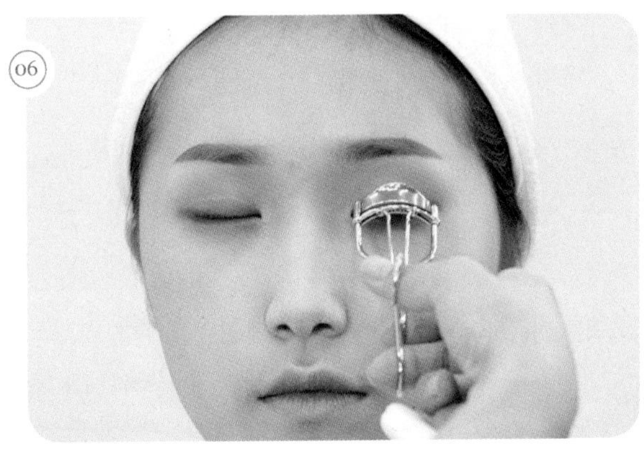

① 아이라인으로 속눈썹 사이와 점막을 채워준다.
② 뷰러를 이용하여 속눈썹을 자연스럽게 컬링해 준다.

뷰러를 이용할 때 세 번 나누어 집어주면 더욱 자연스러운 컬링을 연출할 수 있다.

06 | 마스카라, 인조 속눈썹 붙이기

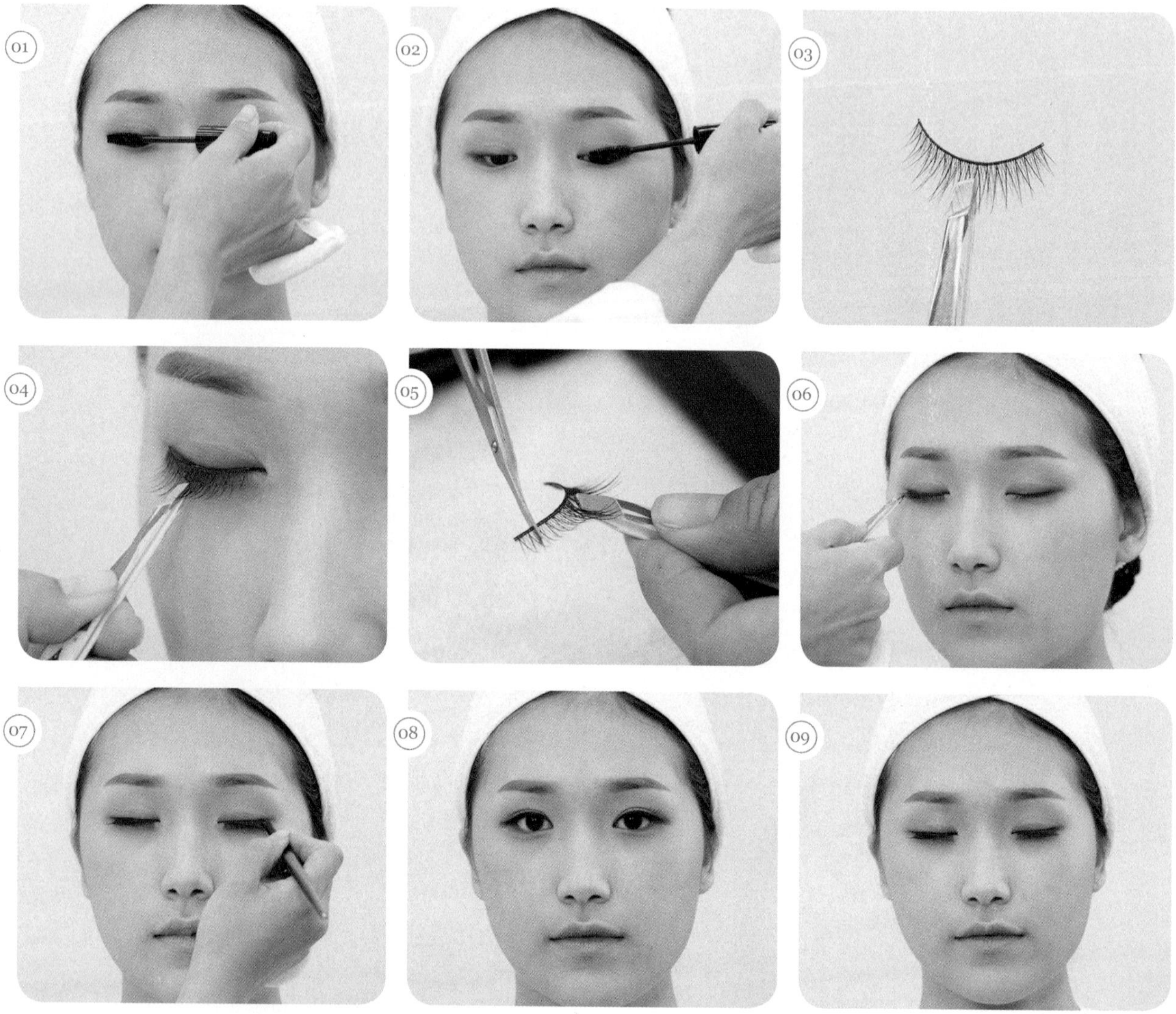

01 02 03 04 05 06 07 08 09

① 마스카라를 이용하여 속눈썹을 자연스럽게 표현해 준다.

- 마스카라를 이용할 때 마스카라 입구에서 양 조절을 하면 과한 사용을 방지할 수 있다.
- 모델에게 눈을 뜨고 아래방향으로 시선처리를 하게 한 후 마스카라를 사용하면 바르기 쉽다.

② 인조 속눈썹은 모델의 눈 길이를 체크하고 너무 길지 않게 뒷부분을 커팅한 후 한 번 더 확인하여 붙여준다.

인조 속눈썹 위에 보일지도 모르는 풀을 감추기 위해 리퀴드나 젤라이너를 이용하여 한 번 더 아이라인을 깔끔하게 그려 준다.

07 | 코 셰이딩, 하이라이트

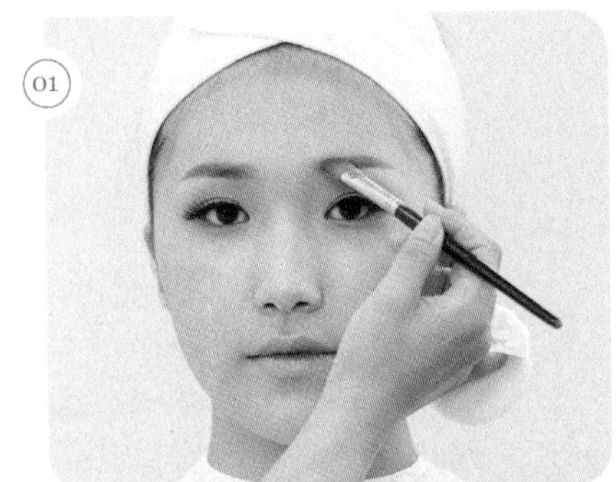

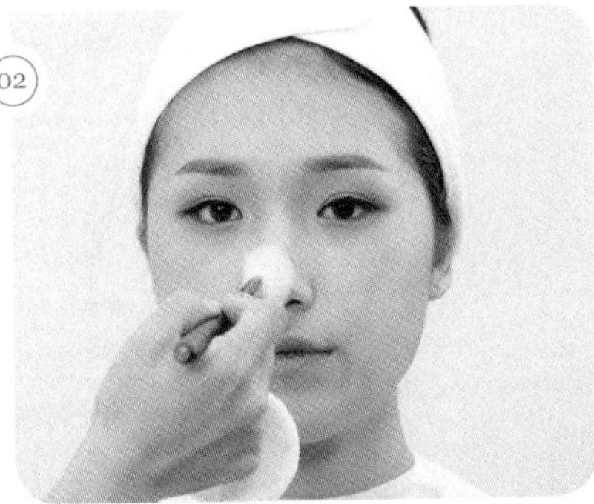

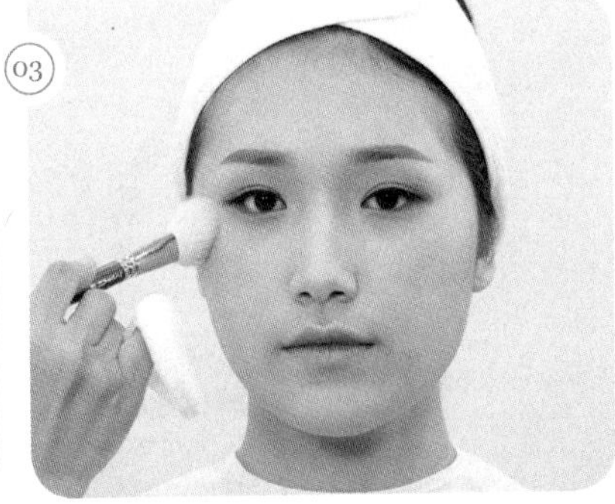

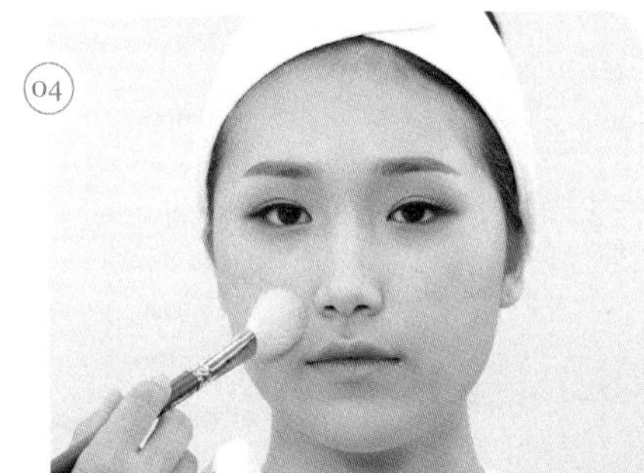

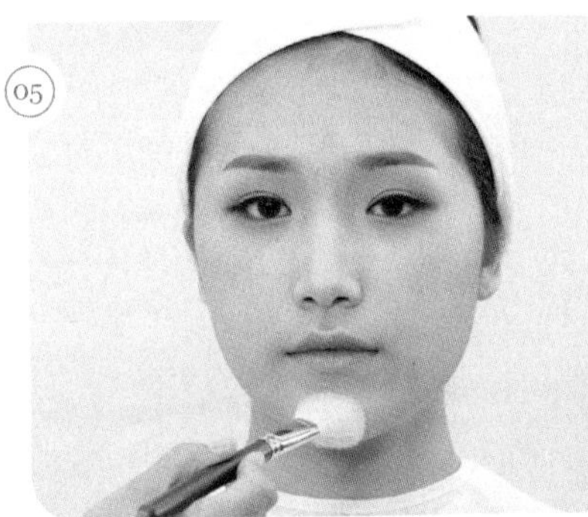

① 노즈 브러시로 브라운색 섀도를 눈썹 앞머리에서 콧방울 끝까지 쓸어서 자연스럽게 발라 준다.

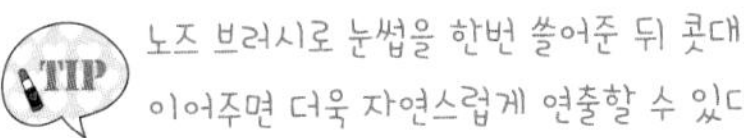

노즈 브러시로 눈썹을 한번 쓸어준 뒤 콧대와 이어주면 더욱 자연스럽게 연출할 수 있다.

② 하이라이트는 밝은색 파우더를 이용하여 T존, 애플존, 팔자주름, 턱에 펴 발라 준다.

08 | 치크

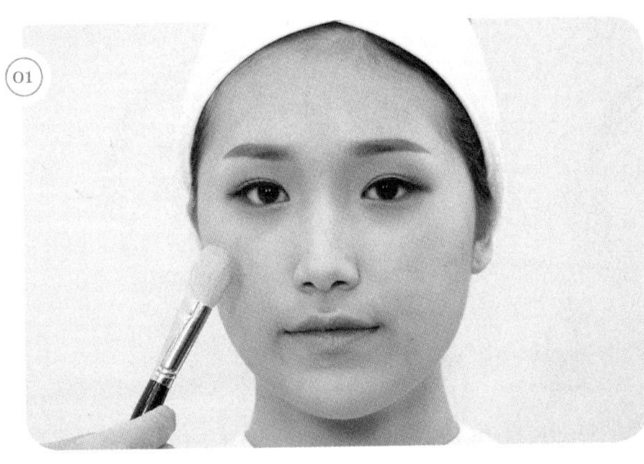

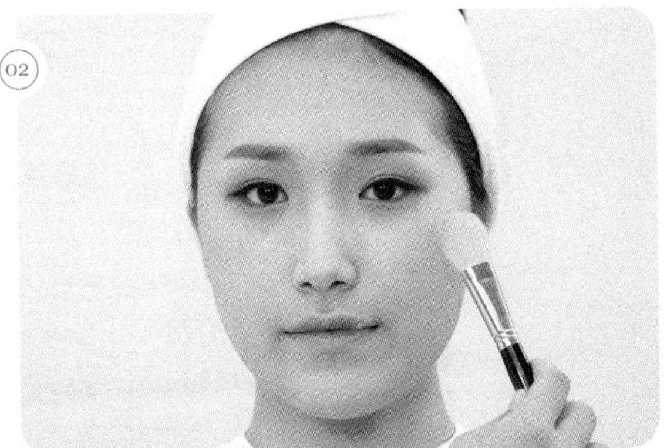

치크는 피치색으로 광대뼈 바깥쪽에서 안쪽으로 블렌딩한다.

- 블렌딩할 때 바깥에서 안쪽으로 브러시를 두들기며 블렌딩하면 뭉침이 없다(터치 → 터치 → 하면서 바른다).
- 치크가 과하게 표현될 경우 하이라이트로 한번 쓸어주면 커버가 가능하다.

09 | 립

(01)

(02)
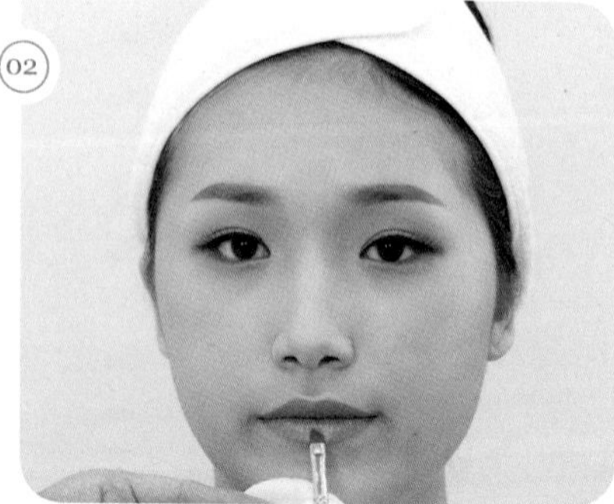
(03)

(04)
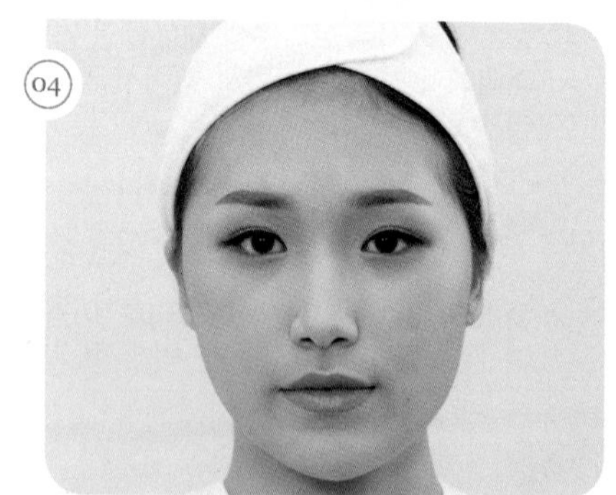

립은 베이지 핑크색으로 입술라인을 선명하게 표현한다.

- 립 표현이 진하게 되었을 시 미용티슈를 사용하면 된다.
- 입술 주변은 컨실러나 면봉에 파우더를 묻혀 가장자리를 정리해 주면 더욱 선명하게 표현된다.
- 립을 바르기 전 립라이너를 이용하여 입술선을 그려주면 선명한 립 표현이 된다.

10 | 셰이딩

(01)

(02)
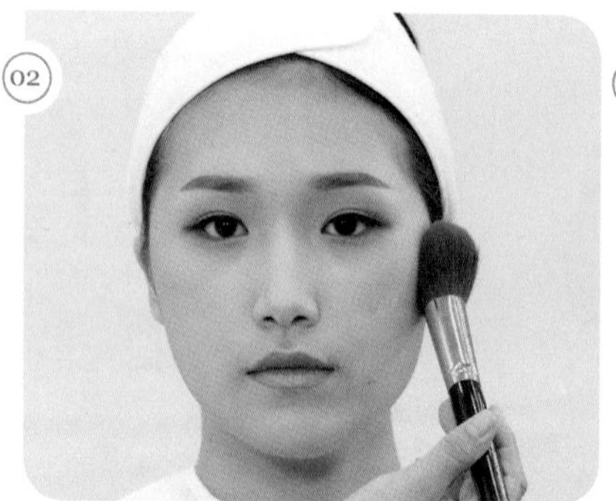
(03)
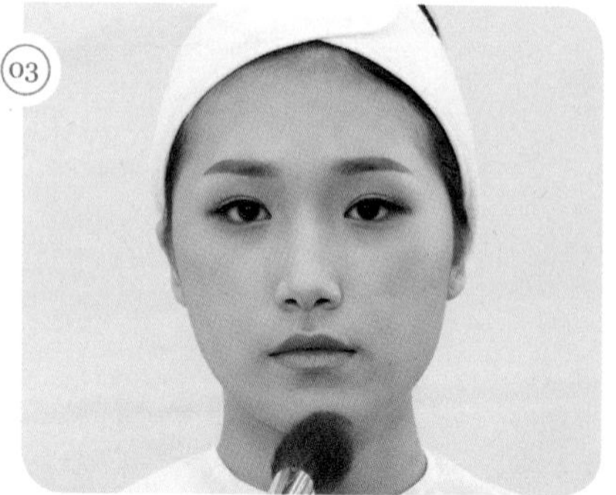

셰이딩은 브라운색 섀도를 이용하여 페이스라인을 쓸어주듯 펴 바르고 치크 부분을 한 번 더 지나가 준다.

11 | 마무리

① 시술 시 사용한 도구는 모두 제자리에 정리한다.
② 작업대 위를 깨끗하게 정리 정돈한다.

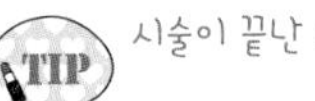

시술이 끝난 후 위생봉지(쓰레기)를 정리한다.

12 | 완성

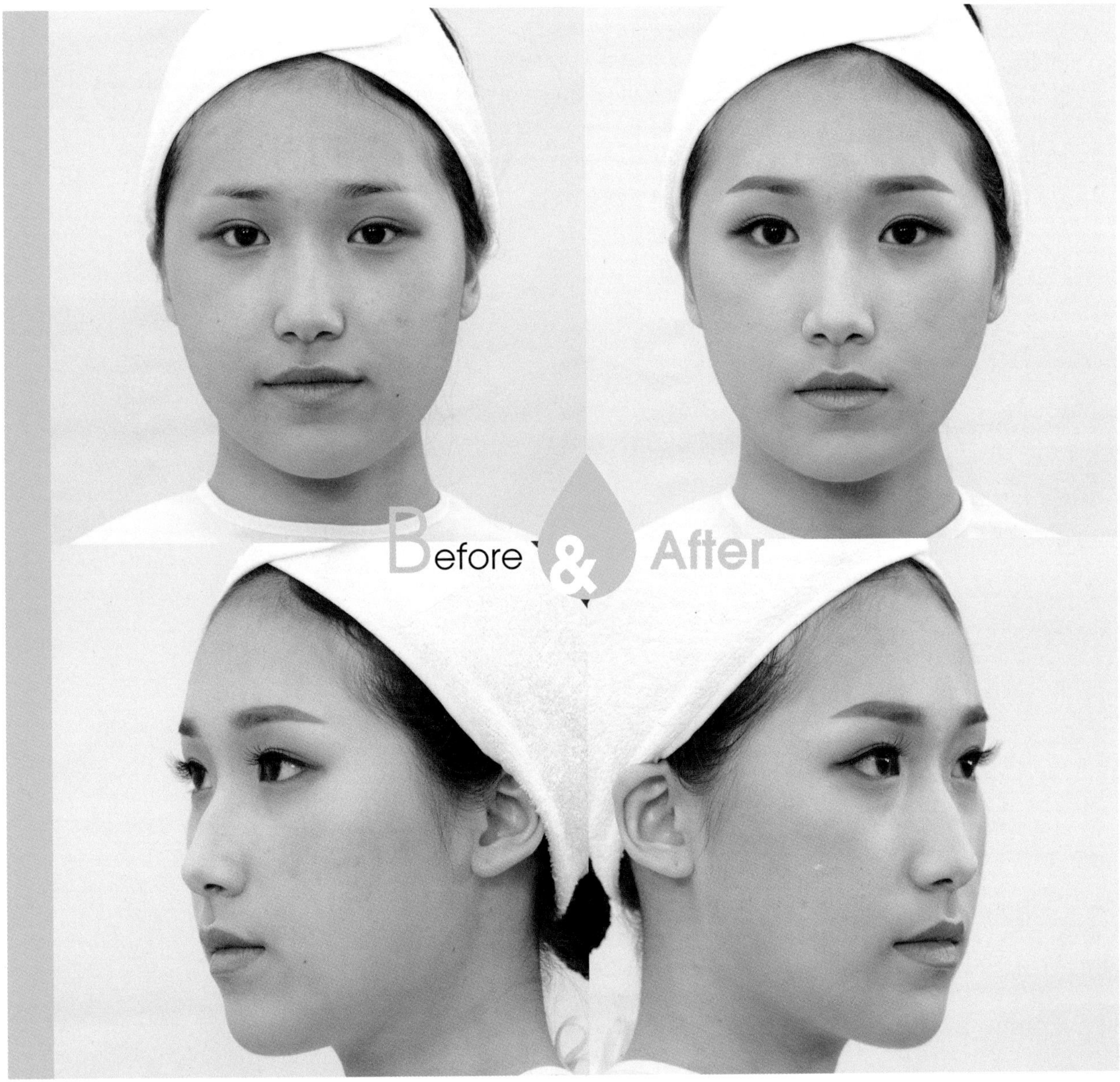

Before & After

Hanbok Make-up

한복 메이크업

Check Point

- 모델의 피부톤에 맞게 깨끗한 피부톤을 표현하고 얼굴형에 따라 셰이딩, 하이라이트를 표현한다.
- 가루 파우더로 매트하게 마무리한다.
- 눈썹은 자연스러운 브라운색으로 모델의 눈썹 모양에 맞추어 자연스럽게 표현한다.
- 펄이 약간 가미된 피치색 아이섀도로 눈두덩이와 언더라인 전체를 바른다. 브라운색 아이섀도로 아이라인 주변을 짙게 발라 자연스러운 포인트를 준다. 눈꼬리 언더라인의 1/2~1/3에 바른다.
- 아이라인은 속눈썹 사이사이를 메꾸어 점막을 채워준다.
- 뷰러를 이용하여 자연스러운 속눈썹 컬링 후, 마스카라를 바르고 인조 속눈썹의 뒤쪽을 커팅 후 붙인다(앞쪽이 짧고 뒤쪽이 길도록 붙인다).
- 치크는 오렌지 계열로 광대뼈 위쪽에서 안에서 바깥으로 블렌딩해서 바른다.
- 입술은 오렌지 레드색으로 입술라인을 선명하게 표현한다.

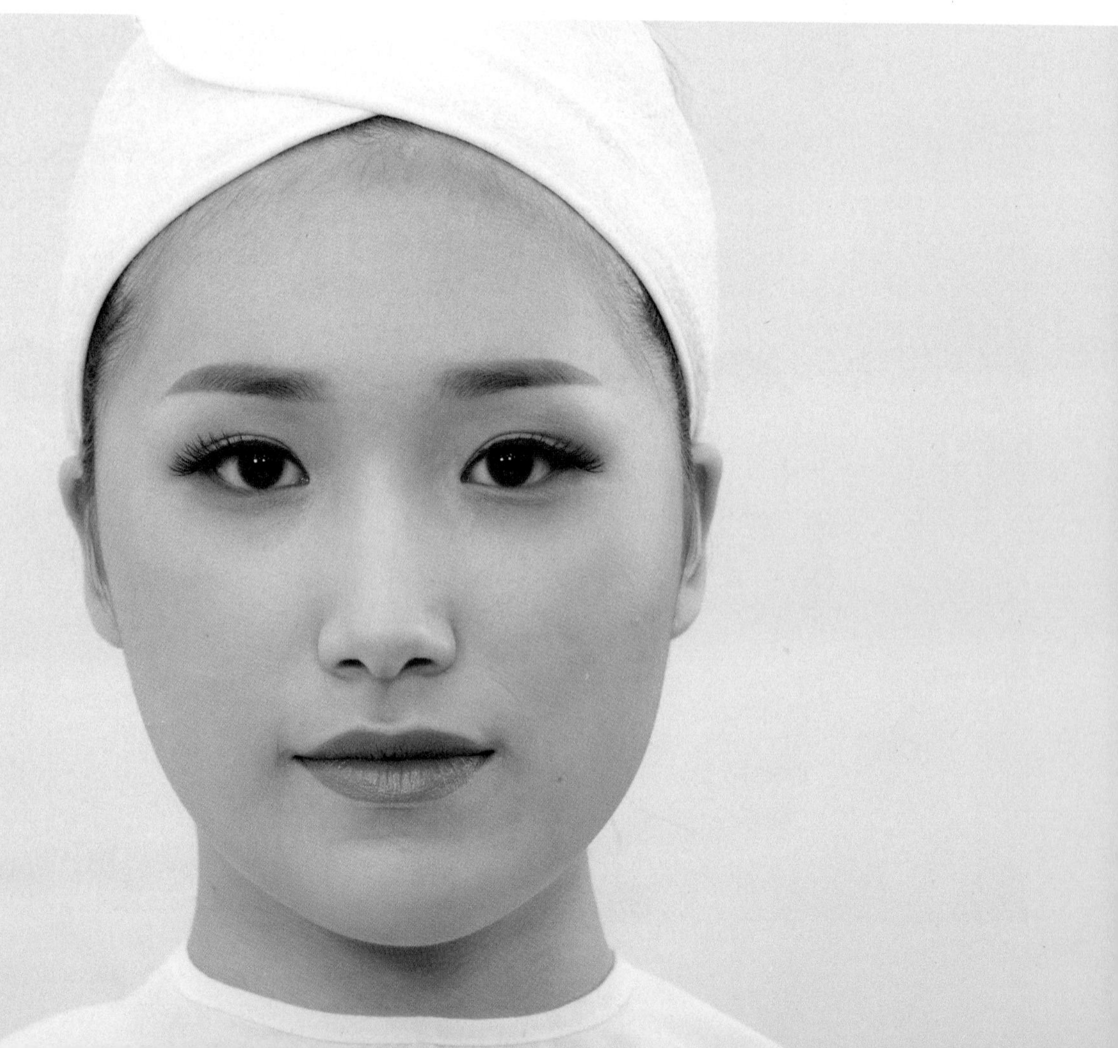

일러두기

01 과제유형

베이스	눈 썹	눈	볼	입 술	배 점	시험시간
깨끗한 표현	자연스러운 브라운색	• 펄피치 • 브라운	오렌지	오렌지 레드	30	40분

02 심사기준 및 감점요인

(1) 작업장 청결, 재료준비상태, 위생 및 소독 등의 사전준비자세
(2) 기본 및 숙련도 : 피부 베이스 들뜸없이 표현
(3) 기술력 : ① 양쪽 눈썹이 밸런스가 맞는지 여부
② 섀도 그러데이션 여부
(4) 완성도 : 미작일 경우 실격 처리된다.

03 요구사항 및 수험자 유의사항

1 요구사항(제1과제)

※ 지참 재료 및 도구를 사용하여 다음의 요구사항에 따라 뷰티 메이크업(한복)을 시험시간 내에 완성하시오.

① 과제를 수행하기 전 수험자의 손 및 도구류를 소독한 후 제시된 도면을 참고하여 한복 메이크업 스타일을 연출하시오.
② 모델의 피부톤에 적합한 메이크업 베이스를 선택하여 얇고 고르게 펴 바르시오.
③ 모델의 피부톤에 맞춰 결점을 커버하여 깨끗하게 피부표현하시오.
④ 셰이딩과 하이라이트 후 파우더로 가볍게 마무리하시오.
⑤ 모델의 눈썹 모양에 맞추어 자연스러운 브라운 컬러의 눈썹을 표현하시오.
⑥ 아이섀도의 표현은 펄이 약간 가미된 피치색으로 눈두덩이와 언더라인 전체에 바르시오.
⑦ 브라운색 아이섀도로 도면과 같이 아이라인 주변을 짙게 바르고 눈두덩이 위로 자연스럽게 그러데이션한 후 눈꼬리 언더라인 1/2~1/3까지 그러데이션하시오(단, 아이섀도 연출 시 아이홀라인에 경계가 생기지 않게 그러데이션하시오).
⑧ 언더라인에는 밝은 크림색 섀도를 덧발라 애교살이 돋보이도록 하시오.
⑨ 아이라인은 속눈썹 사이를 메꾸어 그리고 눈매를 아름답게 교정하시오.
⑩ 뷰러를 이용하여 자연 속눈썹을 컬링하시오.
⑪ 인조 속눈썹은 모델 눈에 맞춰 붙이고, 마스카라를 발라주시오.
⑫ 치크는 오렌지 계열로 광대뼈 위쪽에서 안에서 바깥으로 블렌딩해서 바르시오.
⑬ 립컬러는 오렌지 레드색으로 바르고 입술라인을 선명하게 표현하시오.

2 수험자 유의사항

① 모델은 문신(눈썹, 아이라인, 입술 등), 속눈썹 연장 및 메이크업이 되어 있지 않은 상태이어야 한다.
② 스패튤러, 속눈썹 가위, 족집게, 눈썹칼 등의 도구류를 사용 전 소독제로 소독해야 한다.
③ 메이크업 베이스, 파운데이션을 펴 바를 때 스펀지 퍼프 또는 브러시를 사용하시오.
④ 아이섀도, 치크, 립 등의 표현 시 브러시 등 적합한 도구를 사용하시오.
⑤ 화장품은 요구사항이 지정된 제형 외에는 타입에 상관없이 자유롭게 사용하시오.

화장품은 용기에 덜어오지 않는다. 단 소독제는 다른 용기에 덜어와도 무방하다.

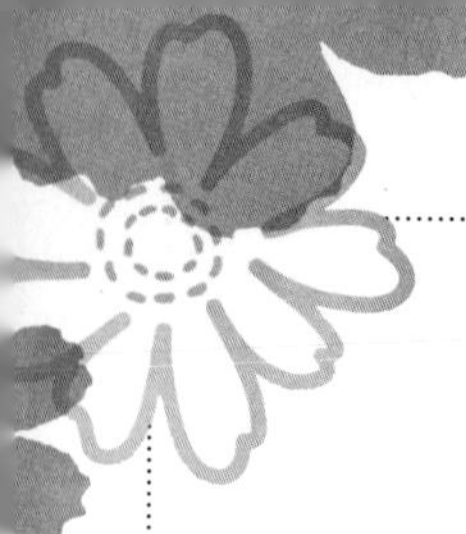

준비사항

01 | 수험자 및 모델의 복장

(1) 수험자 복장

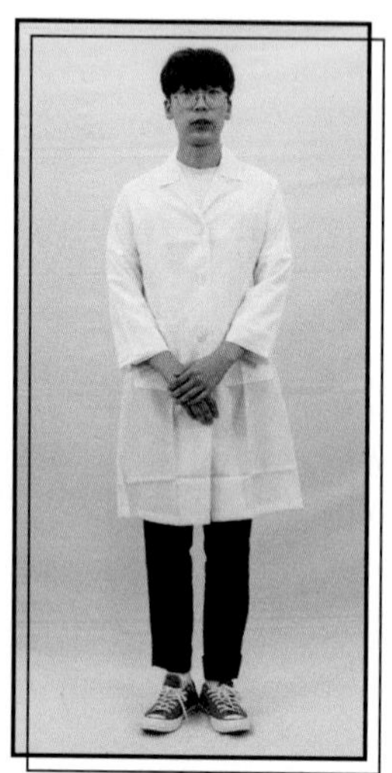

① **마스크(흰색) 착용**

② **상의** : 흰색 위생가운(반팔 또는 긴팔 가능, 일회용 가운 불가)

③ **하의** : 긴바지(색상, 소재 무관)

주의사항

- 눈에 보이는 표식[문신, 헤나, 컬러링(지정색 외)], 디자인, 손톱장식이 없어야 함
- 복장에 소속을 나타내는 표식이 없어야 함
- 액세서리 착용금지(반지, 팔찌, 시계, 목걸이, 귀걸이 등)
- 고정용품(머리핀, 머리망, 고무줄 등)은 검은색만 허용
- 스톱워치나 휴대전화 사용금지
- 재료 구별을 위한 스티커 부착금지

(2) 모델의 복장

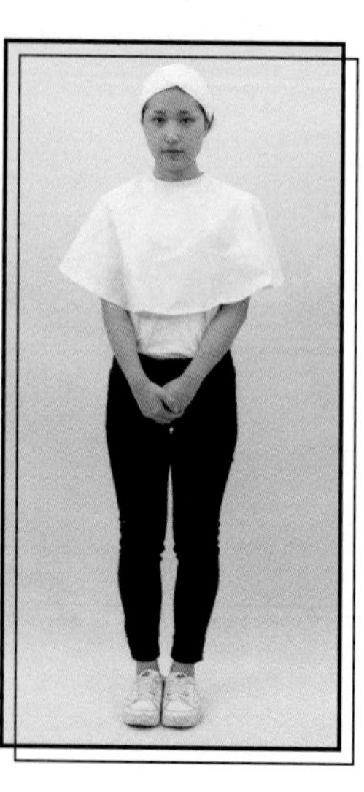

① **마스크(흰색) 착용**

② **상의** : 흰색 무지 상의(유색 무늬 불가, 소재 무관, 남방 및 니트류 허용, 아이보리색 등의 유색 불가)

③ **하의** : 긴바지(색상, 소재 무관)

※ 모델의 준비 상태가 부적합한 경우 감점 또는 0점 처리된다.

주의사항

- 눈에 보이는 표식[문신, 헤나, 컬러링(지정색 외)], 디자인, 손톱장식이 없어야 함
- 액세서리 착용금지(반지, 팔찌 시계, 목걸이, 귀걸이 등)
- 고정용품(머리핀, 머리망, 고무줄 등)은 검은색만 허용

02 | 도면 및 작업대 세팅

(1) 도구 및 재료

01	위생가운	16	아이브로 펜슬(에보니)
02	헤어밴드	17	인조 속눈썹
03	위생봉지	18	속눈썹 접착제(풀)
04	타월(흰색)	19	눈썹 칼
05	어깨보	20	눈썹 가위
06	탈지면 용기	21	브러시 세트
07	소독제	22	스펀지(퍼프)
08	화장솜(탈지면)	23	스패튤러
09	메이크업 베이스	24	분 첩
10	파운데이션	25	뷰 러
11	페이스 파우더	26	미용티슈
12	아이섀도 팔래트	27	물티슈
13	립 팔래트	28	면 봉
14	아이라이너	29	족집게
15	마스카라	30	클렌징 제품

(2) 사전준비

모든 세팅이 준비되어 있어야 한다.

과제 재료 세팅 시 감점 요인

- 과제가 시작되면 도구나 재료를 꺼낼 수 없으므로 흰 타월 안에 과제에 필요한 모든 재료를 세팅한다.
- 불필요한 도구가 세팅되어 있으면 안 되고 도구 및 재료는 바닥에 떨어뜨리지 않는다.

시술과정

01 | 소독 및 위생

(1) 수험자 손 소독하기

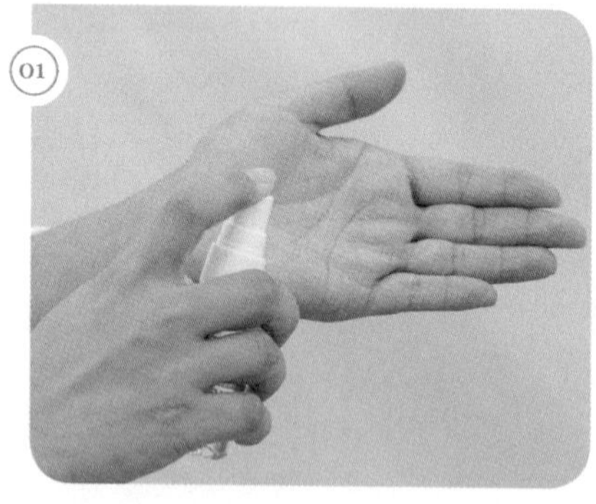

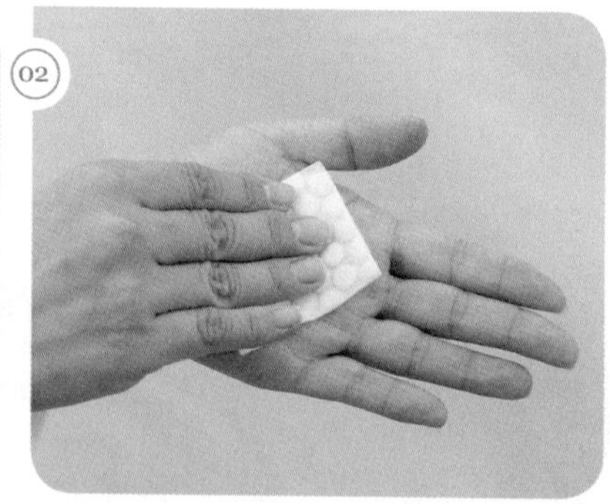

① 손 소독제 사용 : 손 소독제를 사용하여 수험자의 손을 전체적으로 소독한다.
② 화장솜으로 손 소독 : 화장솜을 사용해 손을 한 번 더 닦아 준다.

(2) 도구 소독하기

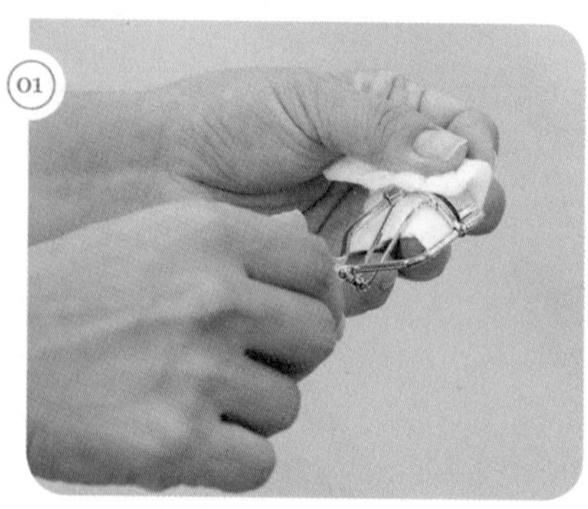

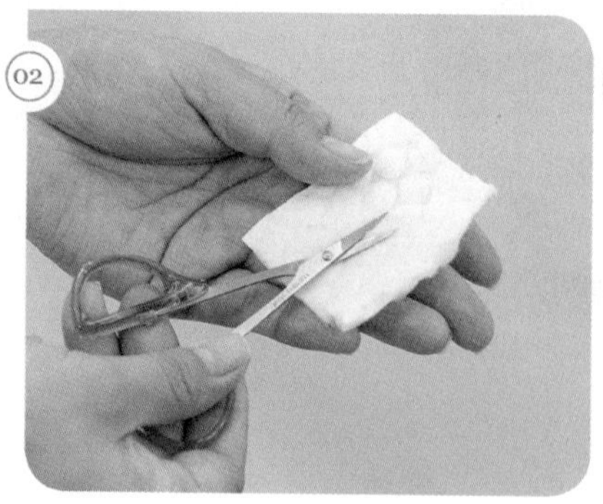

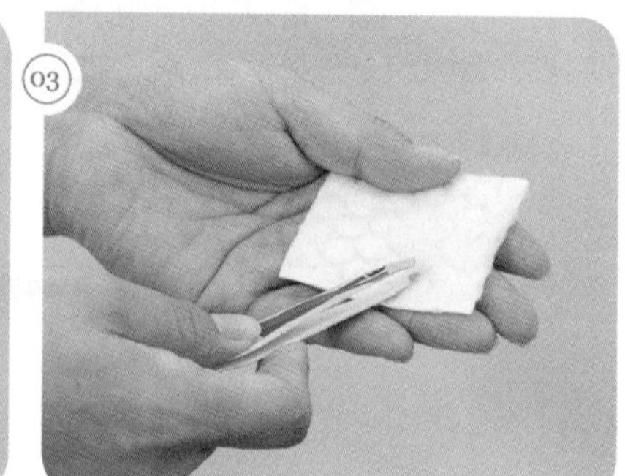

뷰러, 쪽가위, 족집게, 스패튤러, 눈썹칼 등을 소독해 준다.

02 | 베이스 메이크업

(1) 메이크업 베이스

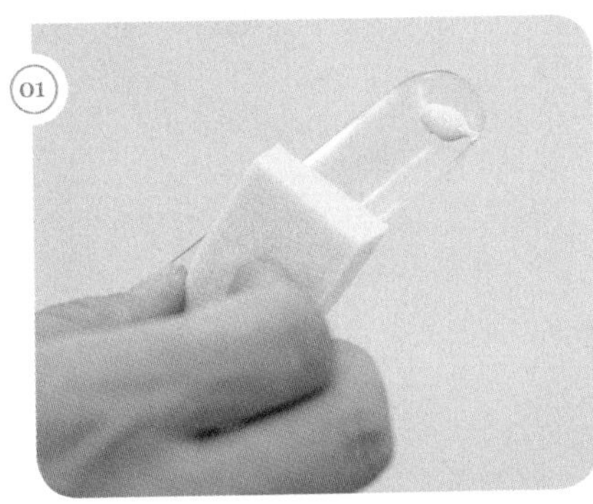
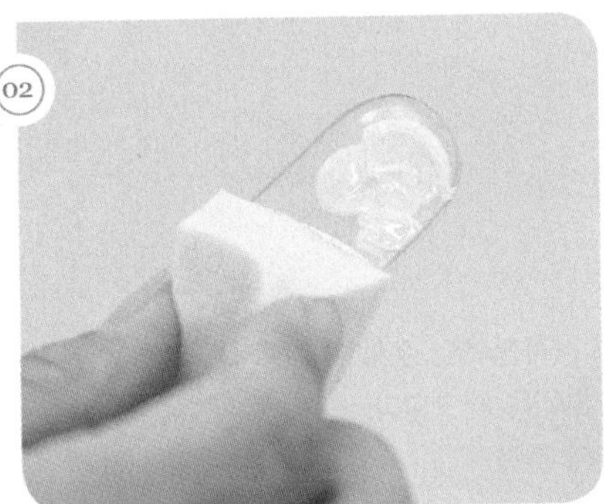
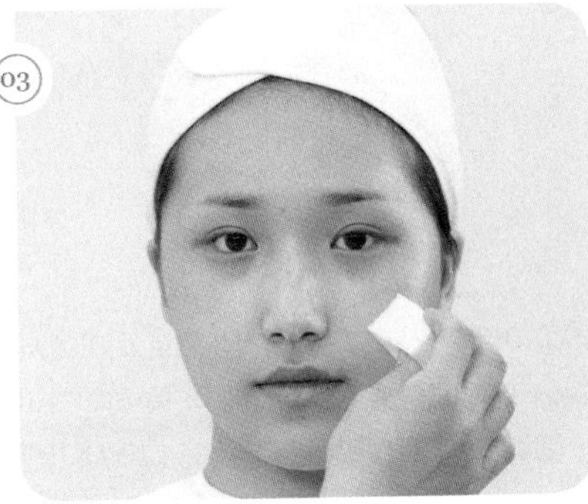

메이크업 베이스를 적당량 이용해서 얇고 고르게 펴 바른다.

(2) 파운데이션, 컨실러

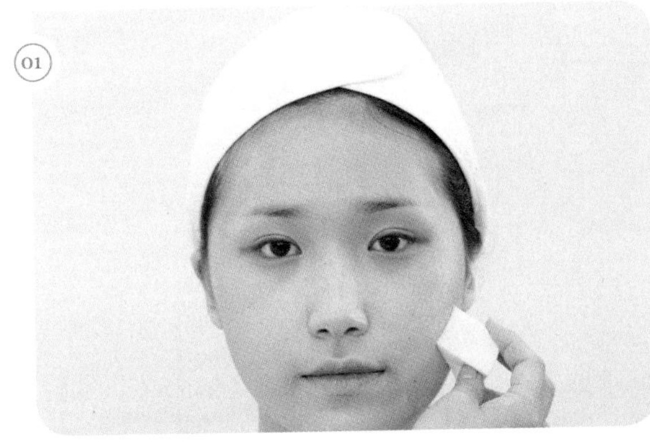
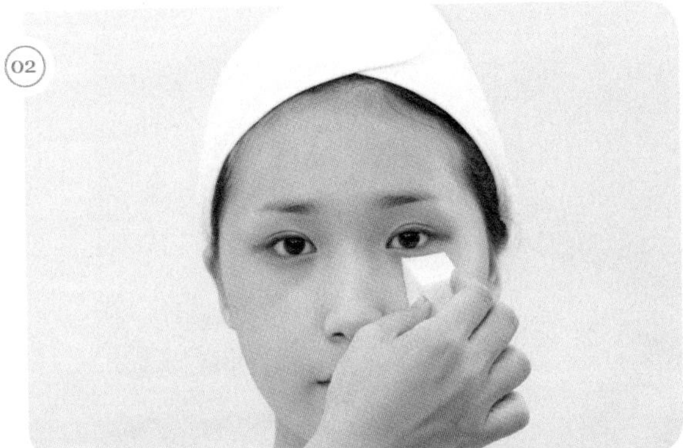
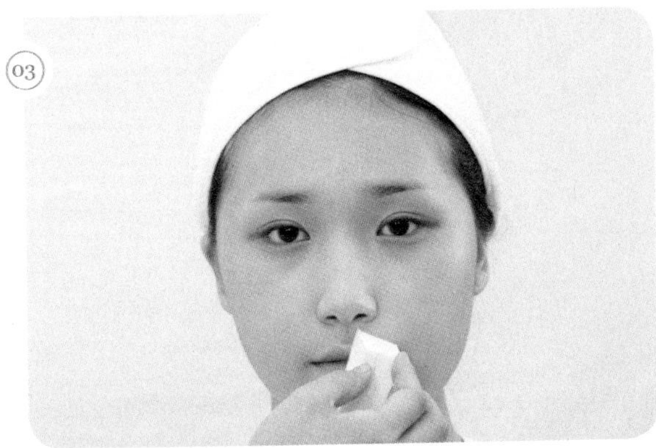
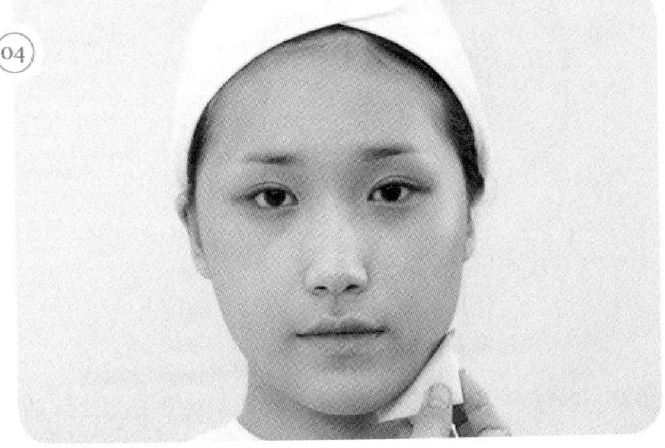

① 모델의 피부톤에 맞춰 결점을 커버하여 깨끗한 피부로 표현한다.
② 피부톤보다 약간 밝은 컨실러를 이용하여 잡티, 다크서클, 입 주변, 코 등을 컨실러로 깨끗하게 정리한다.

(3) 셰이딩, 하이라이트

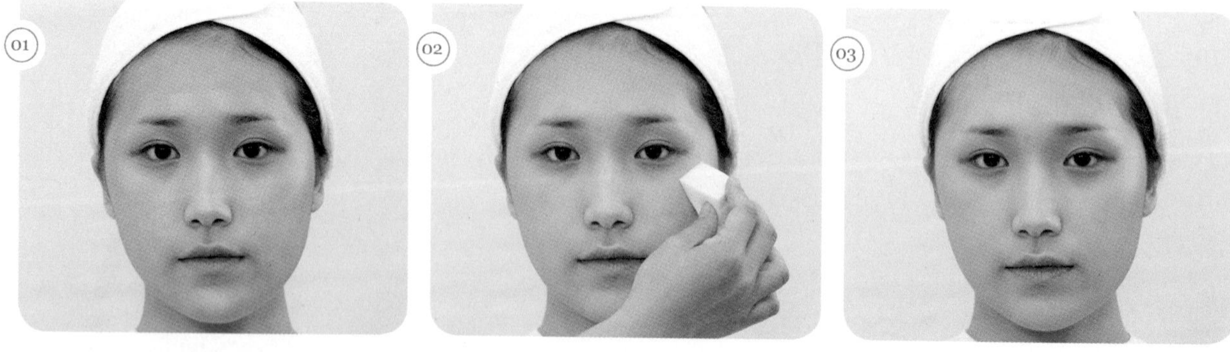

① 어두운 색의 파운데이션으로 이마에서 턱 경계선까지 경계선이 생기지 않게 셰이딩한다.
② T존, 애플존, 팔자주름, 턱 등 하이라이트 부위를 체크한다.
③ 체크한 하이라이트 부분에 그러데이션을 해 준다.

(4) 파우더

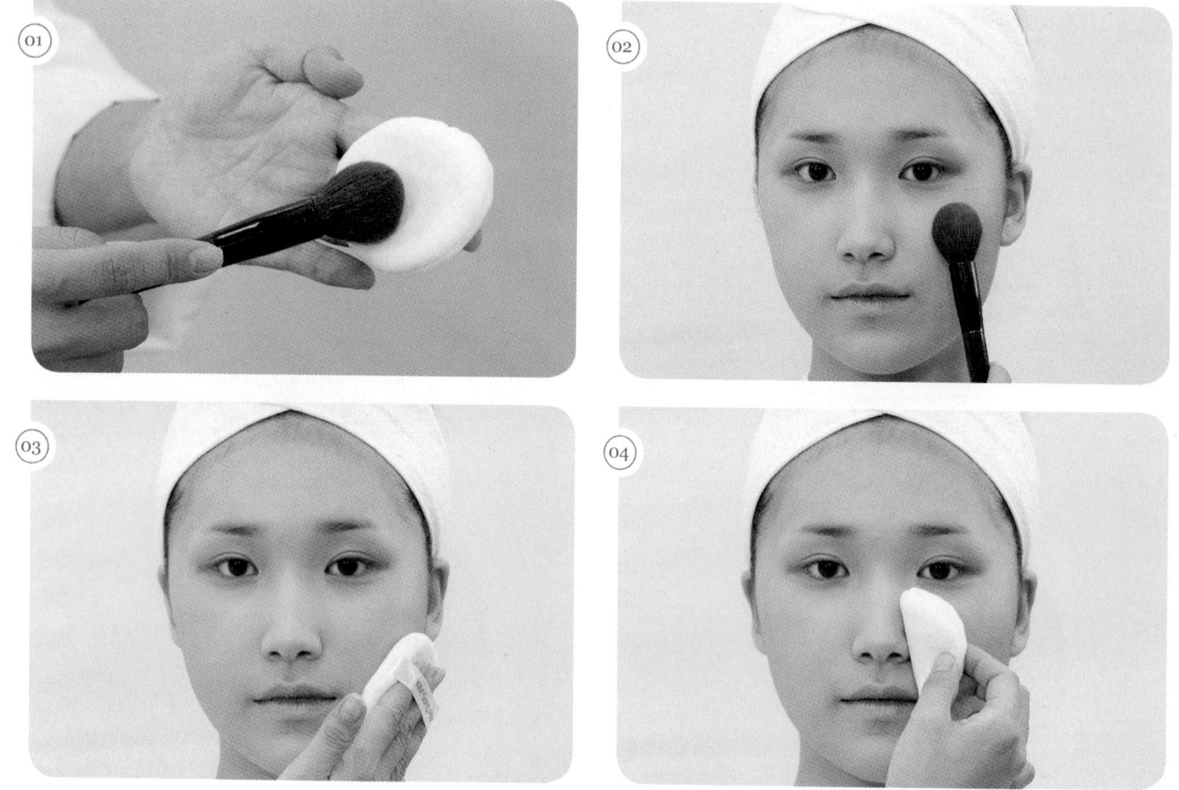

브러시를 이용하여 투명 파우더를 얼굴 전체에 바르고 분첩으로 매트하게 마무리 해 준다.

- 브러시의 파우더 양은 분첩을 이용해 조절한다.
- 분첩을 이용할 시 볼, 이마 등 넓은 부분은 전체를 사용하고 면적이 작은 부위(눈 밑, 코 옆, 인중, 턱)는 분첩을 반으로 접어서 사용한다.
- 한복 메이크업의 베이스는 번들거리지 않도록 한다.

03 | 아이브로

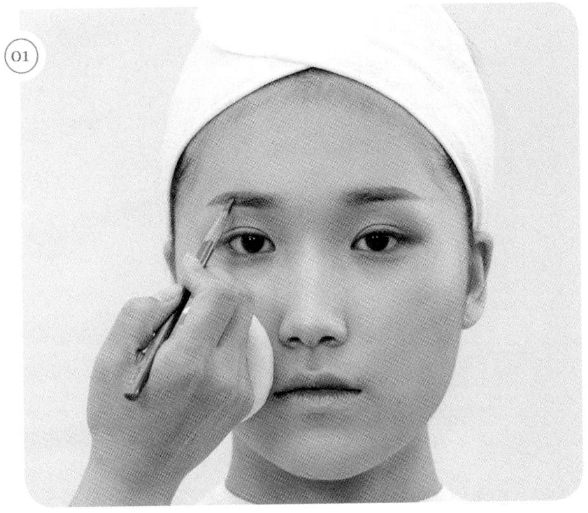
01

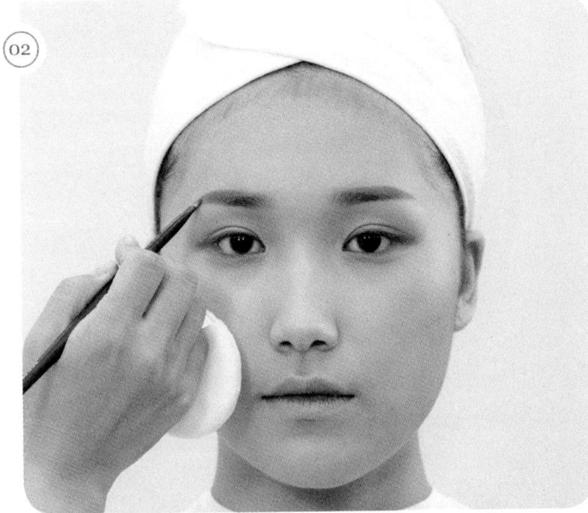
02

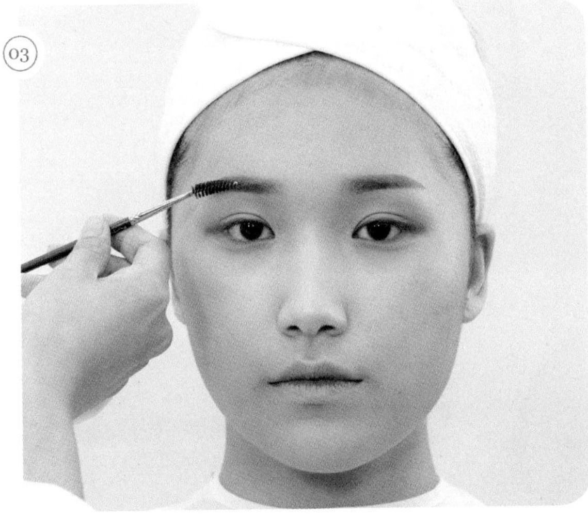
03

04

① 눈썹은 모델의 눈썹 모양에 맞추어 자연스러운 브라운색의 눈썹을 표현한다.
② 눈썹의 좌우 균형 및 모양을 확인한다.
③ 눈썹뼈 아랫부분을 하이라이트로 처리해 준다.

- 스크루 브러시로 눈썹 결을 정리한 후 에보니 펜슬로 베이스를 그리고 사선브러시로 색을 입힌다.
- 스크루 브러시는 눈썹 결 정리뿐만 아니라 눈썹 수정에도 도움을 준다.
- 일반적으로 자연 눈썹은 대칭이 아닌 경우가 많으므로 눈썹 앞머리의 높이를 주의해서 그려야 한다.

04 | 아이섀도

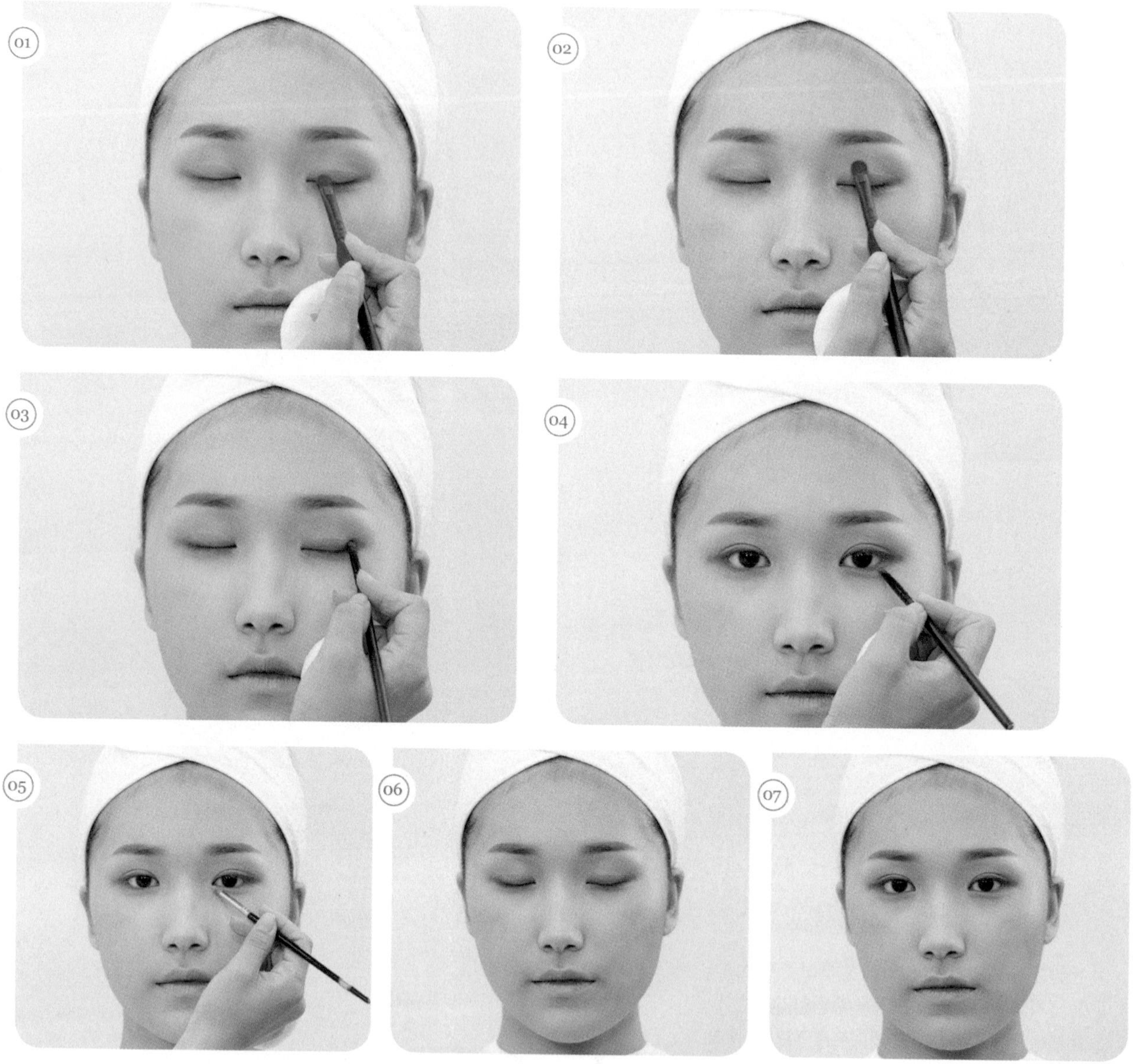

① 베이스 아이섀도는 펄이 약간 가미된 피치색을 눈두덩이와 언더라인 전체에 바른다. 경계가 생기지 않게 그러데이션한다.
② 브라운색 아이섀도를 포인트 컬러로 사용하여 아이라인 주변을 짙게 바른다.

TIP 아주 작은 납작 브러시를 사용하면 편리하다.

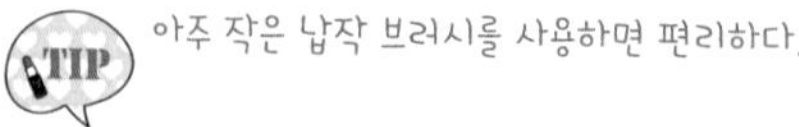

③ 브라운 아이섀도로 눈꼬리 언더라인의 1/2~1/3까지 그러데이션한다.
④ 언더라인에는 밝은 크림색 섀도를 덧발라 애교살이 돋보이도록 한다.

05 | 아이라인, 속눈썹 컬링

01

02

03

04

05
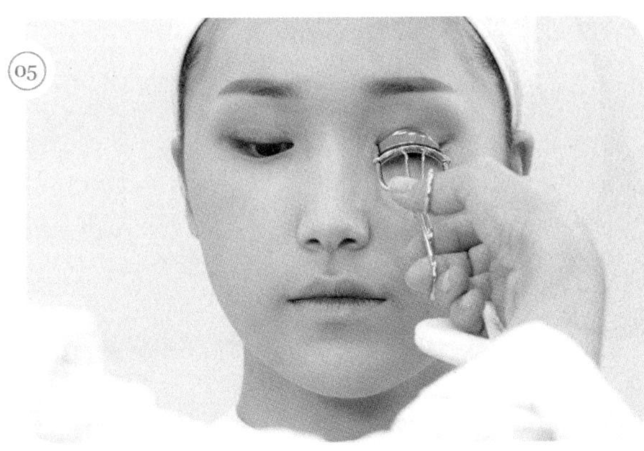
06
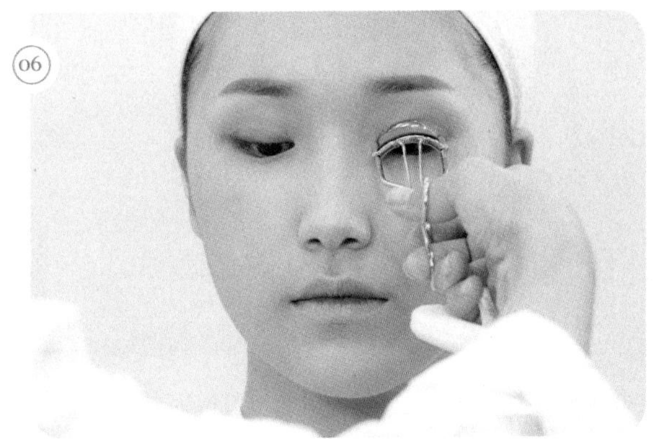

① 아이라인으로 속눈썹 사이와 점막을 채워준다.

② 뷰러를 이용하여 속눈썹을 자연스럽게 컬링해 준다.

뷰러를 이용할 때 세 번 나누어 집어주면 더욱 자연스러운 컬링을 연출할 수 있다.

06 | 마스카라, 인조 속눈썹 붙이기

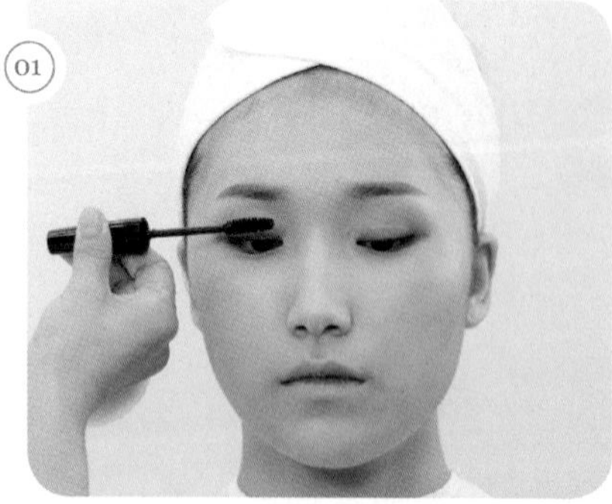

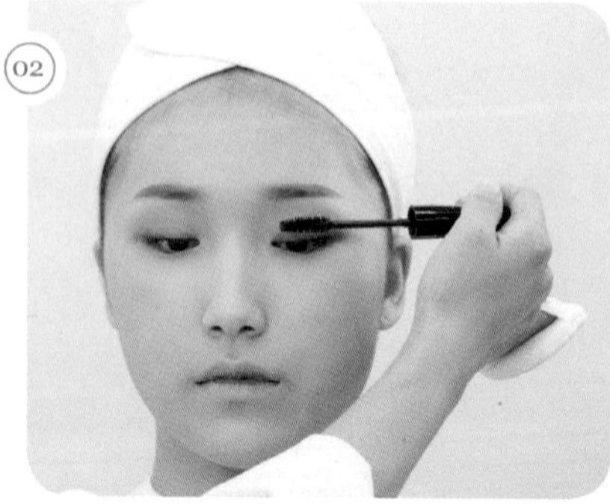

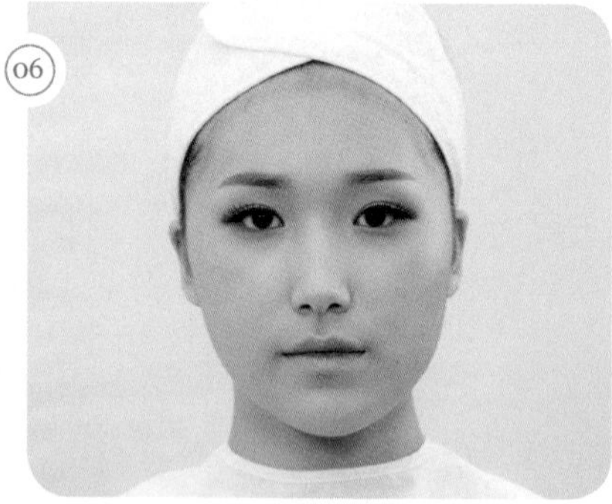

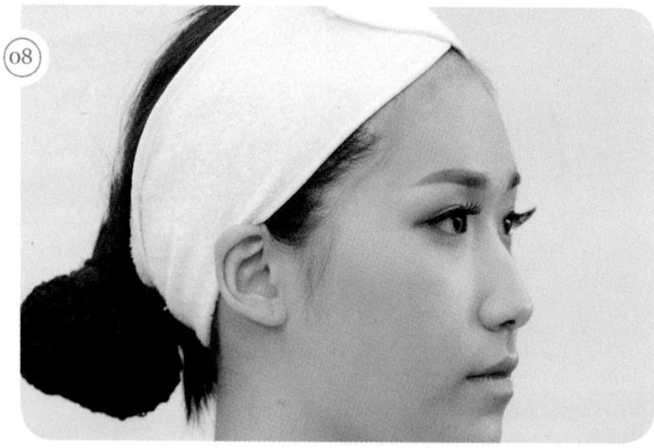

01 02 03

04 05 06

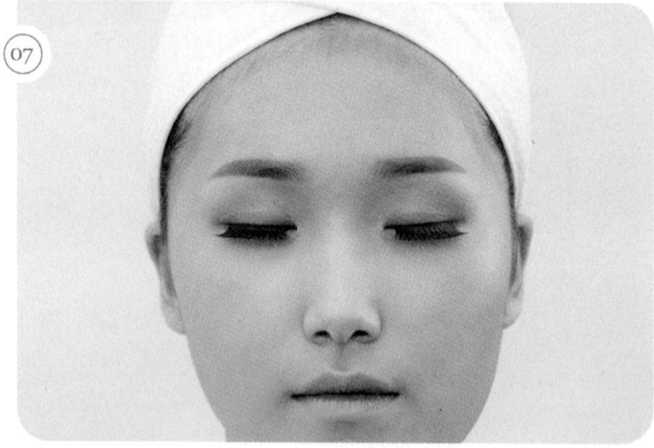

07 08

① 마스카라를 이용하여 속눈썹을 자연스럽게 표현해 준다.

TIP

- 마스카라를 이용할 때 마스카라 입구에서 양 조절을 하면 과한 사용을 방지할 수 있다.
- 모델에게 눈을 뜨고 아래방향으로 시선처리를 하게 한 후 마스카라를 사용하면 바르기 쉽다.

② 인조 속눈썹은 모델의 눈 길이를 체크하고 너무 길지 않게 뒷부분을 커팅한 후 한 번 더 확인하여 붙여준다.

인조 속눈썹 위에 보일지도 모르는 풀을 감추기 위해 리퀴드나 젤라이너를 이용하여 한 번 더 아이라인을 깔끔하게 그려 준다.

07 | 코 셰이딩, 하이라이트

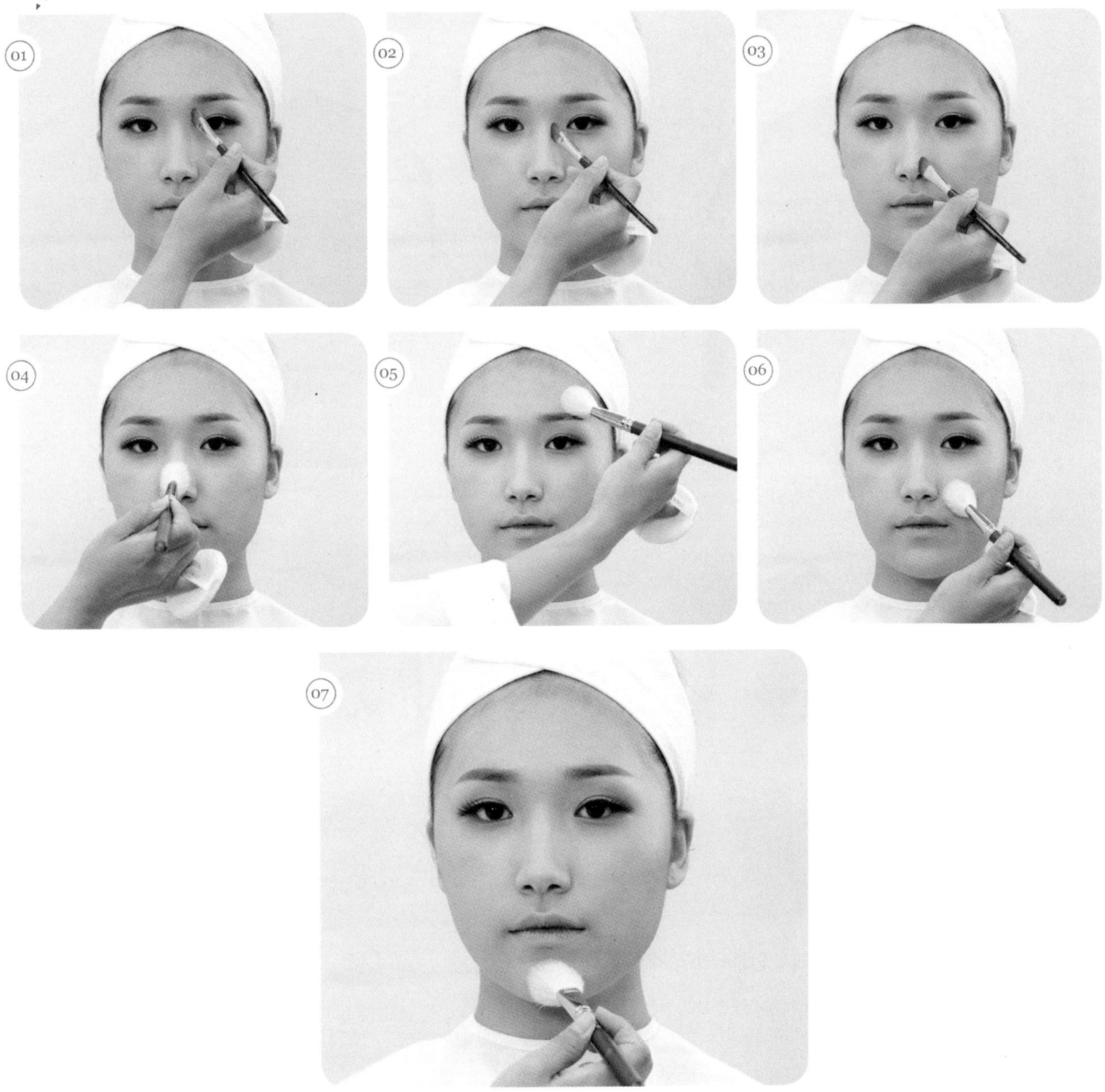

01 02 03 04 05 06 07

① 노즈 브러시로 브라운색 섀도를 눈썹 앞머리에서 콧방울 끝까지 쓸어서 자연스럽게 발라 준다.

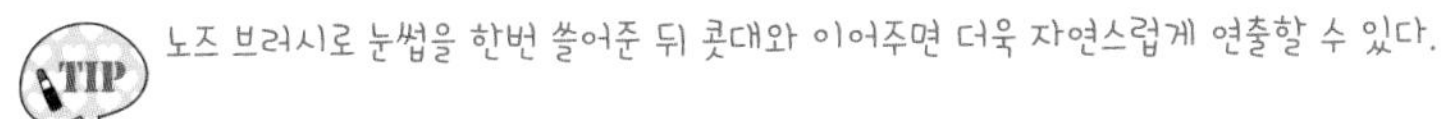
TIP 노즈 브러시로 눈썹을 한번 쓸어준 뒤 콧대와 이어주면 더욱 자연스럽게 연출할 수 있다.

② 하이라이트는 밝은색 파우더를 이용하여 T존, 애플존, 팔자주름, 턱에 펴 발라 준다.

08 | 치크

01
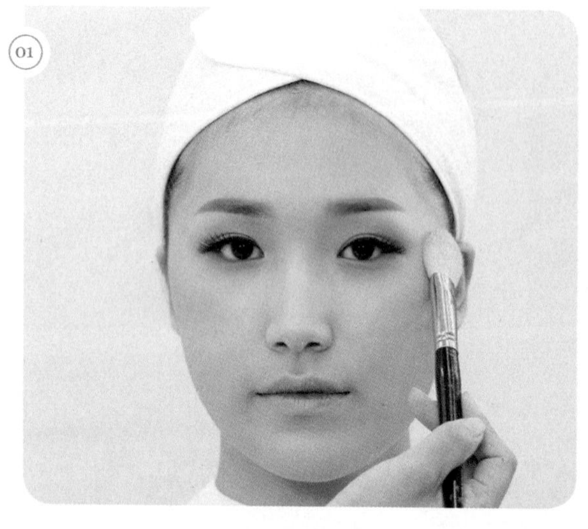

02
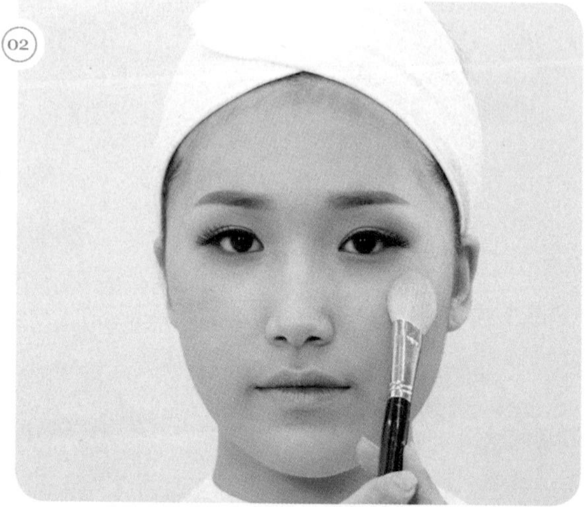

03
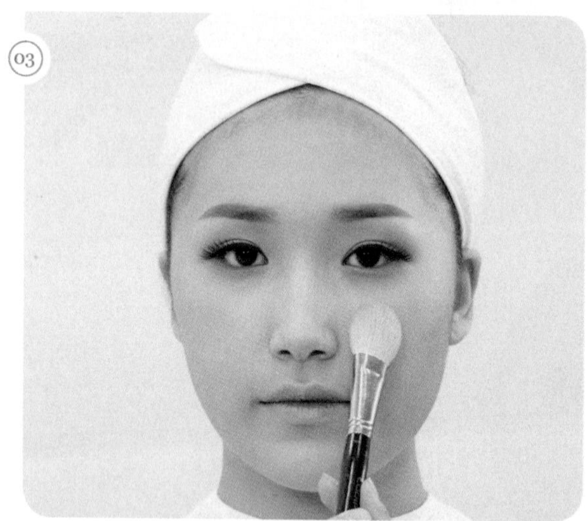

04
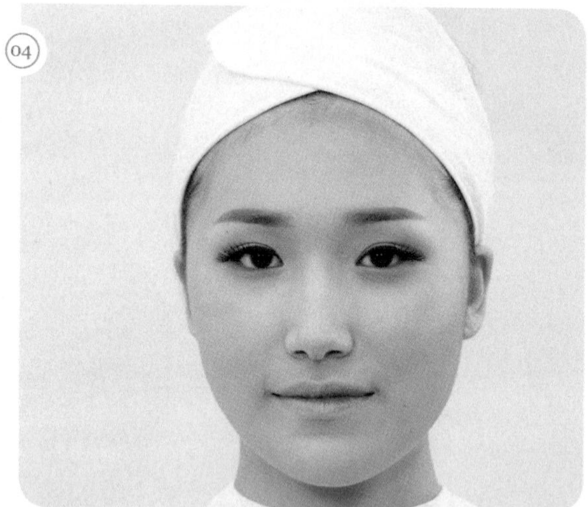

치크는 오렌지 계열로 광대뼈 위쪽에서 안에서 바깥으로 그러데이션한다.

- 블렌딩할 때 바깥에서 안쪽으로 브러시를 두들기며 블렌딩하면 뭉침이 없다.
- 치크가 과하게 표현될 경우 하이라이트로 한번 쓸어주면 커버가 가능하다.

09 | 립

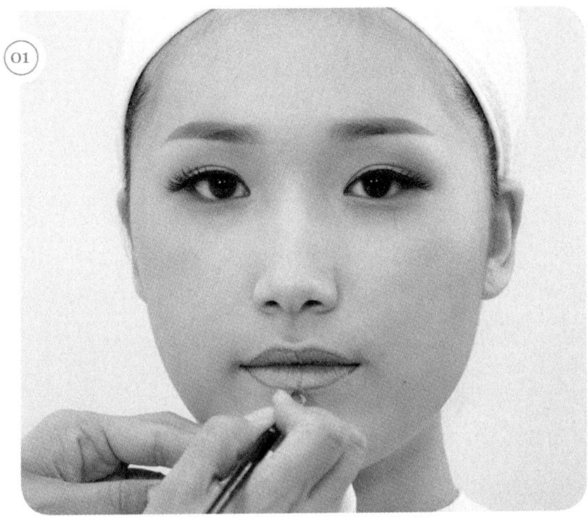

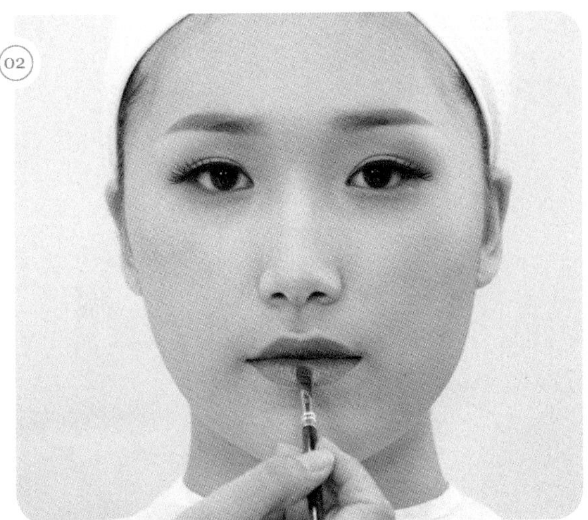

립은 오렌지 레드색으로 입술라인을 선명하게 표현한다.

- 립 표현이 진하게 되었을 시 미용티슈를 사용하면 된다.
- 입술 주변을 컨실러나 면봉에 파우더를 묻혀 가장자리를 정리해 주면 더욱 선명하게 표현된다.
- 립을 바르기 전 립라이너를 이용하여 입술선을 그려주면 선명한 립 표현이 된다.

10 | 셰이딩

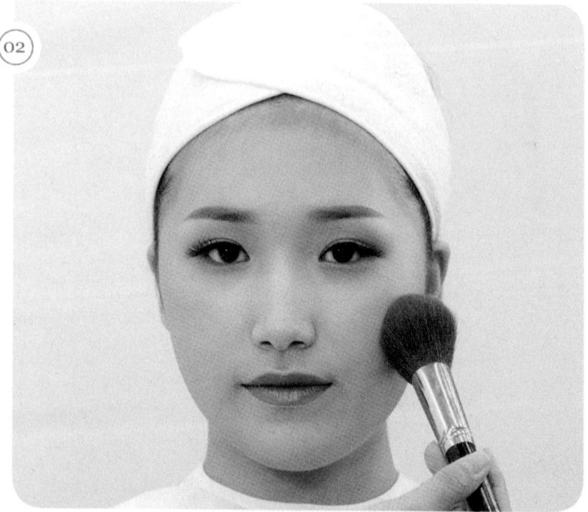

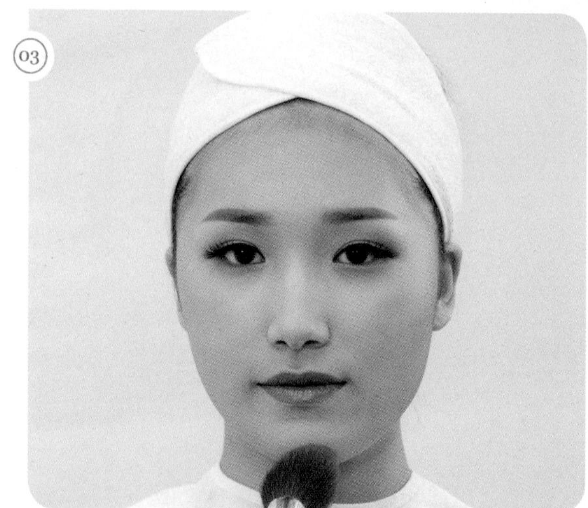

셰이딩은 브라운색 섀도를 이용하여 페이스라인을 쓸어주듯 펴 바르고 치크 부분을 한 번 더 지나가 준다.

11 | 마무리

① 시술 시 사용한 도구는 모두 제자리에 정리한다.
② 작업대 위를 깨끗하게 정리 정돈한다.

시술이 끝난 후 위생봉지(쓰레기)를 정리한다.

12 | 완성

Natural Make-up

내추럴 메이크업

Check Point

- 모델의 피부톤과 비슷한 리퀴드 파운데이션으로 자연스럽게 표현한다. 얼굴형에 따라 셰이딩, 하이라이트를 표현한다.
- 가루 파우더로 자연스럽게 마무리한다.
- 눈썹은 모델의 눈썹의 결을 최대한 살려 자연스럽게 그린다.
- 펄이 없는 베이지색 아이섀도로 눈두덩이와 언더라인 전체에 바른다. 브라운색 아이섀도로 아이라인 주변을 가볍게 발라 자연스러운 포인트를 준다. 눈꼬리 언더라인 1/2~1/3에 그러데이션한다.
- 아이라인은 속눈썹 사이사이에 브라운색의 섀도 타입이나 펜슬 타입을 이용하여 점막을 채우듯이 그리고, 눈매를 아름답게 표현한다.
- 뷰러를 이용하여 자연스러운 속눈썹 컬링 후, 마스카라를 바른다(인조 속눈썹은 붙이지 않는다).
- 치크는 피치색으로 광대뼈 안에서 바깥으로 블렌딩한다.
- 입술은 베이지 핑크색으로 자연스럽게 마무리한다.

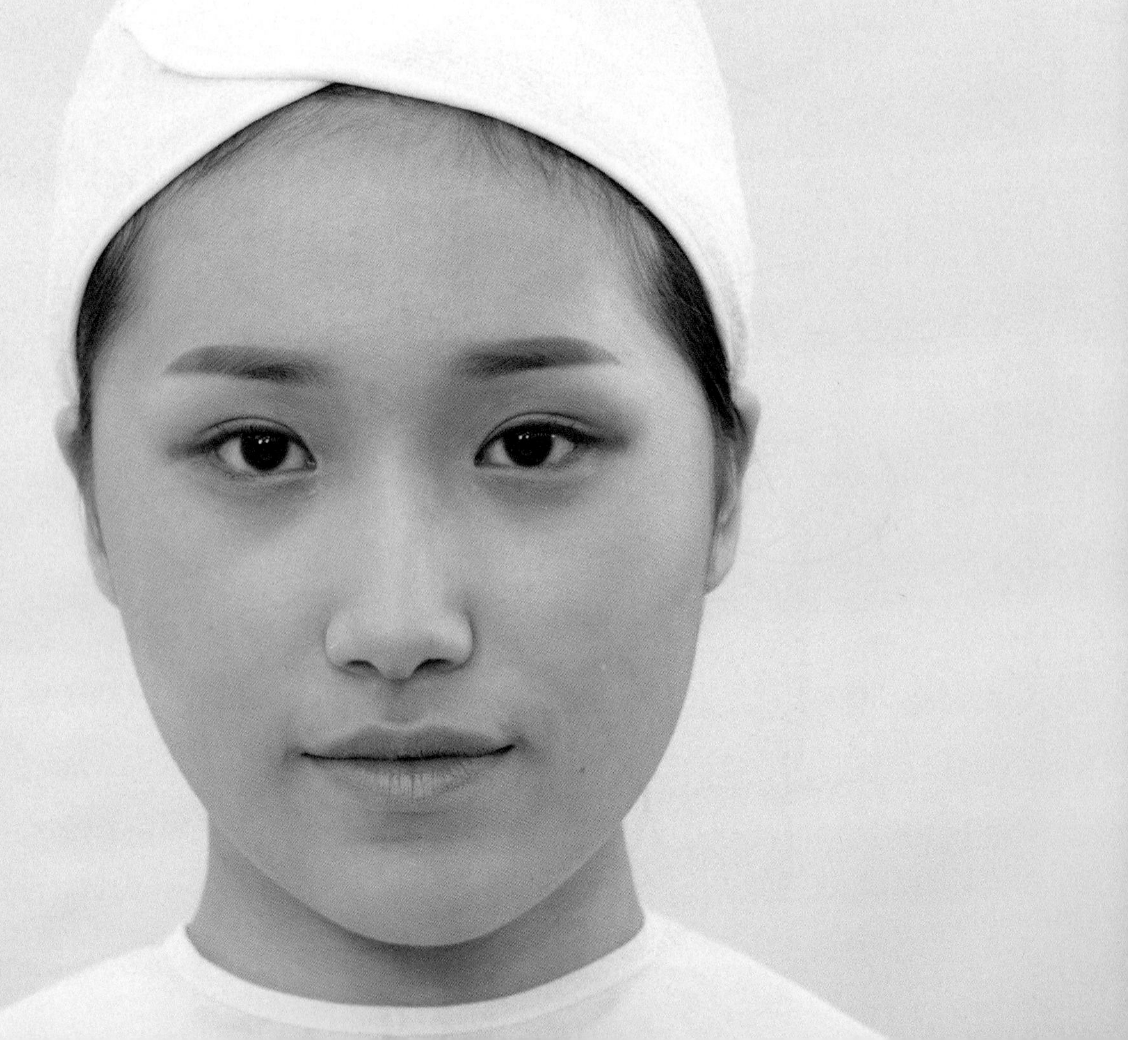

알려두기

01 과제유형

베이스	눈썹	눈	볼	입술	배 점	시험시간
깨끗한 표현	자연스럽게 표현	• 베이지 • 브라운	피 치	베이지 핑크	30	40분

02 심사기준 및 감점요인

(1) 작업장 청결, 재료준비상태, 위생 및 소독 등의 사전준비자세
(2) 기본 및 숙련도 : 피부 베이스 들뜸없이 표현
(3) 기술력 : ① 양쪽 눈썹이 밸런스가 맞는지 여부
② 섀도 그러데이션 여부
(4) 완성도 : 미작일 경우 실격 처리된다.

03 요구사항 및 수험자 유의사항

1 요구사항(제1과제)

※ 지참 재료 및 도구를 사용하여 다음의 요구사항에 따라 뷰티 메이크업(내추럴)을 시험시간 내에 완성하시오.

① 과제를 수행하기 전 수험자의 손 및 도구류를 소독한 후 제시된 도면을 참고하여 뷰티 메이크업 내추럴 스타일을 연출하시오.
② 모델의 피부톤에 적합한 메이크업 베이스를 선택하여 얇고 고르게 펴 바르시오.
③ 베이스 메이크업은 모델의 피부색과 비슷한 리퀴드 파운데이션을 사용하시오.
④ 피부의 결점 등을 커버하기 위하여 컨실러 등을 사용할 수 있으며 파운데이션은 두껍지 않게 골고루 펴 바르고 투명 파우더를 사용하여 마무리하시오.
⑤ 눈썹의 표현은 모델의 눈썹의 결을 최대한 살려 자연스럽게 그려주시오.
⑥ 아이섀도의 표현은 펄이 없는 베이지색으로 눈두덩이와 언더라인 전체에 바르시오.
⑦ 브라운색으로 도면과 같이 아이라인 주변을 바르고 눈두덩이 위로 자연스럽게 그러데이션한 후 눈꼬리 언더라인 1/2~1/3까지 그러데이션하시오(단, 아이섀도 연출 시 아이홀라인에 경계가 생기지 않게 그러데이션하시오).
⑧ 아이라인은 브라운색의 섀도 타입이나 펜슬 타입을 이용하여 점막을 채우듯이 속눈썹 사이를 메꾸어 그리고 눈매를 자연스럽게 교정하시오.
⑨ 뷰러를 이용하여 자연 속눈썹을 컬링하시오.
⑩ 속눈썹은 마스카라를 이용하여 자연스럽게 표현해 주시오.
⑪ 치크는 피치컬러로 광대뼈 안쪽에서 바깥쪽으로 블렌딩하시오.
⑫ 립은 베이지 핑크색으로 자연스럽게 발라 마무리하시오.

2 수험자 유의사항

① 모델은 문신(눈썹, 아이라인, 입술 등), 속눈썹 연장 및 메이크업이 되어 있지 않은 상태이어야 한다.
② 스패튤러, 속눈썹 가위, 족집게, 눈썹칼 등의 도구류를 사용 전 소독제로 소독해야 한다.
③ 메이크업 베이스, 파운데이션을 펴 바를 때 스펀지 퍼프 또는 브러시를 사용하시오.
④ 아이섀도, 치크, 립 등의 표현 시 브러시 등 적합한 도구를 사용하시오.
⑤ 화장품은 요구사항이 지정된 제형 외에는 타입에 상관없이 자유롭게 사용하시오.

화장품은 용기에 덜어오지 않는다. 단 소독제는 다른 용기에 덜어와도 무방하다.

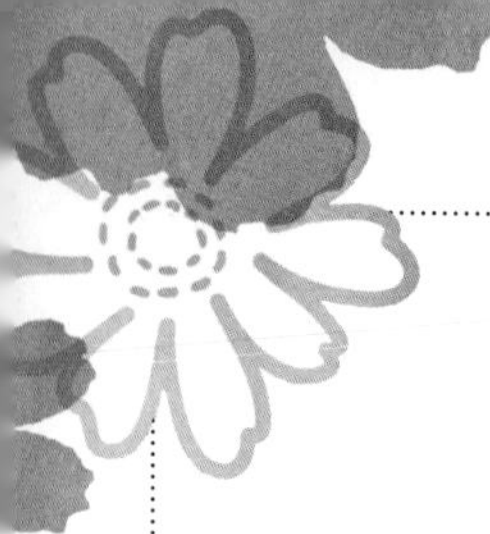

준비사항

01 | 수험자 및 모델의 복장

(1) 수험자 복장

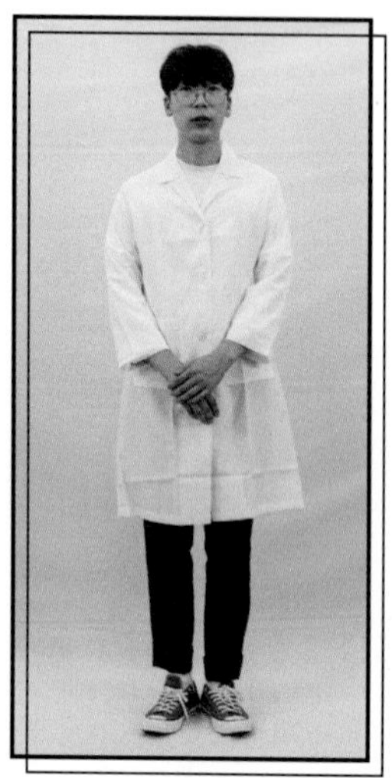

① **마스크(흰색) 착용**

② **상의** : 흰색 위생가운(반팔 또는 긴팔 가능, 일회용 가운 불가)

③ **하의** : 긴바지(색상, 소재 무관)

주의사항

- 눈에 보이는 표식[문신, 헤나, 컬러링(지정색 외)], 디자인, 손톱장식이 없어야 함
- 복장에 소속을 나타내는 표식이 없어야 함
- 액세서리 착용금지(반지, 팔찌, 시계, 목걸이, 귀걸이 등)
- 고정용품(머리핀, 머리망, 고무줄 등)은 검은색만 허용
- 스톱워치나 휴대전화 사용금지
- 재료 구별을 위한 스티커 부착금지

(2) 모델의 복장

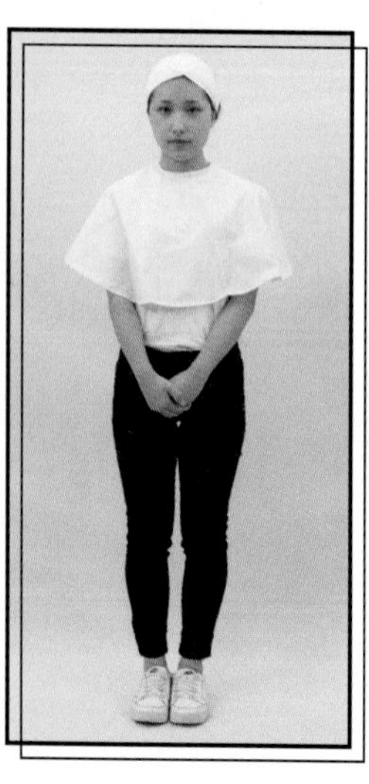

① **마스크(흰색) 착용**

② **상의** : 흰색 무지 상의(유색 무늬 불가, 소재 무관, 남방 및 니트류 허용, 아이보리색 등의 유색 불가)

③ **하의** : 긴바지(색상, 소재 무관)

※ 모델의 준비 상태가 부적합한 경우 감점 또는 0점 처리된다.

주의사항

- 눈에 보이는 표식[문신, 헤나, 컬러링(지정색 외)], 디자인, 손톱장식이 없어야 함
- 액세서리 착용금지(반지, 팔찌 시계, 목걸이, 귀걸이 등)
- 고정용품(머리핀, 머리망, 고무줄 등)은 검은색만 허용

02 | 도면 및 작업대 세팅

(1) 도구 및 재료

01	위생가운	16	아이브로 펜슬(에보니)
02	헤어밴드	17	인조 속눈썹
03	위생봉지	18	속눈썹 접착제(풀)
04	타월(흰색)	19	눈썹 칼
05	어깨보	20	눈썹 가위
06	탈지면 용기	21	브러시 세트
07	소독제	22	스펀지(퍼프)
08	화장솜(탈지면)	23	스패튤러
09	메이크업 베이스	24	분 첩
10	파운데이션	25	뷰 러
11	페이스 파우더	26	미용티슈
12	아이섀도 팔래트	27	물티슈
13	립 팔래트	28	면 봉
14	아이라이너	29	족집게
15	마스카라	30	클렌징 제품

(2) 사전준비

모든 세팅이 준비되어 있어야 한다.

과제 재료 세팅 시 감점 요인

- 과제가 시작되면 도구나 재료를 꺼낼 수 없으므로 흰 타월 안에 과제에 필요한 모든 재료를 세팅한다.
- 불필요한 도구가 세팅되어 있으면 안 되고 도구 및 재료는 바닥에 떨어뜨리지 않는다.

시술과정

01 | 소독 및 위생

(1) 수험자 손 소독하기

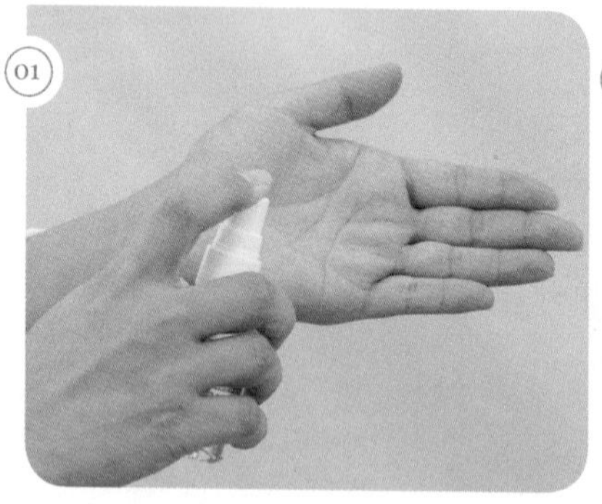

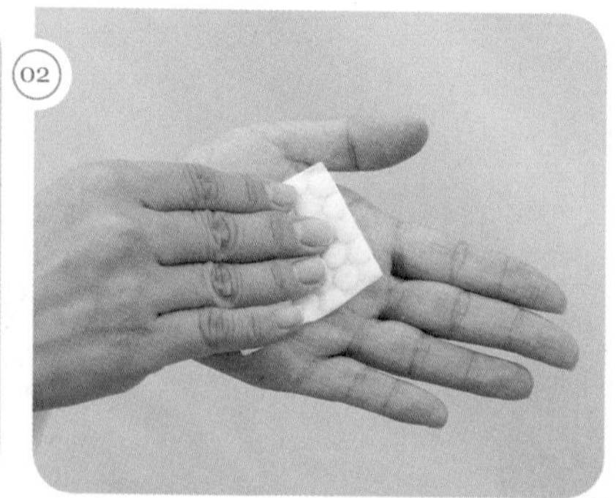

① 손 소독제 사용 : 손 소독제를 사용하여 수험자의 손을 전체적으로 소독한다.
② 화장솜으로 손 소독 : 화장솜을 사용해 손을 한 번 더 닦아 준다.

(2) 도구 소독하기

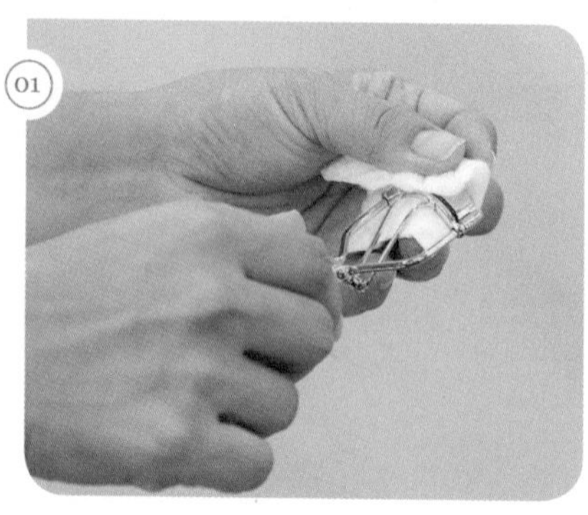

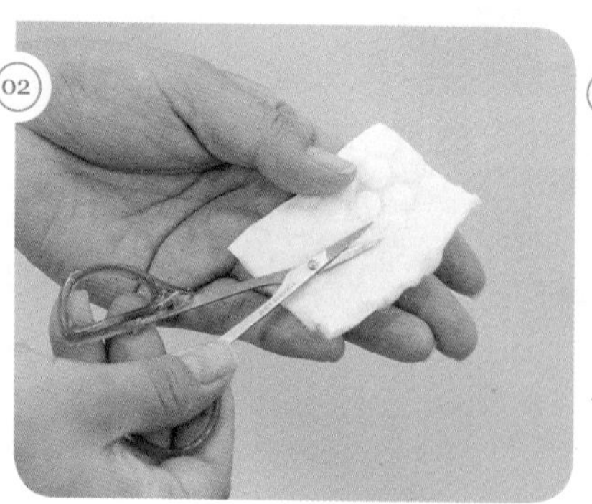

뷰러, 쪽가위, 족집게, 스패튤러, 눈썹칼 등을 소독해 준다.

02 | 베이스 메이크업

(1) 메이크업 베이스

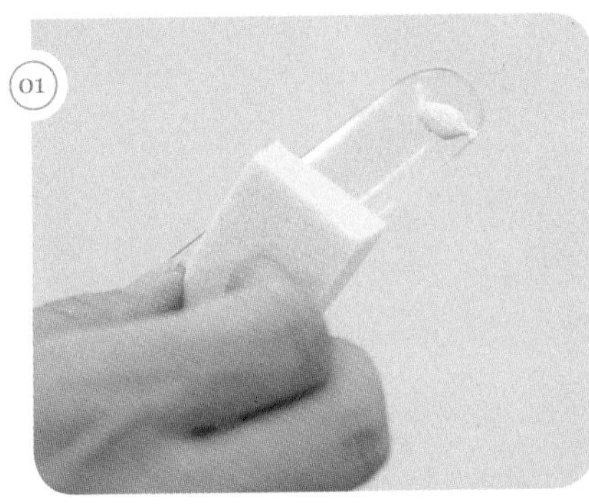
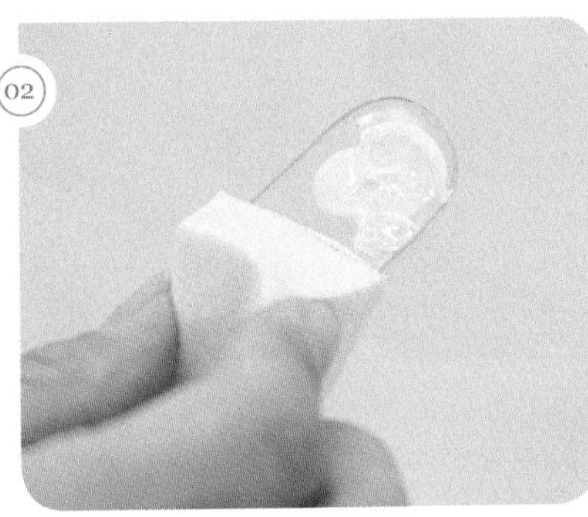
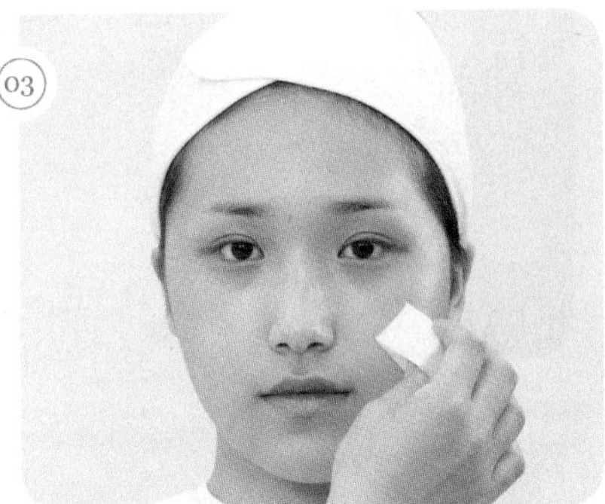

메이크업 베이스를 적당량 이용해서 얇고 고르게 펴 바른다.

(2) 파운데이션, 컨실러

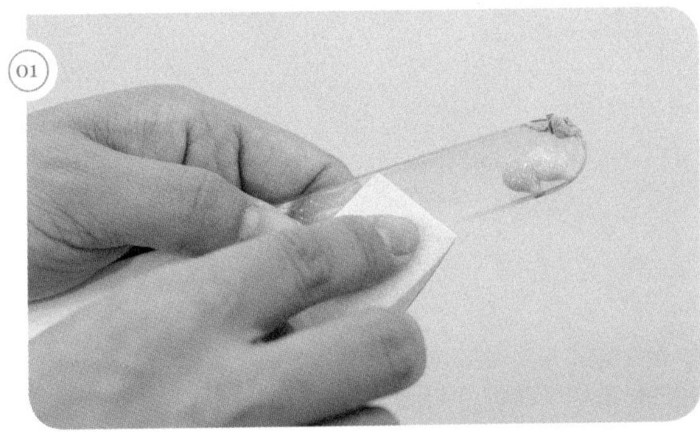
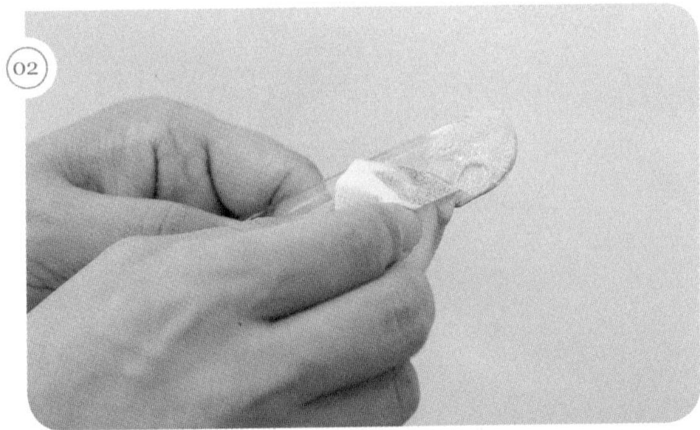
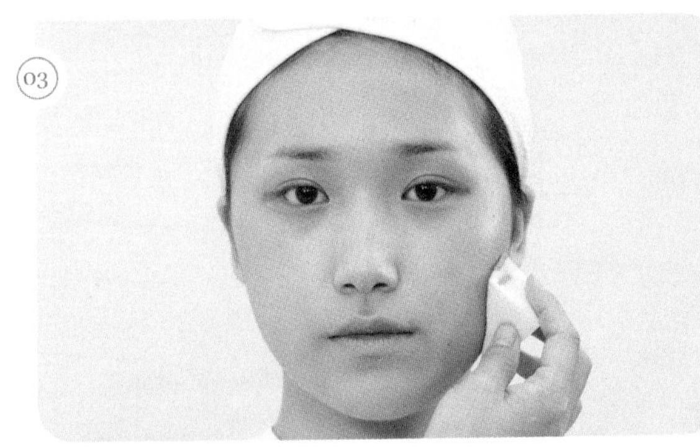
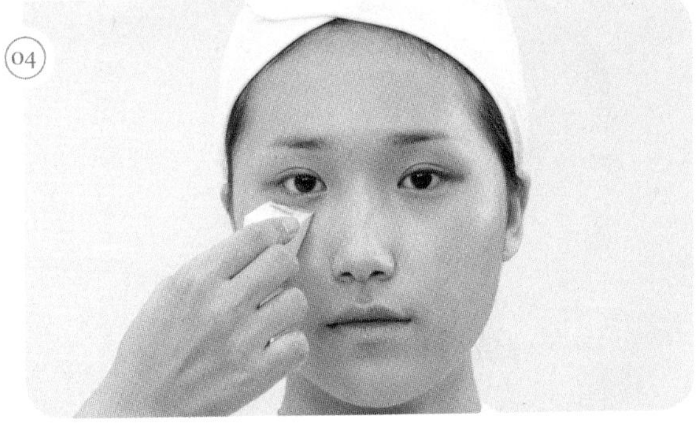

① 모델의 피부톤과 비슷한 리퀴드 파운데이션으로 자연스럽게 표현한다.

TIP 내추럴 메이크업의 베이스는 두꺼워지지 않게 주의한다.

② 피부톤보다 약간 밝은 컨실러를 이용하여 잡티, 다크서클, 입 주변, 코 등을 컨실러로 깨끗하게 정리한다.

(3) 파우더

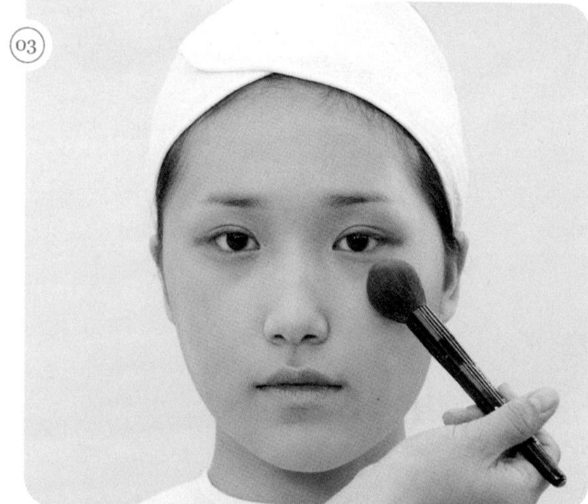

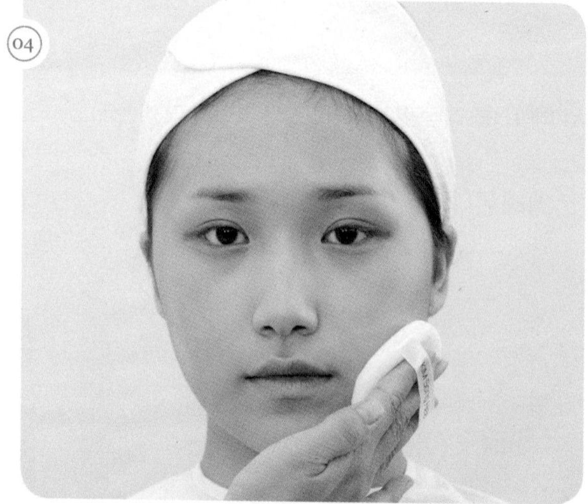

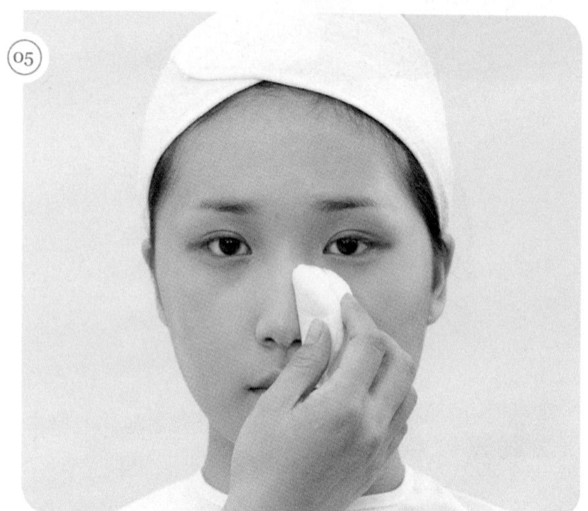

브러시를 이용하여 투명 파우더를 얼굴 전체에 바르고 분첩으로 자연스럽게 마무리 해 준다.

- 브러시의 파우더 양은 분첩을 이용해 조절한다.
- 분첩을 이용할 시 볼, 이마 등 넓은 부분은 전체를 사용하고 면적이 작은 부위(눈 밑, 코 옆, 인중, 턱)는 분첩을 반으로 접어서 사용한다.
- 내추럴 메이크업의 베이스는 번들거리지 않도록 한다.

03 | 아이브로

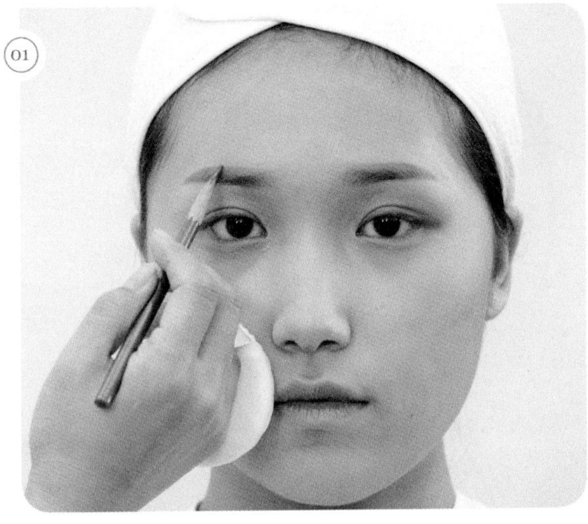

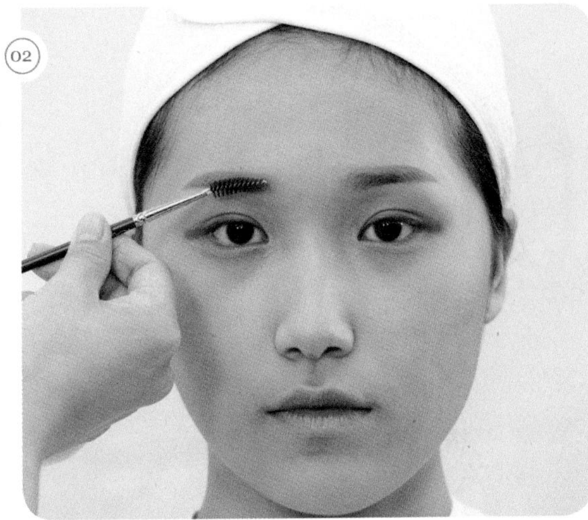

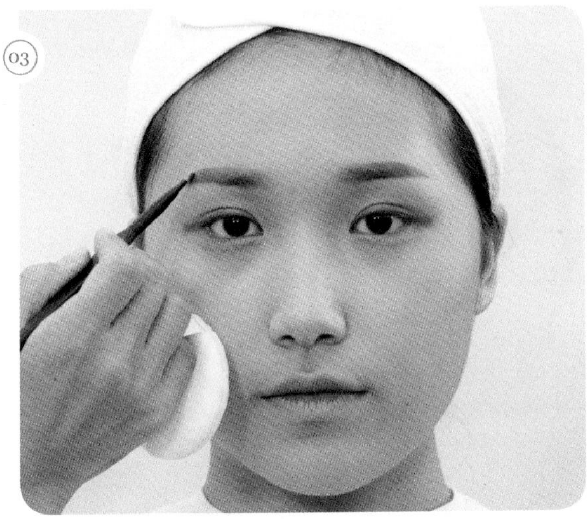

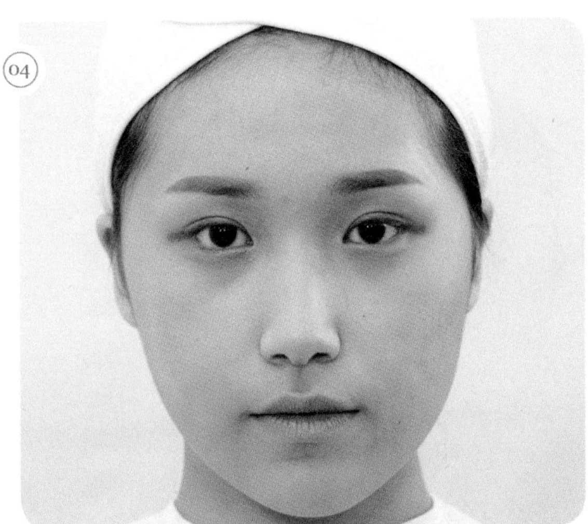

① 눈썹은 모델의 눈썹 결에 최대한 맞춰 자연스럽게 표현한다.

눈썹 앞머리는 아이섀도를 사용하여 자연스럽게 표현한다.

② 눈썹의 좌우 균형 및 모양을 확인한다.

- 스크루 브러시로 눈썹 결을 정리한 후 에보니 펜슬로 베이스를 그리고 사선브러시로 색을 입힌다.
- 스크루 브러시는 눈썹 결 정리뿐만 아니라 눈썹 수정에도 도움을 준다.
- 일반적으로 자연 눈썹은 대칭이 아닌 경우가 많으므로 눈썹 앞머리의 높이를 주의해서 그려야 한다.

04 | 아이섀도

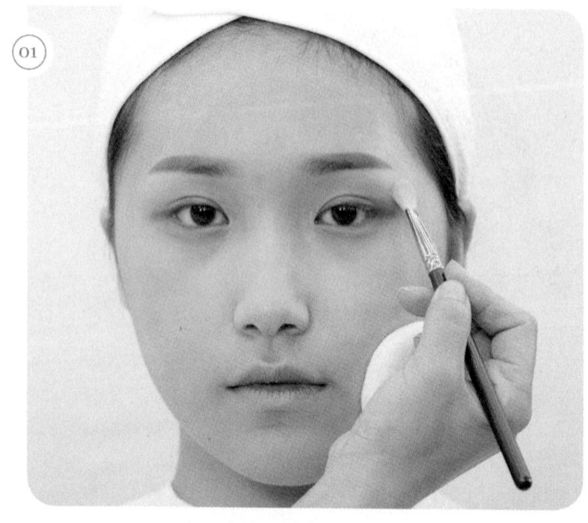
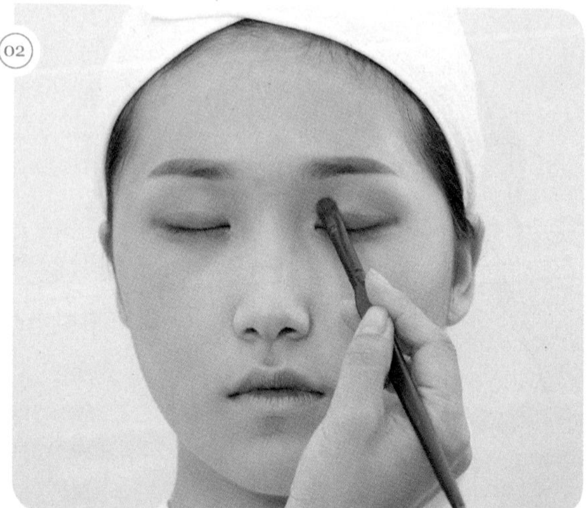
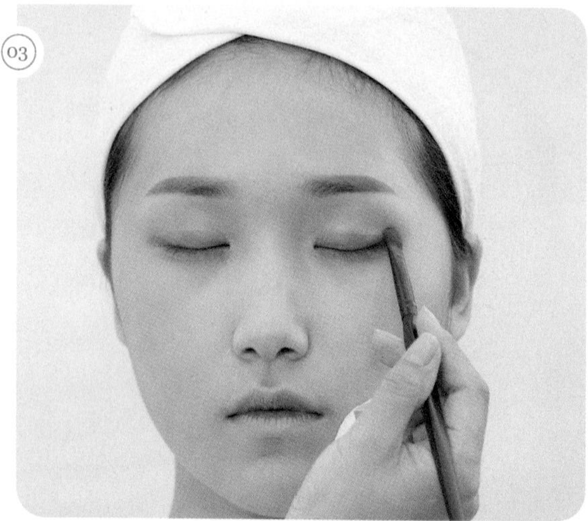
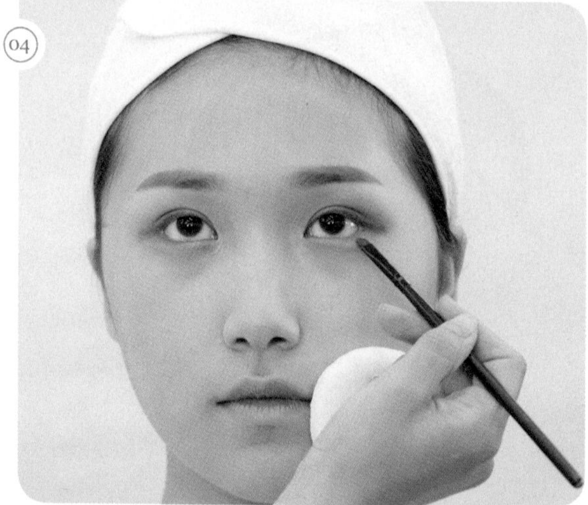

① 베이스 컬러로 펄이 없는 베이지색을 눈두덩이와 언더라인 전체에 펴 바른다.
② 브라운색으로 아이라인 주변을 자연스럽게 표현한다.
③ 경계가 생기지 않도록 자연스럽게 그러데이션한다.

베이지색과 브라운색 사이에 경계가 생기지 않도록 그러데이션한다.

④ 브라운 아이섀도로 눈꼬리 언더라인의 1/2~1/3까지 그러데이션한다.

05 | 아이라인, 속눈썹 컬링

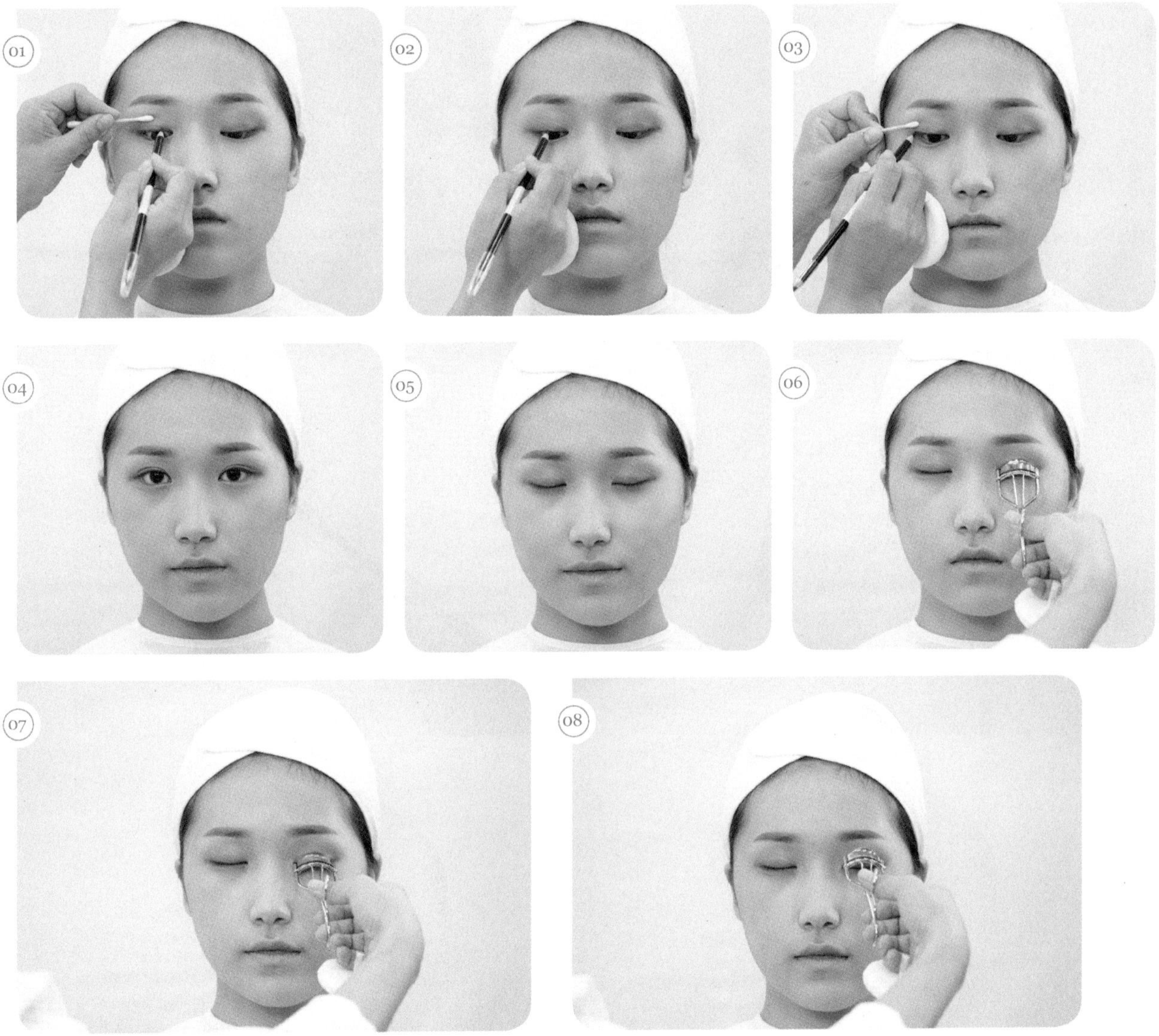

01 02 03 04 05 06 07 08

① 아이라인은 브라운 섀도 타입이나 펜슬 타입을 이용하여 속눈썹 사이와 점막을 채워준다.

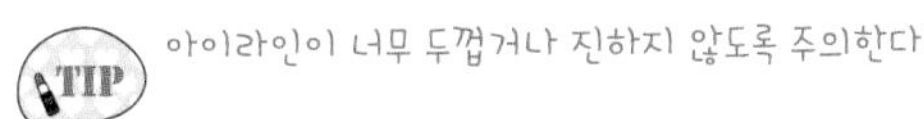

아이라인이 너무 두껍거나 진하지 않도록 주의한다.

② 뷰러를 이용하여 속눈썹을 자연스럽게 컬링해 준다.

06 | 마스카라

(01)

(02)

(03)

(04)
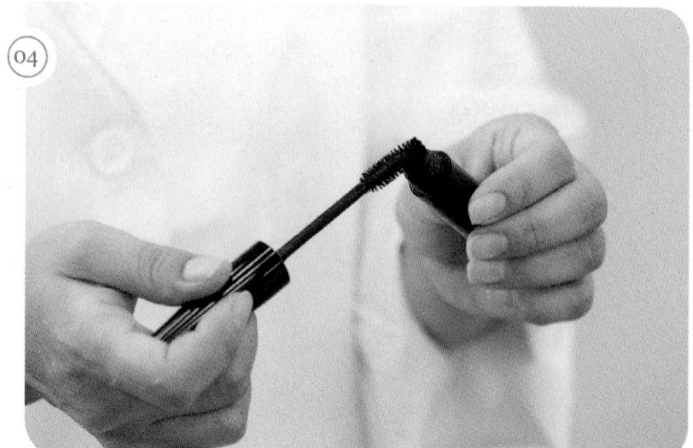

(05)
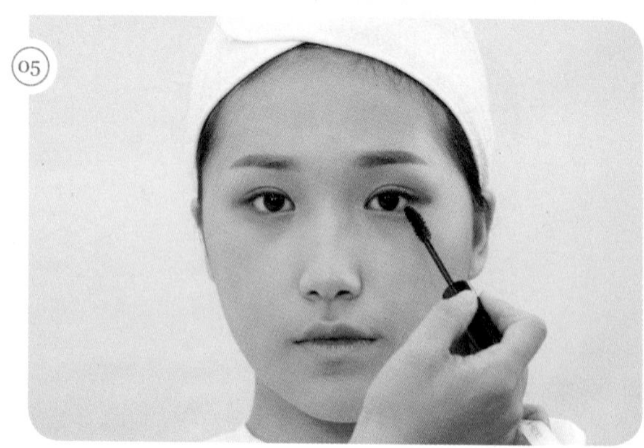

(06)
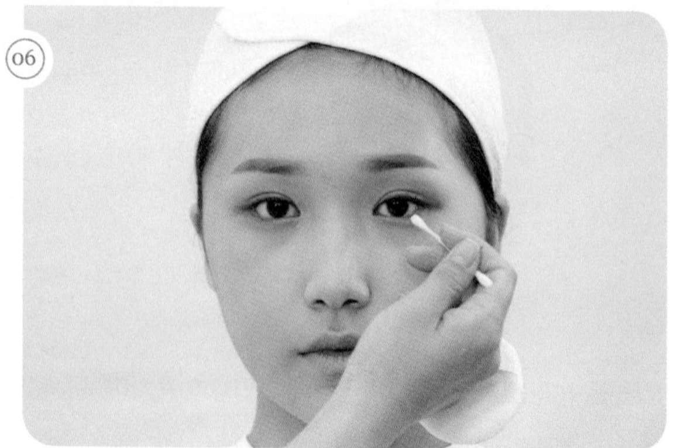

마스카라를 이용하여 속눈썹을 자연스럽게 표현해 준다.

- 마스카라를 이용할 때 마스카라 입구에서 양 조절을 하면 과한 사용을 방지할 수 있다.
- 모델에게 눈을 뜨고 아래방향으로 시선처리를 하게 한 후 마스카라를 사용하면 바르기 쉽다.
- 내추럴 메이크업은 인조 속눈썹을 붙이지 않는다.

07 | 코 셰이딩, 하이라이트

(01)

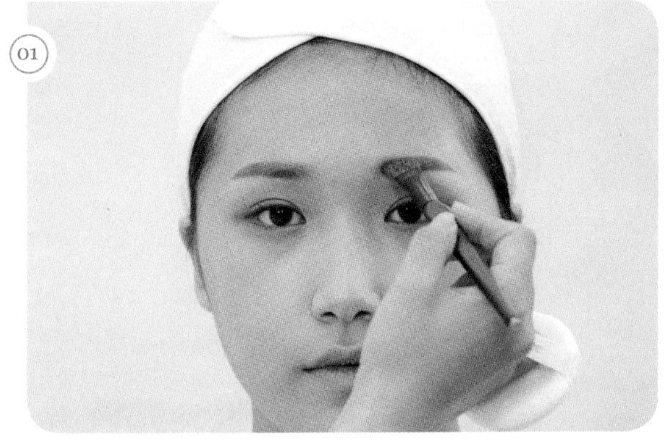

(02)

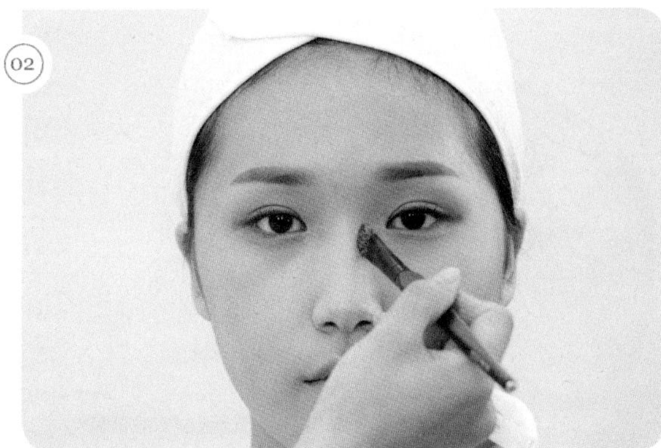

(03)

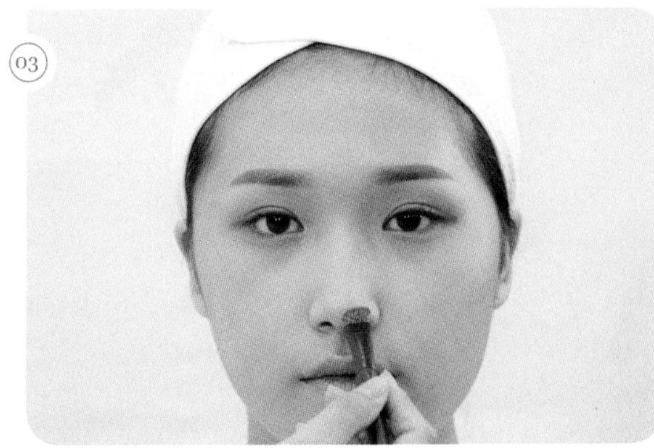

(04)

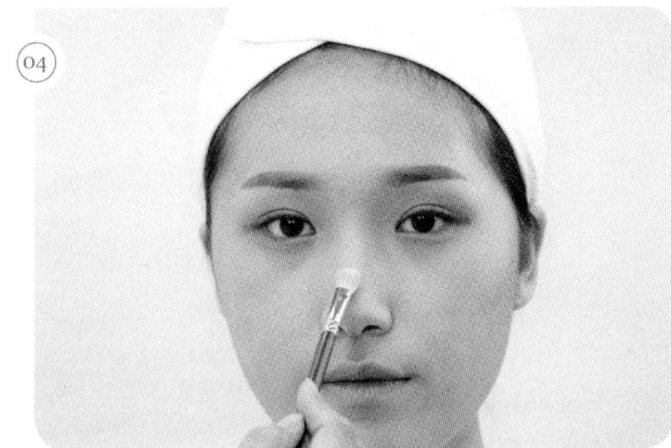

(05)

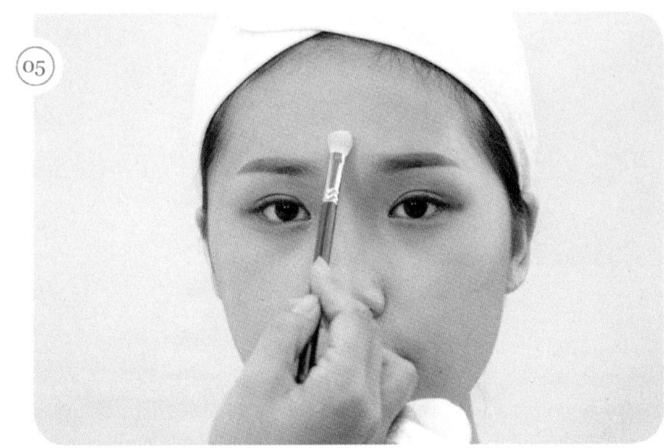

(06)

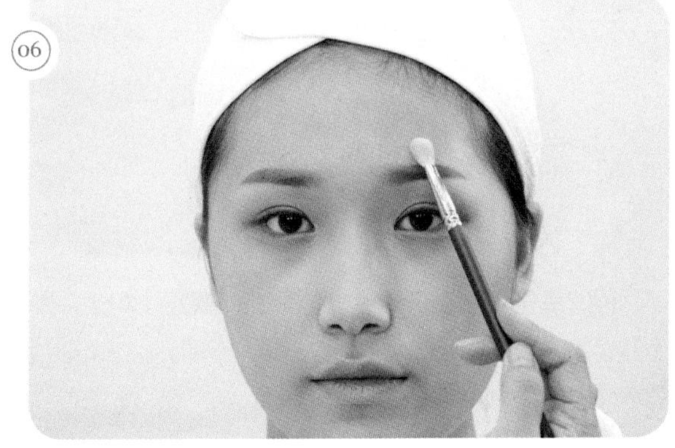

① 노즈 브러시로 브라운색 섀도를 눈썹 앞머리에서 콧방울 끝까지 쓸어서 자연스럽게 발라 준다.

TIP 노즈 브러시로 눈썹을 한번 쓸어준 뒤 콧대와 이어주면 더욱 자연스럽게 연출할 수 있다.

② 하이라이트는 밝은색 파우더를 이용하여 T존, 애플존, 팔자주름, 턱에 펴 발라 준다.

08 | 치크

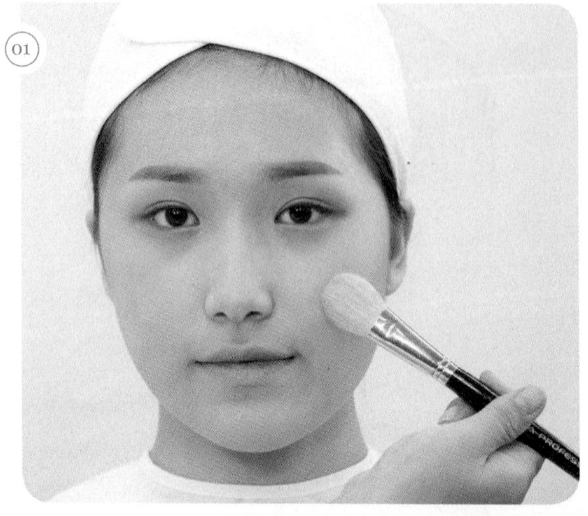

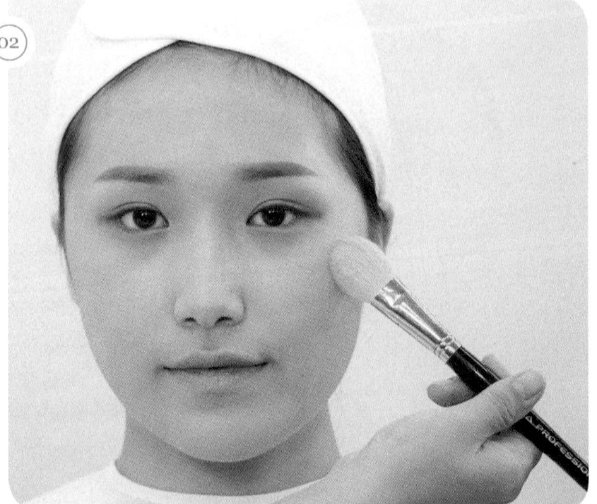

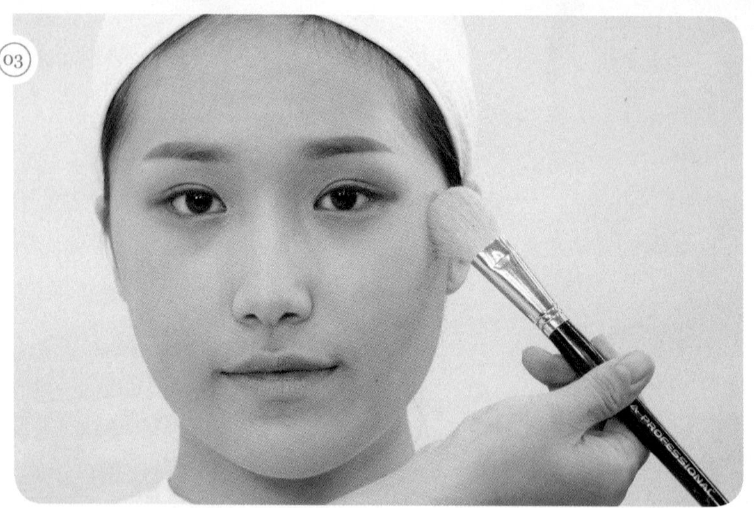

치크는 피치색으로 광대뼈 안쪽에서 바깥쪽으로 블렌딩한다.

- 블렌딩할 때 안쪽에서 바깥쪽으로 브러시를 두들기며 블렌딩하면 뭉침이 없다.
- 치크가 과하게 표현될 경우 하이라이트로 한번 쓸어주면 커버가 가능하다.

09 | 립

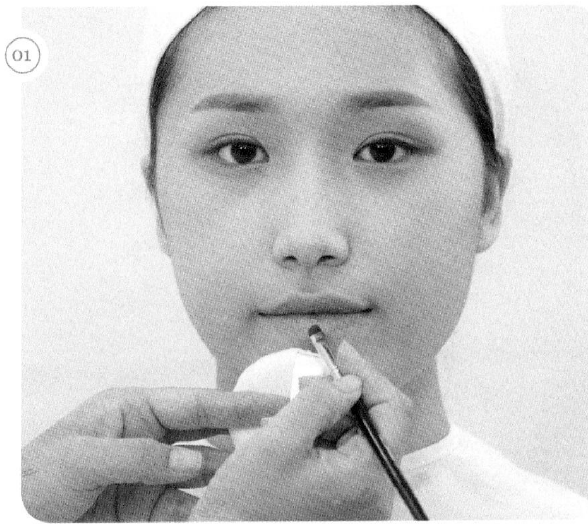

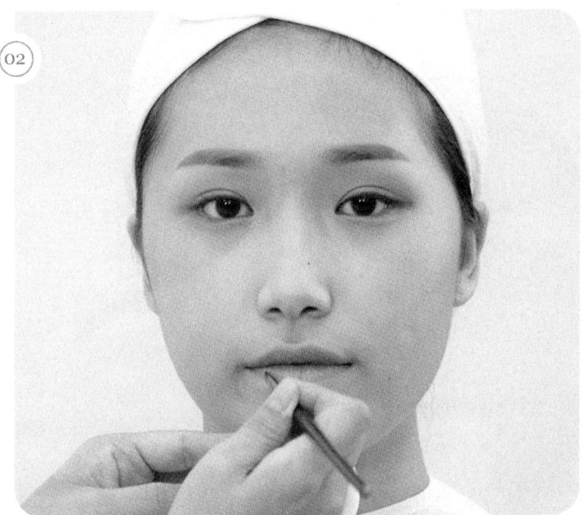

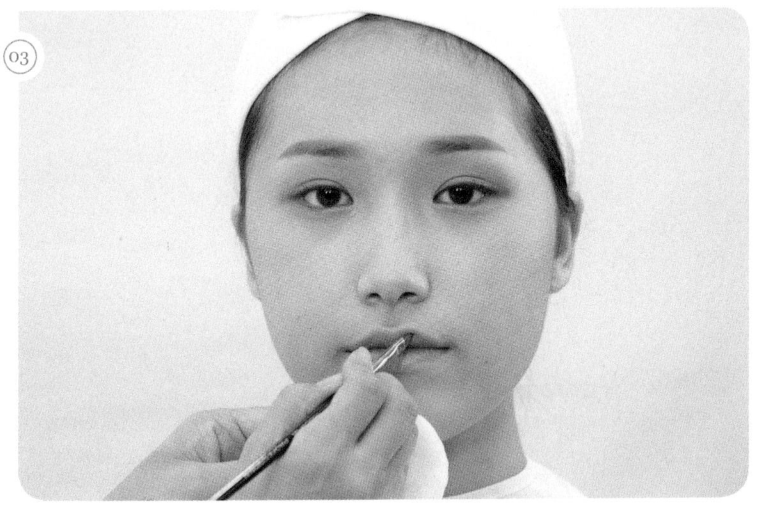

립은 베이지 핑크색으로 자연스럽게 표현한다.

립 표현이 진하게 되었을 시 파운데이션으로 입술 가장자리를 자연스럽게 터치한다.

10 | 셰이딩

01

02

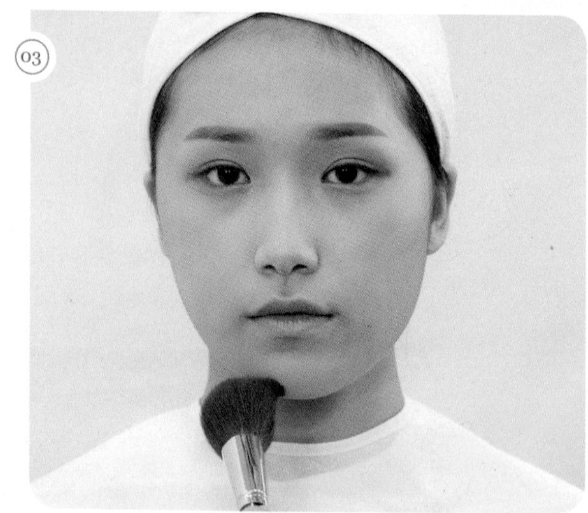
03

셰이딩은 브라운색 섀도를 이용하여 페이스라인을 쓸어주듯 펴 바르고 치크 부분을 한 번 더 지나가 준다.

11 | 마무리

① 시술 시 사용한 도구는 모두 제자리에 정리한다.
② 작업대 위를 깨끗하게 정리 정돈한다.

시술이 끝난 후 위생봉지(쓰레기)를 정리한다.

12 | 완성

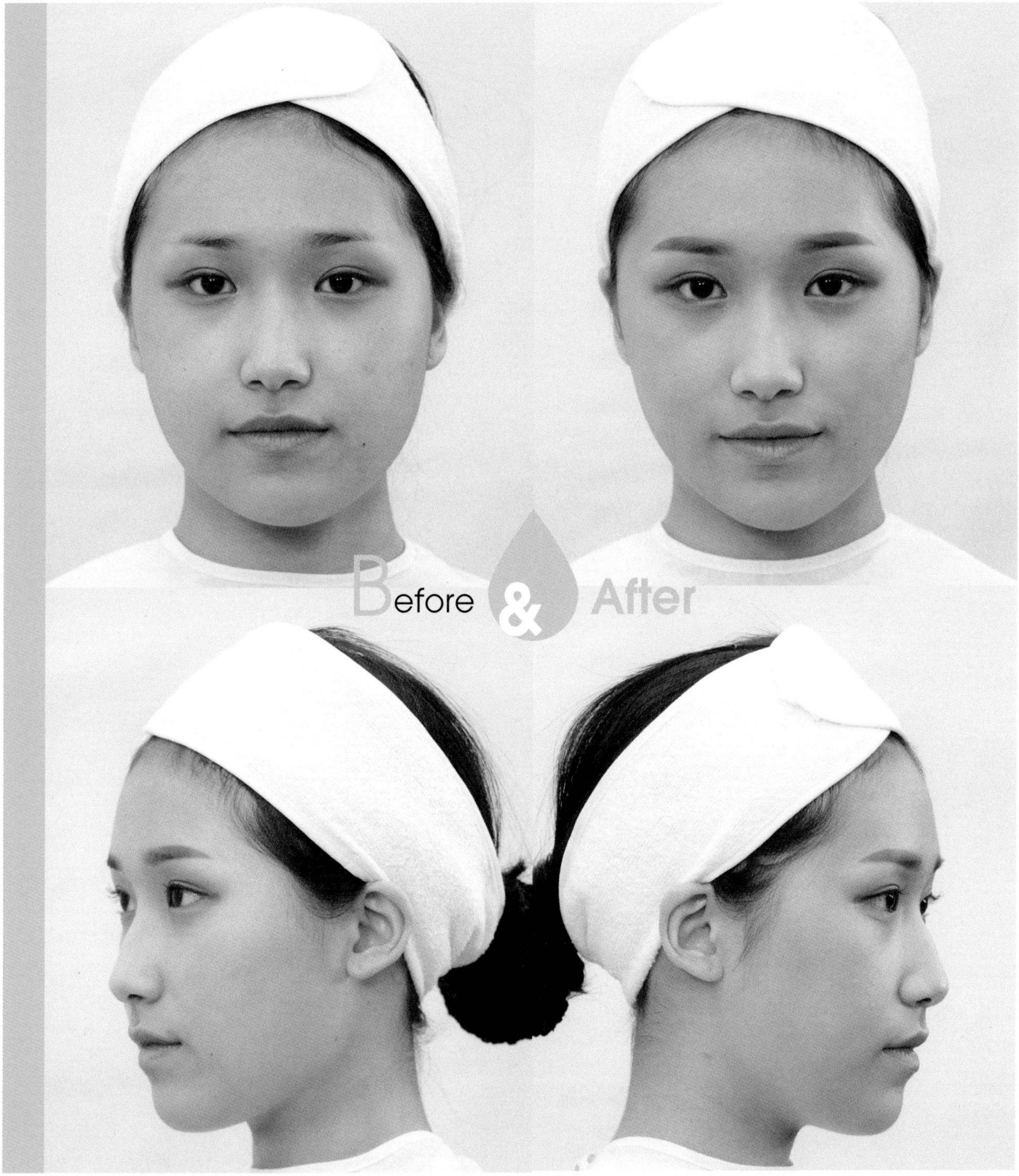

Before & After

Make up
Make up

Part 2
시대 메이크업

Greta Garbo Make-up

그레타 가르보 메이크업(1930년)

Check Point

- 모델의 피부톤에 적합한 메이크업 베이스를 선택하여 얇고 고르게 펴 바른다.
- 결점을 커버하고 깨끗하게 피부를 표현한다.
- 윤곽 수정 후 파우더로 마무리한다.
- 눈썹은 도면과 같이 완벽하게 커버하고 아치형으로 그린다(더마왁스 사용).
- 모델의 눈두덩이에 펄이 없는 브라운 계열의 색을 이용하여 아이홀을 그리고 그러데이션한다.
- 아이라인은 속눈썹 사이사이를 메꾸어 그린다.
- 뷰러를 이용하여 자연스러운 속눈썹 컬링 후, 마스카라를 바른다. 인조 속눈썹은 모델 눈에 맞추어 붙이고, 깊고 그윽한 눈매를 연출한다.
- 치크는 브라운색으로 광대뼈 아래쪽을 강하게 표현하고 얼굴 전체를 핑크톤으로 가볍게 쓸어 표현한다.
- 입술은 적당한 유분기를 가진 레드브라운 립 컬러를 이용하여 인커브 형태로 바른다.

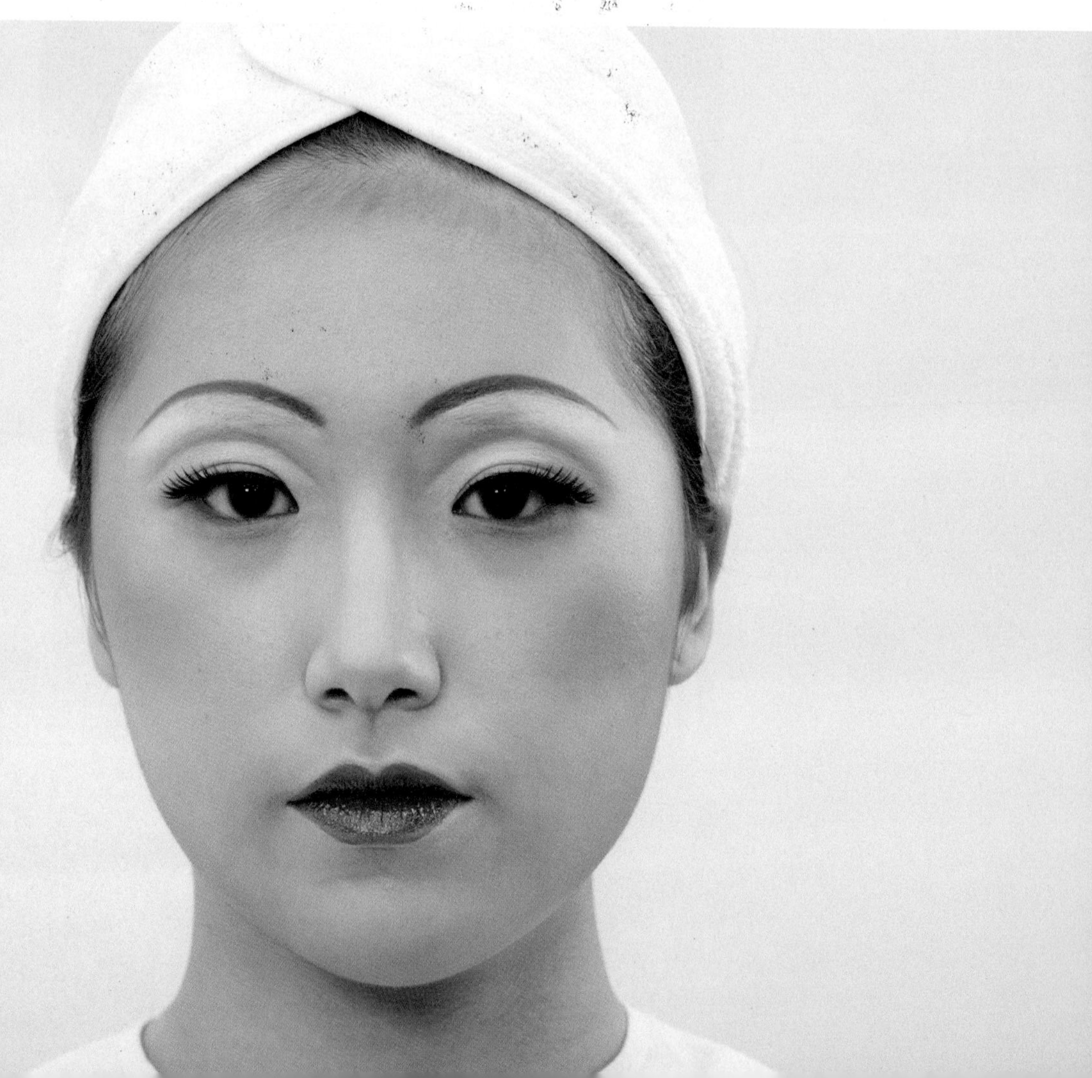

일러두기

01 과제유형

베이스	눈 썹	눈	볼	입 술	배 점	시험시간
깨끗한 표현	• 아치형 • 더마왁스 • 브라운	• 브라운 • 화이트	• 브라운 • 핑 크	• 레드브라운 • 인커브	30	40분

02 심사기준 및 감점요인

(1) 작업장 청결, 재료준비상태, 위생 및 소독 등의 사전준비자세

(2) 기본 및 숙련도 : 피부 베이스 들뜸없이 표현

(3) 기술력 : ① 양쪽 눈썹이 밸런스가 맞는지 여부
② 섀도 그러데이션 여부

(4) 완성도 : 미작일 경우 실격 처리된다.

03 요구사항 및 수험자 유의사항

1 요구사항(제2과제)

※ 지참 재료 및 도구를 사용하여 다음의 요구사항에 따라 시대 메이크업(그레타 가르보)을 시험시간 내에 완성하시오.

① 과제를 수행하기 전 수험자의 손 및 도구류를 소독한 후 제시된 도면을 참고하여 시대 메이크업(그레타 가르보) 스타일을 연출하시오.

② 모델의 피부톤에 적합한 메이크업 베이스를 선택하여 얇고 고르게 펴 바르시오.

③ 눈썹은 파운데이션 등(또는 눈썹왁스 및 컨실러)을 사용하여 도면과 같이 완벽하게 커버하시오.

④ 모델의 피부톤에 맞춰 결점을 커버하여 깨끗하게 피부표현하시오.

⑤ 셰이딩과 하이라이트로 윤곽 수정 후 파우더로 매트하게 마무리하시오.

⑥ 눈썹은 아치형으로 그려 그레타 가르보의 개성이 돋보이게 표현하시오.

⑦ 아이섀도의 표현은 도면과 같이 모델의 눈두덩이에 펄이 없는 갈색 계열의 컬러를 이용하여 아이홀을 그리고 그러데이션하시오.

⑧ 아이라인은 속눈썹 사이를 메꾸어 그리고 도면과 같이 눈매를 교정하시오.

⑨ 뷰러를 이용하여 자연 속눈썹을 컬링하시오.

⑩ 인조 속눈썹은 모델 눈에 맞춰 붙이고, 깊고 그윽한 눈매를 연출하시오.

⑪ 치크는 브라운색으로 광대뼈 아래쪽을 강하게 표현하고 얼굴 전체를 핑크톤으로 가볍게 쓸어 표현하시오

⑫ 적당한 유분기를 가진 레드브라운 립 컬러를 이용하여 인커브 형태로 바르시오.

2 수험자 유의사항

① 모델은 문신(눈썹, 아이라인, 입술 등), 속눈썹 연장 및 메이크업이 되어 있지 않은 상태이어야 한다.

② 스패튤러, 속눈썹 가위, 족집게, 눈썹칼 등의 도구류를 사용 전 소독제로 소독해야 한다.

③ 메이크업 베이스, 파운데이션을 펴 바를 때 스펀지 퍼프 또는 브러시를 사용하시오.

④ 아이섀도, 치크, 립 등의 표현 시 브러시 등 적합한 도구를 사용하시오.

⑤ 화장품은 요구사항이 지정된 제형 외에는 타입에 상관없이 자유롭게 사용하시오.

화장품은 용기에 덜어오지 않는다. 단 소독제는 다른 용기에 덜어와도 무방하다.

준비사항

01 | 수험자 및 모델의 복장

(1) 수험자 복장

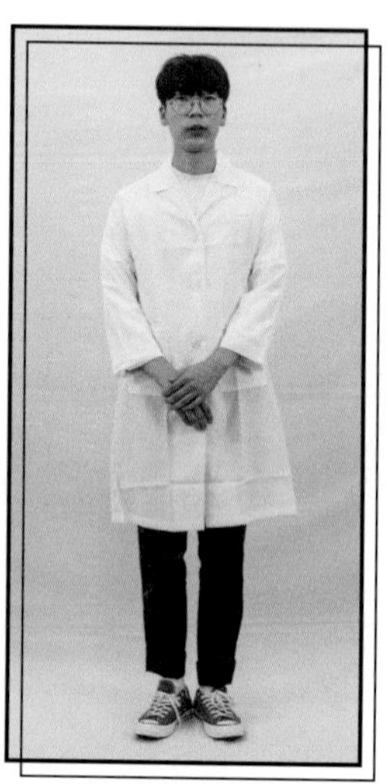

① **마스크(흰색) 착용**

② **상의** : 흰색 위생가운(반팔 또는 긴팔 가능, 일회용 가운 불가)

③ **하의** : 긴바지(색상, 소재 무관)

주의사항

- 눈에 보이는 표식[문신, 헤나, 컬러링(지정색 외)], 디자인, 손톱장식이 없어야 함
- 복장에 소속을 나타내는 표식이 없어야 함
- 액세서리 착용금지(반지, 팔찌, 시계, 목걸이, 귀걸이 등)
- 고정용품(머리핀, 머리망, 고무줄 등)은 검은색만 허용
- 스톱워치나 휴대전화 사용금지
- 재료 구별을 위한 스티커 부착금지

(2) 모델의 복장

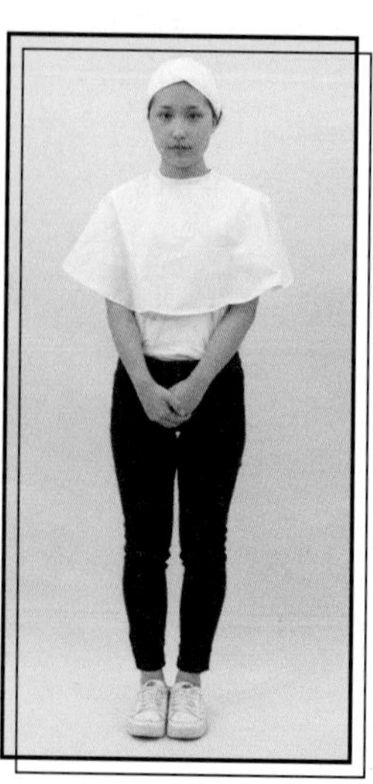

① **마스크(흰색) 착용**

② **상의** : 흰색 무지 상의(유색 무늬 불가, 소재 무관, 남방 및 니트류 허용, 아이보리색 등의 유색 불가)

③ **하의** : 긴바지(색상, 소재 무관)

※ 모델의 준비 상태가 부적합한 경우 감점 또는 0점 처리된다.

주의사항

- 눈에 보이는 표식[문신, 헤나, 컬러링(지정색 외)], 디자인, 손톱장식이 없어야 함
- 액세서리 착용금지(반지, 팔찌 시계, 목걸이, 귀걸이 등)
- 고정용품(머리핀, 머리망, 고무줄 등)은 검은색만 허용

02 | 도면 및 작업대 세팅

(1) 도구 및 재료

01 위생가운	17 인조 속눈썹
02 헤어밴드	18 속눈썹 접착제(풀)
03 위생봉지	19 눈썹 칼
04 타월(흰색)	20 눈썹 가위
05 어깨보	21 브러시 세트
06 탈지면 용기	22 스펀지(퍼프)
07 소독제	23 스패튤러
08 화장솜(탈지면)	24 분 첩
09 메이크업 베이스	25 뷰 러
10 파운데이션	26 미용티슈
11 페이스 파우더	27 물티슈
12 아이섀도 팔래트	28 면 봉
13 립 팔래트	29 족집게
14 아이라이너	30 클렌징 제품
15 마스카라	31 더마왁스
16 아이브로 펜슬(에보니)	

(2) 사전준비

모든 세팅이 준비되어 있어야 한다.

과제 재료 세팅 시 감점 요인

- 과제가 시작되면 도구나 재료를 꺼낼 수 없으므로 흰 타월 안에 과제에 필요한 모든 재료를 세팅한다.
- 불필요한 도구가 세팅되어 있으면 안 되고 도구 및 재료는 바닥에 떨어뜨리지 않는다.

시술과정

01 | 소독 및 위생

(1) 수험자 손 소독하기

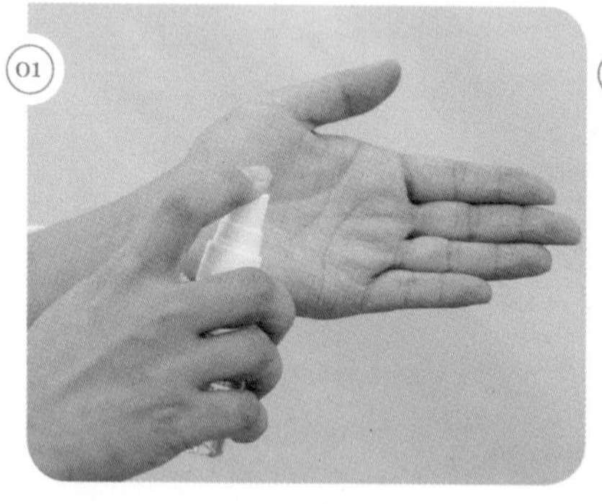

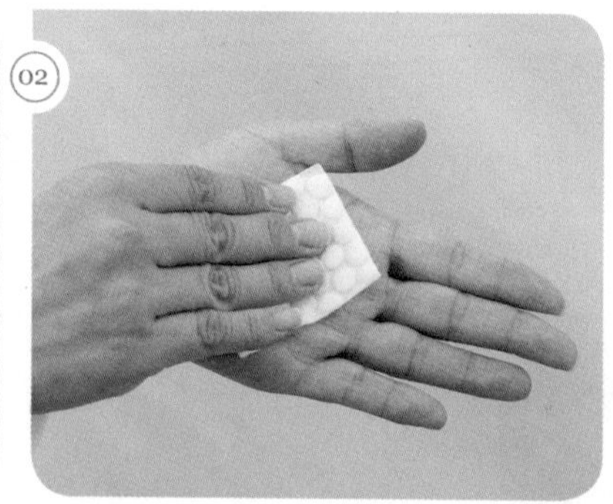

① 손 소독제 사용 : 손 소독제를 사용하여 수험자의 손을 전체적으로 소독한다.
② 화장솜으로 손 소독 : 화장솜을 사용해 손을 한 번 더 닦아 준다.

(2) 도구 소독하기

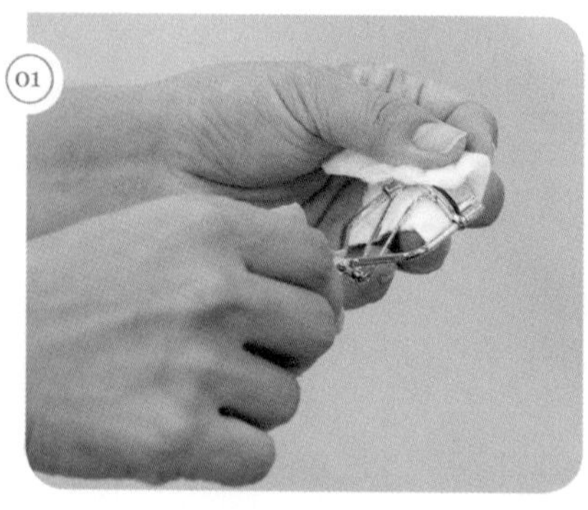

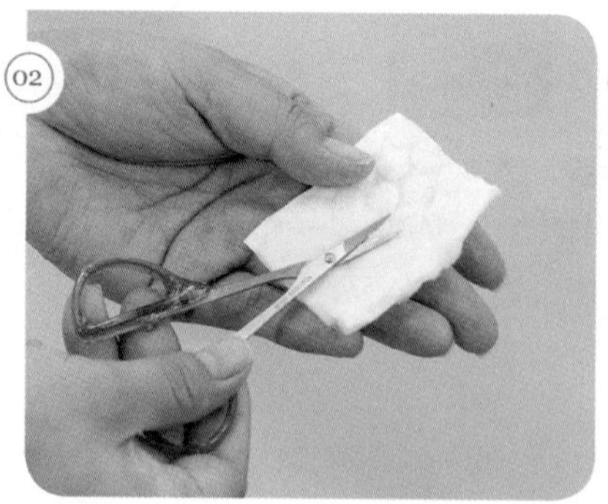

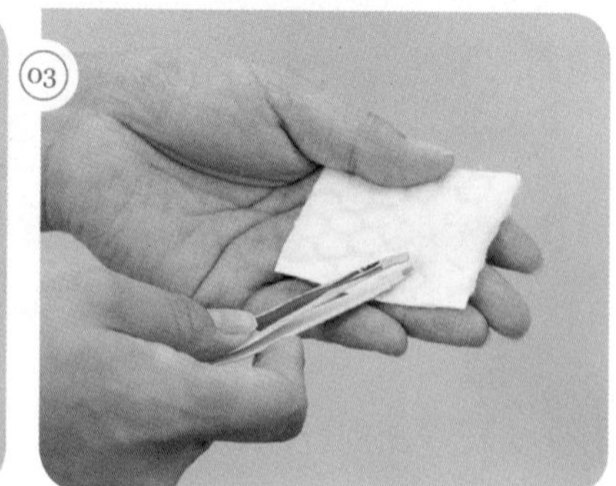

뷰러, 쪽가위, 족집게, 스패튤러, 눈썹칼 등을 소독해 준다.

02 | 베이스 메이크업

(1) 메이크업 베이스

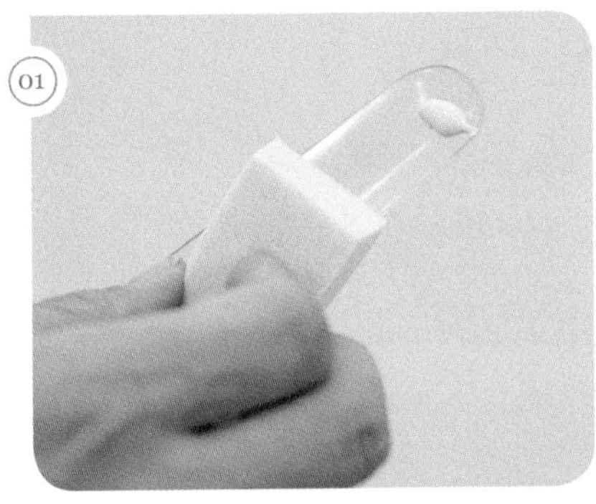
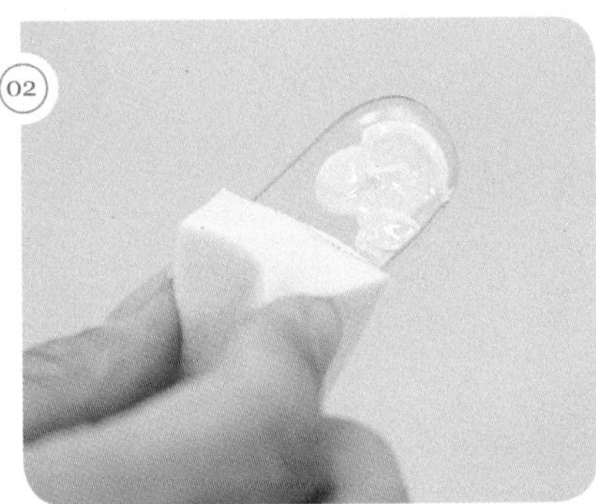
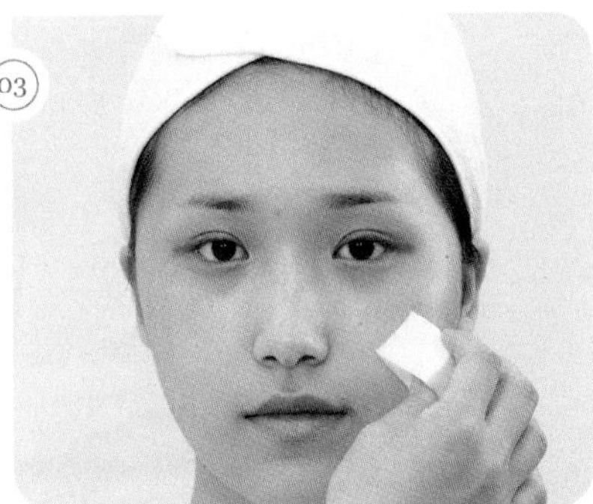

메이크업 베이스를 적당량 이용해서 얇고 고르게 펴 바른다.

(2) 파운데이션, 컨실러

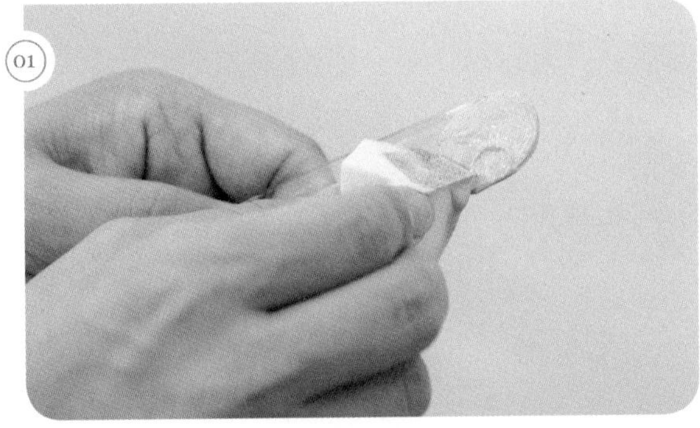
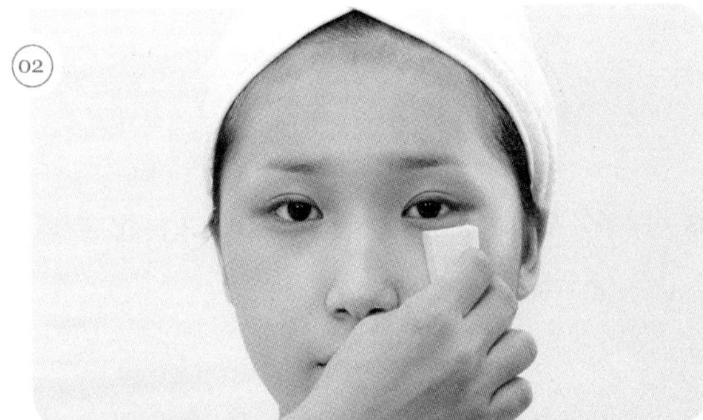
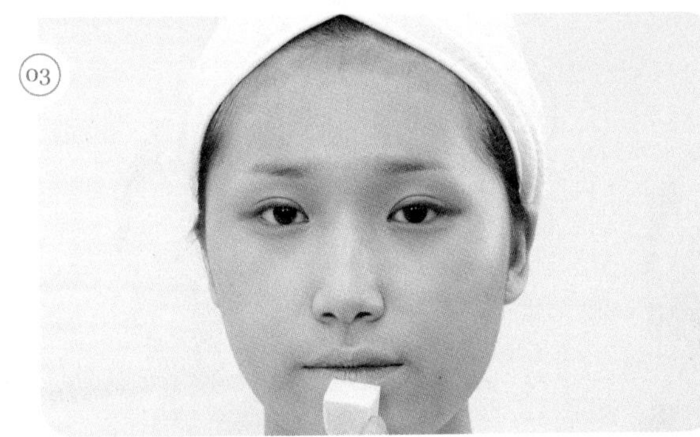
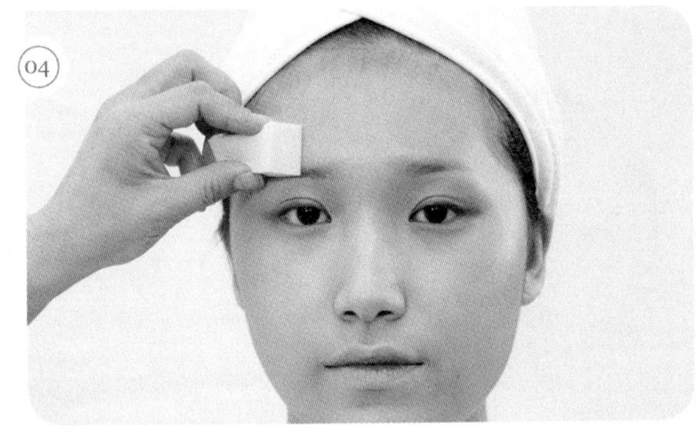

① 모델의 피부톤에 맞춰 파운데이션을 고르게 펴 바른다.

TIP 눈썹과 입술 전체도 커버한다.

② 피부톤보다 한톤 밝은 컨실러를 이용하여 잡티, 다크서클, 입 주변, 코 등을 컨실러로 깨끗하게 정리한다.

(3) 파우더

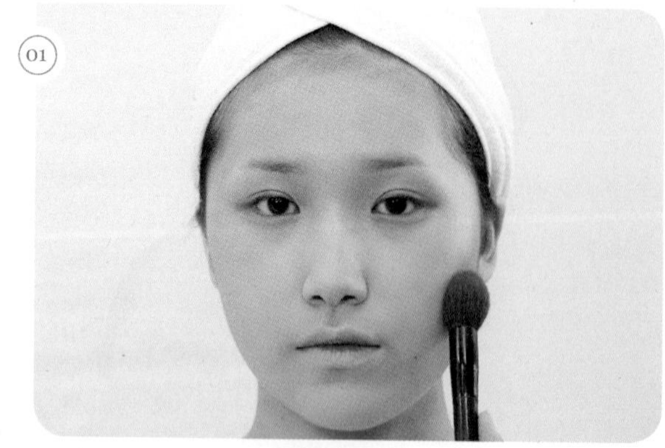

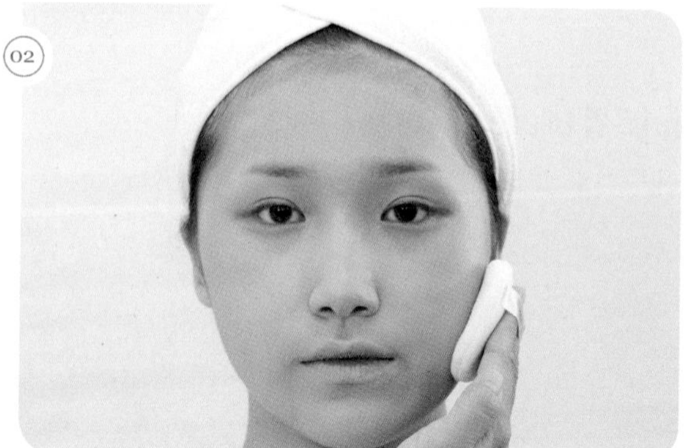

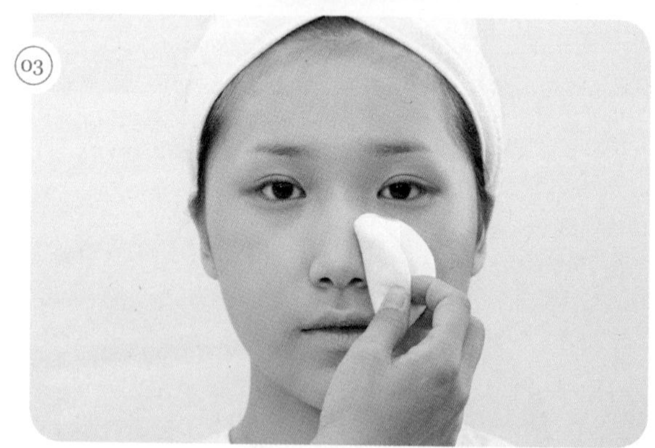

브러시를 이용하여 투명 파우더를 얼굴 전체에 바르고 분첩으로 매트하게 마무리 해 준다.

- 브러시의 파우더 양은 분첩을 이용해 조절한다.
- 분첩을 이용할 시 볼, 이마 등 넓은 부분은 전체를 사용하고 면적이 작은 부위(눈 밑, 코 옆, 인중, 턱)는 분첩을 반으로 접어서 사용한다.

(4) 코 셰이딩, 하이라이트

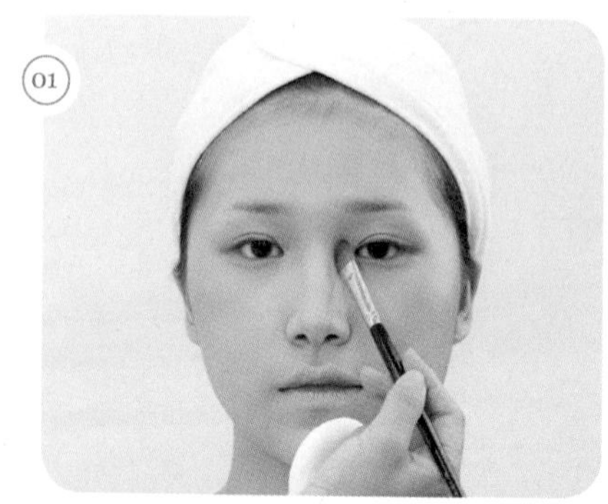

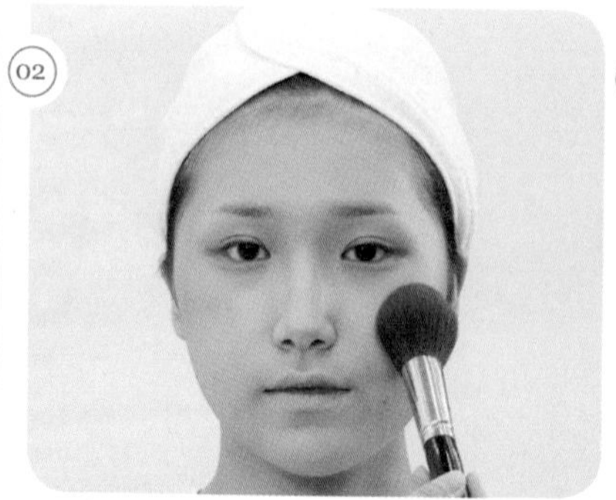

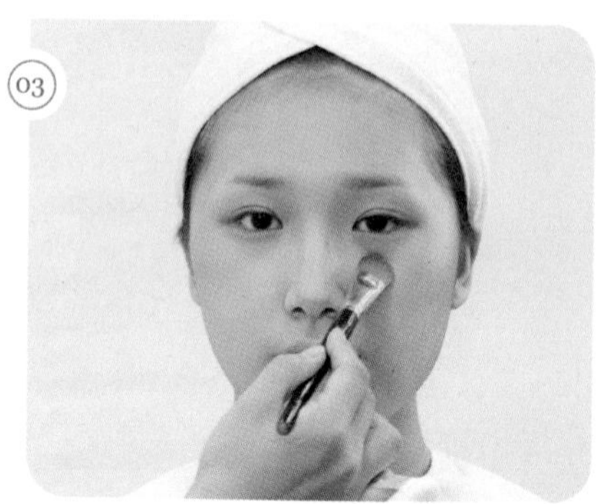

① 노즈 브러시로 브라운색 섀도를 눈썹 앞머리에서 콧방울 끝까지 쓸어서 진하게 표현한다.
② 한톤 어두운 파운데이션으로 콧등, 이마, 광대, 턱, 치크 부분 등을 셰이딩한다.
③ T존, 애플존, 팔자주름, 턱 등 하이라이트 부위를 체크한다.

TIP 노즈 브러시로 눈썹을 한번 쓸어준 뒤 콧대와 이어주면 더 자연스럽게 연출할 수 있다.

03 | 아이브로

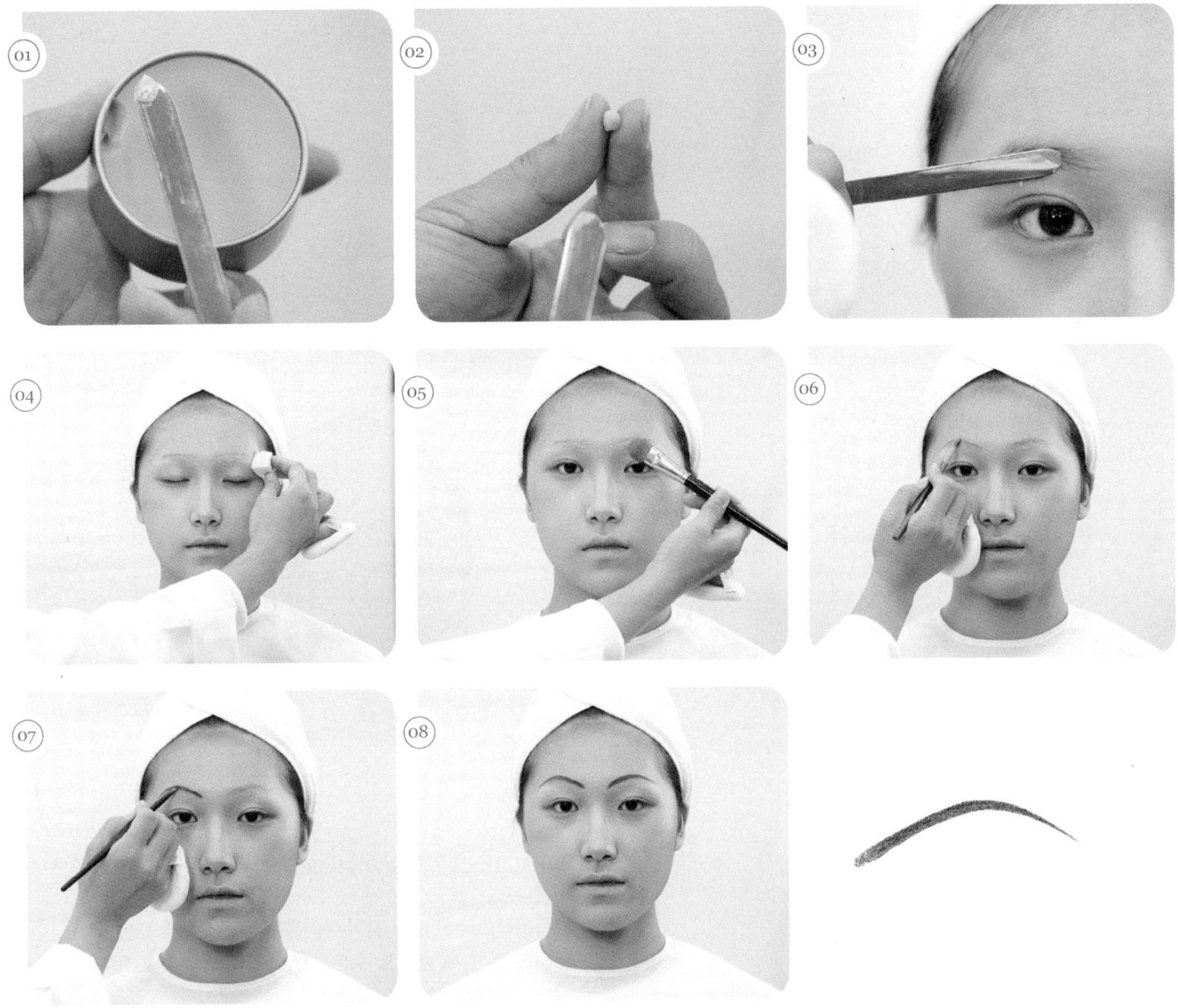

(01) (02) (03) (04) (05) (06) (07) (08)

① 눈썹은 모델의 눈썹모양이 아치형에 적합하지 않은 경우 더마왁스를 이용하여 눈썹을 커버한다.
② 더마왁스를 바른 눈썹 위에 파운데이션을 발라 눈썹을 가린 후 파우더를 그 위에 도포해 들뜸을 방지한다.
③ 에보니 펜슬로 먼저 살짝 그려준 뒤 갈색 섀도를 바른 브러시를 이용하여 그레타 가르보의 개성이 돋보일 수 있도록 아치형의 눈썹으로 표현한다.

더마왁스 사용 시 스패튤러로 콩알 크기만큼만 떼어내서 체온을 이용해 손가락으로 굴려 매만져준 후 스패튤러를 이용해 눈썹에 밀착시킨 후 도포한다.

04 | 아이섀도

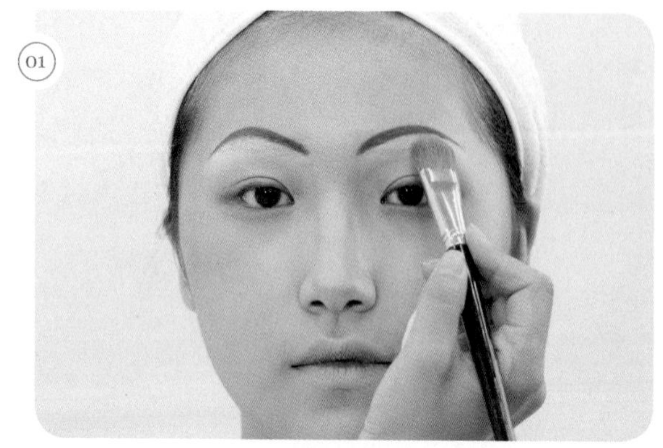

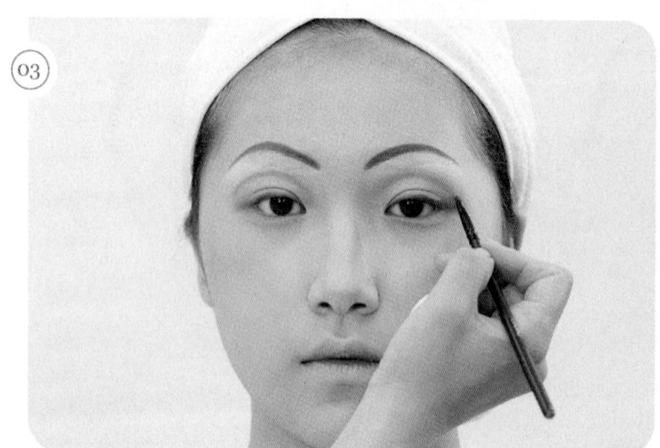

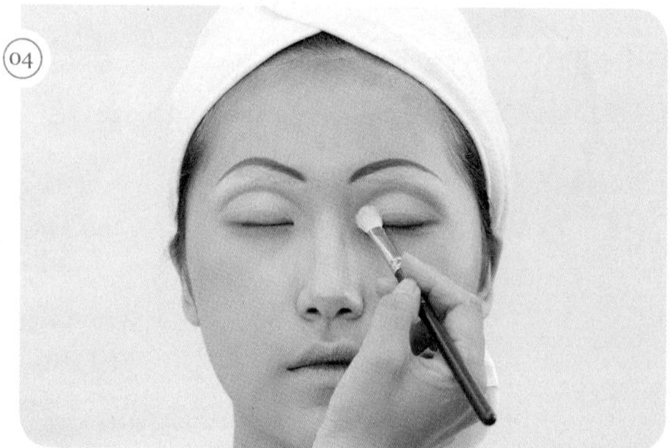

① 베이지/화이트 색상의 아이섀도를 이용하여 눈썹 아래에 밀착시켜 바른다.

② 브라운색으로 도면과 같이 아이홀을 자연스럽게 표현한다.

③ 펄이 없는 갈색 계열의 색을 이용해 아이홀을 그리고 홀 바깥으로 그러데이션한다.

④ 펄이 없는 화이트 또는 베이지색 섀도를 이용해 아이홀 안쪽부분을 채워준다.

선명한 아이홀을 표현하기 위해 화이트를 눈두덩 위에 얹어서 톡톡 두들겨 바른다.

05 | 아이라인, 속눈썹 컬링

01

02

03

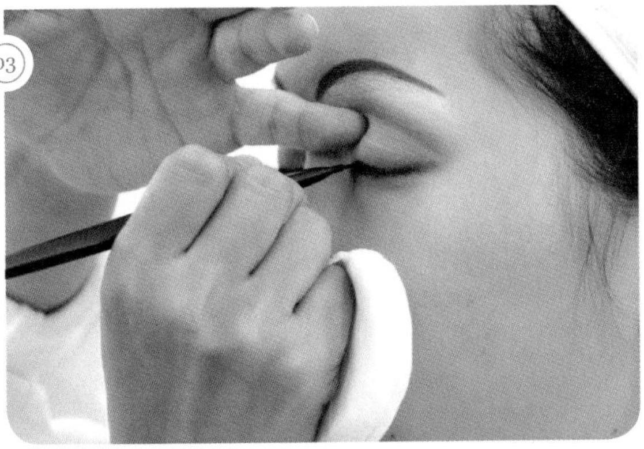

04

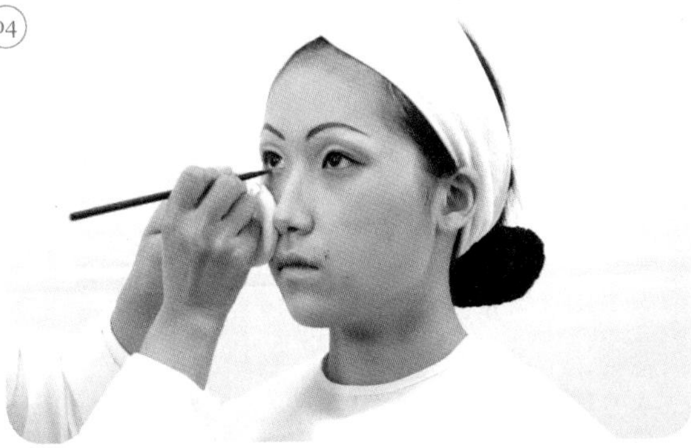

05

06

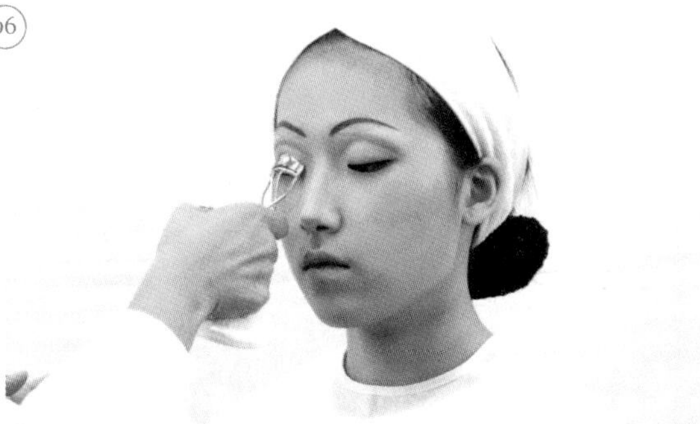

① 아이라인은 아이라이너를 이용하여 눈썹 사이사이를 메꾸어 눈매를 교정한다.
② 브라운색 섀도로 눈꼬리 언더라인의 1/2~1/3까지 그러데이션한다.
③ 화이트색 섀도로 눈 앞머리 부분을 살짝 발라준다.
④ 뷰러를 이용하여 속눈썹을 자연스럽게 컬링해 준다.

TIP 뷰러를 이용할 때 세 번 나누어 집어주면 더욱 자연스러운 컬링을 연출할 수 있다.

06 | 마스카라, 인조 속눈썹 붙이기

01

02

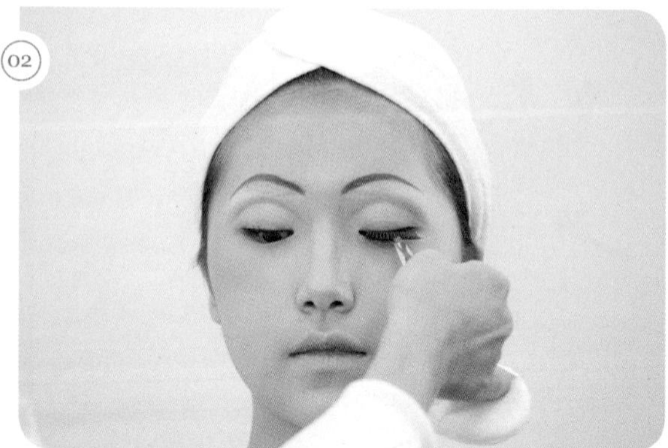

03

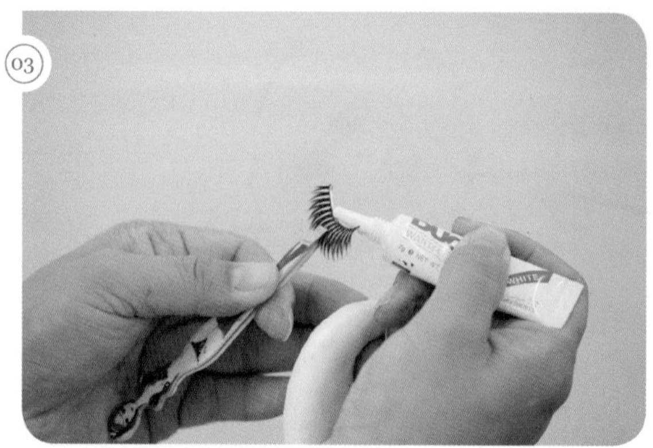

04

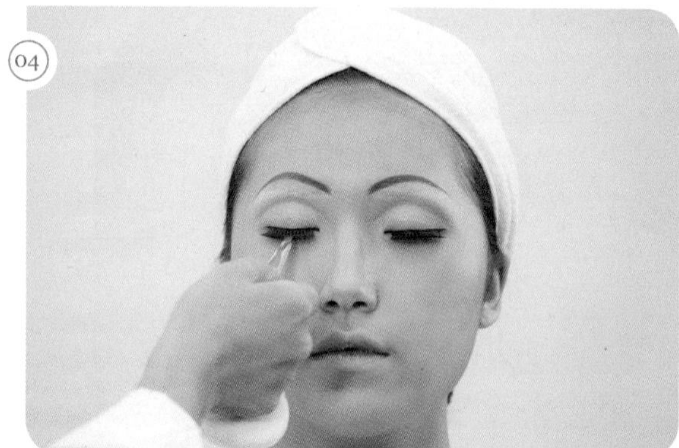

05

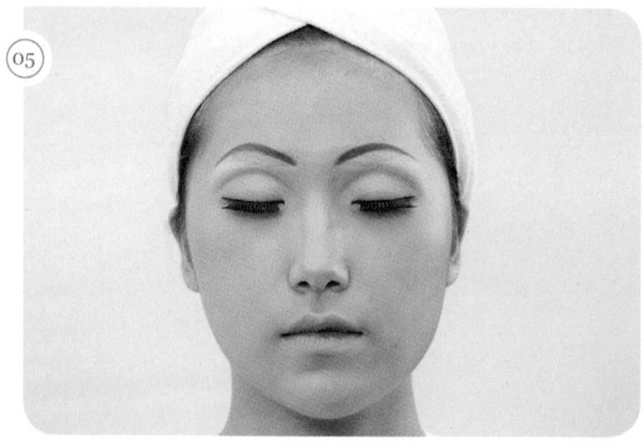

06

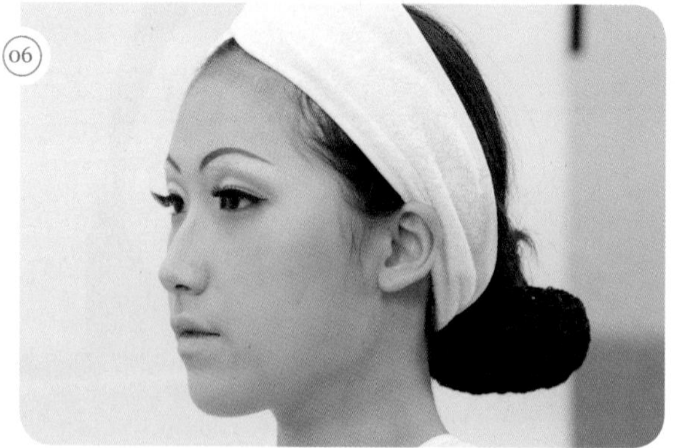

① 마스카라를 이용하여 속눈썹을 자연스럽게 표현해 준다.

- 마스카라를 이용할 때 마스카라 입구에서 양 조절을 하면 과한 사용을 방지할 수 있다.
- 모델에게 눈을 뜨고 아래방향으로 시선 처리를 하게 한 후 마스카라를 사용하면 바르기 쉽다.

② 인조 속눈썹은 모델의 눈길이를 체크하고 너무 길지 않게 뒷부분을 커팅한 후 한 번 더 확인하여 붙여준다.

인조 속눈썹 위에 보일지도 모르는 풀을 감추기 위해 리퀴드나 젤라이너를 이용하여 한 번 더 아이라인을 깔끔하게 그려 준다.

07 | 셰이딩 + 치크

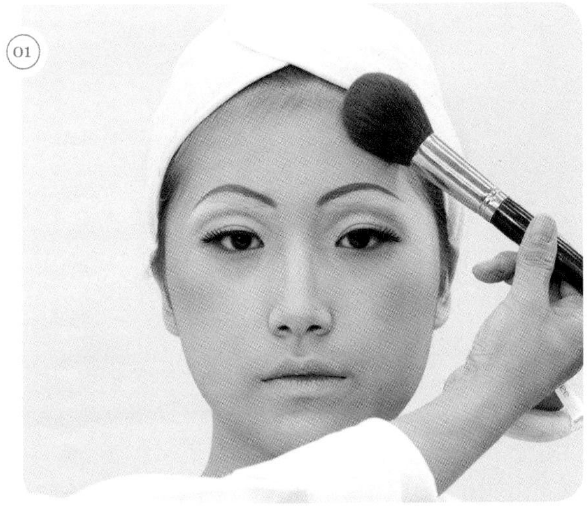
01

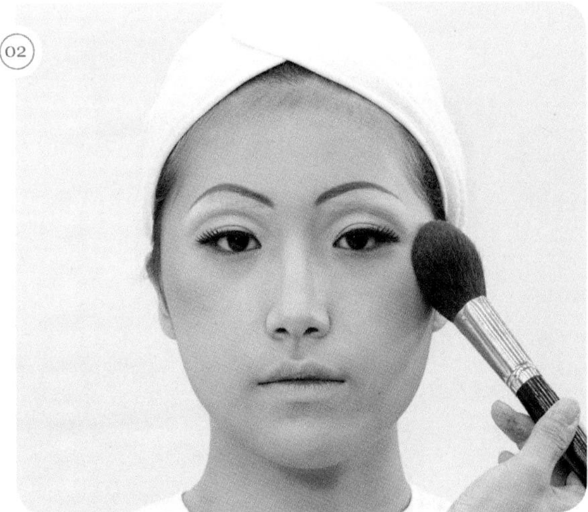
02

03

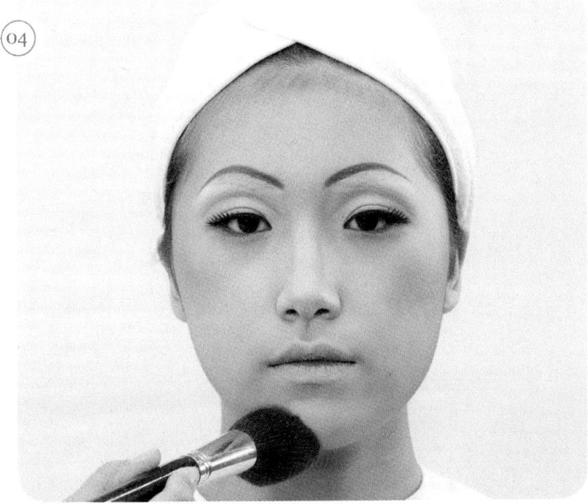
04

① 셰이딩은 브라운색 섀도를 이용하여 페이스라인을 쓸어주듯 펴 바르고 치크 부분을 한 번 더 지나가 준다.

② 치크는 브라운으로 광대뼈 아랫부분에 강하게 표현한다.

TIP 치크와 셰이딩을 동시에 진행하면 시간을 단축할 수 있다.

③ 얼굴 전체를 브라운 핑크톤으로 가볍게 쓸어 표현한다.

08 | 하이라이트

01

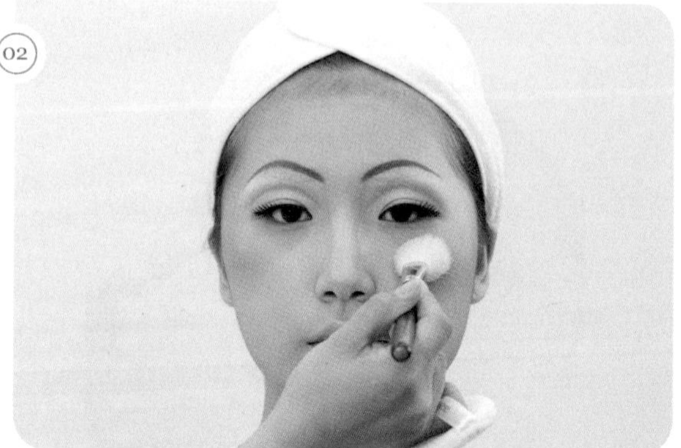
02

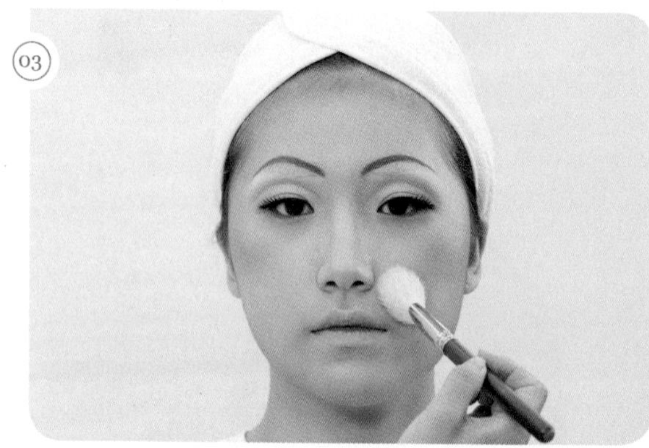
03

04

하이라이트는 밝은색 파우더를 이용하여 T존, 애플존, 팔자주름, 턱에 펴 발라 준다.

09 | 립

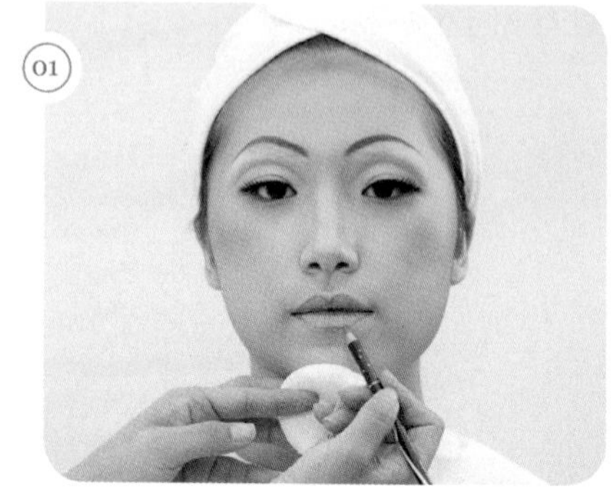
01

02

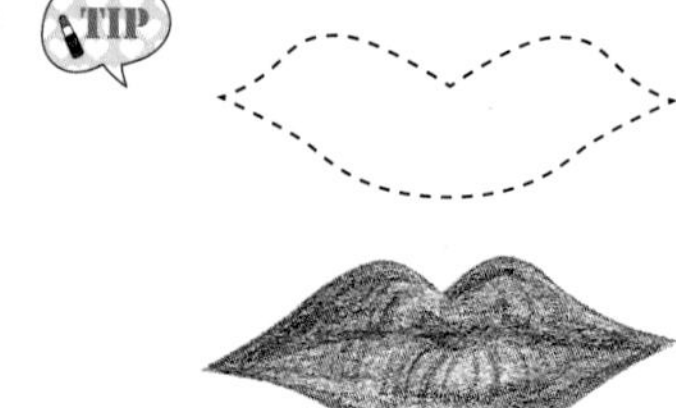

구각 부분의 립라인이 인커브가 될 수 있도록 한다
(브러시나 면봉으로 구각 주변 정리를 해 준다).

① 립은 적당한 유분기를 가진 레드브라운 립 컬러를 이용하여 인커브 형태로 바른다.
② 립글로스를 가볍게 발라 마무리한다.

10 | 마무리

① 시술 시 사용한 도구는 모두 제자리에 정리한다.
② 작업대 위를 깨끗하게 정리 정돈한다.

시술이 끝난 후 위생봉지(쓰레기)를 정리한다.

11 | 완성

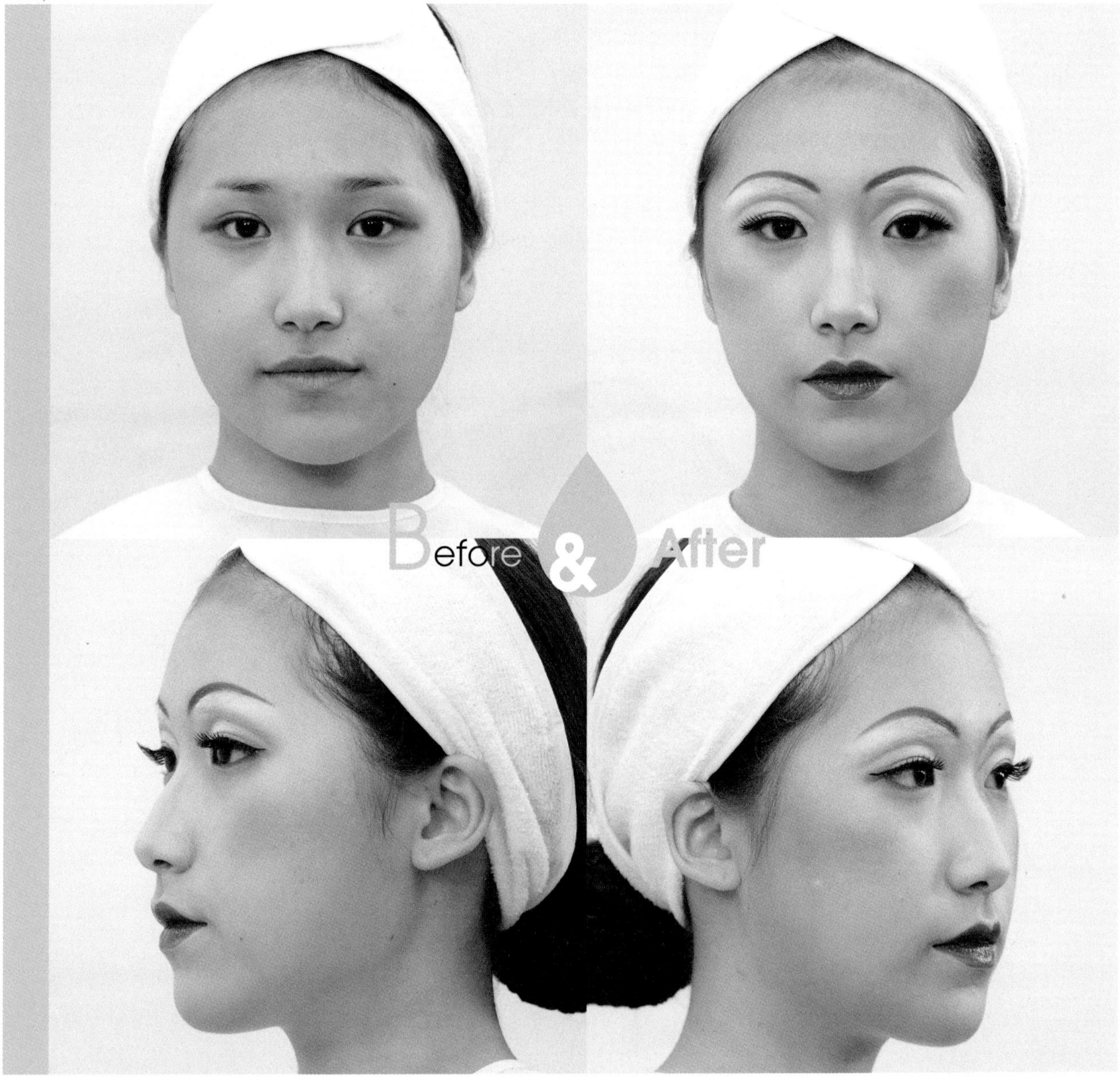

Before & After

Marilyn Monroe Make-up

마릴린 먼로 메이크업(1950년)

Check Point

- 모델의 피부톤에 적합한 메이크업 베이스를 선택하여 얇고 고르게 펴 바른다.
- 모델의 피부톤보다 밝은 핑크톤의 파운데이션으로 표현한다.
- 셰이딩, 하이라이트로 윤곽수정 후 파우더로 매트하게 마무리한다.
- 눈썹은 브라운색의 양 미간이 좁지 않은 각진 눈썹으로 표현한다.
- 아이섀도는 모델의 눈두덩이를 중심으로 핑크와 베이지 계열의 색을 이용하여 아이홀을 표현하고 그러데이션한다.
- 아이홀 안쪽 눈꺼풀에 화이트 색상으로 입체감을 주고 언더에는 베이지 계열의 섀도를 바른다.
- 아이라인은 속눈썹 사이사이를 메꾸어 그리고 아이라인을 길게 뺀 형태의 눈매를 표현한다.
- 뷰러를 이용하여 자연스러운 속눈썹 컬링 후, 마스카라를 바른다. 인조 속눈썹은 모델 눈보다 길게 뒤로 빼서 붙이고, 깊고 그윽한 눈매를 연출한다.
- 치크는 핑크톤으로 광대뼈 아래쪽에서 구각을 향해 사선으로 바른다.
- 입술은 적당한 유분기를 가진 레드 립 컬러를 이용하여 아웃커브 형태로 바른다.
- 마릴린 먼로의 개성이 돋보이는 점을 그린다.

일러두기

01 과제유형

베이스	눈썹	눈	볼	입술	배점	시험시간
밝은 핑크톤	• 각진형 • 브라운	• 핑크 • 베이지 • 화이트	핑크	• 레드 • 아웃커브	30	40분

02 심사기준 및 감점요인

(1) 작업장 청결, 재료준비상태, 위생 및 소독 등의 사전준비자세
(2) 기본 및 숙련도 : 피부 베이스 들뜸없이 표현
(3) 기술력 : ① 양쪽 눈썹이 밸런스가 맞는지 여부
② 섀도 그러데이션 여부
(4) 완성도 : 미작일 경우 실격 처리된다.

03 요구사항 및 수험자 유의사항

1 요구사항(제2과제)

※ 지참 재료 및 도구를 사용하여 다음의 요구사항에 따라 시대 메이크업(마릴린 먼로)을 시험시간 내에 완성하시오.

① 과제를 수행하기 전 수험자의 손 및 도구류를 소독한 후 제시된 도면을 참고하여 시대 메이크업(마릴린 먼로) 스타일을 연출하시오.
② 모델의 피부톤에 적합한 메이크업 베이스를 선택하여 얇고 고르게 펴 바르시오.
③ 모델의 피부톤보다 밝은 핑크톤의 파운데이션으로 표현하시오.
④ 셰이딩과 하이라이트로 윤곽 수정 후 파우더로 매트하게 마무리하시오.
⑤ 눈썹은 브라운색의 양 미간이 좁지 않은 각진 눈썹으로 표현하시오.
⑥ 아이섀도는 모델의 눈두덩이를 중심으로 핑크와 베이지 계열의 컬러를 이용하여 아이홀을 표현하고 그러데이션 하시오
⑦ 아이홀 안쪽 눈꺼풀에 화이트 색상으로 입체감을 주고 언더에는 베이지 계열의 섀도를 바르시오.
⑧ 아이라인은 속눈썹 사이를 메꾸어 그리고 도면과 같이 아이라인을 길게 뺀 형태의 눈매를 표현하시오.
⑨ 뷰러를 이용하여 자연 속눈썹을 컬링하시오.
⑩ 인조 속눈썹은 모델의 눈보다 길게 뒤로 빼서 붙여주고 깊고 그윽한 눈매를 표현하시오.
⑪ 치크는 핑크톤으로 광대뼈 아래쪽에서 구각을 향해 사선으로 바르시오
⑫ 적당한 유분기를 가진 레드 립 컬러를 아웃커브 형태로 바르시오.
⑬ 도면과 같이 마릴린 먼로의 개성이 돋보이는 점을 그리시오.

2 수험자 유의사항

① 모델은 문신(눈썹, 아이라인, 입술 등), 속눈썹 연장 및 메이크업이 되어 있지 않은 상태이어야 한다.
② 스패튤러, 속눈썹 가위, 족집게, 눈썹칼 등의 도구류를 사용 전 소독제로 소독해야 한다.
③ 메이크업 베이스, 파운데이션을 펴 바를 때 스펀지 퍼프 또는 브러시를 사용하시오.
④ 아이섀도, 치크, 립 등의 표현 시 브러시 등 적합한 도구를 사용하시오.
⑤ 화장품은 요구사항이 지정된 제형 외에는 타입에 상관없이 자유롭게 사용하시오.

화장품은 용기에 덜어오지 않는다. 단 소독제는 다른 용기에 덜어와도 무방하다.

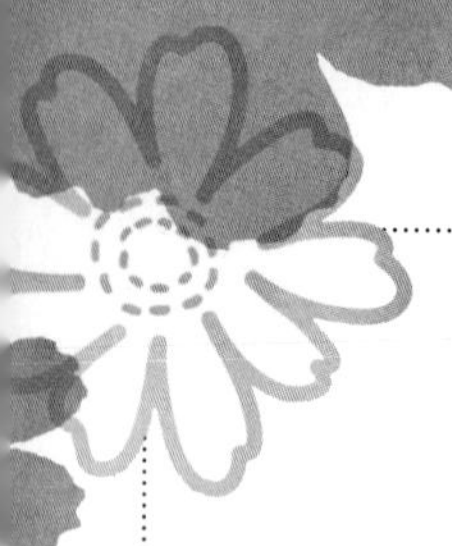

준비사항

01 | 수험자 및 모델의 복장

(1) 수험자 복장

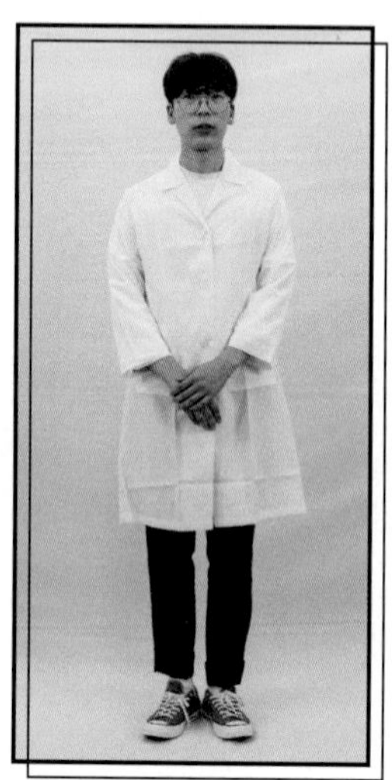

① **마스크(흰색) 착용**
② **상의** : 흰색 위생가운(반팔 또는 긴팔 가능, 일회용 가운 불가)
③ **하의** : 긴바지(색상, 소재 무관)

주의사항

- 눈에 보이는 표식[문신, 헤나, 컬러링(지정색 외)], 디자인, 손톱장식이 없어야 함
- 복장에 소속을 나타내는 표식이 없어야 함
- 액세서리 착용금지(반지, 팔찌, 시계, 목걸이, 귀걸이 등)
- 고정용품(머리핀, 머리망, 고무줄 등)은 검은색만 허용
- 스톱워치나 휴대전화 사용금지
- 재료 구별을 위한 스티커 부착금지

(2) 모델의 복장

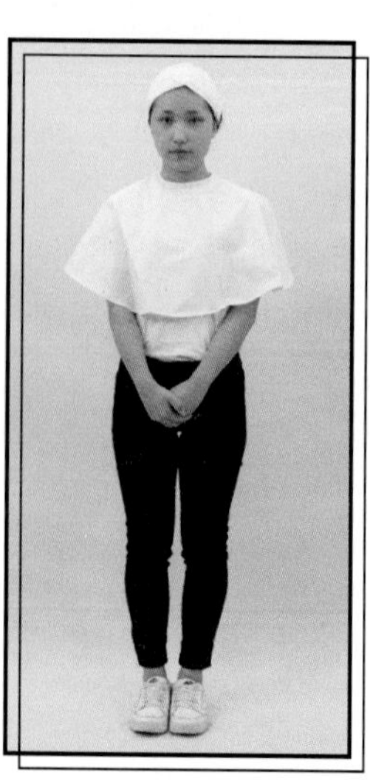

① **마스크(흰색) 착용**
② **상의** : 흰색 무지 상의(유색 무늬 불가, 소재 무관, 남방 및 니트류 허용, 아이보리색 등의 유색 불가)
③ **하의** : 긴바지(색상, 소재 무관)

※ 모델의 준비 상태가 부적합한 경우 감점 또는 0점 처리된다.

주의사항

- 눈에 보이는 표식[문신, 헤나, 컬러링(지정색 외)], 디자인, 손톱장식이 없어야 함
- 액세서리 착용금지(반지, 팔찌 시계, 목걸이, 귀걸이 등)
- 고정용품(머리핀, 머리망, 고무줄 등)은 검은색만 허용

02 | 도면 및 작업대 세팅

(1) 도구 및 재료

01	위생가운	16	아이브로 펜슬(에보니)
02	헤어밴드	17	인조 속눈썹
03	위생봉지	18	속눈썹 접착제(풀)
04	타월(흰색)	19	눈썹 칼
05	어깨보	20	눈썹 가위
06	탈지면 용기	21	브러시 세트
07	소독제	22	스펀지(퍼프)
08	화장솜(탈지면)	23	스패튤러
09	메이크업 베이스	24	분 첩
10	파운데이션	25	뷰 러
11	페이스 파우더	26	미용티슈
12	아이섀도 팔래트	27	물티슈
13	립 팔래트	28	면 봉
14	아이라이너	29	족집게
15	마스카라	30	클렌징 제품

(2) 사전준비

모든 세팅이 준비되어 있어야 한다.

과제 재료 세팅 시 감점 요인

- 과제가 시작되면 도구나 재료를 꺼낼 수 없으므로 흰 타월 안에 과제에 필요한 모든 재료를 세팅한다.
- 불필요한 도구가 세팅되어 있으면 안 되고 도구 및 재료는 바닥에 떨어뜨리지 않는다.

시술과정

01 | 소독 및 위생

(1) 수험자 손 소독하기

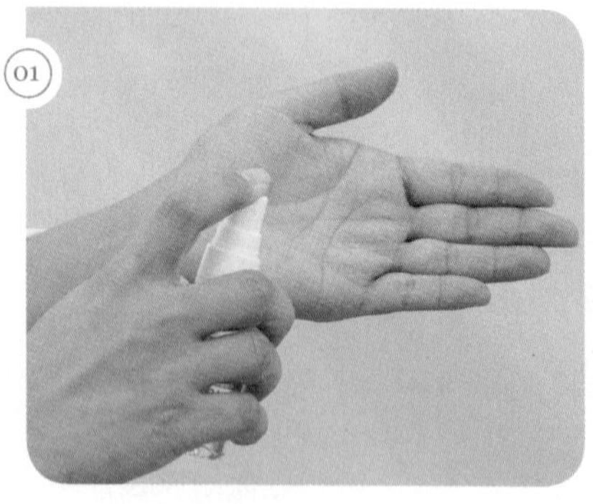
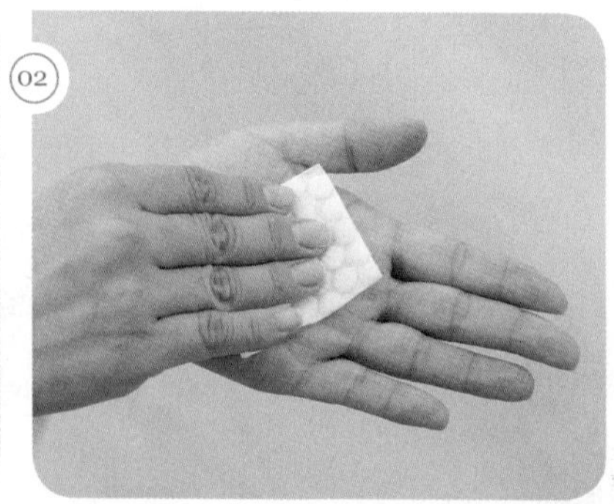

① 손 소독제 사용 : 손 소독제를 사용하여 수험자의 손을 전체적으로 소독한다.
② 화장솜으로 손 소독 : 화장솜을 사용해 손을 한 번 더 닦아 준다.

(2) 도구 소독하기

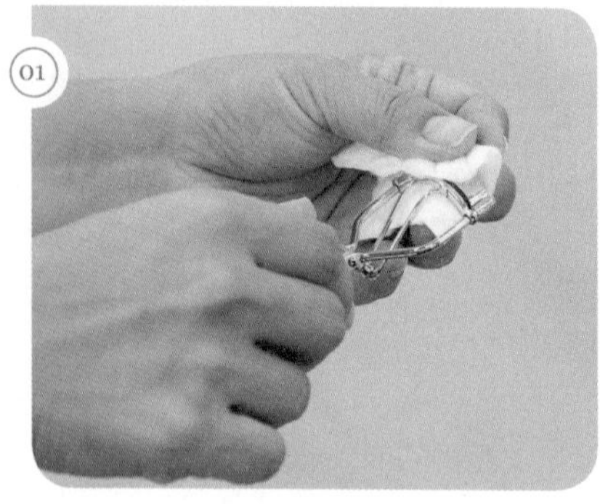
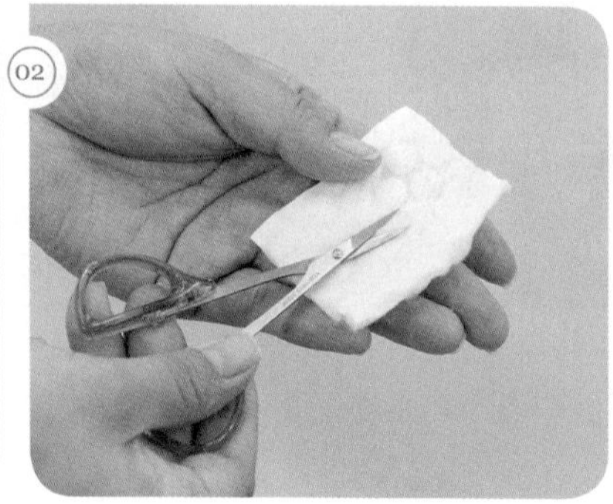

뷰러, 쪽가위, 족집게, 스패튤러, 눈썹칼 등을 소독해 준다.

02 | 베이스 메이크업

(1) 메이크업 베이스

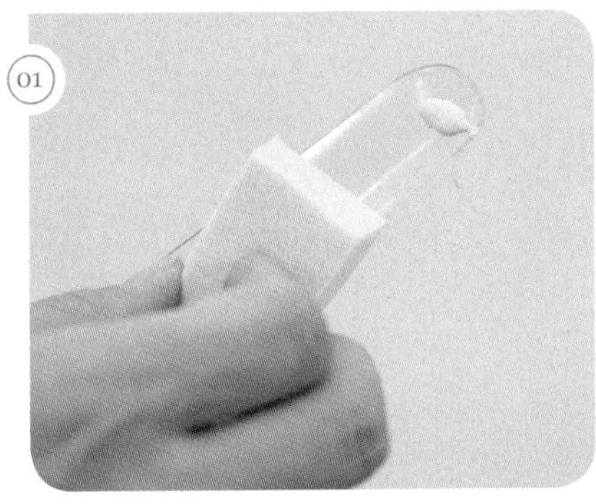
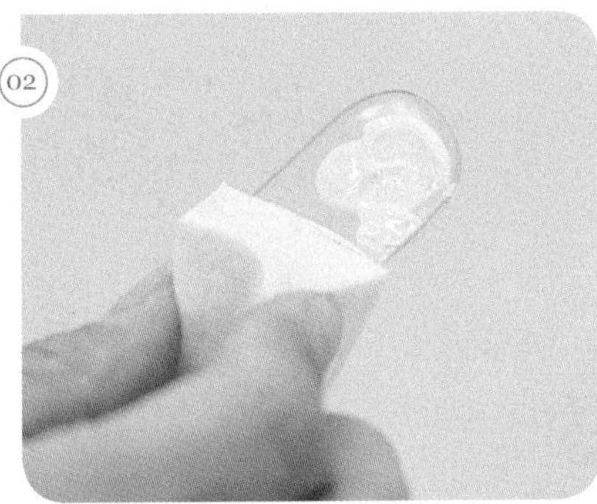
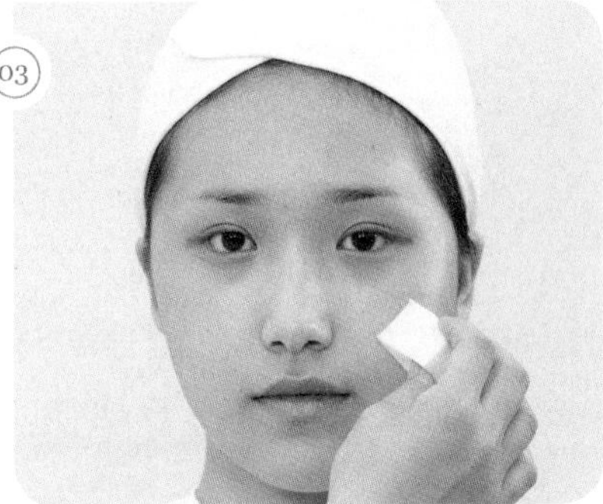

모델 피부톤에 적합한 메이크업 베이스를 선택하여 얇고 고르게 펴 바른다.

(2) 파운데이션, 컨실러

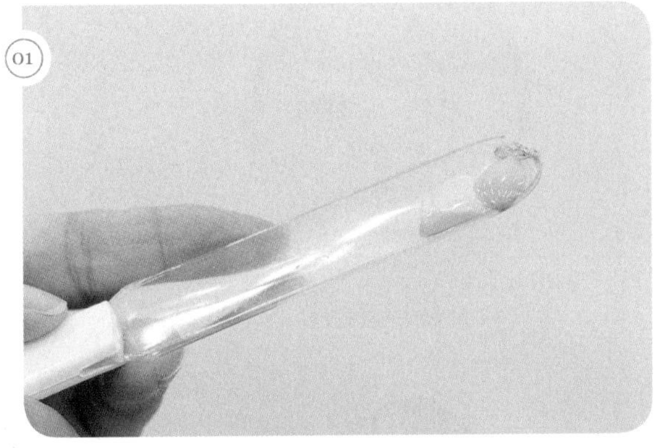
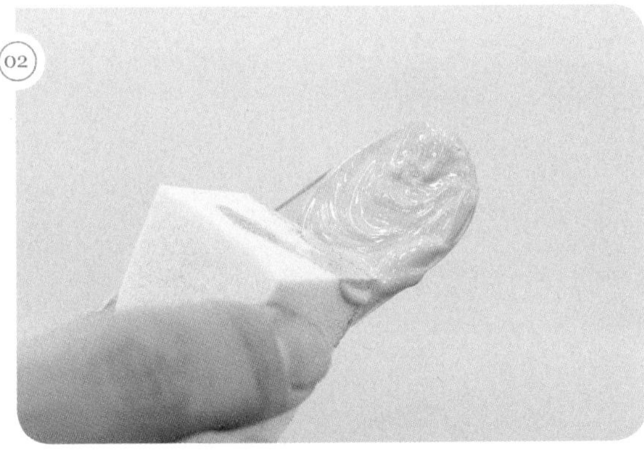
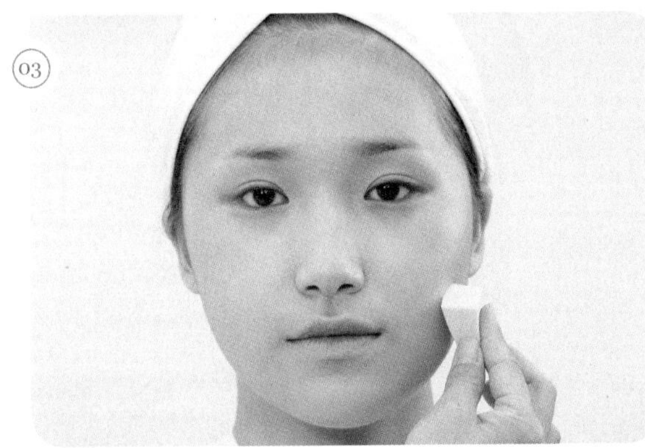
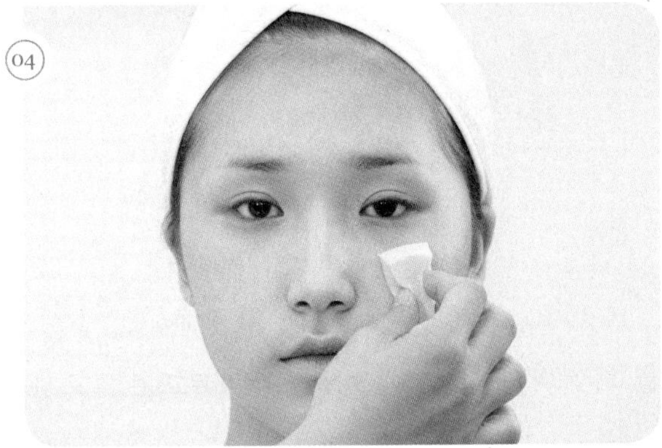

① 모델의 피부톤보다 밝은 핑크톤의 파운데이션을 고르게 펴 바른다.
② 피부톤보다 한톤 밝은 컨실러를 이용하여 잡티, 다크서클, 입 주변, 코 등을 컨실러로 깨끗하게 정리한다.

(3) 셰이딩, 하이라이트

① 한톤 어두운 파운데이션으로 윤곽 수정 후 셰이딩한다.

② T존, 애플존, 팔자주름, 턱 등 하이라이트 부위를 체크한다.

(4) 파우더

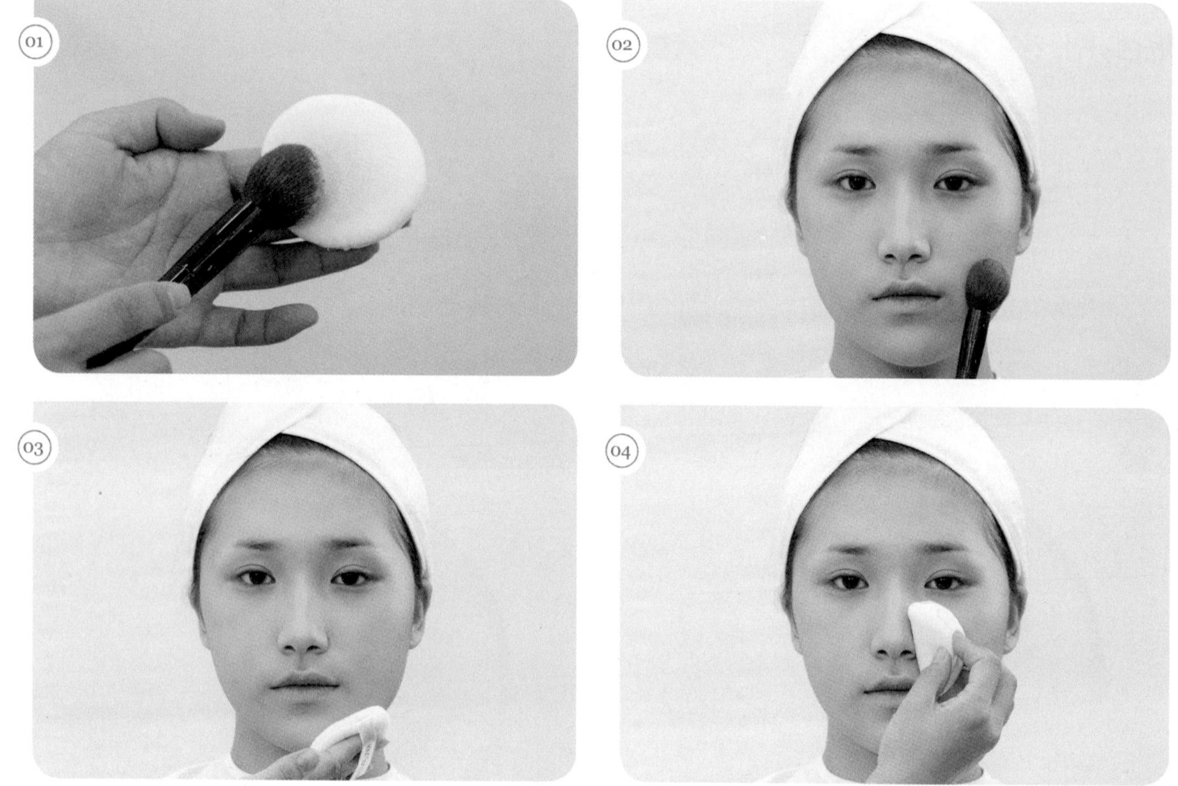

브러시를 이용하여 핑크 파우더를 얼굴 전체에 바르고 분첩으로 매트하게 마무리 해 준다.

- 브러시의 파우더 양은 분첩을 이용해 조절한다.
- 분첩을 이용할 시 볼, 이마 등 넓은 부분은 전체를 사용하고 면적이 작은 부위(눈 밑, 코 옆, 인중, 턱)는 분첩을 반으로 접어서 사용한다.

03 | 아이브로

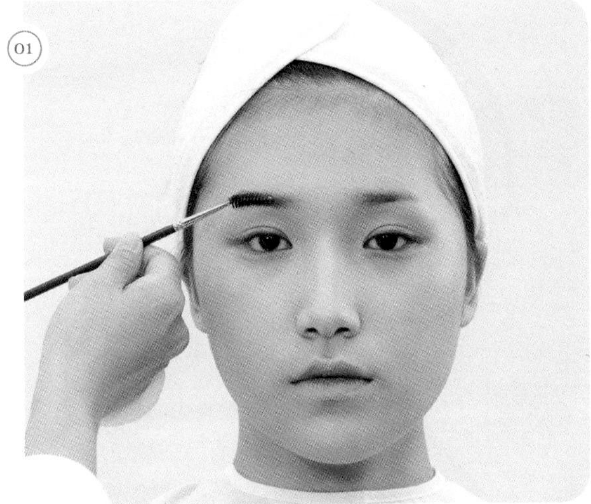
01

02

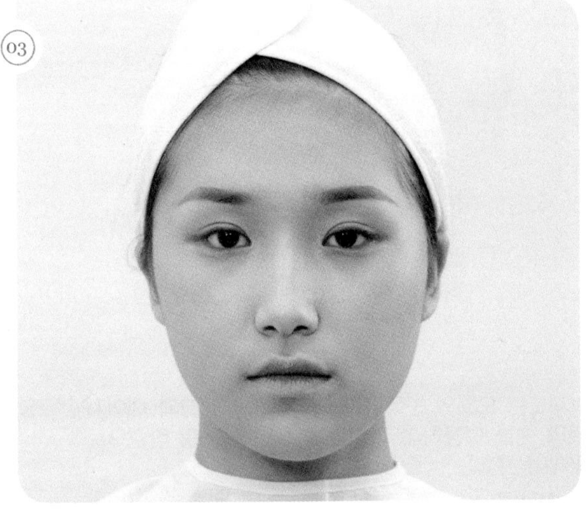
03

- 스크루 브러시로 눈썹 결을 정리한 후 에보니 펜슬로 베이스를 그리고 사선브러시로 색을 입힌다.
- 스크루 브러시는 눈썹 결 정리뿐만 아니라 눈썹 수정에도 도움을 준다.
- 일반적으로 자연 눈썹은 대칭이 아닌 경우가 많으므로 눈썹 앞머리의 높이를 주의해서 그려야 한다.

눈썹은 브라운색을 이용하여 양 미간이 좁지 않은 각진 눈썹을 표현한다.

04 | 아이섀도

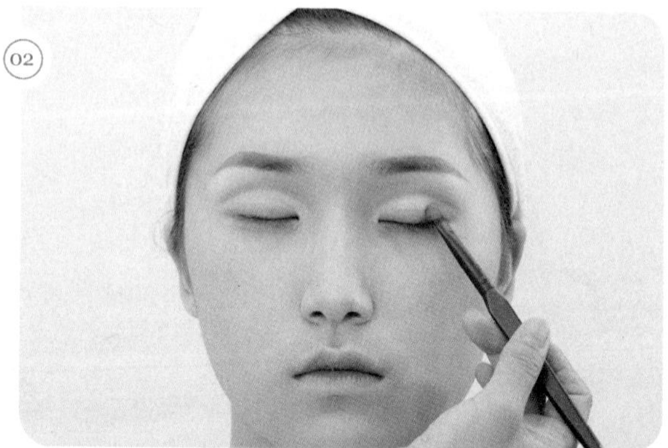

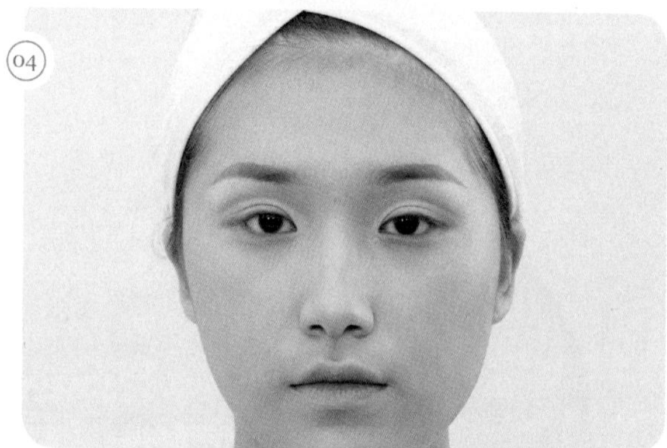

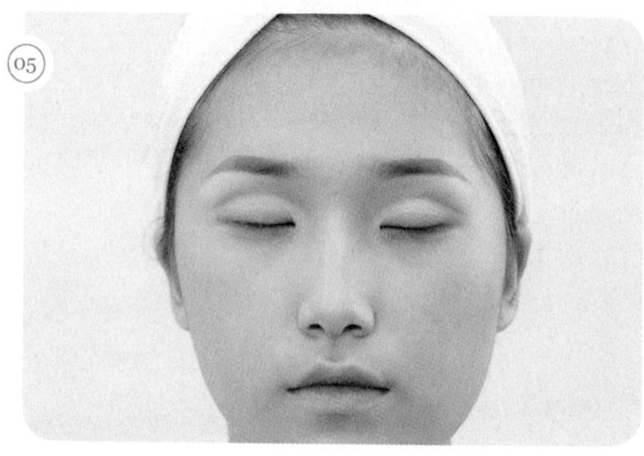

① 아이섀도는 모델의 눈두덩이를 중심으로 핑크와 베이지 계열의 색을 이용하여 아이홀을 표현하고 홀 바깥으로 그러데이션한다.

② 펄이 없는 화이트 또는 베이지색 섀도를 이용해 아이홀 안쪽부분을 채워준다.

TIP 선명한 아이홀을 표현하기 위해 화이트를 눈두덩이 위에 얹어서 톡톡 두들겨 바른다.

③ 언더에는 베이지 계열의 섀도를 바른다.

05 | 아이라인, 속눈썹 컬링

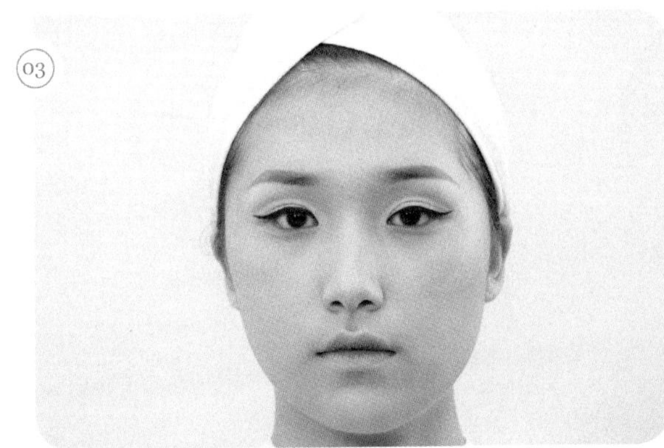

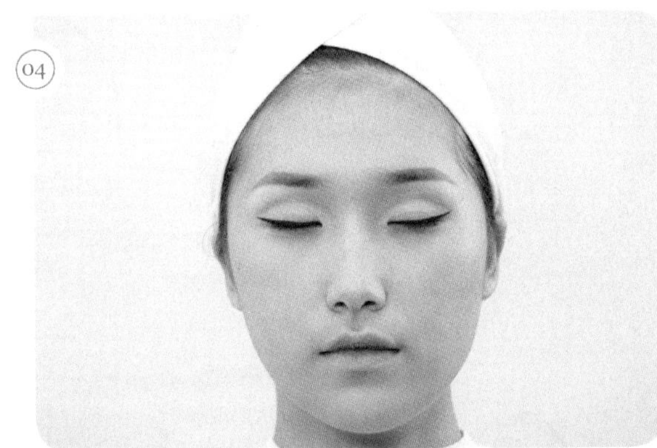

① 아이라인은 아이라이너를 이용하여 눈썹 사이사이를 메꾸어 도면과 같이 아이라인을 길게 뺀 후 살짝 위로 올린다.

이때 젤 라이너를 사용하면 편리하다.

② 뷰러를 이용하여 속눈썹을 자연스럽게 컬링해 준다.

뷰러를 이용할 때 세 번 나누어 집어주면 더욱 자연스러운 컬링을 연출할 수 있다.

06 | 마스카라, 인조 속눈썹 붙이기

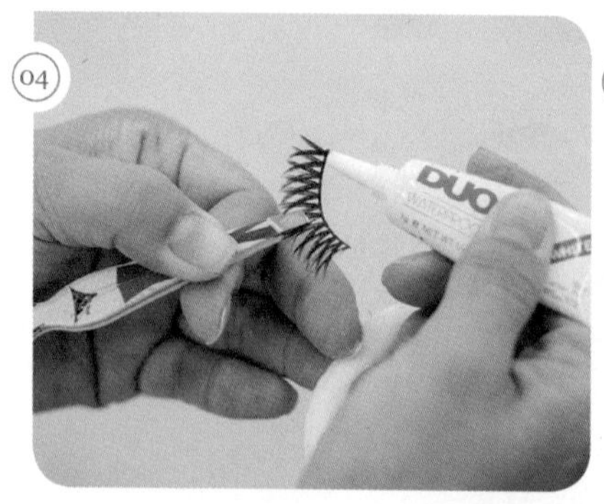

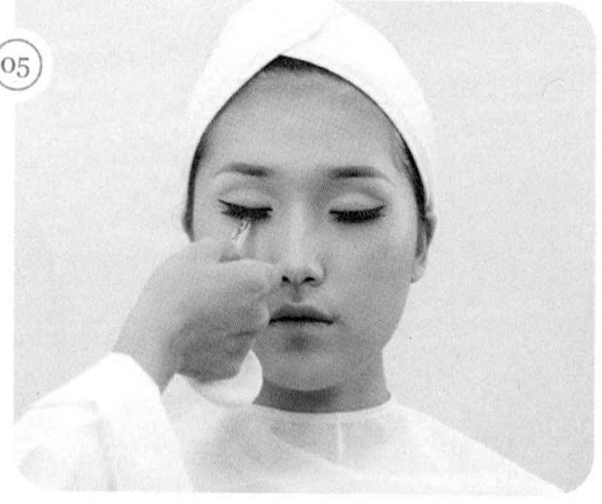

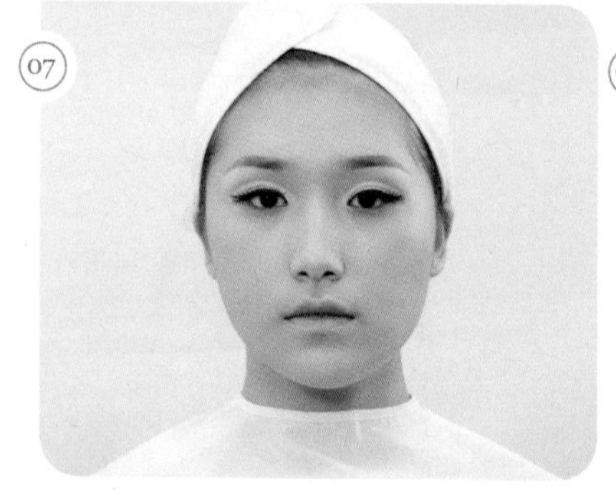

① 마스카라를 이용하여 속눈썹을 자연스럽게 표현해 준다.

TIP
- 마스카라를 이용할 때 마스카라 입구에서 양 조절을 하면 과한 사용을 방지할 수 있다.
- 모델에게 눈을 뜨고 아래방향으로 시선 처리를 하게 한 후 마스카라를 사용하면 바르기 쉽다.

② 인조 속눈썹의 길이는 모델의 눈보다 뒤로 빼서 붙여주어 깊고 그윽한 눈매를 표현한다.

이때 자연 속눈썹과 인조 속눈썹이 분리되지 않도록 한다.

07 | 코 셰이딩, 하이라이트

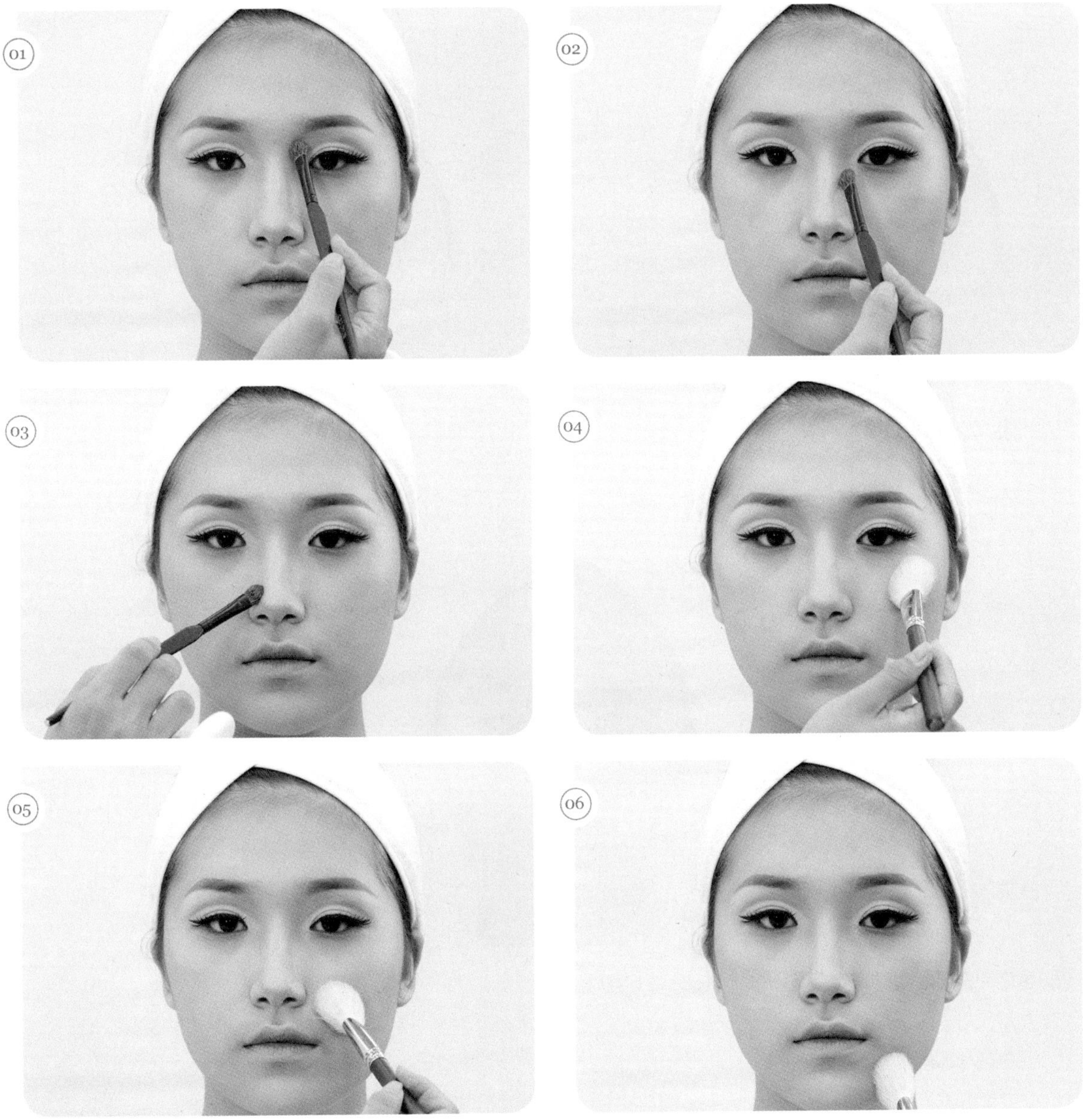

01

02

03

04

05

06

① 노즈 브러시로 브라운색 섀도를 눈썹 앞머리에서 콧방울 끝까지 쓸어서 자연스럽게 발라 준다.

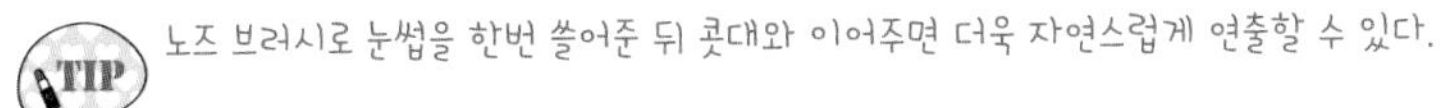

노즈 브러시로 눈썹을 한번 쓸어준 뒤 콧대와 이어주면 더욱 자연스럽게 연출할 수 있다.

② 하이라이트는 밝은색 파우더를 이용하여 T존, 애플존, 팔자주름, 턱에 펴 발라 준다.

08 | 치크

01

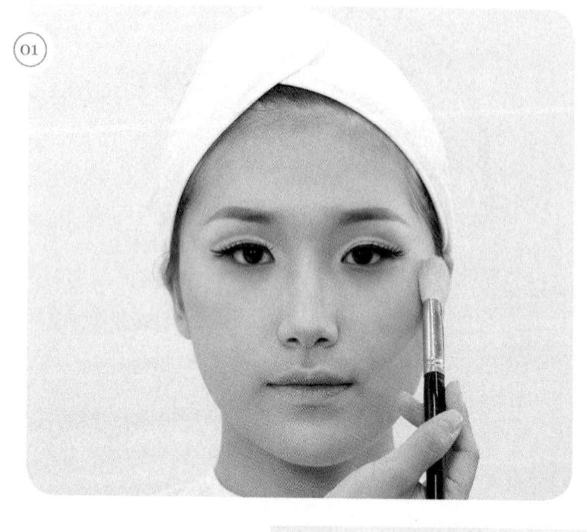

02

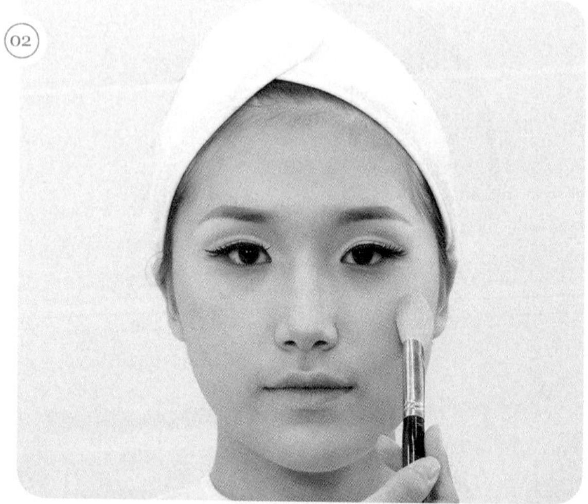

03

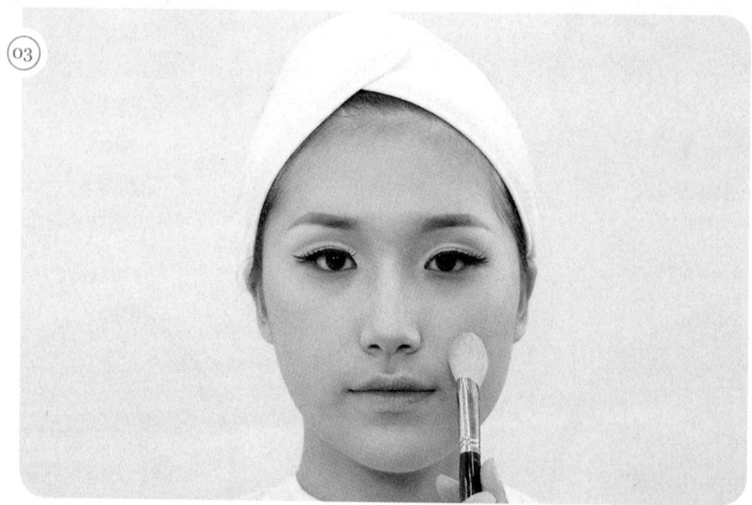

치크는 핑크톤으로 광대뼈 아래에서 구각을 향해 사선으로 바른다.

09 | 셰이딩

01

02

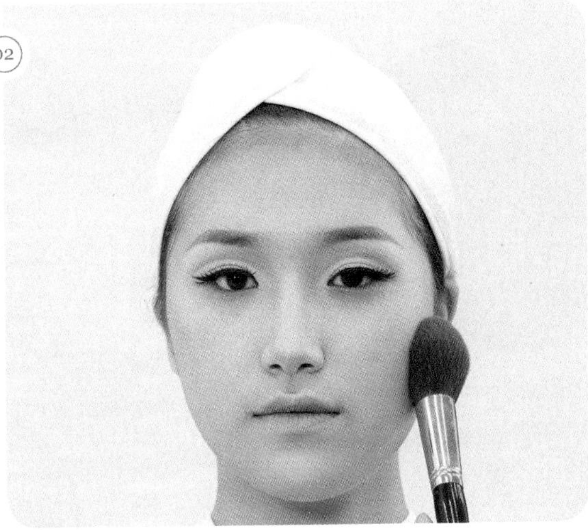

03

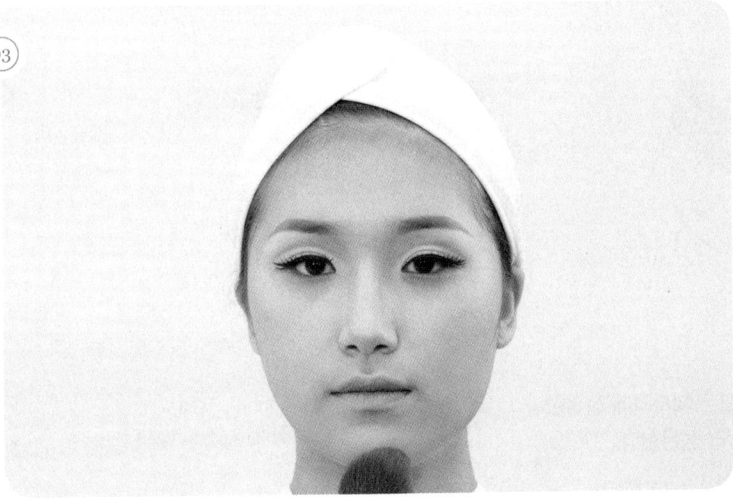

셰이딩은 브라운색 섀도를 이용하여 페이스라인을 쓸어주듯 펴 바르고 치크 부분을 한 번 더 지나가 준다.

10 | 립, 점

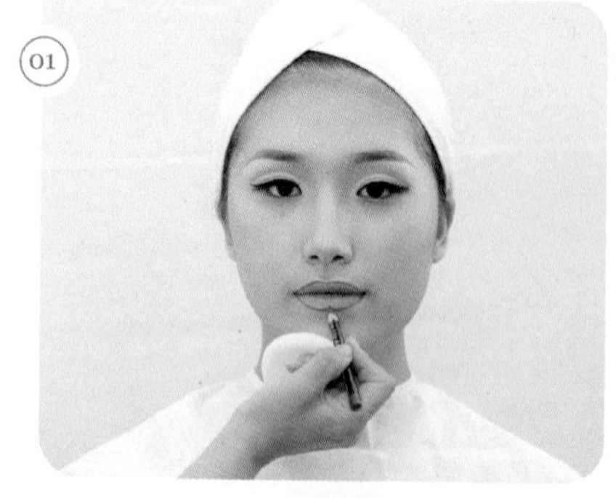
01

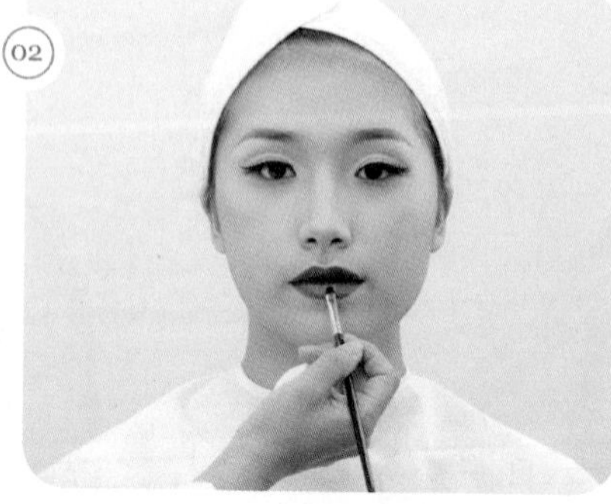
02

03

04

① 립은 적당한 유분기를 가진 레드 립 컬러를 아웃커브 형태로 바른다.

구각 부분의 립라인이 아웃커브가 될 수 있도록 한다(브러시나 면봉으로 구각 주변 정리를 해 준다).

② 아래 입술만 광택이 나도록 립글로스를 가볍게 바른다.

③ 마릴린 먼로의 개성이 돋보이는 점을 적절한 부위에 찍어 표현한다.

점 표현은 리퀴드 아이라인 또는 젤 라이너를 이용한다.

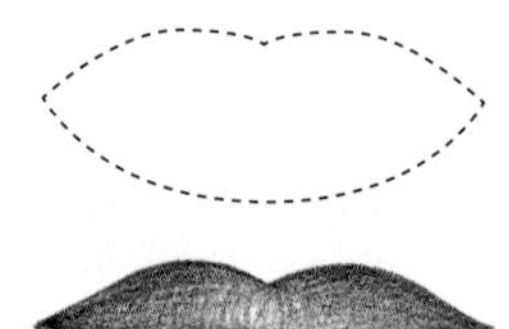

11 | 마무리

① 시술 시 사용한 도구는 모두 제자리에 정리한다.

② 작업대 위를 깨끗하게 정리 정돈한다.

시술이 끝난 후 위생봉지(쓰레기)를 정리한다.

12 | 완성

Before & After

Twiggy Make-up

트위기 메이크업(1960년)

Check Point

- 모델의 피부톤에 적합한 메이크업 베이스를 선택하여 얇고 고르게 펴 바른다.
- 베이스 메이크업은 모델의 피부색과 비슷한 파운데이션을 사용한다.
- 셰이딩, 하이라이트로 윤곽 수정 후 파우더로 마무리한다.
- 눈썹은 자연스러운 브라운색으로 눈썹산을 강조하여 그린다.
- 아이섀도는 화이트 베이스 컬러와 핑크, 네이비, 그레이, 어두운 청색을 사용하여 인위적인 쌍꺼풀라인을 표현한다.
- 쌍꺼풀라인과 아이라인의 선이 선명하도록 강조하여 그러데이션하고 화이트로 쌍꺼풀 안쪽 및 눈썹 아래 부위를 하이라이트한다.
- 아이라인은 속눈썹 사이사이를 메꾸어 선명하게 표현한다.
- 뷰러를 이용하여 자연스러운 속눈썹 컬링 후, 마스카라를 바른다. 인조 속눈썹을 붙여 눈매를 강조한다.
- 과장된 눈썹 표현을 위해 언더 속눈썹에 마스카라를 한 후 아이라이너를 사용하여 그리거나 언더 인조 속눈썹을 붙여 표현한다.
- 치크는 핑크 및 라이트브라운으로 애플존 위치에 둥근 느낌으로 바른다.
- 입술은 베이지핑크 립 컬러를 이용하여 자연스럽게 바른다.

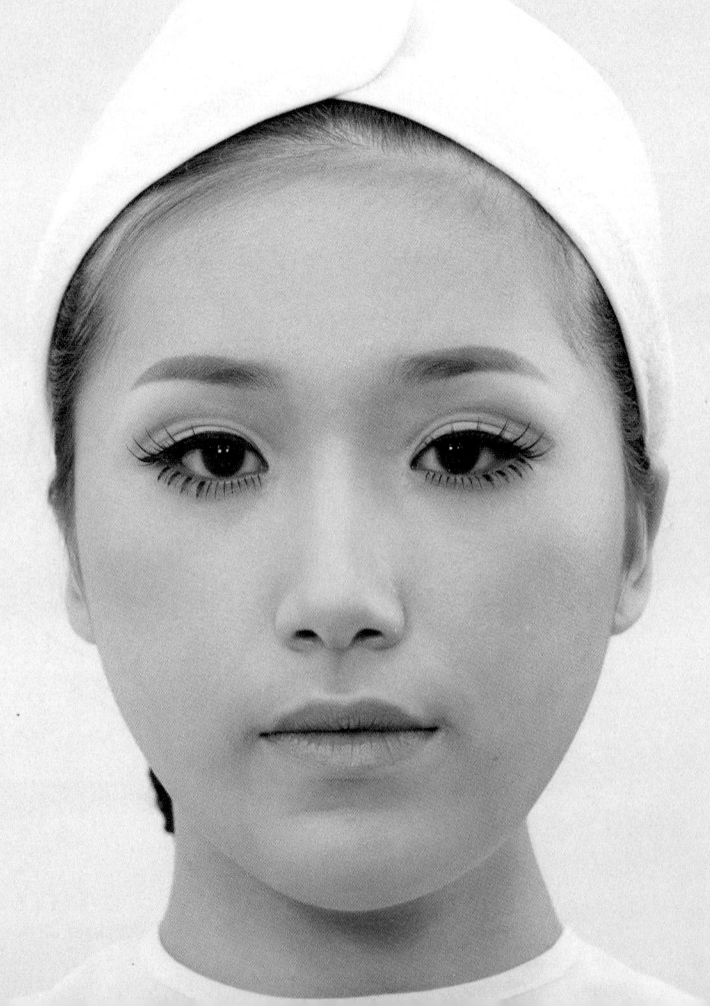

일러두기

01 과제유형

베이스	눈 썹	눈	볼	입 술	배 점	시험시간
피부톤에 맞게 표현	• 자연스러운 브라운 • 눈썹산 강조	• 핑 크 • 그레이 • 네이비 • 어두운 청색 • 화이트	• 핑 크 • 라이트브라운	베이지핑크	30	40분

02 심사기준 및 감점요인

(1) 작업장 청결, 재료준비상태, 위생 및 소독 등의 사전준비자세
(2) 기본 및 숙련도 : 피부 베이스 들뜸없이 표현
(3) 기술력 : ① 양쪽 눈썹이 밸런스가 맞는지 여부
② 섀도 그러데이션 여부
(4) 완성도 : 미작일 경우 실격 처리된다.

03 요구사항 및 수험자 유의사항

1 요구사항(제2과제)

※ 지참 재료 및 도구를 사용하여 다음의 요구사항에 따라 시대 메이크업(트위기)을 시험시간 내에 완성하시오.

① 과제를 수행하기 전 수험자의 손 및 도구류를 소독한 후 제시된 도면을 참고하여 시대 메이크업(트위기) 스타일을 연출하시오.
② 모델의 피부톤에 적합한 메이크업 베이스를 선택하여 얇고 고르게 펴 바르시오.
③ 베이스 메이크업은 모델 피부색과 비슷한 리퀴드 또는 크림 파운데이션을 사용하시오.
④ 파운데이션은 두껍지 않게 골고루 펴 바르며 파우더를 사용하여 마무리하시오.
⑤ 눈썹의 표현은 도면과 같이 자연스러운 브라운 컬러로 눈썹산을 강조하여 그리시오.
⑥ 아이섀도는 화이트 베이스 컬러와 핑크, 네이비, 그레이, 어두운 청색 등을 사용하여 인위적은 쌍꺼풀라인을 표현하시오.
⑦ 쌍꺼풀라인과 아이라인의 선이 선명하도록 강조하여 그러데이션하고 화이트로 쌍꺼풀 안쪽 및 눈썹 아래 부위를 하이라이트하시오
⑧ 아이라인은 선명하게 그리고 도면과 같이 눈매를 교정하시오
⑨ 뷰러를 이용하여 자연 속눈썹을 컬링한 후 마스카라를 바르고 인조 속눈썹을 붙여 눈매를 강조하시오.
⑩ 도면과 같이 과장된 속눈썹을 위해 언더 속눈썹에 마스카라를 한 후 아이라이너를 사용하여 그리거나 인조 속눈썹을 붙여 표현하시오.
⑪ 치크는 핑크 및 라이트브라운색으로 애플존 위치에 둥근 느낌으로 바르시오.
⑫ 베이지핑크색의 립 컬러를 자연스럽게 발라 마무리하시오.

2 수험자 유의사항

① 모델은 문신(눈썹, 아이라인, 입술 등), 속눈썹 연장 및 메이크업이 되어 있지 않은 상태이어야 한다.
② 스패튤러, 속눈썹 가위, 족집게, 눈썹칼 등의 도구류를 사용 전 소독제로 소독해야 한다.
③ 메이크업 베이스, 파운데이션을 펴 바를 때 스펀지 퍼프 또는 브러시를 사용하시오.
④ 아이섀도, 치크, 립 등의 표현 시 브러시 등 적합한 도구를 사용하시오.
⑤ 화장품은 요구사항이 지정된 제형 외에는 타입에 상관없이 자유롭게 사용하시오.

화장품은 용기에 덜어오지 않는다. 단 소독제는 다른 용기에 덜어와도 무방하다.

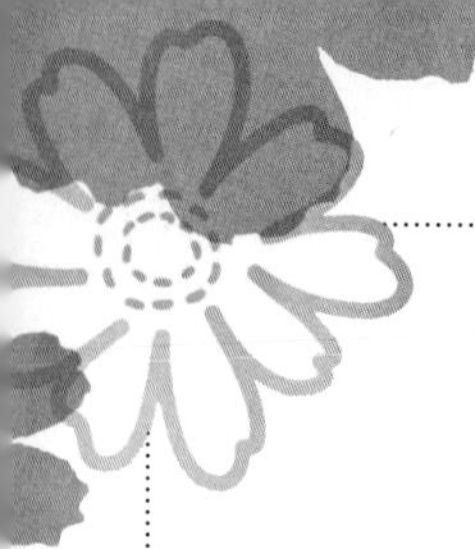

준비사항

01 | 수험자 및 모델의 복장

(1) 수험자 복장

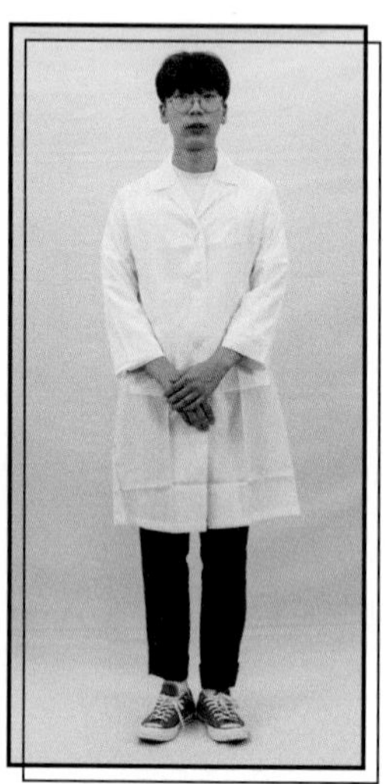

① **마스크(흰색) 착용**

② **상의** : 흰색 위생가운(반팔 또는 긴팔 가능, 일회용 가운 불가)

③ **하의** : 긴바지(색상, 소재 무관)

주의사항

- 눈에 보이는 표식[문신, 헤나, 컬러링(지정색 외)], 디자인, 손톱장식이 없어야 함
- 복장에 소속을 나타내는 표식이 없어야 함
- 액세서리 착용금지(반지, 팔찌, 시계, 목걸이, 귀걸이 등)
- 고정용품(머리핀, 머리망, 고무줄 등)은 검은색만 허용
- 스톱워치나 휴대전화 사용금지
- 재료 구별을 위한 스티커 부착금지

(2) 모델의 복장

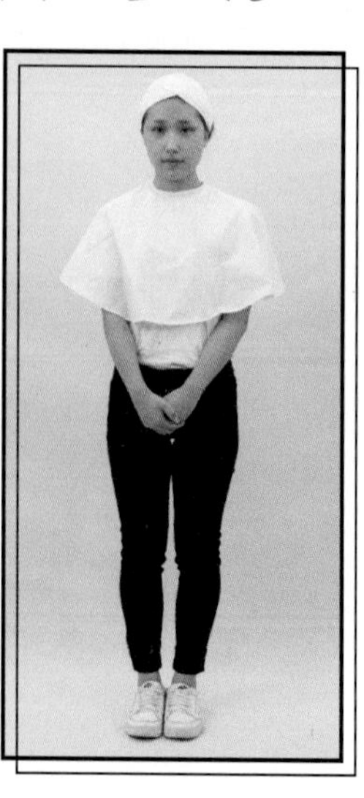

① **마스크(흰색) 착용**

② **상의** : 흰색 무지 상의(유색 무늬 불가, 소재 무관, 남방 및 니트류 허용, 아이보리색 등의 유색 불가)

③ **하의** : 긴바지(색상, 소재 무관)

※ 모델의 준비 상태가 부적합한 경우 감점 또는 0점 처리된다.

주의사항

- 눈에 보이는 표식[문신, 헤나, 컬러링(지정색 외)], 디자인, 손톱장식이 없어야 함
- 액세서리 착용금지(반지, 팔찌 시계, 목걸이, 귀걸이 등)
- 고정용품(머리핀, 머리망, 고무줄 등)은 검은색만 허용

02 | 도면 및 작업대 세팅

(1) 도구 및 재료

01	위생가운	16	아이브로 펜슬(에보니)
02	헤어밴드	17	인조 속눈썹
03	위생봉지	18	속눈썹 접착제(풀)
04	타월(흰색)	19	눈썹 칼
05	어깨보	20	눈썹 가위
06	탈지면 용기	21	브러시 세트
07	소독제	22	스펀지(퍼프)
08	화장솜(탈지면)	23	스패튤러
09	메이크업 베이스	24	분 첩
10	파운데이션	25	뷰 러
11	페이스 파우더	26	미용티슈
12	아이섀도 팔래트	27	물티슈
13	립 팔래트	28	면 봉
14	아이라이너	29	족집게
15	마스카라	30	클렌징 제품

(2) 사전준비

모든 세팅이 준비되어 있어야 한다.

과제 재료 세팅 시 감점 요인

- 과제가 시작되면 도구나 재료를 꺼낼 수 없으므로 흰 타월 안에 과제에 필요한 모든 재료를 세팅한다.
- 불필요한 도구가 세팅되어 있으면 안 되고 도구 및 재료는 바닥에 떨어뜨리지 않는다.

시술과정

01 | 소독 및 위생

(1) 수험자 손 소독하기

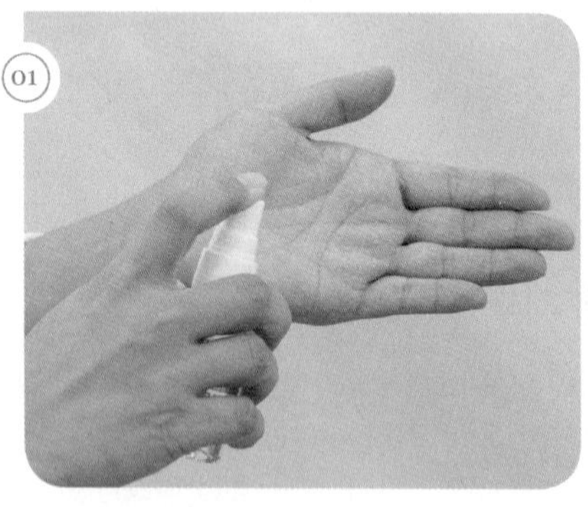

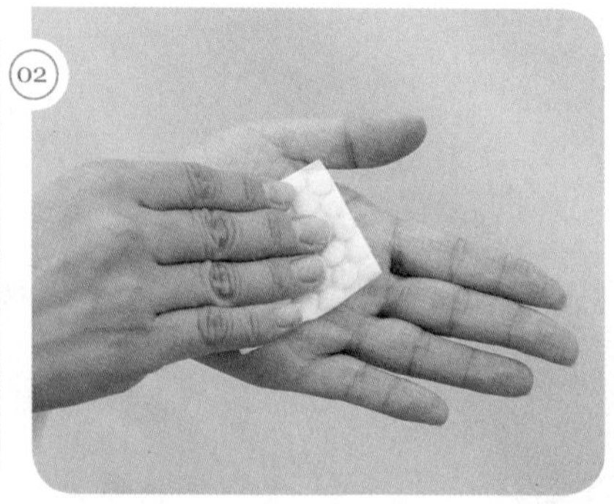

① 손 소독제 사용 : 손 소독제를 사용하여 수험자의 손을 전체적으로 소독한다.
② 화장솜으로 손 소독 : 화장솜을 사용해 손을 한 번 더 닦아 준다.

(2) 도구 소독하기

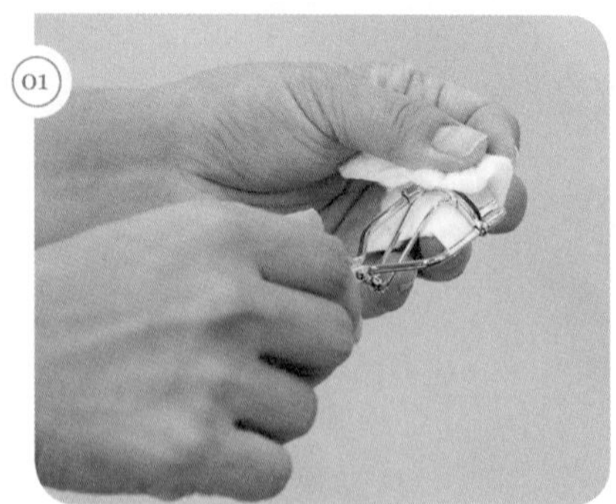

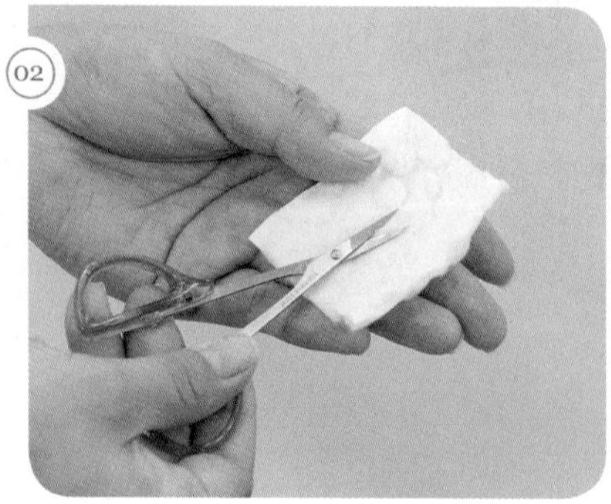

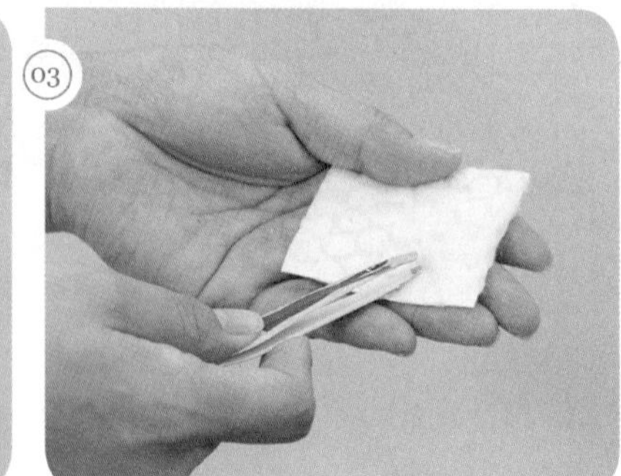

뷰러, 쪽가위, 족집게, 스패튤러, 눈썹칼 등을 소독해 준다.

02 | 베이스 메이크업

(1) 메이크업 베이스

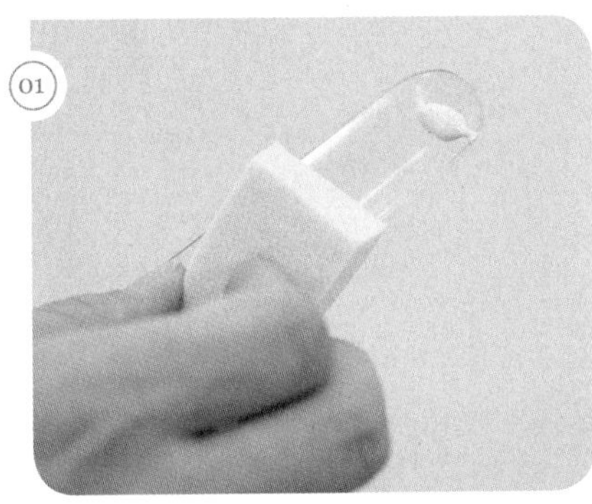
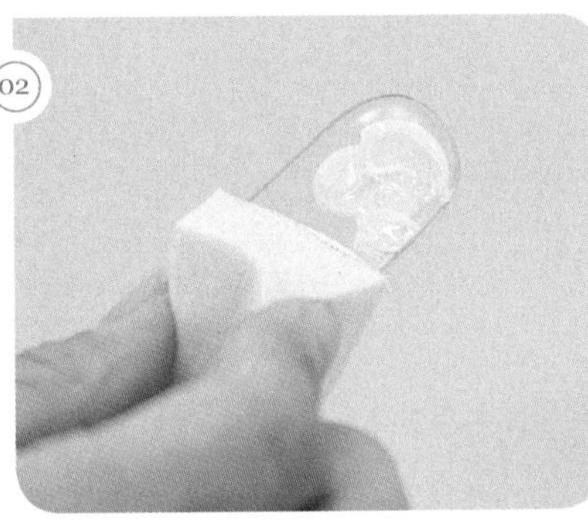
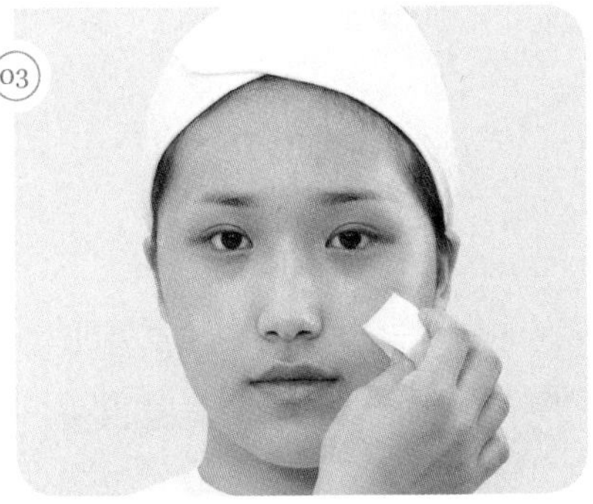

모델 피부톤에 적합한 메이크업 베이스를 선택하여 얇고 고르게 펴 바른다.

(2) 파운데이션, 컨실러

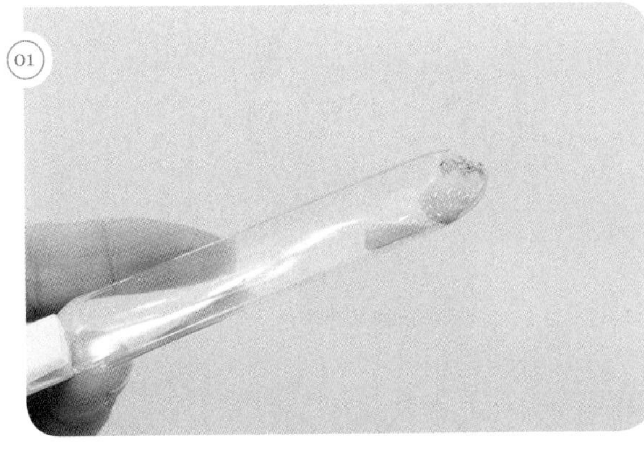
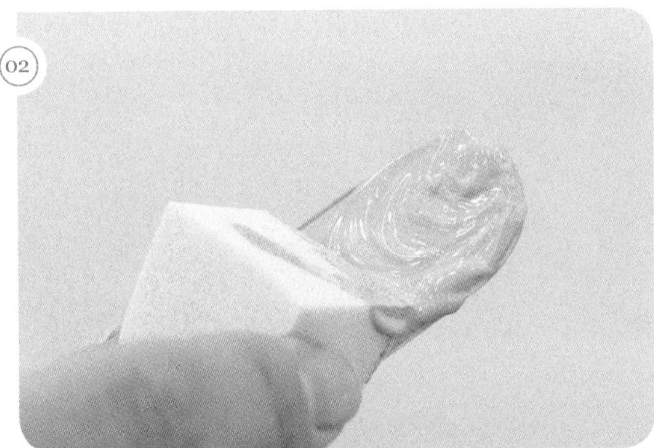
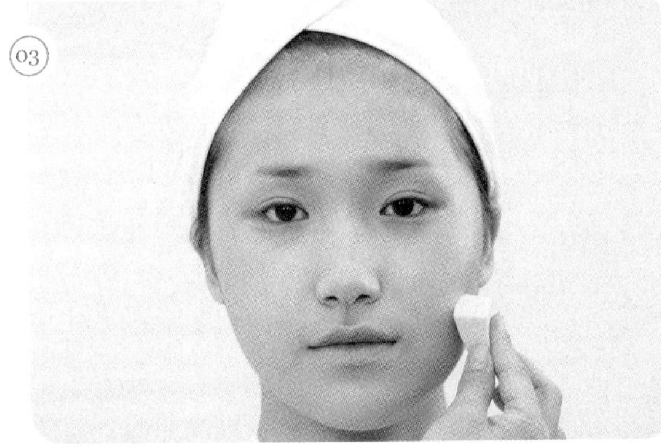
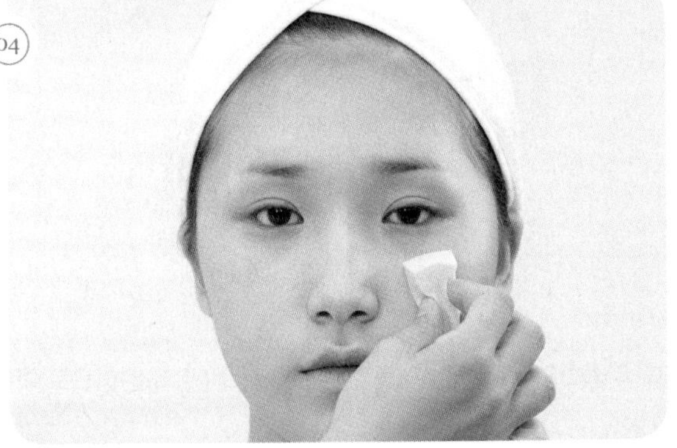

① 모델의 피부색과 비슷한 리퀴드 파운데이션 또는 크림 파운데이션을 이용하여 두껍지 않게 펴 바른다.
② 피부톤보다 한톤 밝은 컨실러를 이용하여 잡티, 다크서클, 입 주변, 코 등을 컨실러로 깨끗하게 정리한다.

(3) 셰이딩, 하이라이트

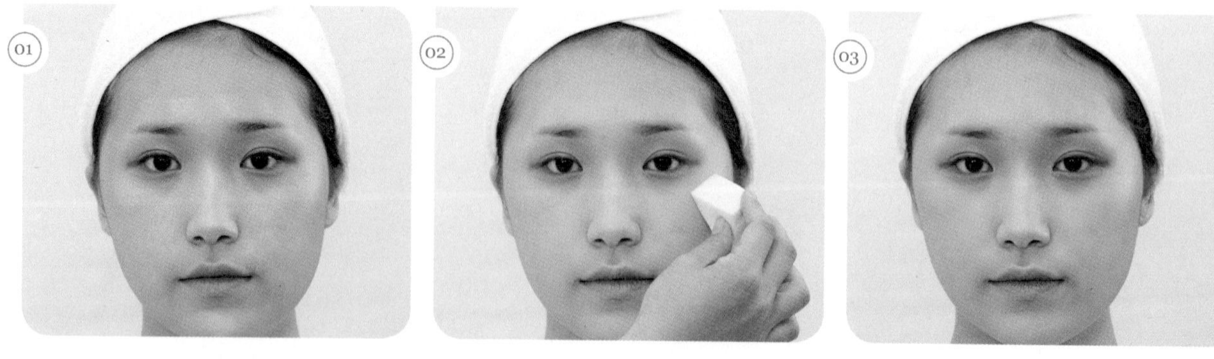

① 한톤 어두운 파운데이션으로 셰이딩한다.

② T존, 애플존, 팔자주름, 턱 등 하이라이트 부위를 체크한다.

(4) 파우더

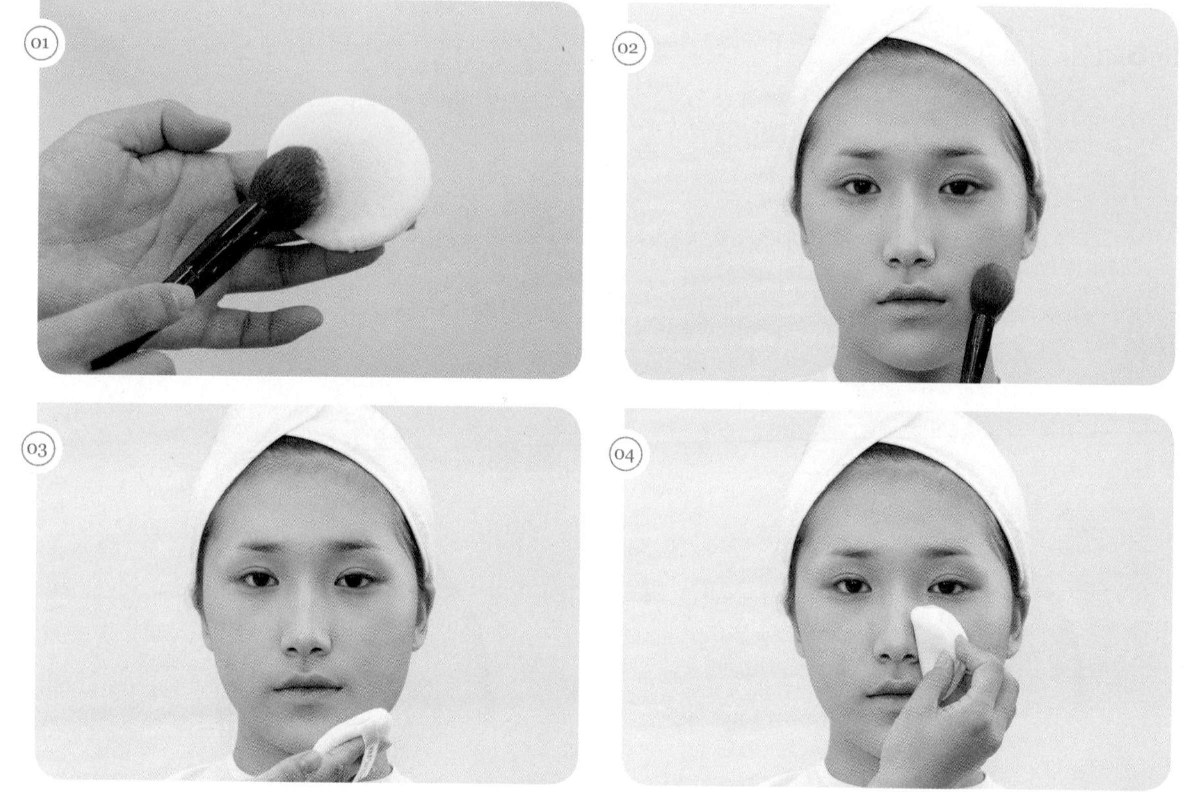

브러시를 이용하여 투명 파우더를 얼굴 전체에 바르고 분첩으로 마무리 해 준다.

- 브러시의 파우더 양은 분첩을 이용해 조절한다.
- 분첩을 이용할 시 볼, 이마 등 넓은 부분은 전체를 사용하고 면적이 작은 부위(눈 밑, 코 옆, 인중, 턱)는 분첩을 반으로 접어서 사용한다.

03 | 아이브로

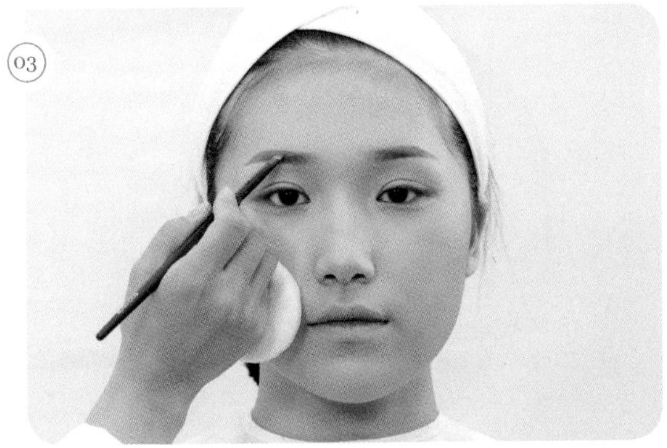
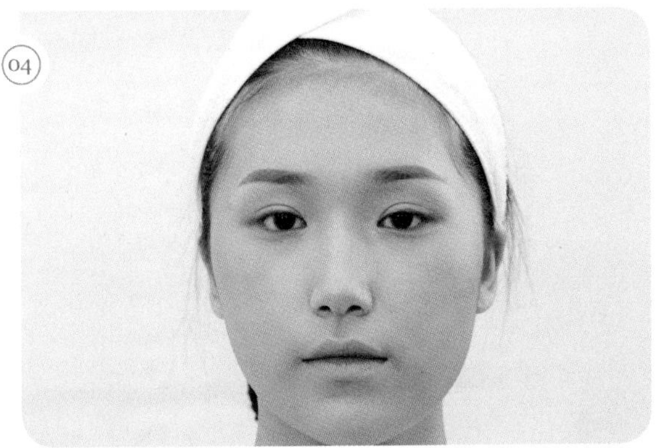

눈썹은 자연스러운 브라운색을 이용하여 눈썹산을 강조하여 표현한다.

- 스크루 브러시로 눈썹 결을 정리한 후 에보니 펜슬로 베이스를 그리고 사선브러시로 색을 입힌다.
- 스크루 브러시는 눈썹 결 정리뿐만 아니라 눈썹 수정에도 도움을 준다.
- 일반적으로 자연 눈썹은 대칭이 아닌 경우가 많으므로 눈썹 앞머리의 높이를 주의해서 그려야 한다.

04 | 아이섀도

01

02

03

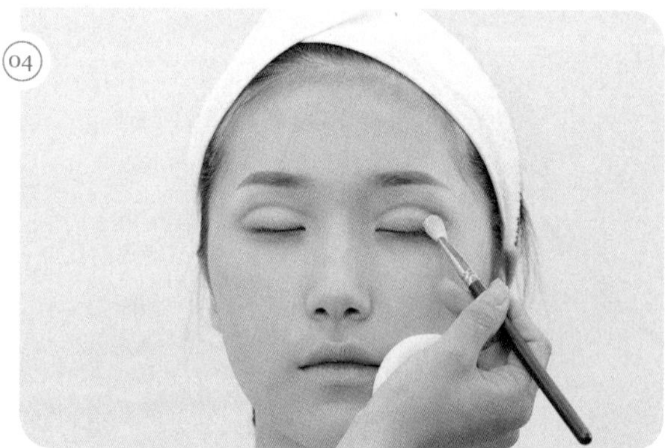
04

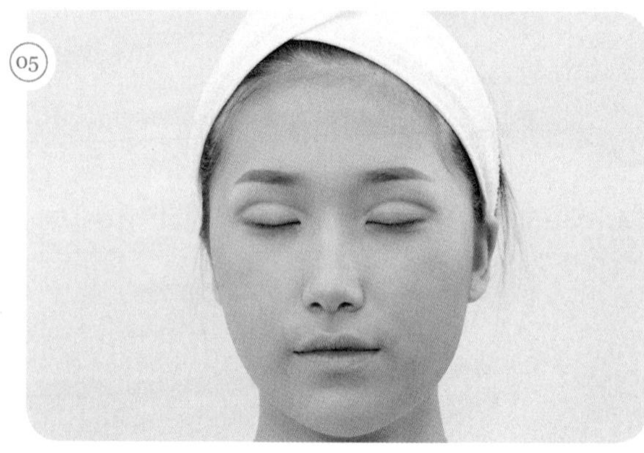
05

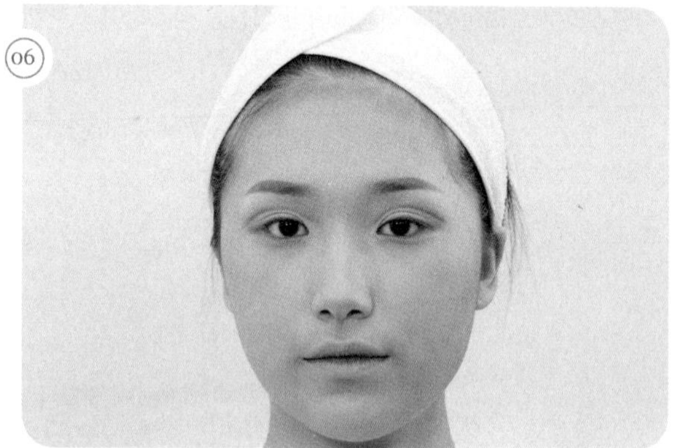
06

① 아이섀도는 핑크 아이섀도를 사용하여 인위적인 쌍꺼풀라인을 잡아준다.
② 네이비, 그레이 색상의 아이섀도를 사용하여 핑크색상의 쌍꺼풀라인을 더욱 선명하게 표현한다.
③ 어두운 청색의 아이섀도를 사용하여 홀 바깥 방향으로 그러데이션한다.
④ 쌍꺼풀라인과 아이라인의 선이 선명하도록 강조하여 그러데이션한다.
⑤ 화이트 베이지 섀도로 눈썹 뼈 밑 부분에 하이라이트를 해 준다.
⑥ 선명한 아이홀을 표현하기 위해 화이트를 눈두덩이 위에 얹어서 톡톡 두들겨 바른다.

05 | 속눈썹 컬링, 아이라인

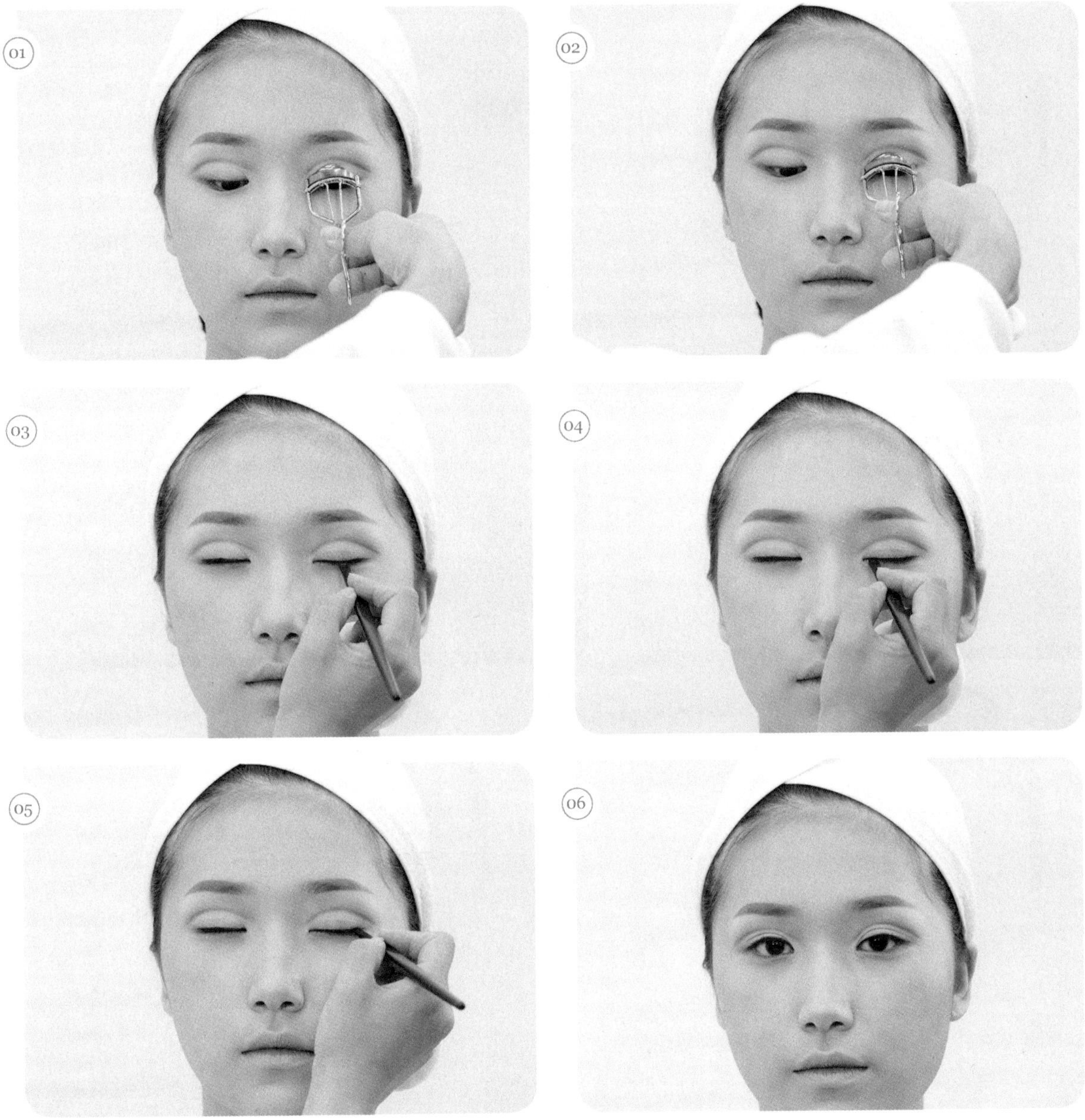

01

02

03

04

05

06

① 뷰러를 이용하여 속눈썹을 자연스럽게 컬링해 준다.

TIP 뷰러를 이용할 때 세 번 나누어 집어주면 더욱 자연스러운 컬링을 연출할 수 있다.

② 아이라인은 아이라이너를 이용하여 눈썹 사이사이를 메꾸어 선명하게 그린다.

06 | 마스카라, 인조 속눈썹 붙이기

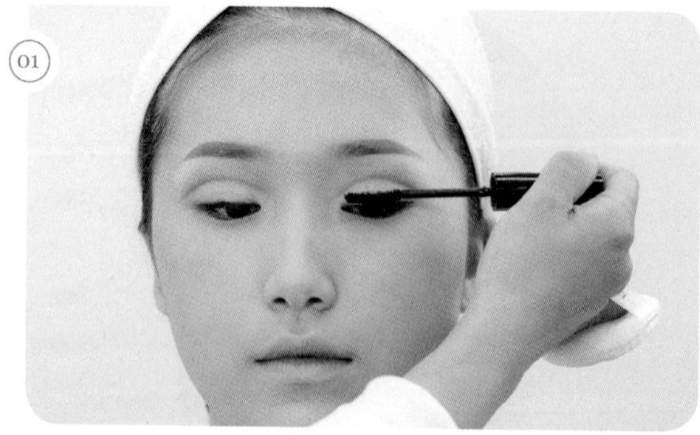
01

02

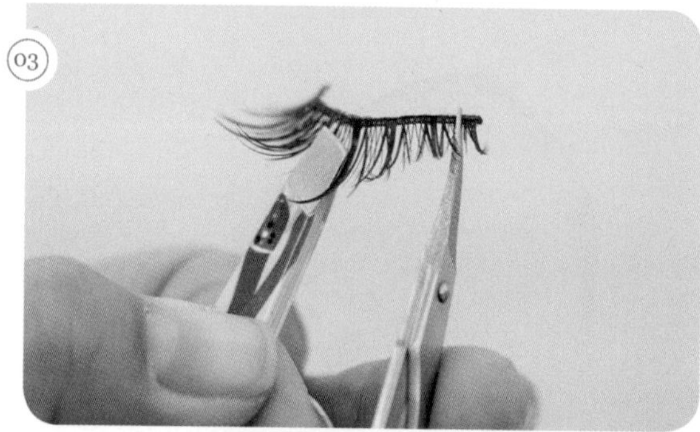
03

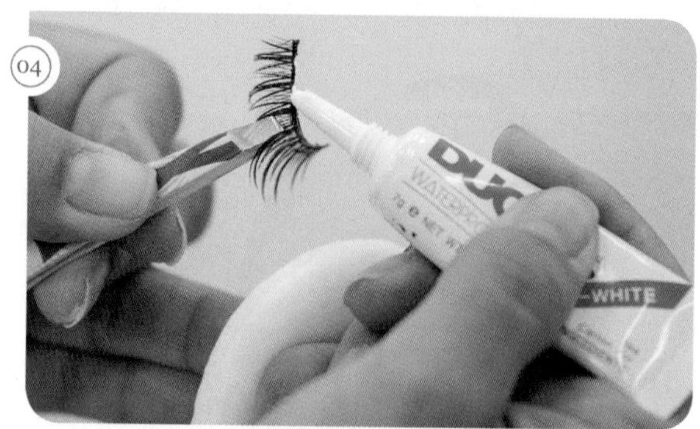

04

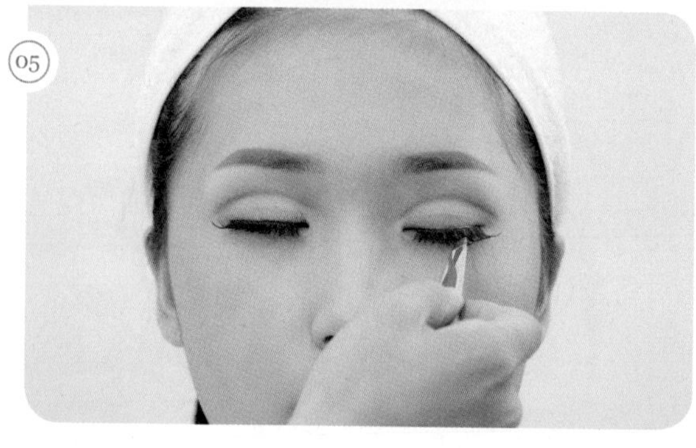
05

06

① 마스카라를 이용하여 속눈썹을 자연스럽게 표현해 준다.

- 마스카라를 이용할 때 마스카라 입구에서 양 조절을 하면 과한 사용을 방지할 수 있다.
- 모델에게 눈을 뜨고 아래방향으로 시선처리를 하게 한 후 마스카라를 사용하면 바르기 쉽다.

② 인조 속눈썹의 길이는 모델의 눈길이에 맞춰 커팅 후 붙여주어 깊고 그윽한 눈매를 표현한다.

이때 자연 속눈썹과 인조 속눈썹이 분리되지 않도록 한다.

③ 리퀴드 아이라이너로 아이라인을 한 번 더 그려준다.

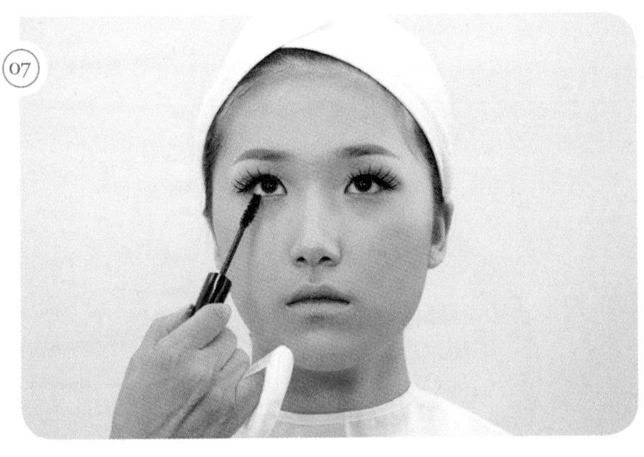

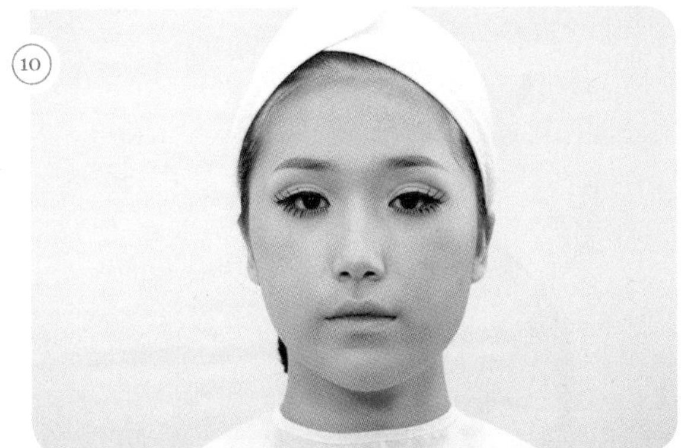

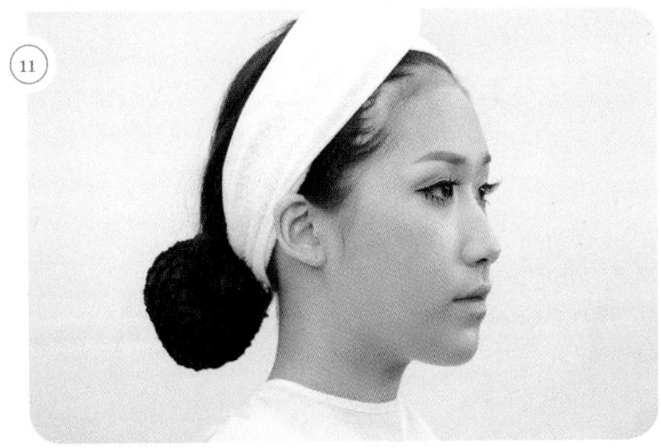

④ 언더 부분에 마스카라를 이용하여 속눈썹을 자연스럽게 표현해 준다.

⑤ 도면과 같이 언더 속눈썹을 붙여준다.

TIP
- 언더 속눈썹 작업 시 속눈썹을 반대방향으로 잡아서 글루 작업을 해 준 후 붙여준다.
- 언더 속눈썹의 길이 조절이 필요할 시 앞부분을 커팅해야 한다.

07 | 코 셰이딩, 하이라이트

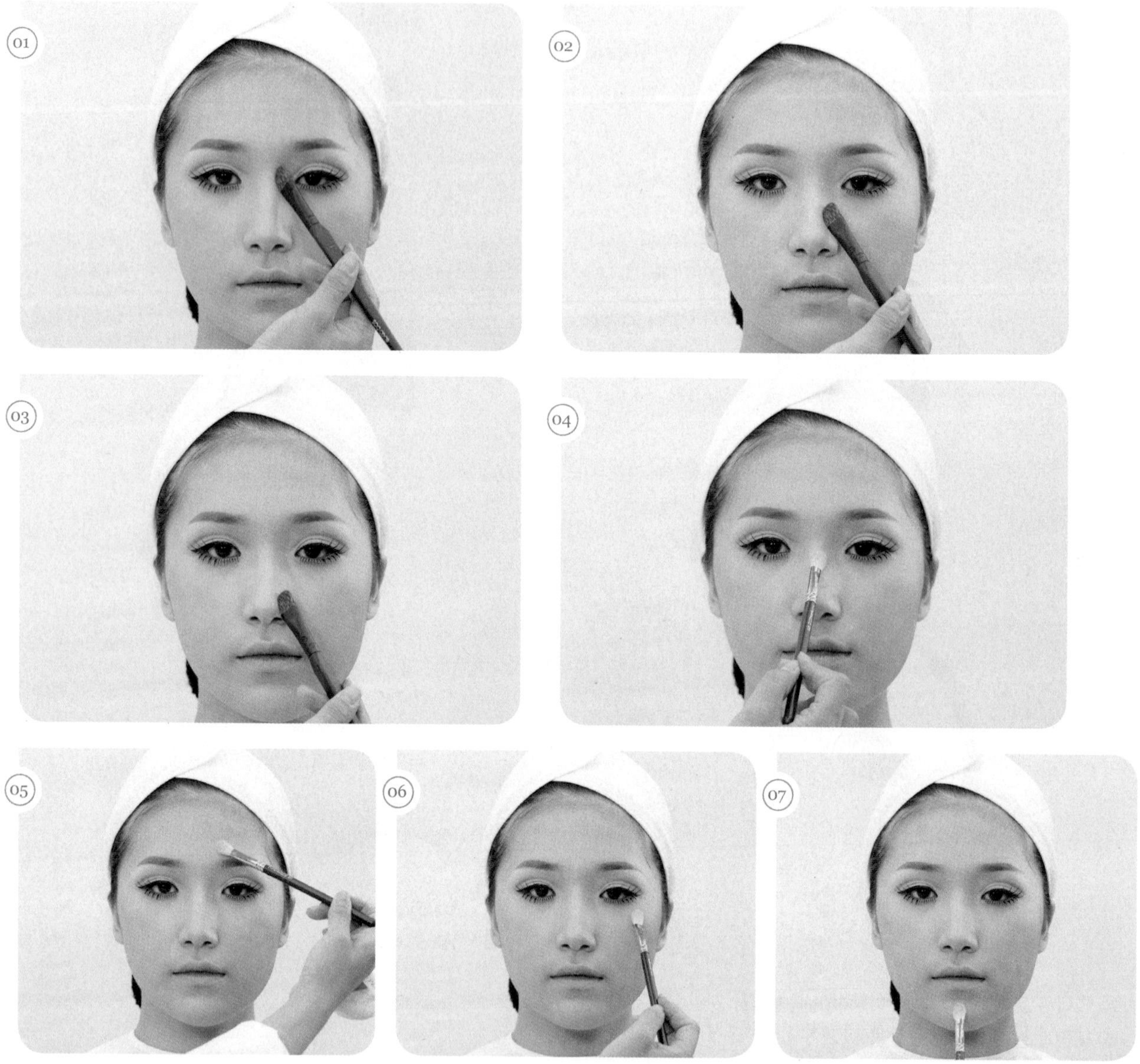

① 노즈 브러시로 브라운색 섀도를 눈썹 앞머리에서 콧방울 끝까지 쓸어서 자연스럽게 발라 준다.

TIP

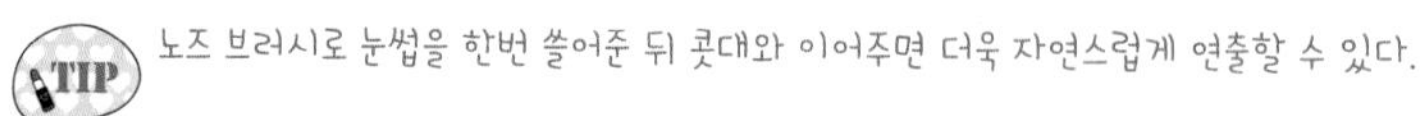
노즈 브러시로 눈썹을 한번 쓸어준 뒤 콧대와 이어주면 더욱 자연스럽게 연출할 수 있다.

② 하이라이트는 밝은색 파우더를 이용하여 T존, 애플존, 팔자주름, 턱에 펴 발라 준다.

08 | 치크

(01)

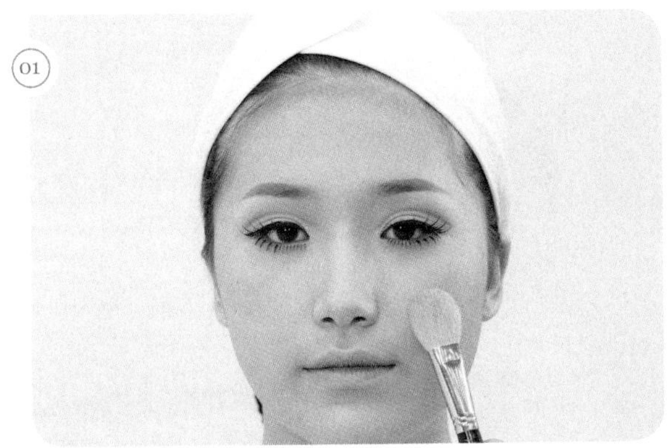

(02)

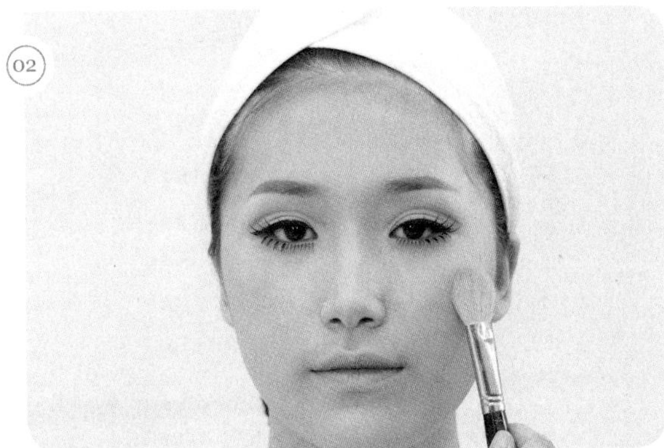

치크는 핑크 및 라이트브라운색으로 애플존 위치에 둥근 느낌으로 바른다.

09 | 셰이딩

(01)

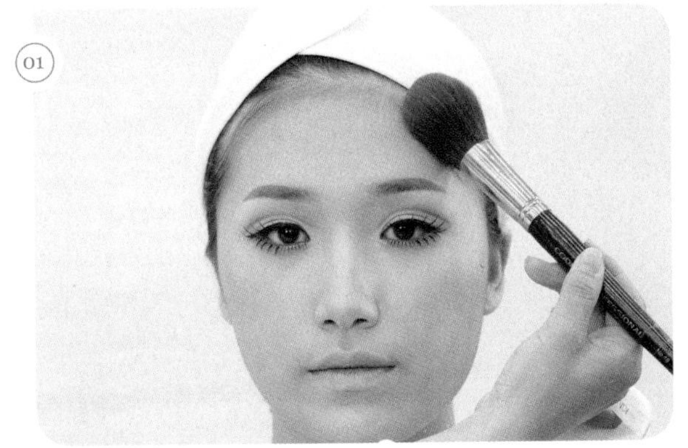

(02)

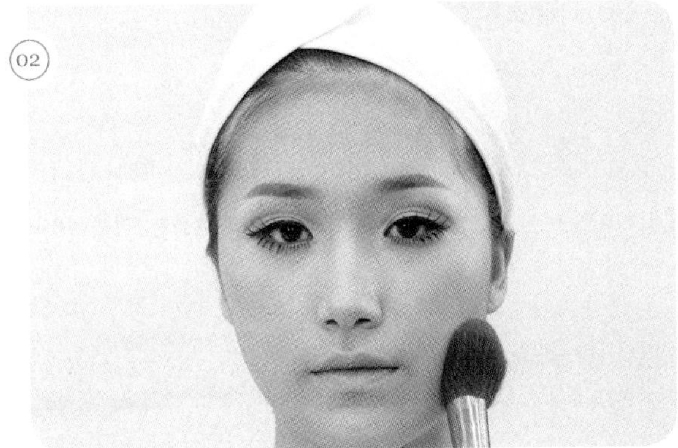

(03)

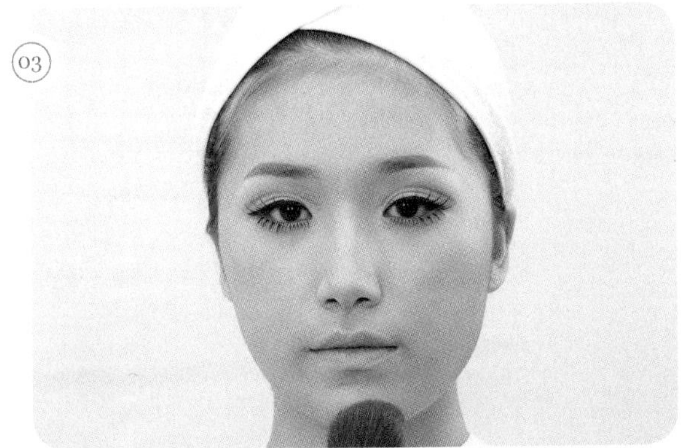

셰이딩은 브라운색 섀도를 이용하여 페이스라인을 쓸어주듯 펴 바르고 치크 부분을 한 번 더 지나가 준다.

10 | 립

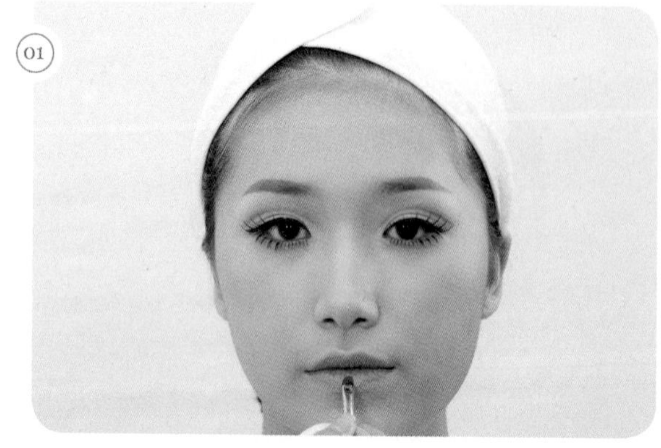
01

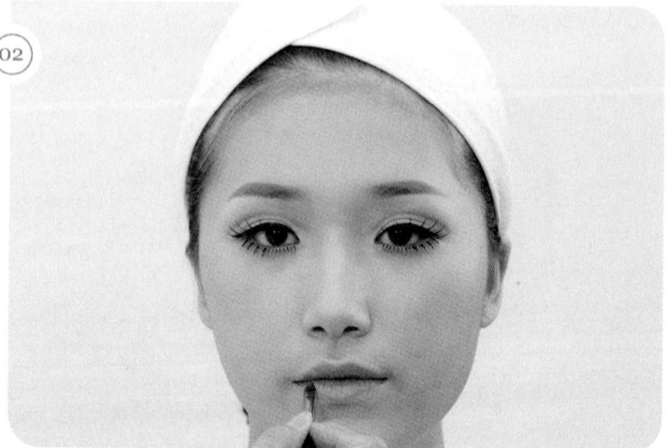
02

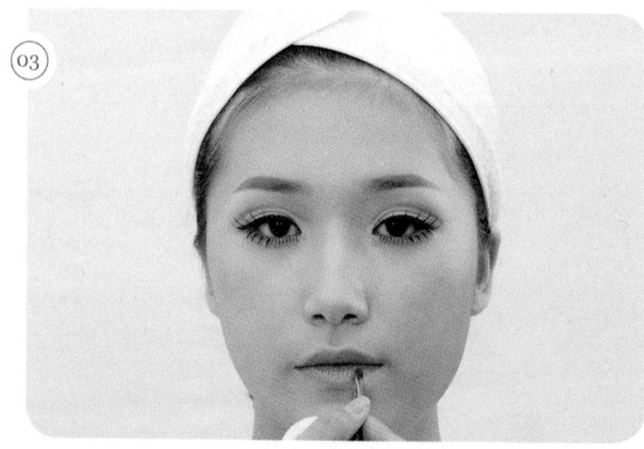
03

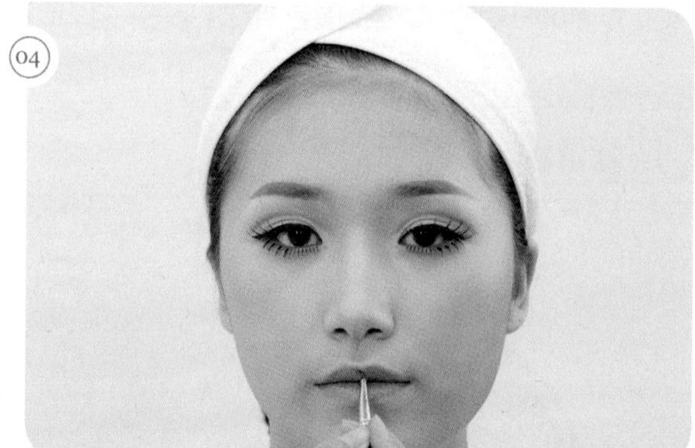
04

립은 베이지핑크색의 립 컬러를 발라 자연스러운 입술을 연출한다.

11 | 마무리

① 시술 시 사용한 도구는 모두 제자리에 정리한다.
② 작업대 위를 깨끗하게 정리 정돈한다.

시술이 끝난 후 위생봉지(쓰레기)를 정리한다.

12 | 완성

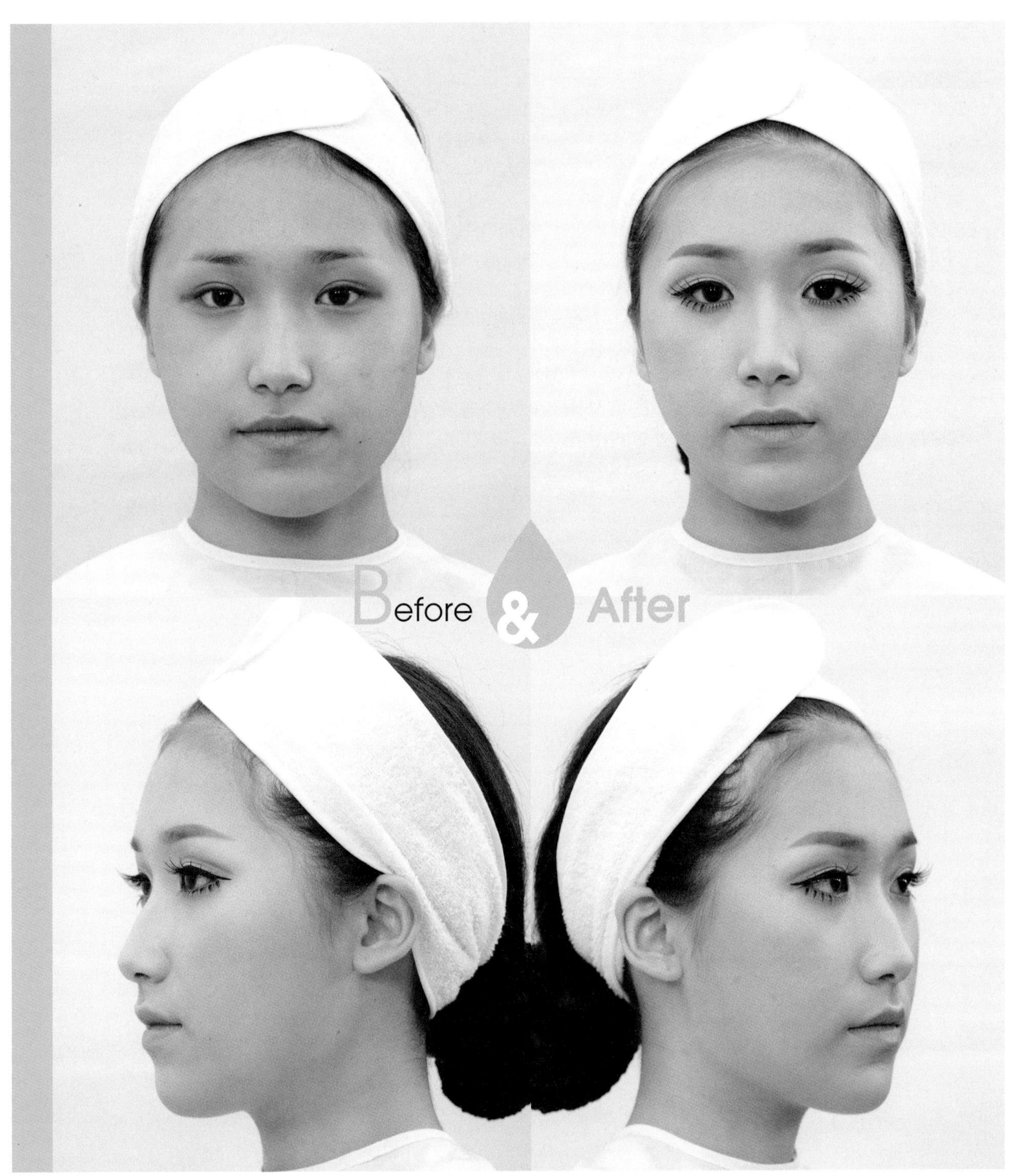

Punk Make-up

펑크 메이크업(1970~1980년)

Check Point

- 모델의 피부톤에 적합한 메이크업 베이스를 선택하여 얇고 고르게 펴 바른다.
- 베이스 메이크업은 크림 파운데이션을 사용하여 창백하게 피부를 표현한다.
- 피부의 결점 등을 커버하기 위하여 컨실러 등을 사용할 수 있으며 파우더를 이용하여 매트하게 표현한다.
- 눈썹은 눈썹의 결을 강조하여 짙고 강하게 표현한다.
- 아이섀도는 화이트, 베이지, 그레이, 블랙 등의 색을 이용하여 아이홀을 강하게 표현한다.
- 아이홀은 꼬리에서 앞머리 쪽으로 그리고 아이홀의 눈꼬리 1/3 부분을 검은색 아이섀도나 아이라이너를 이용하여 채우고 그러데이션한다.
- 아이라인은 검은색을 이용하여 아이홀라인의 바깥쪽으로 과장되게 그려 표현한다.
- 언더라인은 위쪽 라인까지 연결하여 강하게 표현한다.
- 뷰러를 이용하여 자연스러운 속눈썹 컬링 후, 마스카라를 바르고 모델의 눈에 맞게 인조 속눈썹을 붙인다.
- 치크는 레드브라운색으로 얼굴 앞쪽으로 향하여 사선으로 선명하게 표현한다.
- 입술은 검붉은색을 이용하여 펴 바르고 입술라인을 선명하게 표현한다.

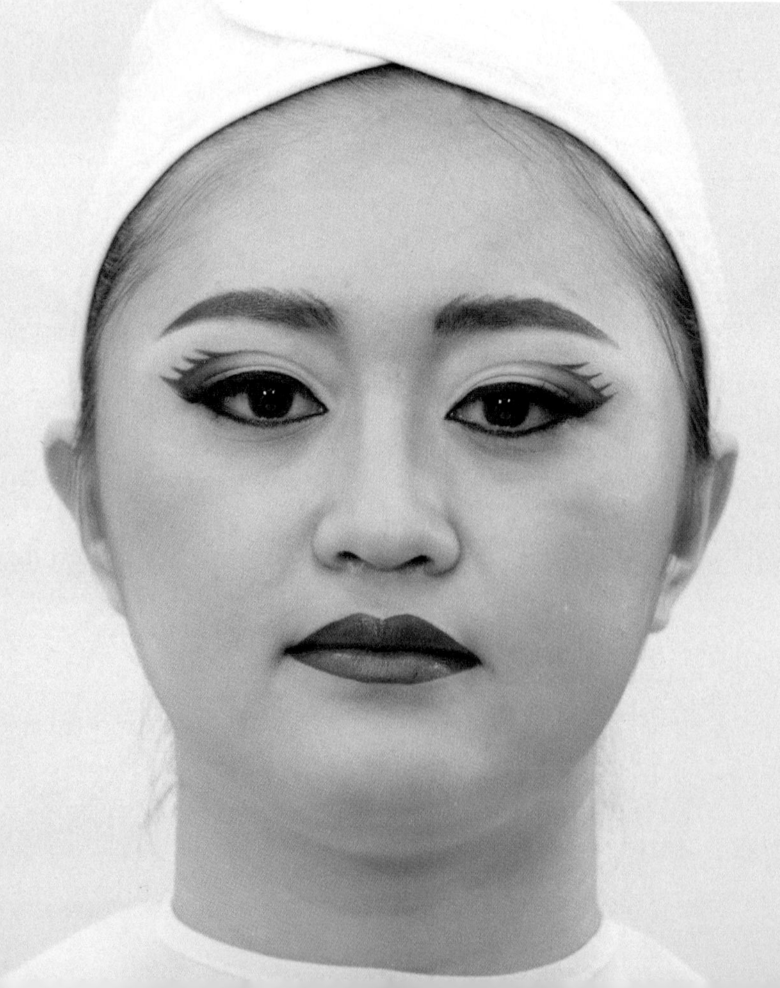

알려두기

01 과제유형

베이스	눈 썹	눈	볼	입 술	배 점	시험시간
창백하게	• 블 랙 • 결 강조	• 화이트 • 베이지 • 그레이 • 블 랙	레드브라운	검붉은색	30	40분

02 심사기준 및 감점요인

(1) 작업장 청결, 재료준비상태, 위생 및 소독 등의 사전준비자세

(2) 기본 및 숙련도 : 피부 베이스 들뜸없이 표현

(3) 기술력 : ① 양쪽 눈썹이 밸런스가 맞는지 여부
② 섀도 그러데이션 여부

(4) 완성도 : 미작일 경우 실격 처리된다.

03 요구사항 및 수험자 유의사항

1 요구사항(제2과제)

※ 지참 재료 및 도구를 사용하여 다음의 요구사항에 따라 시대 메이크업(펑크)을 시험시간 내에 완성하시오.

① 과제를 수행하기 전 수험자의 손 및 도구류를 소독한 후 제시된 도면을 참고하여 시대 메이크업(펑크) 스타일을 연출하시오.

② 모델의 피부톤에 적합한 메이크업 베이스를 선택하여 얇고 고르게 펴 바르시오.

③ 베이스 메이크업은 크림 파운데이션을 사용하여 창백하게 피부 표현하시오.

④ 피부의 결점 등을 커버하기 위하여 컨실러 등을 사용할 수 있으며 파우더를 이용하여 매트하게 표현하시오.

⑤ 눈썹을 도면과 같이 눈썹의 결을 강조하여 짙고 강하게 그리시오.

⑥ 아이섀도의 표현은 화이트, 베이지, 그레이, 블랙 등의 컬러를 이용하여 아이홀을 강하게 표현하시오.

⑦ 아이홀은 눈꼬리에서 앞머리 쪽으로 그리고 아이홀의 눈꼬리 1/3 부분을 검은색 아이섀도나 아이라이너를 이용하여 채우고 도면과 같이 그러데이션하시오.

⑧ 언더라인은 위쪽 라인까지 연결하여 강하게 표현하시오.

⑨ 속눈썹은 뷰러를 이용하여 자연 속눈썹을 컬링한 후 마스카라를 바르고, 모델의 눈에 맞게 인조 속눈썹을 붙이시오.

⑩ 치크는 레드브라운색으로 얼굴 앞쪽을 향하여 사선으로 선을 그리듯 강하게 바르시오.

⑪ 립은 검붉은색을 이용하여 펴 바르고 입술라인을 선명하게 표현하시오.

2 수험자 유의사항

① 모델은 문신(눈썹, 아이라인, 입술 등), 속눈썹 연장 및 메이크업이 되어 있지 않은 상태이어야 한다.

② 스패튤러, 속눈썹 가위, 족집게, 눈썹칼 등의 도구류를 사용 전 소독제로 소독해야 한다.

③ 메이크업 베이스, 파운데이션을 펴 바를 때 스펀지 퍼프 또는 브러시를 사용하시오.

④ 아이섀도, 치크, 립 등의 표현 시 브러시 등 적합한 도구를 사용하시오.

⑤ 화장품은 요구사항이 지정된 제형 외에는 타입에 상관없이 자유롭게 사용하시오.

화장품은 용기에 덜어오지 않는다. 단 소독제는 다른 용기에 덜어와도 무방하다.

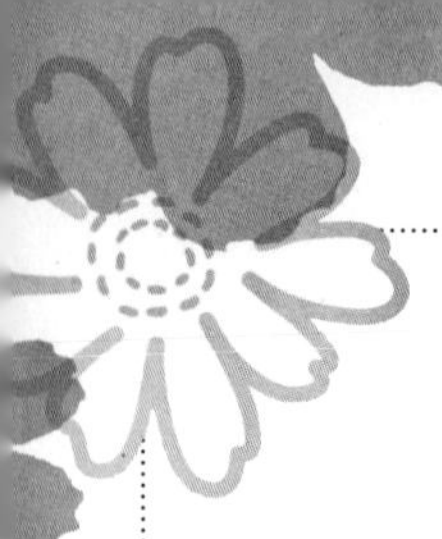

준비사항

01 | 수험자 및 모델의 복장

(1) 수험자 복장

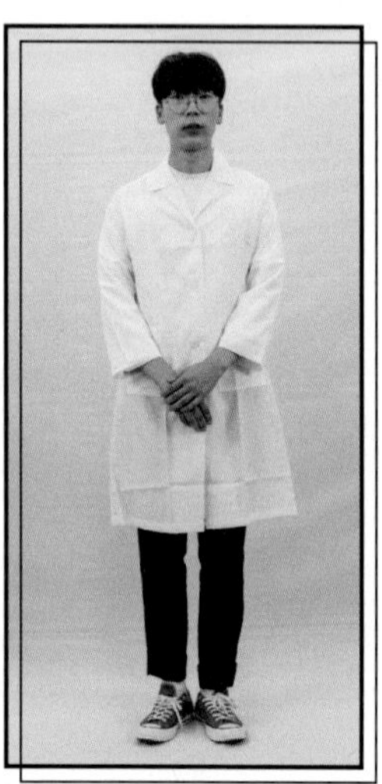

① **마스크(흰색) 착용**

② **상의** : 흰색 위생가운(반팔 또는 긴팔 가능, 일회용 가운 불가)

③ **하의** : 긴바지(색상, 소재 무관)

주의사항

- 눈에 보이는 표식[문신, 헤나, 컬러링(지정색 외)], 디자인, 손톱장식이 없어야 함
- 복장에 소속을 나타내는 표식이 없어야 함
- 액세서리 착용금지(반지, 팔찌, 시계, 목걸이, 귀걸이 등)
- 고정용품(머리핀, 머리망, 고무줄 등)은 검은색만 허용
- 스톱워치나 휴대전화 사용금지
- 재료 구별을 위한 스티커 부착금지

(2) 모델의 복장

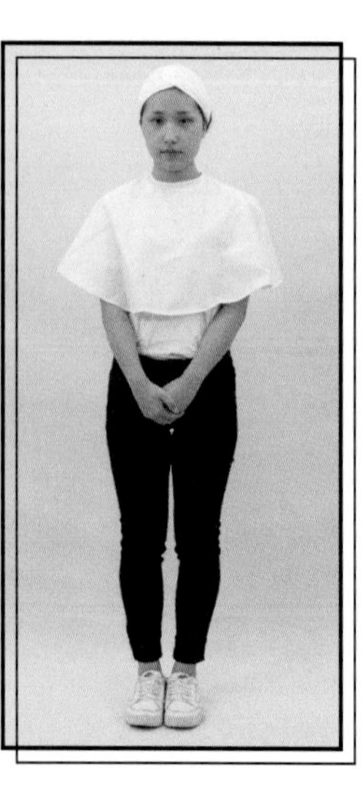

① **마스크(흰색) 착용**

② **상의** : 흰색 무지 상의(유색 무늬 불가, 소재 무관, 남방 및 니트류 허용, 아이보리색 등의 유색 불가)

③ **하의** : 긴바지(색상, 소재 무관)

※ 모델의 준비 상태가 부적합한 경우 감점 또는 0점 처리된다.

주의사항

- 눈에 보이는 표식[문신, 헤나, 컬러링(지정색 외)], 디자인, 손톱장식이 없어야 함
- 액세서리 착용금지(반지, 팔찌 시계, 목걸이, 귀걸이 등)
- 고정용품(머리핀, 머리망, 고무줄 등)은 검은색만 허용

02 | 도면 및 작업대 세팅

(1) 도구 및 재료

01	위생가운	16	아이브로 펜슬(에보니)
02	헤어밴드	17	인조 속눈썹
03	위생봉지	18	속눈썹 접착제(풀)
04	타월(흰색)	19	눈썹 칼
05	어깨보	20	눈썹 가위
06	탈지면 용기	21	브러시 세트
07	소독제	22	스펀지(퍼프)
08	화장솜(탈지면)	23	스패튤러
09	메이크업 베이스	24	분 첩
10	파운데이션	25	뷰 러
11	페이스 파우더	26	미용티슈
12	아이섀도 팔래트	27	물티슈
13	립 팔래트	28	면 봉
14	아이라이너	29	족집게
15	마스카라	30	클렌징 제품

(2) 사전준비

모든 세팅이 준비되어 있어야 한다.

과제 재료 세팅 시 감점 요인

- 과제가 시작되면 도구나 재료를 꺼낼 수 없으므로 흰 타월 안에 과제에 필요한 모든 재료를 세팅한다.
- 불필요한 도구가 세팅되어 있으면 안 되고 도구 및 재료는 바닥에 떨어뜨리지 않는다.

시술과정

01 | 소독 및 위생

(1) 수험자 손 소독하기

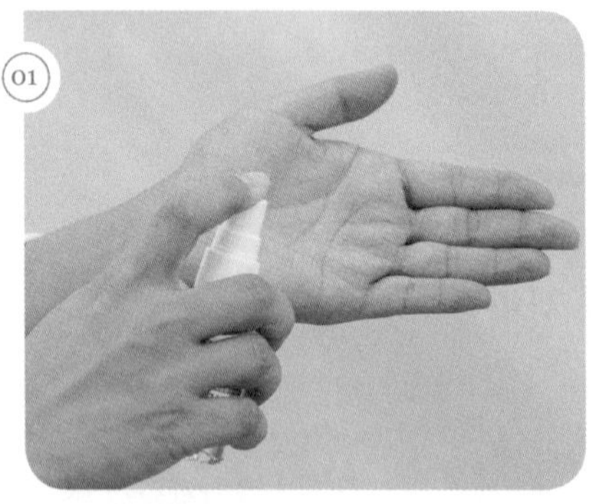

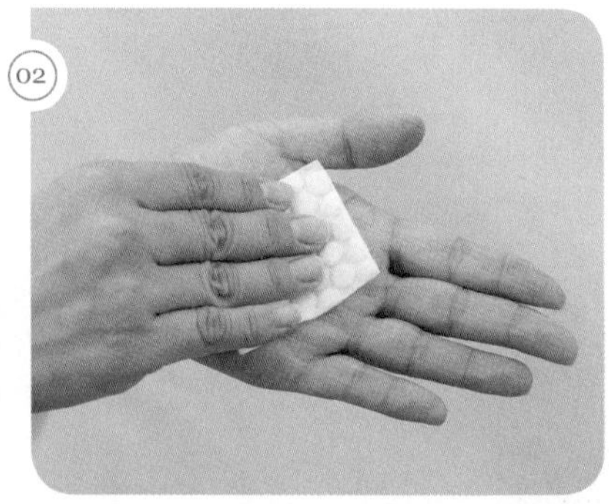

① 손 소독제 사용 : 손 소독제를 사용하여 수험자의 손을 전체적으로 소독한다.
② 화장솜으로 손 소독 : 화장솜을 사용해 손을 한 번 더 닦아 준다.

(2) 도구 소독하기

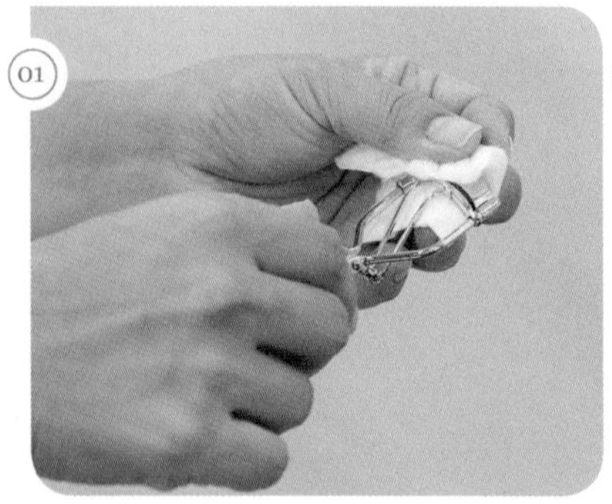

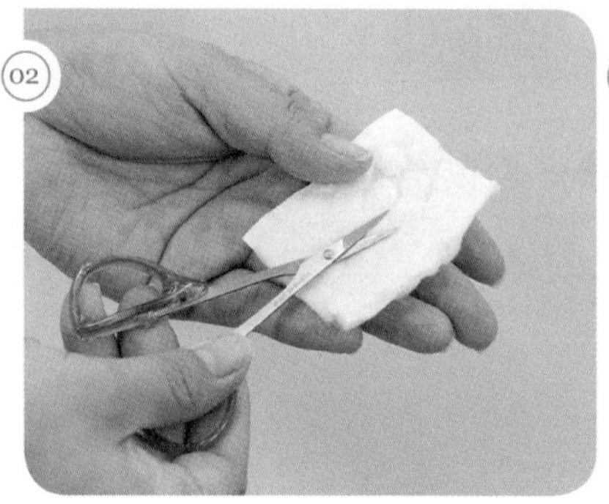

뷰러, 쪽가위, 족집게, 스패튤러, 눈썹칼 등을 소독해 준다.

02 | 베이스 메이크업

(1) 메이크업 베이스

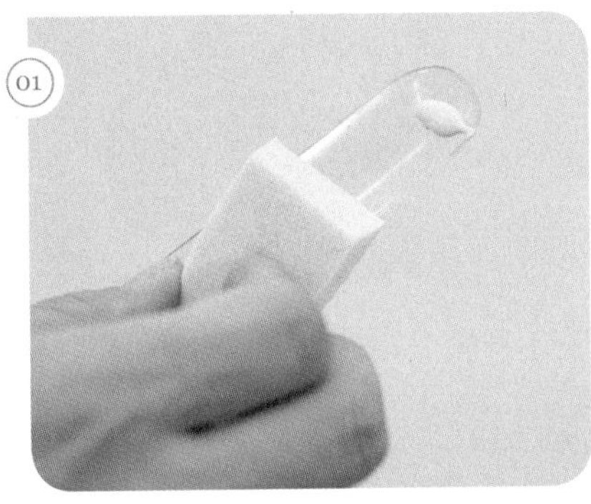
01

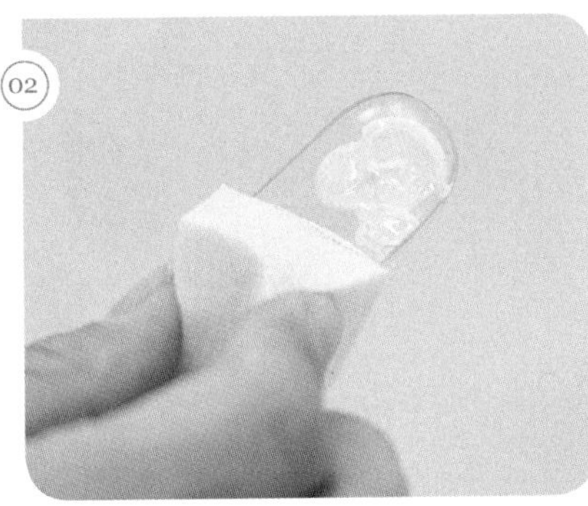
02

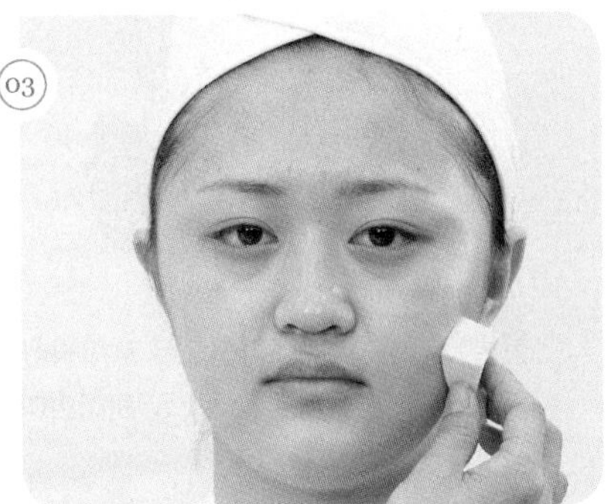
03

모델 피부톤에 적합한 메이크업 베이스를 선택하여 얇고 고르게 펴 바른다.

(2) 파운데이션, 컨실러

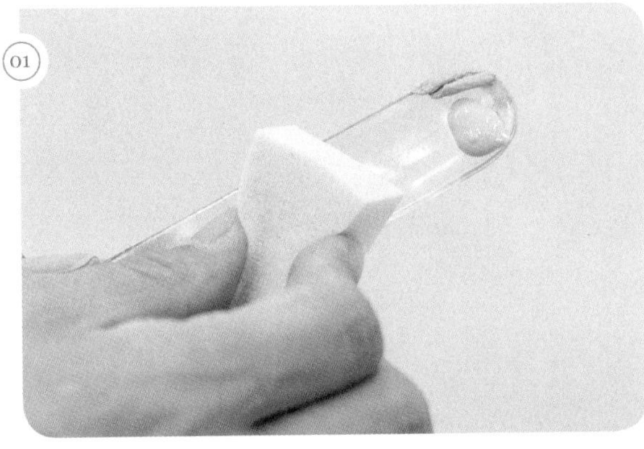
01

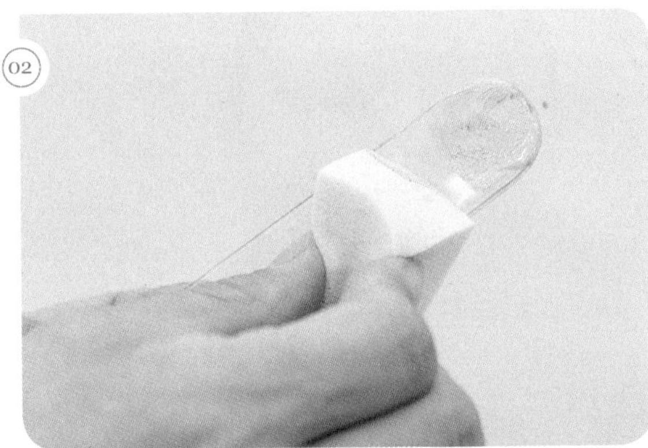
02

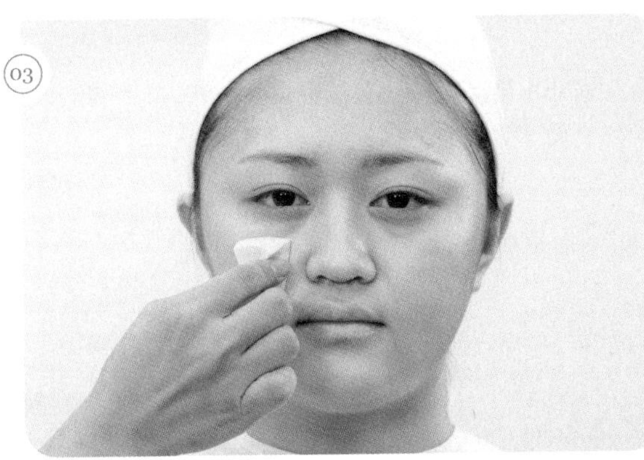
03

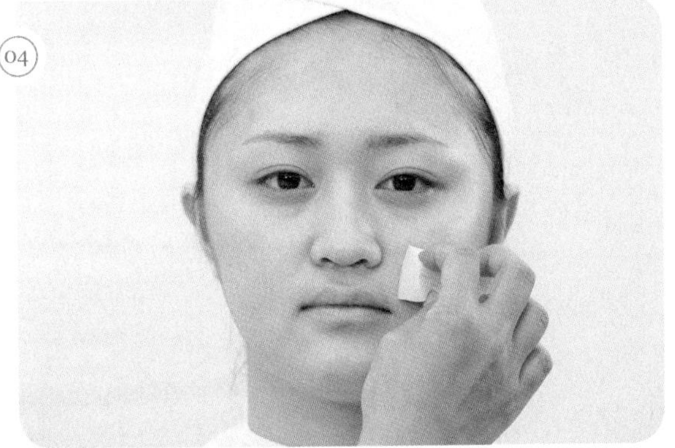
04

① 베이스 메이크업은 크림 파운데이션을 사용하여 창백하게 피부를 표현한다.
② 피부톤보다 한톤 밝은 컨실러를 이용하여 잡티, 다크서클, 입 주변, 코 등을 컨실러로 깨끗하게 정리한다.

(3) 셰이딩, 하이라이트

01

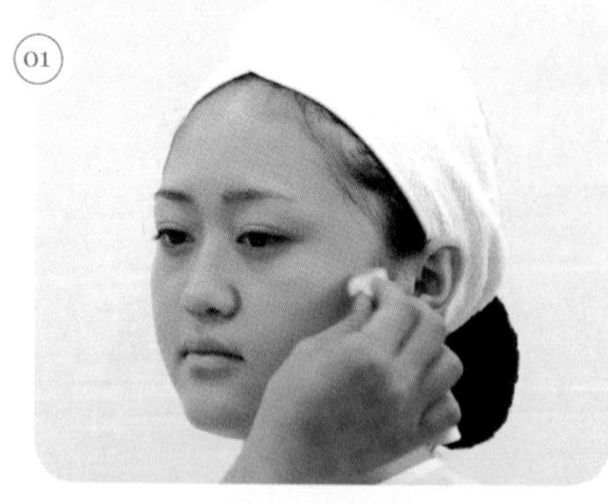

02

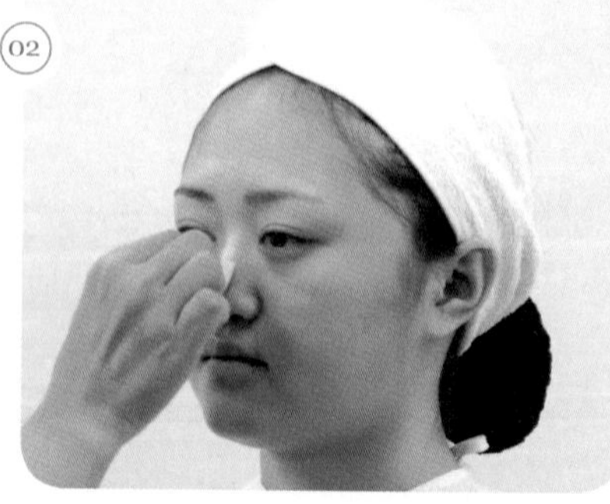

03

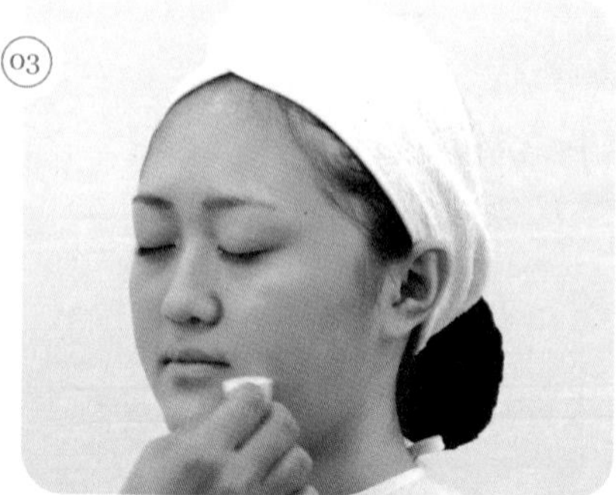

① 한톤 어두운 파운데이션으로 셰이딩한다.
② T존, 애플존, 팔자주름, 턱 등 하이라이트 부위를 체크한다.

(4) 파우더

01

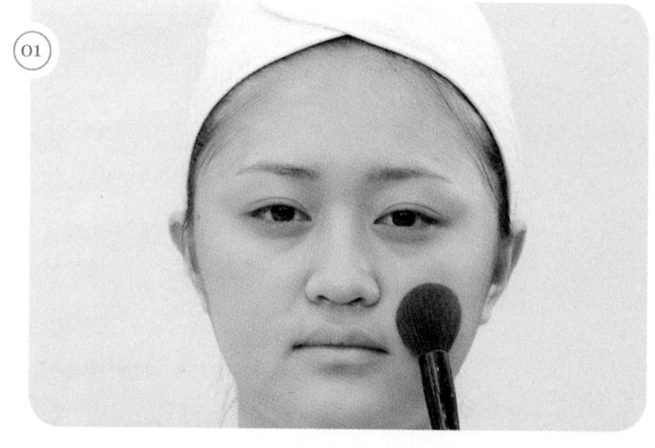

02

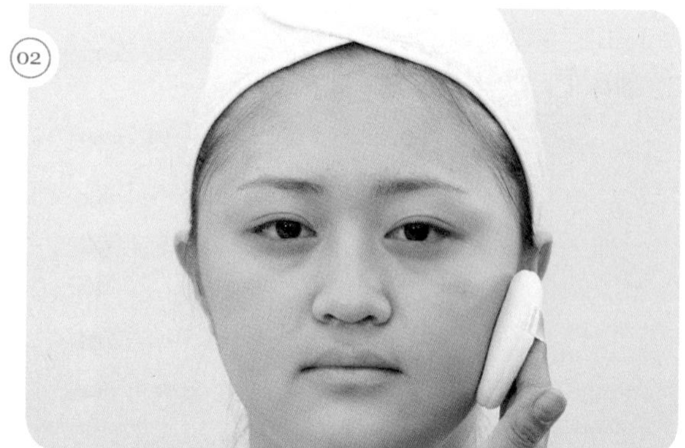

03

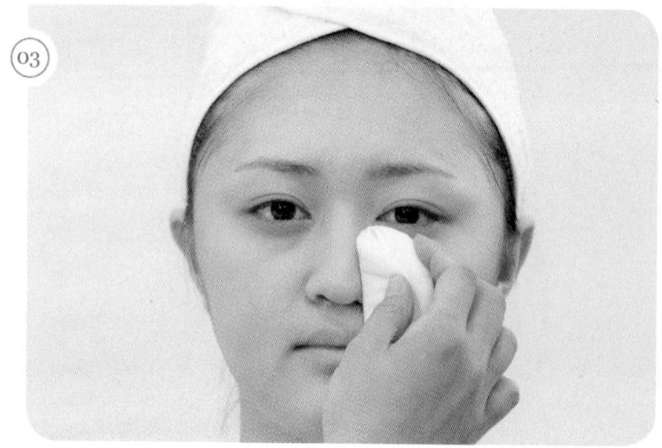

브러시를 이용하여 투명 파우더를 얼굴 전체에 바르고 분첩으로 매트하게 표현해 준다.

- 브러시의 파우더 양은 분첩을 이용해 조절한다.
- 분첩을 이용할 시 볼, 이마 등 넓은 부분은 전체를 사용하고 면적이 작은 부위(눈 밑, 코 옆, 인중, 턱)는 분첩을 반으로 접어서 사용한다.

03 | 아이브로

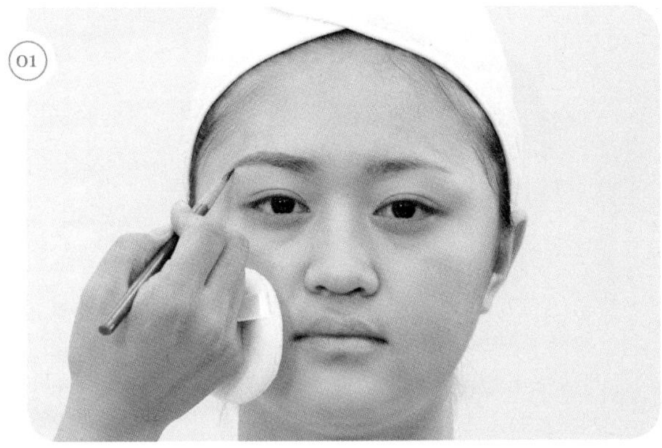
01

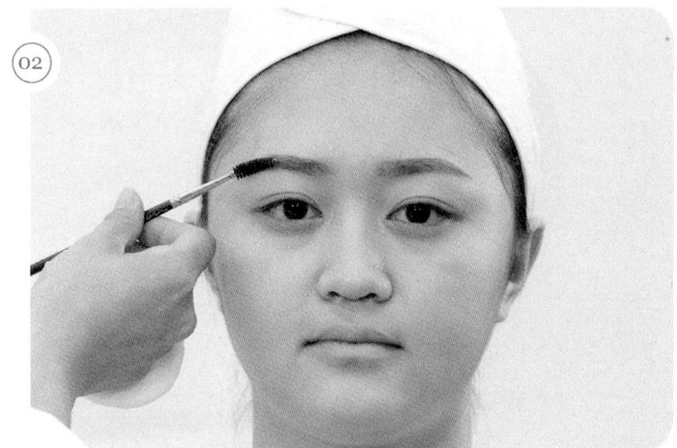
02

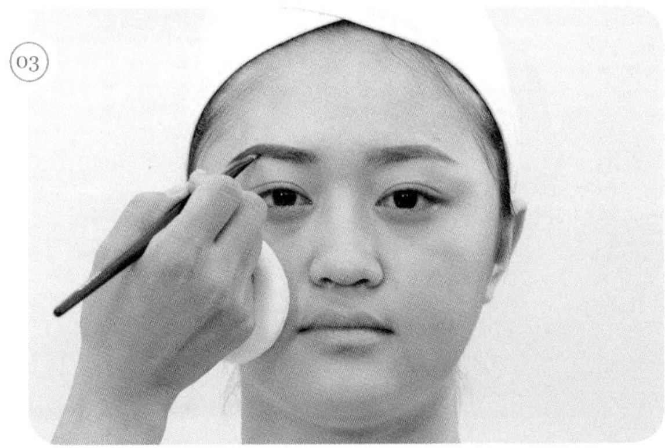
03

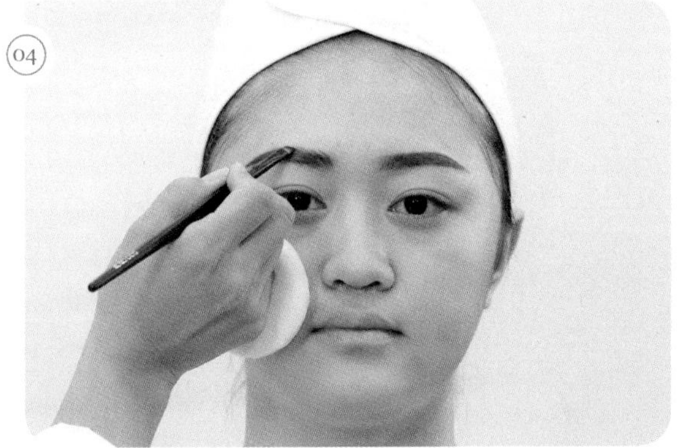
04

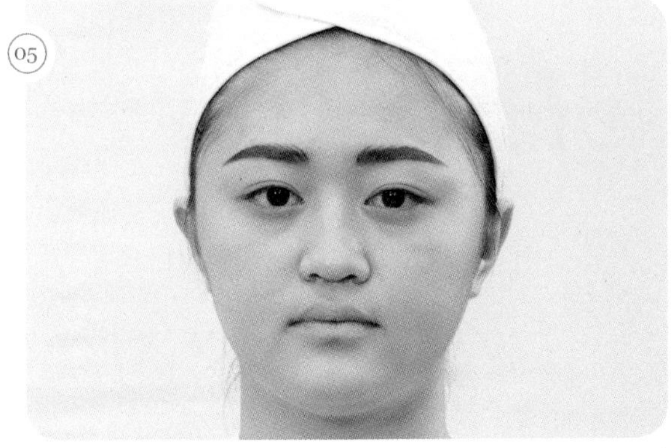
05

① 눈썹은 블랙 아이섀도를 이용하여 눈썹을 진하게 표현한다.

② 사선브러시를 이용하여 인위적인 눈썹 결을 강조해 준다.

- 스크루 브러시로 눈썹 결을 정리한 후 에보니 펜슬로 베이스를 그리고 사선 브러시로 색을 입힌다.
- 스크루 브러시는 눈썹 결 정리뿐만 아니라 눈썹 수정에도 도움을 준다.
- 일반적으로 자연 눈썹은 대칭이 아닌 경우가 많으므로 눈썹 앞머리의 높이를 주의해서 그려야 한다.

04 | 코 셰이딩, 하이라이트

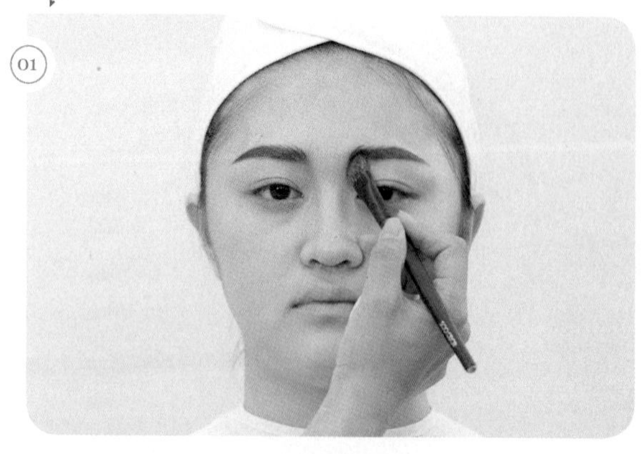
01

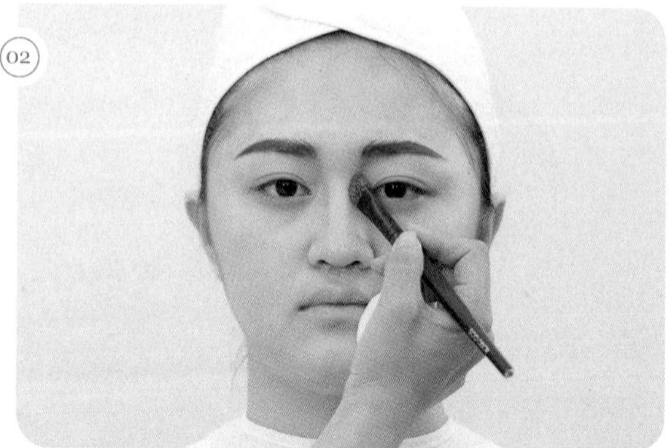
02

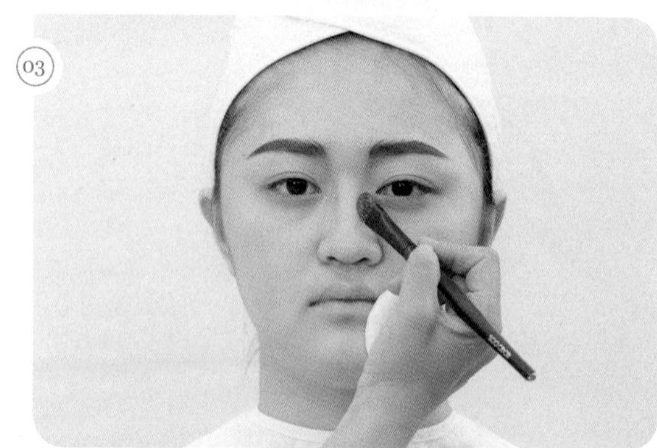
03

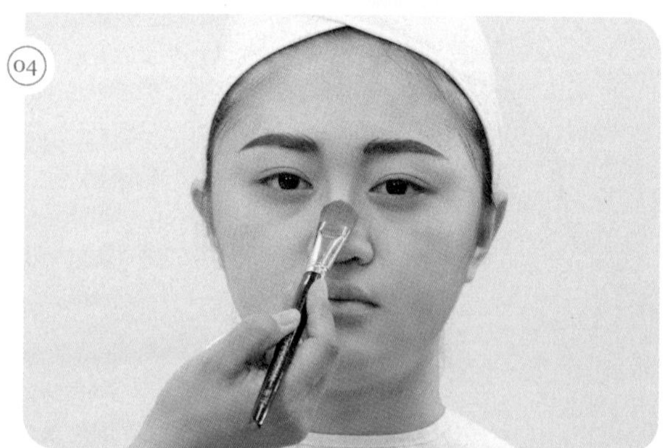
04

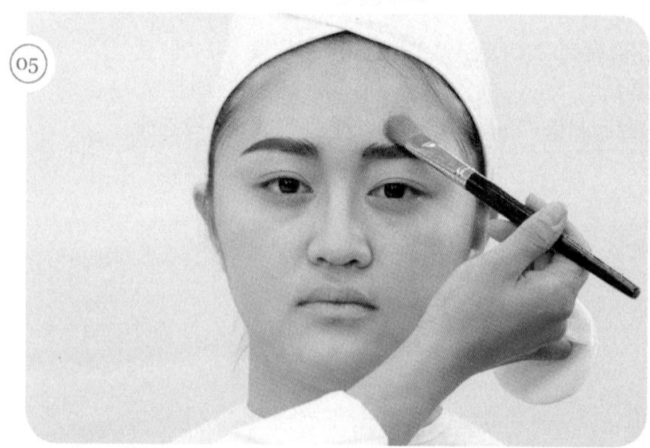
05

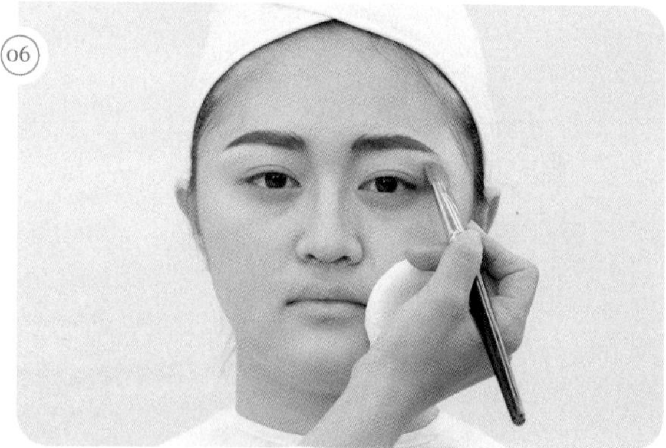
06

① 노즈 브러시로 브라운색 섀도를 눈썹 앞머리에서 콧방울 끝까지 쓸어 진하게 표현한다.
② 하이라이트는 밝은색 파우더를 이용하여 T존, 애플존, 팔자주름, 턱에 펴 발라 준다.
③ 화이트 베이지색 섀도로 눈썹 뼈 밑에 하이라이트를 해 준다.

05 | 아이섀도

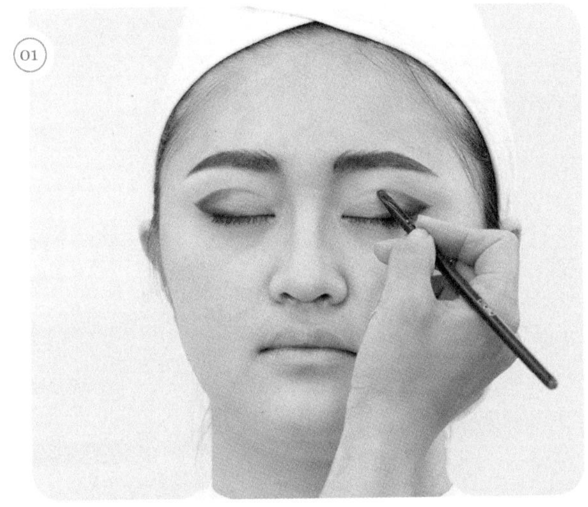

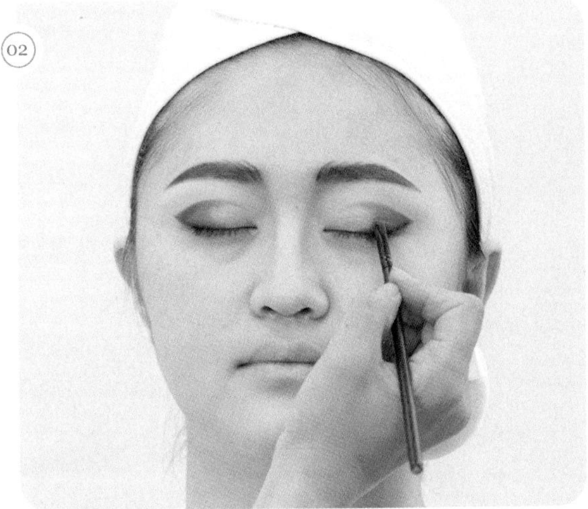

① 아이섀도는 블랙색상으로 꼬리에서 앞머리 쪽으로 아이홀의 윤곽을 잡아준다.

② 아이홀의 눈꼬리 1/3 부분을 블랙 아이섀도나 아이라이너를 이용하여 채우고 블랙/그레이색상으로 그러데이션한다.

③ 선명한 아이홀을 표현하기 위해 화이트색상으로 눈앞머리부터 눈두덩이 위에 얹어서 톡톡 두들겨 바른다.

TIP

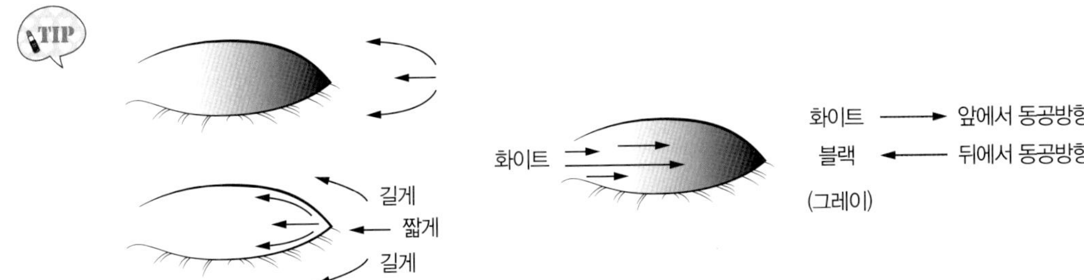

06 | 아이라인, 속눈썹 컬링

01

02

03

04

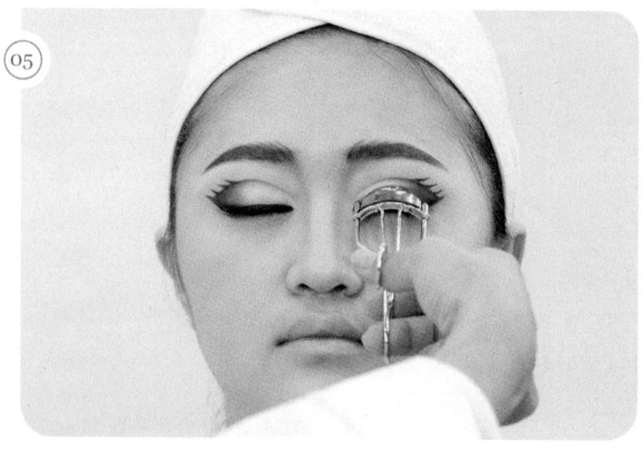

05

① 아이라인은 아이라이너를 이용하여 아이홀 바깥으로 라인을 빼 준다.
② 간격에 맞춰 3라인을 추가로 잡는다(총 4라인).
③ 젤라이너로 아이라인 안쪽을 약간 도톰하게 메꾸어 선명하게 그린다.
④ 언더라인은 위쪽 라인까지 연결하여 표현한 후 블랙 아이섀도를 이용하여 강하게 표현한다.
⑤ 브러시를 이용하여 화이트 컬러를 눈 밑에 바른다.
⑥ 뷰러를 이용하여 속눈썹을 자연스럽게 컬링해 준다.

TIP 뷰러를 이용할 때 세 번 나누어 집어주면 더욱 자연스러운 컬링을 연출할 수 있다.

07 | 마스카라, 인조 속눈썹 붙이기

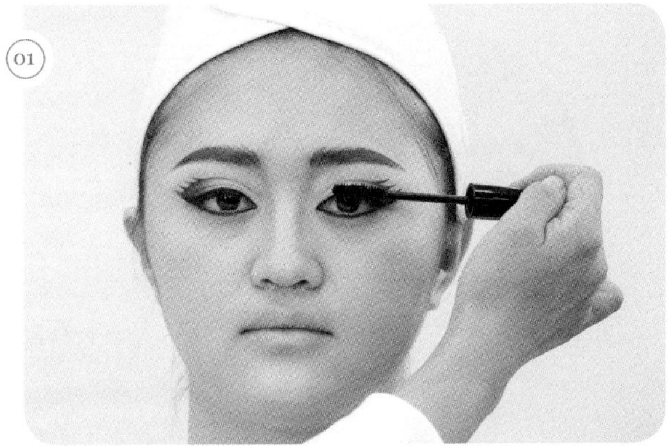

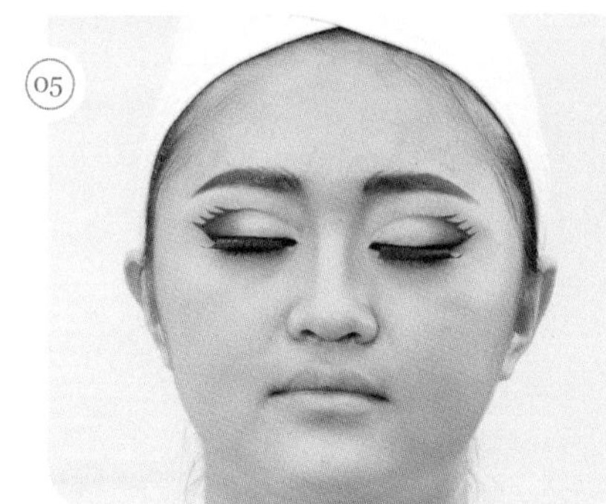

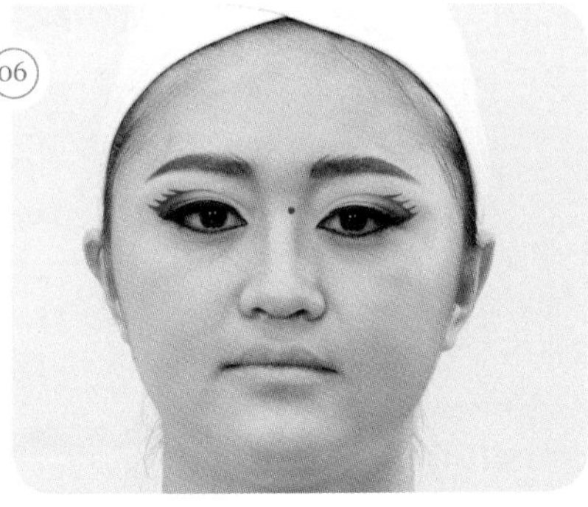

① 마스카라를 이용하여 속눈썹을 자연스럽게 표현해 준다.

TIP
- 마스카라를 이용할 때 마스카라 입구에서 양 조절을 하면 과한 사용을 방지할 수 있다.
- 모델에게 눈을 뜨고 아래방향으로 시선처리를 하게 한 후 마스카라를 사용하면 바르기 쉽다.

② 인조 속눈썹의 길이는 모델의 아이라인 선에 맞춰 눈썹 길이를 조정 후 붙여준다.

이때 자연 속눈썹과 인조 속눈썹이 분리되지 않도록 한다.

③ 리퀴드 아이라이너로 아이라인을 한 번 더 그려준다.

08 | 치크

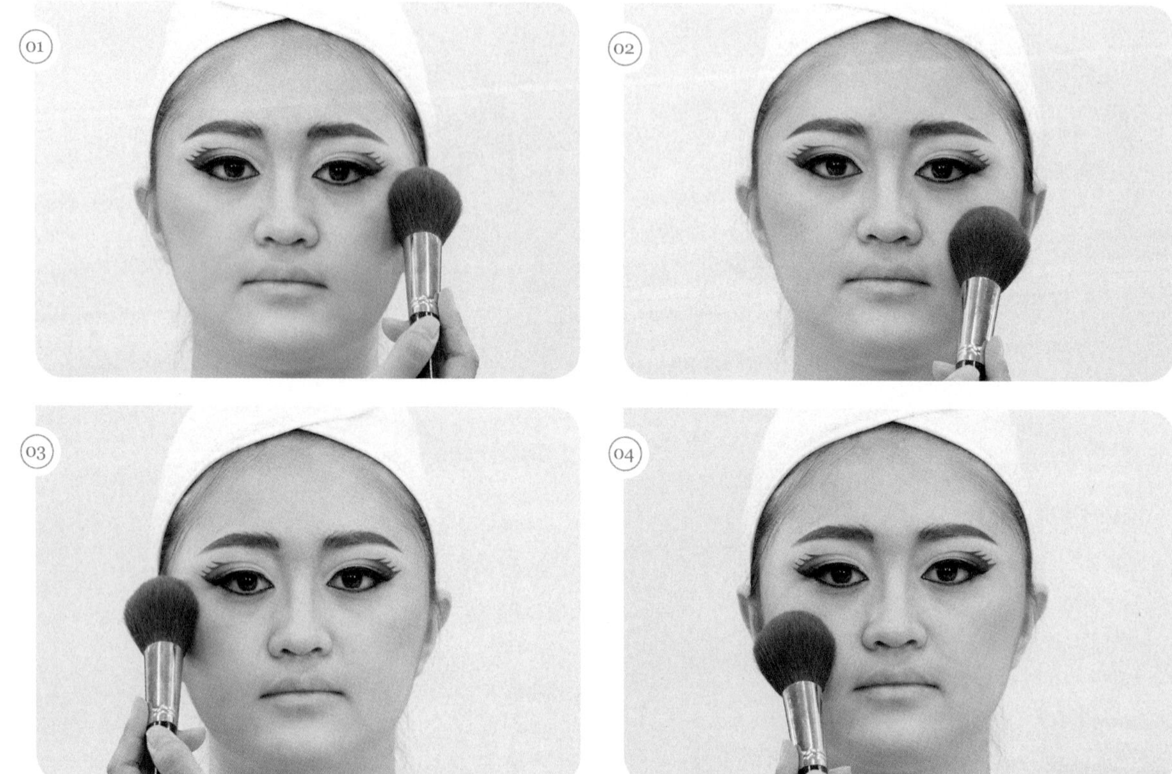

치크는 레드브라운색으로 얼굴 앞쪽을 향하여 사선으로 그리듯 강하게 그러데이션한다.

09 | 셰이딩

01

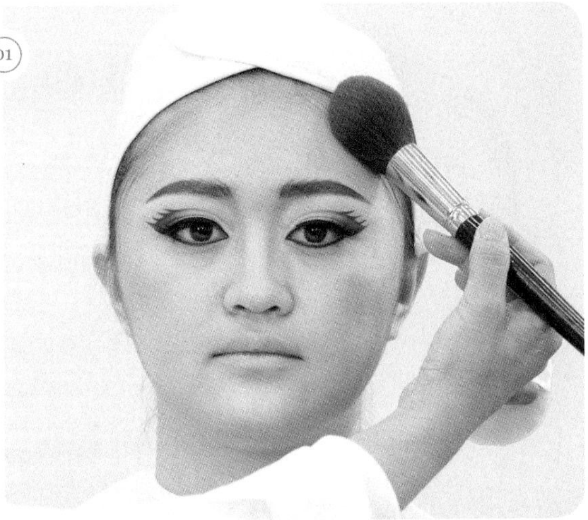

02

03

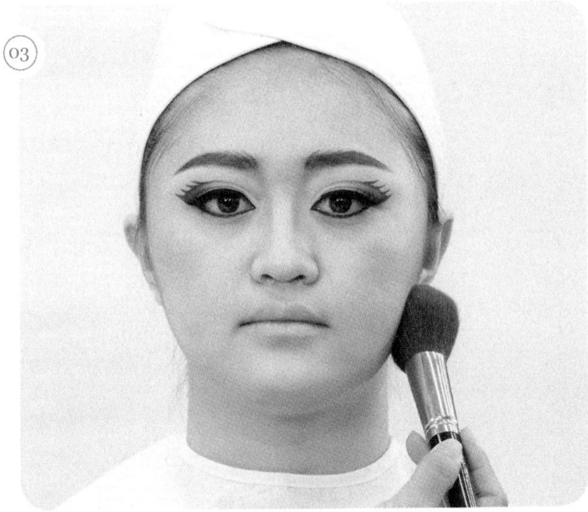

04

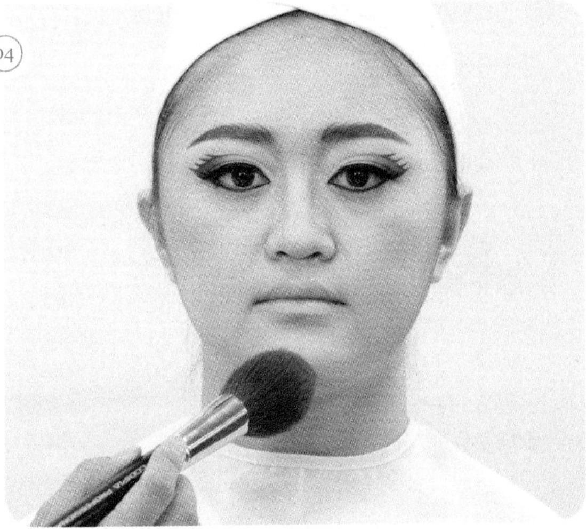

셰이딩은 레드브라운색 섀도를 이용하여 페이스라인을 쓸어주듯 펴 바르고 치크 부분을 한 번 더 지나가 준다.

10 | 립

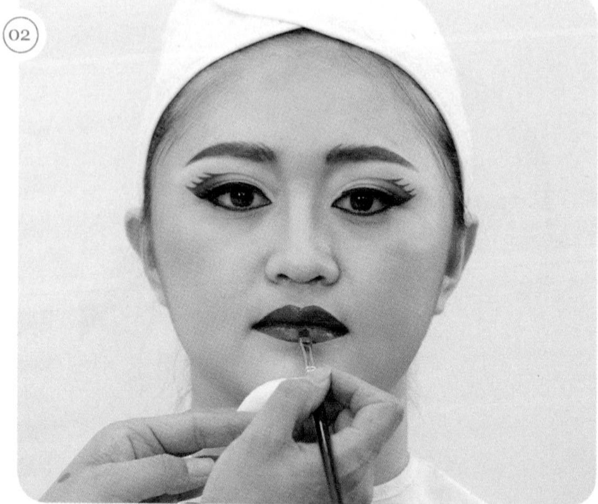

① 립은 블랙 립라인 펜슬을 이용하여 립라인을 선명하게 표현한다.

블랙 립라이너를 이용하여 입술산을 각지게 표현한다.

② 검붉은색 립 컬러를 이용하여 선명하게 표현한다.

11 | 마무리

① 시술 시 사용한 도구는 모두 제자리에 정리한다.
② 작업대 위를 깨끗하게 정리 정돈한다.

시술이 끝난 후 위생봉지(쓰레기)를 정리한다.

12 | 완성

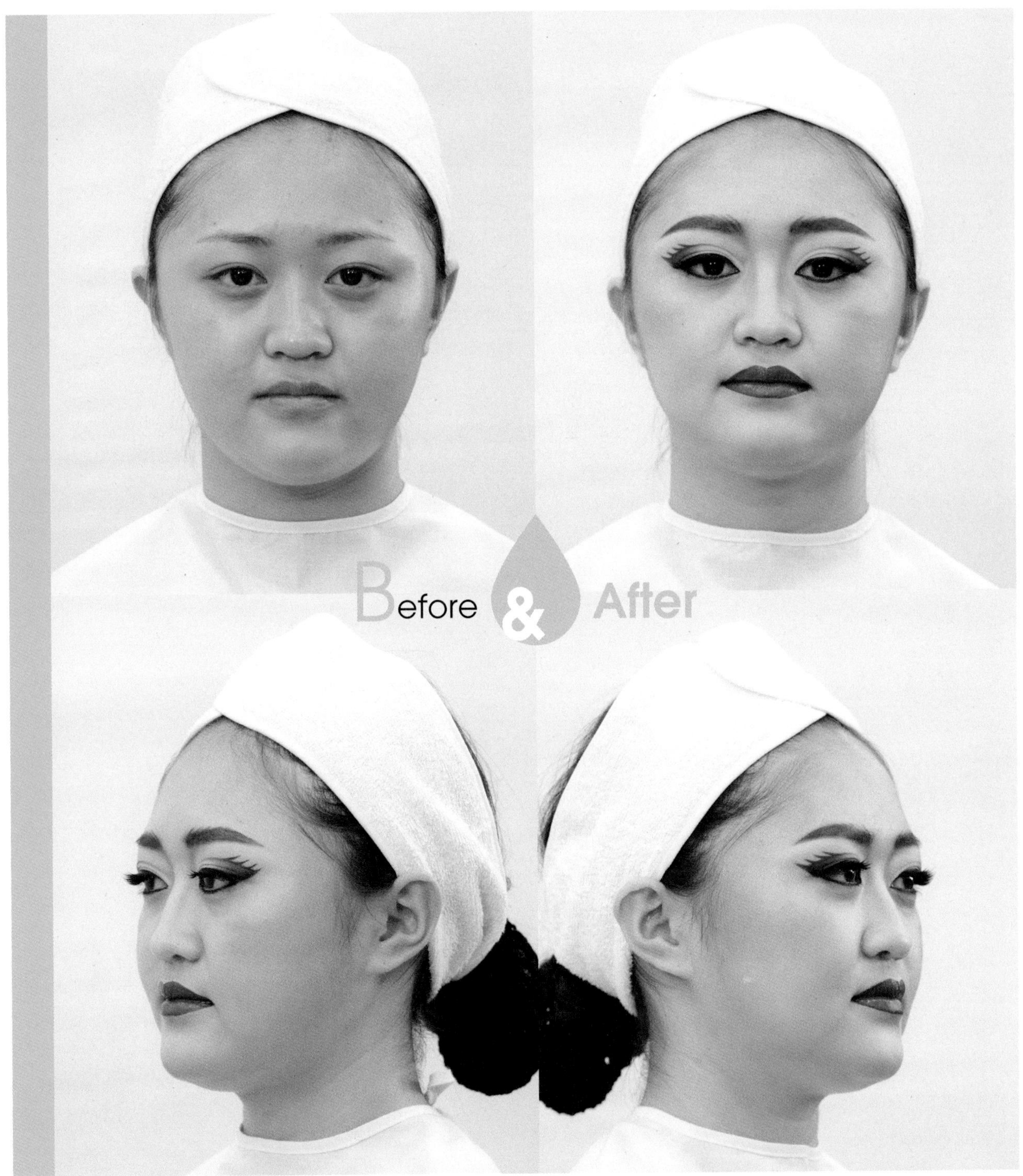

Make up
Make up

Part 3
캐릭터 메이크업

Leopard Make-up

레오파드 메이크업

Check Point

- 모델의 피부톤보다 밝은색의 파운데이션을 바른다.
- 파우더로 마무리한다.
- 옐로, 오렌지, 브라운색의 아쿠아 컬러나 아이섀도 등을 사용하여 눈과 이마, 치크 부위에 도면과 같이 조화롭게 그러데이션한다.
- 아이홀은 흰색으로 뚜렷하게 표현하고 검은색 아이라이너로 눈꺼풀 위와 눈 밑 언더라인의 트임을 표현한다.
- 레오파드 무늬는 아쿠아 컬러나 아이라이너 등을 사용하여 그리며, 눈으로부터 멀어질수록 패턴이 작아지도록 표현한다.
- 인조 속눈썹을 사용하여 길고 날카로운 눈매를 표현한다.
- 버건디 레드색으로 구각을 강조한 인커브 형태로 그린다.

일러두기

01 과제유형

베이스	눈 썹	눈	볼	입 술	배 점	시험시간
밝은 표현	옐로, 오렌지, 브라운색의 아쿠아 컬러나 아이섀도	• 흰색 아이홀 • 눈꺼풀 위와 눈 밑 언더라인 트임	레오파드 무늬	• 버건디 레드 • 인커브	25	50분

02 심사기준 및 감점요인

(1) 작업장 청결, 재료준비상태, 위생 및 소독 등의 사전준비자세

(2) 기본 및 숙련도 : 피부 베이스 들뜸없이 표현

(3) 기술력 : ① 양쪽 눈썹이 밸런스가 맞는지 여부

② 섀도 그러데이션 여부

(4) 완성도 : 미작일 경우 실격 처리된다.

03 요구사항 및 수험자 유의사항

1 요구사항(제3과제)

※ 지참 재료 및 도구를 사용하여 다음의 요구사항에 따라 캐릭터 메이크업(레오파드)을 시험시간 내에 완성하시오.

① 과제를 수행하기 전 수험자의 손 및 도구류를 소독한 후 제시된 도면을 참고하여 캐릭터 메이크업(레오파드) 스타일을 연출하시오.

② 모델의 피부톤에 맞는 메이크업 베이스를 바르시오.

③ 피부톤보다 밝은색 파운데이션을 이용하여 바른 후 파우더로 마무리하시오.

④ 옐로, 오렌지, 브라운색의 아쿠아 컬러나 아이섀도 등을 사용하여 도면과 같이 조화롭게 그러데이션을 하시오.

⑤ 아이홀 부위는 도면과 같이 흰색으로 뚜렷하게 표현하고, 검은색 아이라이너, 아쿠아 컬러 등으로 눈꺼풀 위와 눈 밑 언더라인의 트임을 표현하시오.

⑥ 레오파드 무늬는 아쿠아 컬러나 아이라이너 등을 사용하여 선명하고 점진적으로 표현하시오.

⑦ 인조 속눈썹을 사용하여 길고 날카로운 눈매를 표현하시오.

⑧ 버건디 레드의 립 컬러를 모델의 입술에 맞게 사용하되, 구각을 강조한 인커브 형태(구각)로 표현하시오.

2 수험자 유의사항

① 모델은 문신(눈썹, 아이라인, 입술 등), 속눈썹 연장 및 메이크업이 되어 있지 않은 상태이어야 한다.

② 스패튤러, 속눈썹 가위, 족집게, 눈썹칼 등의 도구류를 사용 전 소독제로 소독해야 한다.

③ 메이크업 베이스, 파운데이션을 펴 바를 때 스펀지 퍼프 또는 브러시를 사용하시오.

④ 아이섀도, 치크, 립 등의 표현 시 브러시 등 적합한 도구를 사용하시오.

⑤ 화장품은 요구사항이 지정된 제형 외에는 타입에 상관없이 자유롭게 사용하시오.

화장품은 용기에 덜어오지 않는다. 단 소독제는 다른 용기에 덜어와도 무방하다.

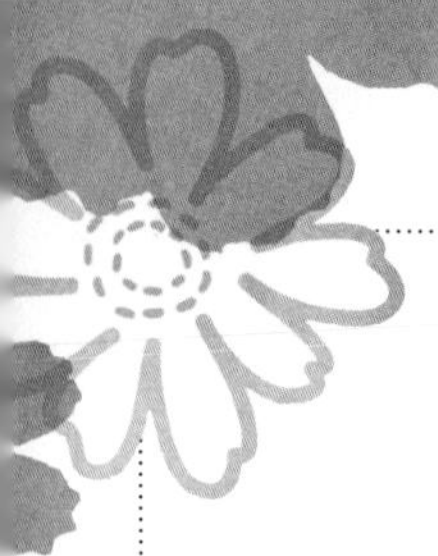

준비사항

01 | 수험자 및 모델의 복장

(1) 수험자 복장

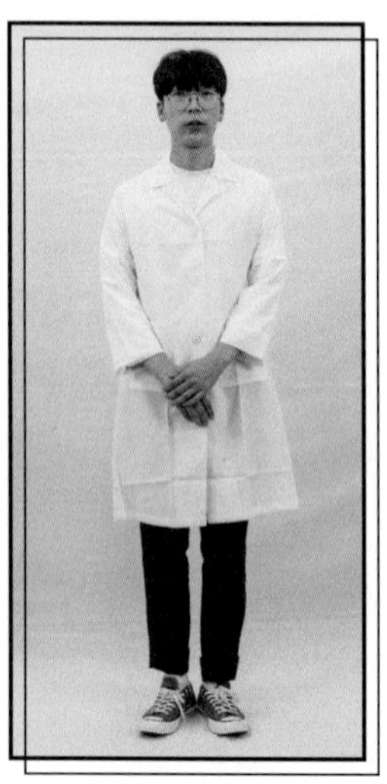

① **마스크(흰색) 착용**

② **상의** : 흰색 위생가운(반팔 또는 긴팔 가능, 일회용 가운 불가)

③ **하의** : 긴바지(색상, 소재 무관)

주의사항

- 눈에 보이는 표식[문신, 헤나, 컬러링(지정색 외)], 디자인, 손톱장식이 없어야 함
- 복장에 소속을 나타내는 표식이 없어야 함
- 액세서리 착용금지(반지, 팔찌, 시계, 목걸이, 귀걸이 등)
- 고정용품(머리핀, 머리망, 고무줄 등)은 검은색만 허용
- 스톱워치나 휴대전화 사용금지
- 재료 구별을 위한 스티커 부착금지

(2) 모델의 복장

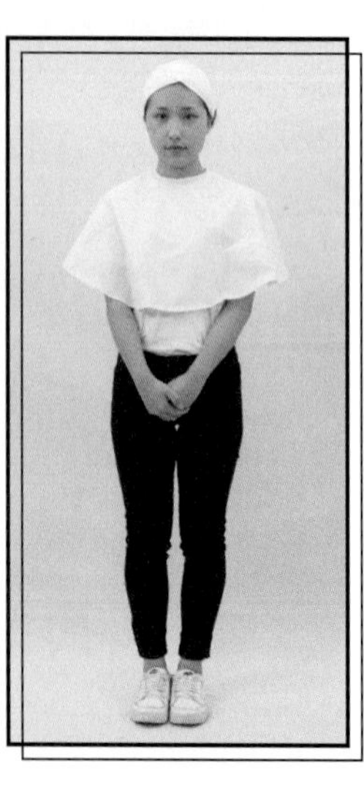

① **마스크(흰색) 착용**

② **상의** : 흰색 무지 상의(유색 무늬 불가, 소재 무관, 남방 및 니트류 허용, 아이보리색 등의 유색 불가)

③ **하의** : 긴바지(색상, 소재 무관)

※ 모델의 준비 상태가 부적합한 경우 감점 또는 0점 처리된다.

주의사항

- 눈에 보이는 표식[문신, 헤나, 컬러링(지정색 외)], 디자인, 손톱장식이 없어야 함
- 액세서리 착용금지(반지, 팔찌 시계, 목걸이, 귀걸이 등)
- 고정용품(머리핀, 머리망, 고무줄 등)은 검은색만 허용

02 | 도면 및 작업대 세팅

(1) 도구 및 재료

01	위생가운	17	인조 속눈썹
02	헤어밴드	18	속눈썹 접착제(풀)
03	위생봉지	19	눈썹 칼
04	타월(흰색)	20	눈썹 가위
05	어깨보	21	브러시 세트
06	탈지면 용기	22	스펀지(퍼프)
07	소독제	23	스패튤러
08	화장솜(탈지면)	24	분 첩
09	메이크업 베이스	25	뷰 러
10	파운데이션	26	미용티슈
11	페이스 파우더	27	물티슈
12	아이섀도 팔래트	28	면 봉
13	립 팔래트	29	족집게
14	아이라이너	30	클렌징 제품
15	마스카라	31	아트용 컬러
16	아이브로 펜슬(에보니)	32	아트용 브러시

(2) 사전준비

모든 세팅이 준비되어 있어야 한다.

과제 재료 세팅 시 감점 요인

- 과제가 시작되면 도구나 재료를 꺼낼 수 없으므로 흰 타월 안에 과제에 필요한 모든 재료를 세팅한다.
- 불필요한 도구가 세팅되어 있으면 안 되고 도구 및 재료는 바닥에 떨어뜨리지 않는다.

시술과정

01 | 소독 및 위생

(1) 수험자 손 소독하기

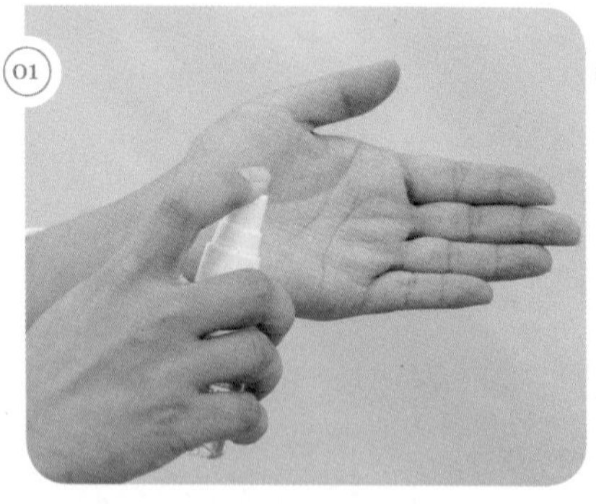

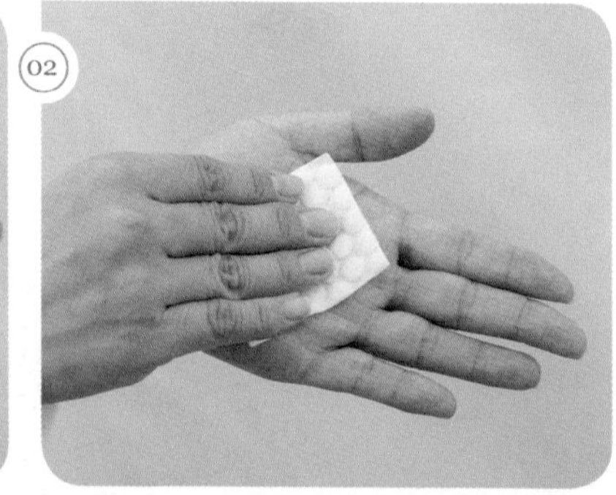

① 손 소독제 사용 : 손 소독제를 사용하여 수험자의 손을 전체적으로 소독한다.
② 화장솜으로 손 소독 : 화장솜을 사용해 손을 한 번 더 닦아 준다.

(2) 도구 소독하기

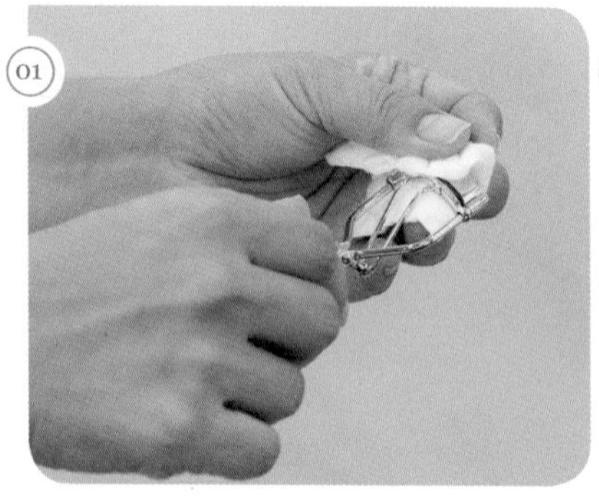

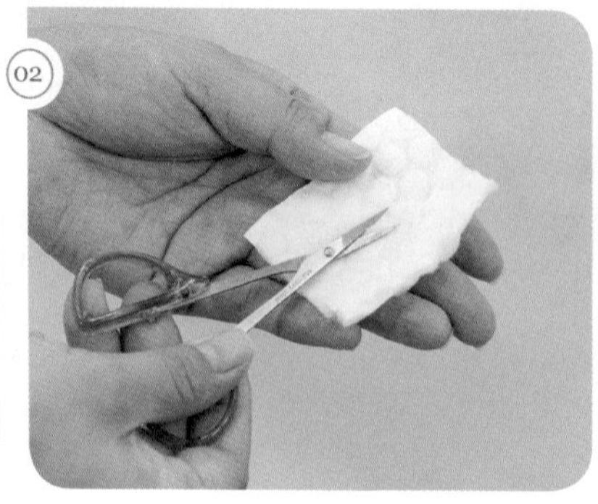

뷰러, 쪽가위, 족집게, 스패튤러, 눈썹칼 등을 소독해 준다.

02 | 베이스 메이크업

(1) 메이크업 베이스

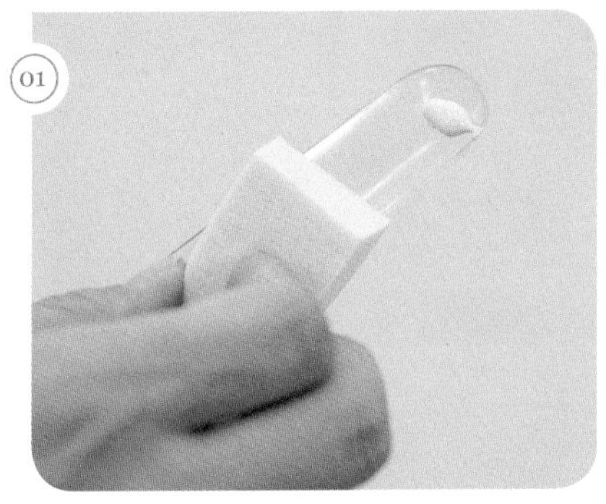

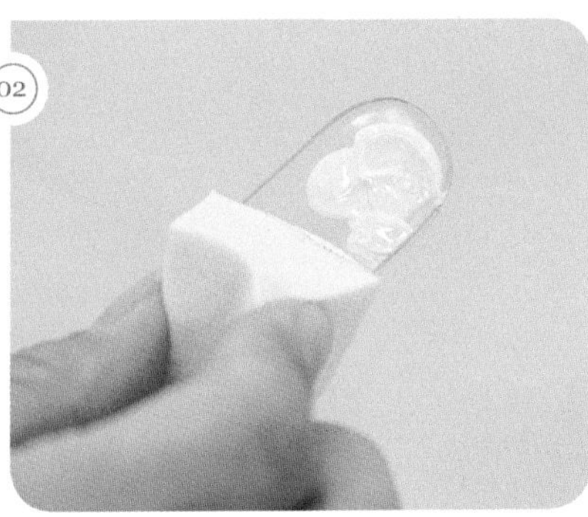

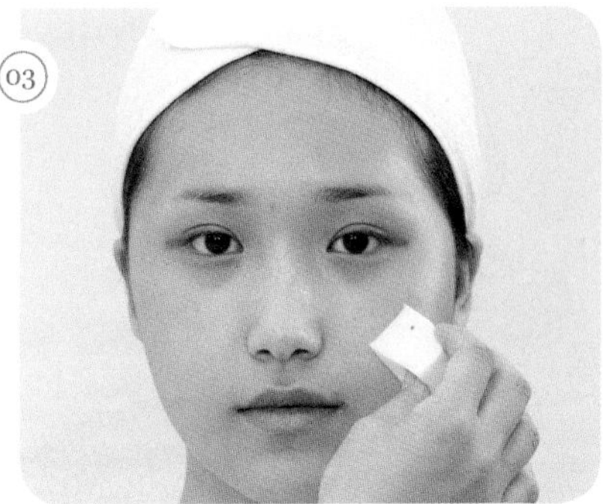

모델 피부톤에 적합한 메이크업 베이스를 선택하여 얇고 고르게 펴 바른다.

(2) 파운데이션, 컨실러

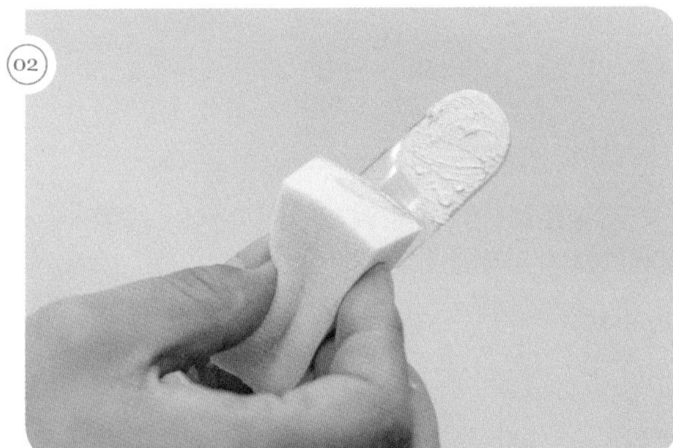

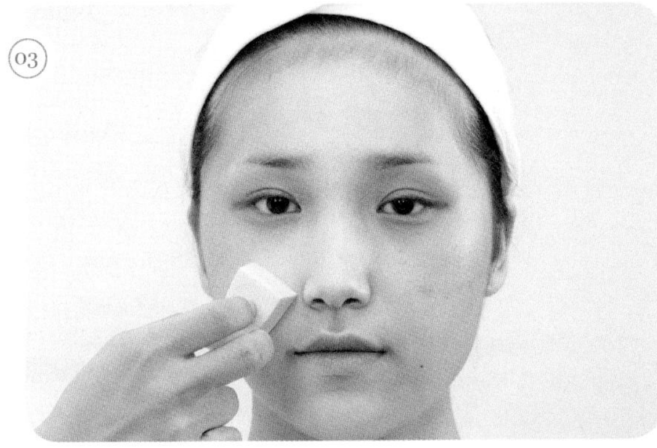

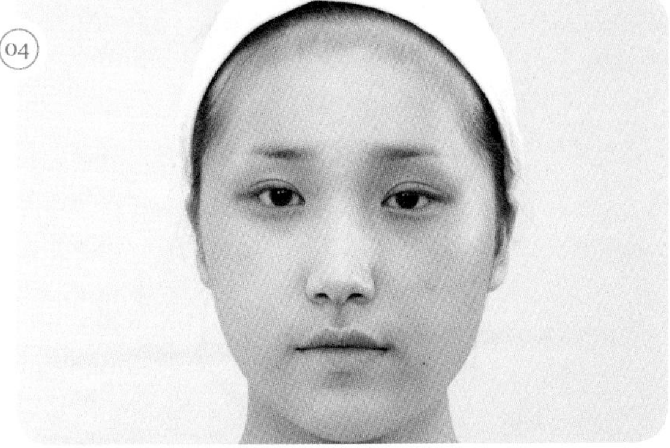

① 베이스 메이크업은 3가지 색상 중 피부톤보다 밝은색의 파운데이션을 바르고 그러데이션한다.

② T존, 볼 부분, 볼 뒤쪽(귀쪽)으로 갈수록 그러데이션하고, 입술선은 가린다.

(3) 파우더

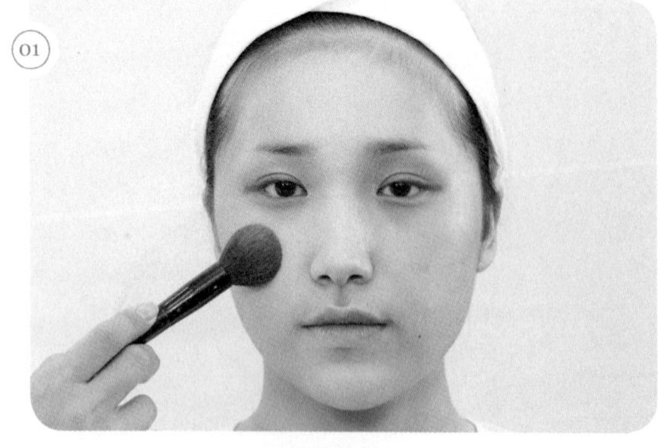

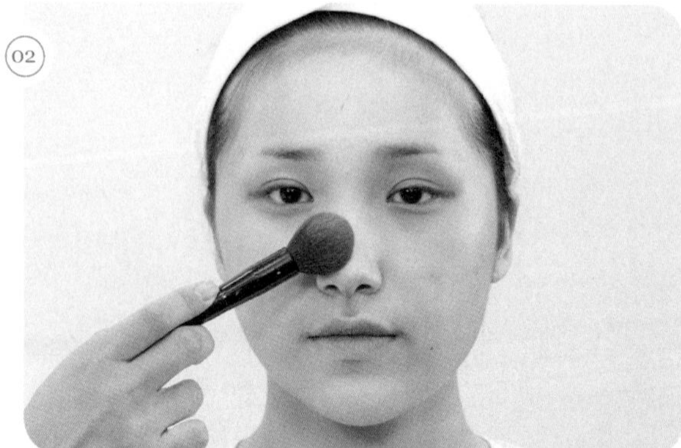

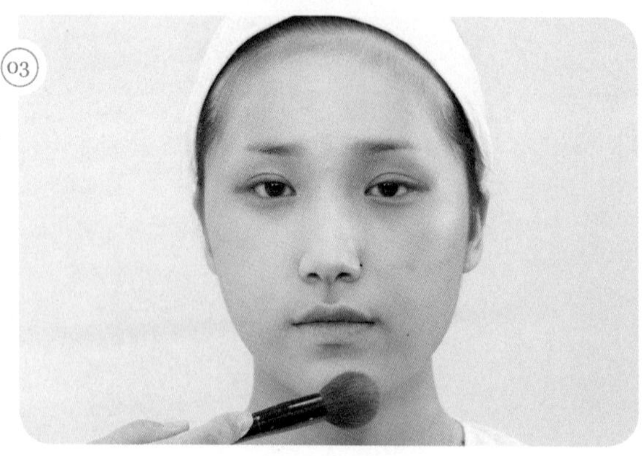

① T존, 눈 밑, 애플존에 밝은색 파우더로 마무리한다.
② 파우더가 뭉치지 않게 양 조절을 하여 바른다.

- 브러시의 파우더 양은 분첩을 이용해 조절한다.
- 분첩을 이용할 시 볼, 이마 등 넓은 부분은 전체를 사용하고 면적이 작은 부위(눈 밑, 코 옆, 인중, 턱)는 분첩을 반으로 접어서 사용한다.

03 | 컬러링

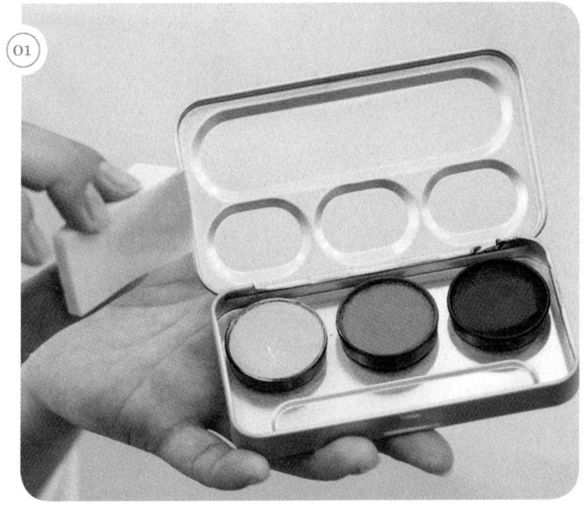

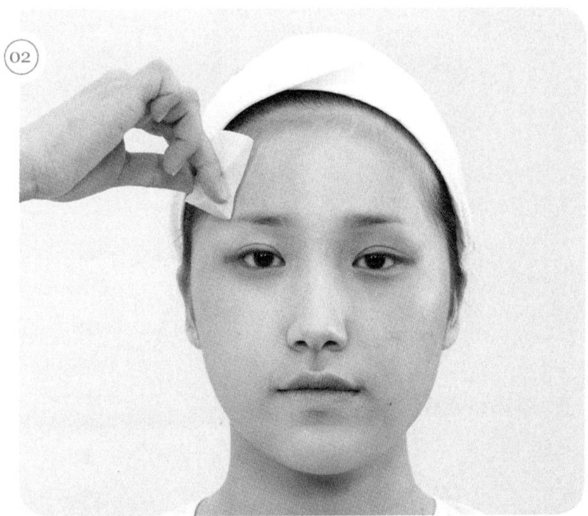

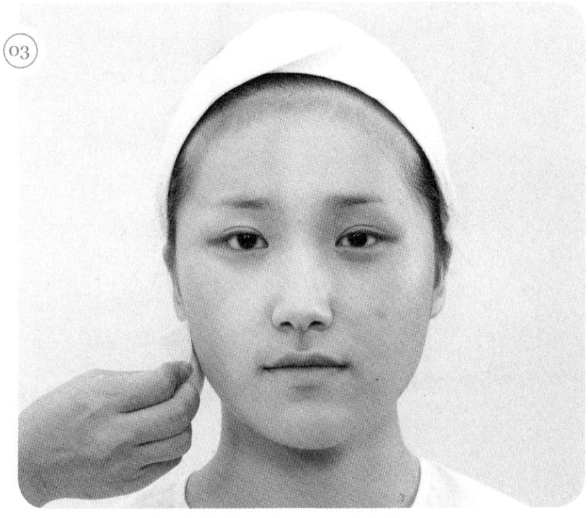

① 도면과 같이 옐로 색상을 이마, 눈 밑, 볼 위주로 펴 바른다.

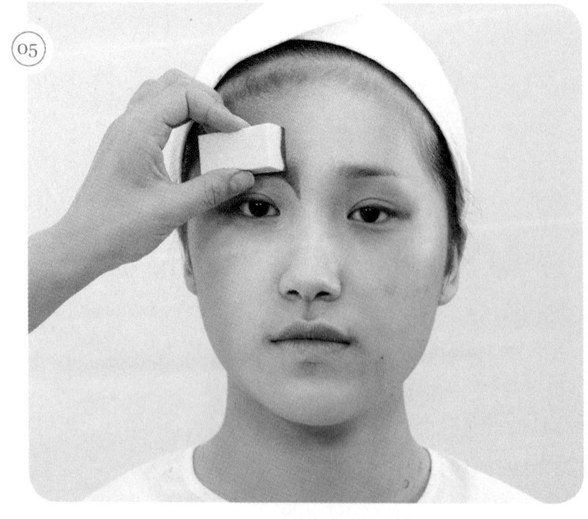

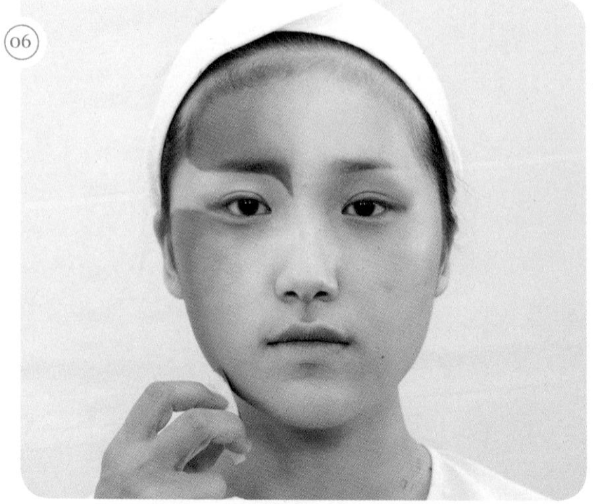

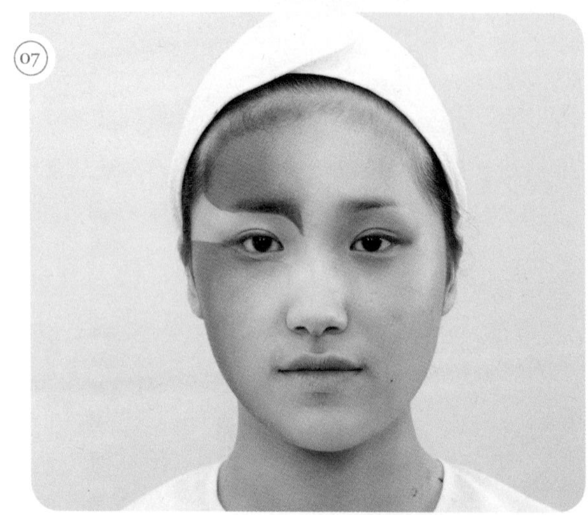

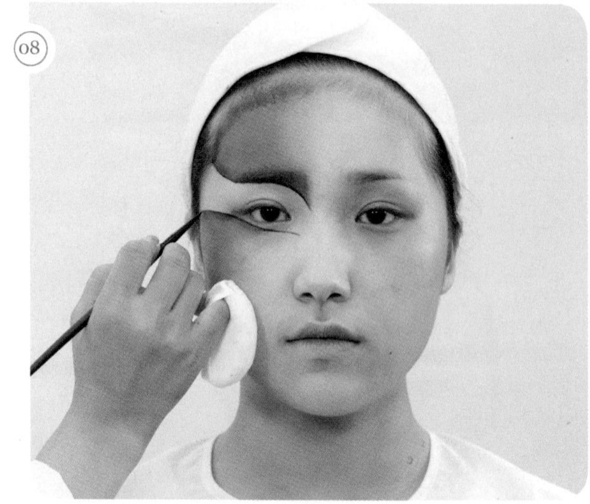

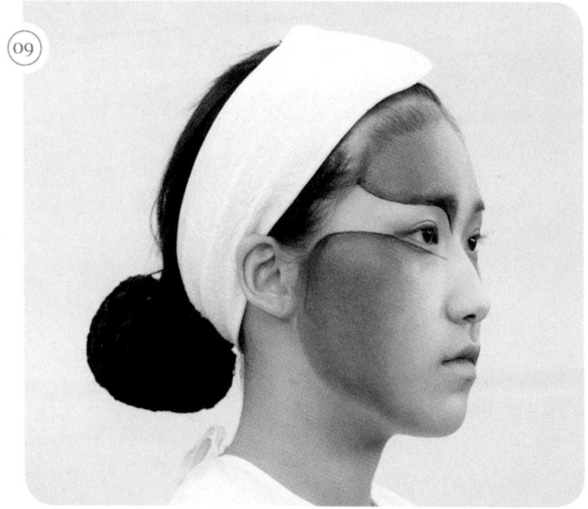

② 오렌지 색상을 옐로 색상 윗부분에 얹으면서 그러데이션한다.

TIP 컬러링 색상표현이 잘 되지 않을 경우 브러시를 사용하여 섀도를 얹어준다(옐로/오렌지).

③ 코 벽(노즈) 시작부분에서 아이홀 자리를 지나 관자놀이 방향으로 블랙라인을 잡아 준다.

04 | 아이라인, 속눈썹 컬링

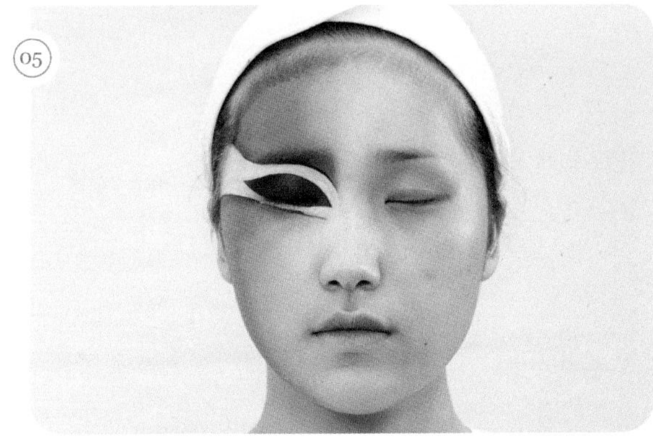

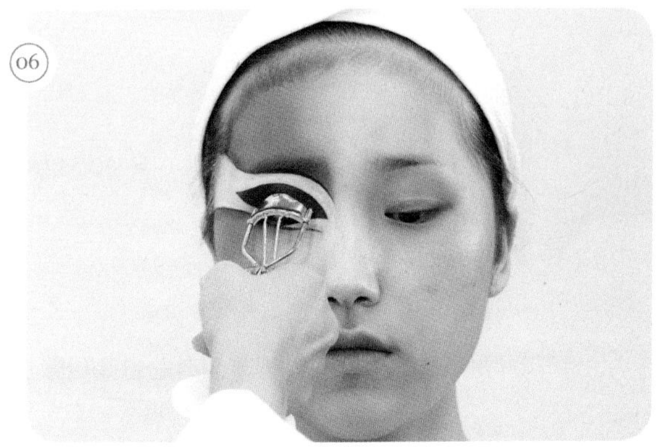

① 화이트 컬러를 이용하여 눈꺼풀라인 위쪽을 채워준다.
② 블랙 컬러를 이용하여 눈꺼풀라인, 언더라인의 트임을 표현한다.
③ 언더라인 아래의 빈 공간을 화이트로 채워준다.
④ 뷰러를 이용하여 속눈썹을 자연스럽게 컬링해 준다.

뷰러를 이용할 때 세 번 나누어 집어주면 더욱 자연스러운 컬링을 연출할 수 있다.

05 | 마스카라, 인조 속눈썹 붙이기

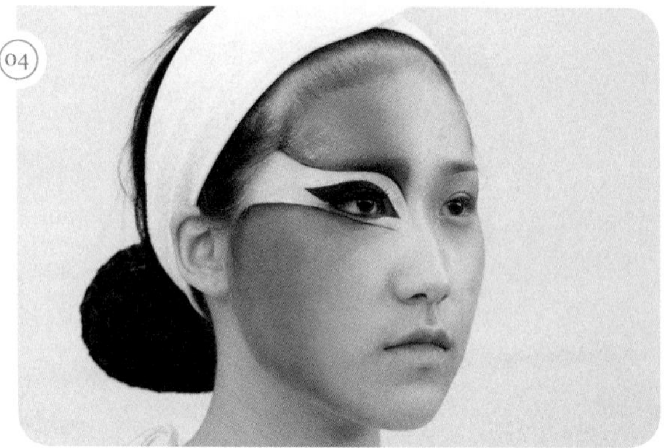

① 마스카라를 이용하여 속눈썹을 자연스럽게 표현해 준다.

- 마스카라를 이용할 때 마스카라 입구에서 양 조절을 하면 과한 사용을 방지할 수 있다.
- 모델에게 눈을 뜨고 아래방향으로 시선 처리를 하게 한 후 마스카라를 사용하면 바르기 쉽다.

② 인조 속눈썹의 길이는 모델의 아이라인 선에 맞춰 눈썹 길이를 조정한 후 붙여준다.

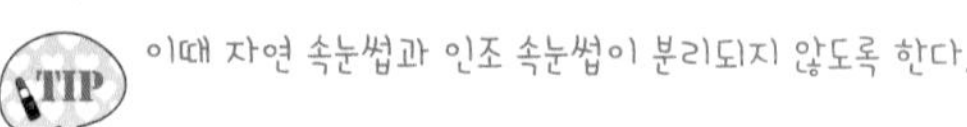

이때 자연 속눈썹과 인조 속눈썹이 분리되지 않도록 한다.

③ 도면과 같이 언더 속눈썹을 붙여준다.

- 언더 속눈썹 작업 시 속눈썹을 반대방향으로 잡아서 글루작업을 해 준 후 붙여준다.
- 언더 인조 속눈썹은 뒤쪽 2/3 정도 길이로 커팅 후 붙여준다.

06 | 레오파드 무늬

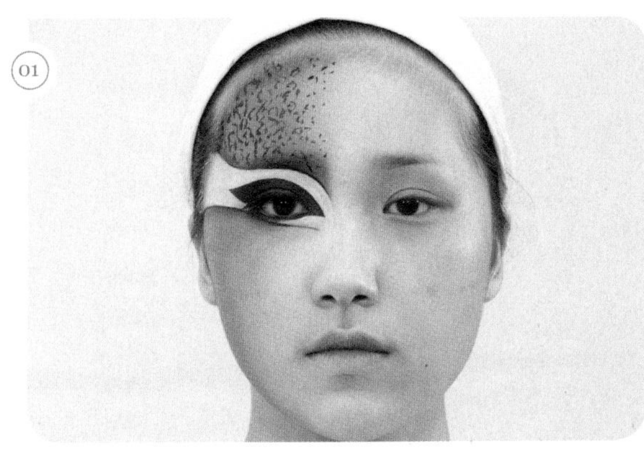

01

02

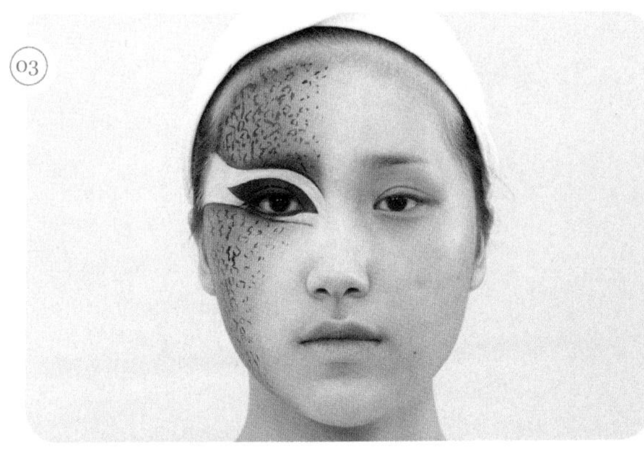

03

04

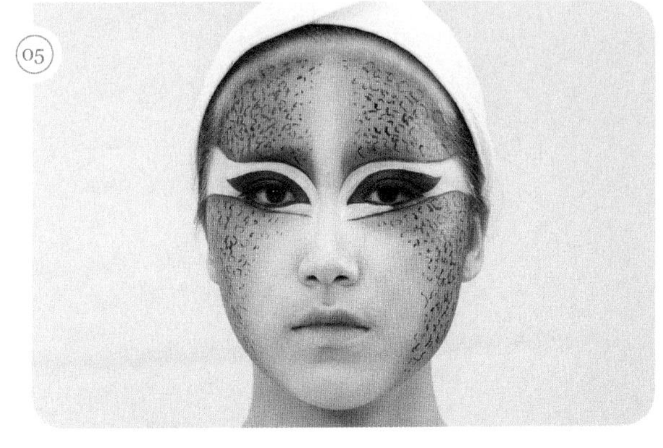

05

① 레오파드 무늬는 리퀴드 아이라이너(아쿠아 컬러, 블랙 펜슬)를 사용하여 그린다.

② 레오파드 무늬는 선명하고 점진적으로 표현한다.

③ 눈에 가까운 부분은 모양이 크고 진하게, 눈에서 멀어질수록 작은 모양으로 점진적으로 표현한다.

07 | 립

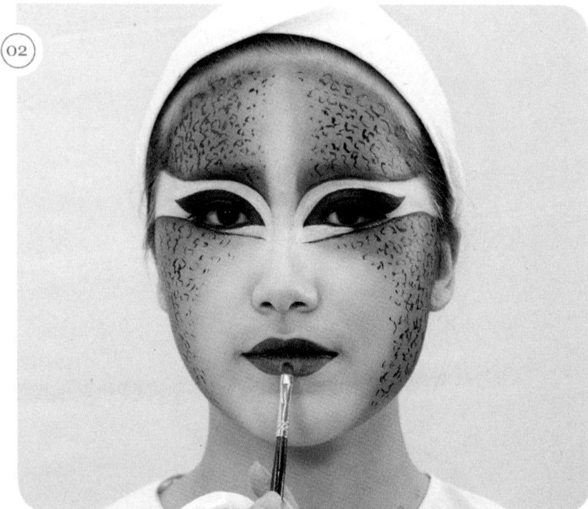

립은 버건디 레드 립 컬러를 이용해 구각을 강조한 인커브형태로 표현한다.

08 | 마무리

① 시술 시 사용한 도구는 모두 제자리에 정리한다.
② 작업대 위를 깨끗하게 정리 정돈한다.

시술이 끝난 후 위생봉지(쓰레기)를 정리한다.

09 | 완성

Before & After

Korean Dance Make-up

한국무용 메이크업

Check Point

- 핑크 파우더로 매트하게 마무리한다.
- 눈썹은 브라운색으로 시작하여 검은색으로 자연스럽게 연결되게 하며, 부드러운 곡선의 동양적인 눈썹을 표현한다.
- 연분홍색 아이섀도를 바르고 그러데이션한다.
- 마젠타색으로 눈꼬리와 언더라인에 상승형으로 포인트를 준다.
- 검은색 아이라이너로 아이라인을 그리고, 펜슬 또는 아이섀도로 언더라인을 그린다.
- 짙은 인조 속눈썹을 끝이 쳐지지 않게 상승형으로 붙인다.
- 핑크색으로 광대뼈를 감싸듯 화사하게 표현한다.
- 블랙 펜슬 또는 블랙 아이라이너를 이용해 귀밑머리를 그린다.
- 레드색의 립라이너를 이용해 립 안쪽으로 그러데이션하고, 핑크가 가미된 레드색의 립 컬러로 블렌딩한다.

일러두기

01 과제유형

베이스	눈 썹	눈	볼	입 술	배 점	시험시간
깨끗하게	• 브라운 • 블 랙 • 곡 선	• 연분홍 • 마젠타	핑 크	핑크색이 가미된 레드	25	50분

02 심사기준 및 감점요인

(1) 작업장 청결, 재료준비상태, 위생 및 소독 등의 사전준비자세
(2) 기본 및 숙련도 : 피부 베이스 들뜸없이 표현
(3) 기술력 : ① 양쪽 눈썹이 밸런스가 맞는지 여부
② 새도 그러데이션 여부
(4) 완성도 : 미작일 경우 실격 처리된다.

03 요구사항 및 수험자 유의사항

1 요구사항(제3과제)

※ 지참 재료 및 도구를 사용하여 다음의 요구사항에 따라 캐릭터 메이크업(한국무용)을 시험시간 내에 완성하시오.

① 과제를 수행하기 전 수험자의 손 및 도구류를 소독한 후 제시된 도면을 참고하여 캐릭터 메이크업(한국무용) 스타일을 연출하시오.
② 모델의 피부톤에 적합한 메이크업 베이스를 선택하여 얇고 고르게 펴 바르시오.
③ 모델의 피부톤에 맞춰 결점을 커버하고 파운데이션으로 깨끗하게 피부표현하시오.
④ 셰이딩과 하이라이트로 윤곽 수정 후 핑크 파우더로 매트하게 마무리하시오.
⑤ 눈썹은 브라운색으로 시작하여 검은색으로 자연스럽게 연결되도록 표현하며, 모델의 얼굴형을 고려하여 도면과 같이 부드러운 곡선의 동양적인 눈썹으로 표현하시오.
⑥ 눈썹 뼈에 흰색으로 하이라이트를 주어 입체감 있는 눈매를 연출하시오.
⑦ 연분홍색 아이섀도를 이용하여 눈두덩을 그러데이션하시오.
⑧ 눈꼬리 부분과 언더라인을 마젠타컬러로 포인트를 주고 도면과 같이 상승형으로 표현하시오.
⑨ 아이라인은 검은색 아이라이너를 사용하여 도면과 같이 그리고 언더라인은 펜슬 또는 아이섀도로 마무리하시오.
⑩ 뷰러를 이용하여 자연 속눈썹을 컬링하시오.
⑪ 마스카라 후 검은색의 짙은 인조 속눈썹을 사용하여 끝부분이 쳐지지 않도록 상승형으로 붙이시오.
⑫ 치크는 핑크색으로 광대뼈를 감싸듯 화사하게 표현하시오.
⑬ 레드색의 립라이너를 이용하여 립 안쪽으로 그러데이션하고 핑크가 기미된 레드색의 립 컬러로 블렌딩하시오.
⑭ 블랙 펜슬 또는 블랙 아이라이너를 이용하여 귀밑머리를 자연스럽게 그리시오.

2 수험자 유의사항

① 모델은 문신(눈썹, 아이라인, 입술 등), 속눈썹 연장 및 메이크업이 되어 있지 않은 상태이어야 한다.
② 스패튤러, 속눈썹 가위, 족집게, 눈썹칼 등의 도구류를 사용 전 소독제로 소독해야 한다.
③ 메이크업 베이스, 파운데이션을 펴 바를 때 스펀지 퍼프 또는 브러시를 사용하시오.
④ 아이섀도, 치크, 립 등의 표현 시 브러시 등 적합한 도구를 사용하시오.
⑤ 화장품은 요구사항이 지정된 제형 외에는 타입에 상관없이 자유롭게 사용하시오.

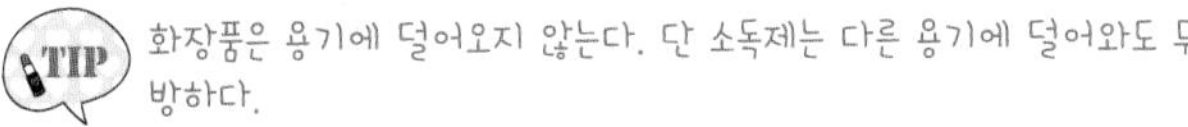
TIP 화장품은 용기에 덜어오지 않는다. 단 소독제는 다른 용기에 덜어와도 무방하다.

준비사항

01 | 수험자 및 모델의 복장

(1) 수험자 복장

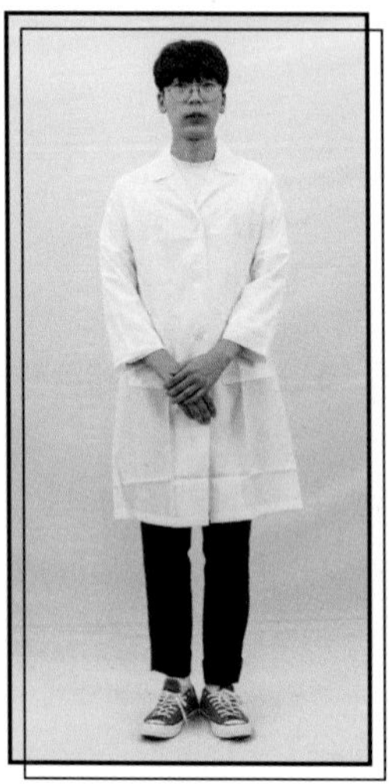

① **마스크(흰색) 착용**
② **상의** : 흰색 위생가운(반팔 또는 긴팔 가능, 일회용 가운 불가)
③ **하의** : 긴바지(색상, 소재 무관)

주의사항

- 눈에 보이는 표식[문신, 헤나, 컬러링(지정색 외)], 디자인, 손톱장식이 없어야 함
- 복장에 소속을 나타내는 표식이 없어야 함
- 액세서리 착용금지(반지, 팔찌, 시계, 목걸이, 귀걸이 등)
- 고정용품(머리핀, 머리망, 고무줄 등)은 검은색만 허용
- 스톱워치나 휴대전화 사용금지
- 재료 구별을 위한 스티커 부착금지

(2) 모델의 복장

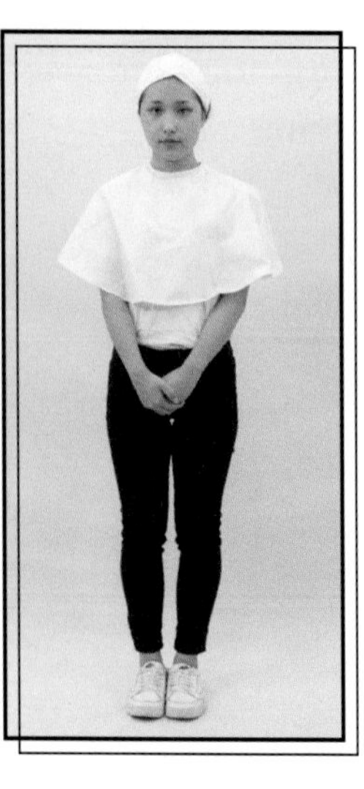

① **마스크(흰색) 착용**
② **상의** : 흰색 무지 상의(유색 무늬 불가, 소재 무관, 남방 및 니트류 허용, 아이보리색 등의 유색 불가)
③ **하의** : 긴바지(색상, 소재 무관)

※ 모델의 준비 상태가 부적합한 경우 감점 또는 0점 처리된다.

주의사항

- 눈에 보이는 표식[문신, 헤나, 컬러링(지정색 외)], 디자인, 손톱장식이 없어야 함
- 액세서리 착용금지(반지, 팔찌 시계, 목걸이, 귀걸이 등)
- 고정용품(머리핀, 머리망, 고무줄 등)은 검은색만 허용

02 | 도면 및 작업대 세팅

(1) 도구 및 재료

01	위생가운	16	아이브로 펜슬(에보니)
02	헤어밴드	17	인조 속눈썹
03	위생봉지	18	속눈썹 접착제(풀)
04	타월(흰색)	19	눈썹 칼
05	어깨보	20	눈썹 가위
06	탈지면 용기	21	브러시 세트
07	소독제	22	스펀지(퍼프)
08	화장솜(탈지면)	23	스패튤러
09	메이크업 베이스	24	분 첩
10	파운데이션	25	뷰 러
11	페이스 파우더	26	미용티슈
12	아이섀도 팔래트	27	물티슈
13	립 팔래트	28	면 봉
14	아이라이너	29	족집게
15	마스카라	30	클렌징 제품

(2) 사전준비

모든 세팅이 준비되어 있어야 한다.

과제 재료 세팅 시 감점 요인

- 과제가 시작되면 도구나 재료를 꺼낼 수 없으므로 흰 타월 안에 과제에 필요한 모든 재료를 세팅한다.
- 불필요한 도구가 세팅되어 있으면 안 되고 도구 및 재료는 바닥에 떨어뜨리지 않는다.

시술과정

01 | 소독 및 위생

(1) 수험자 손 소독하기

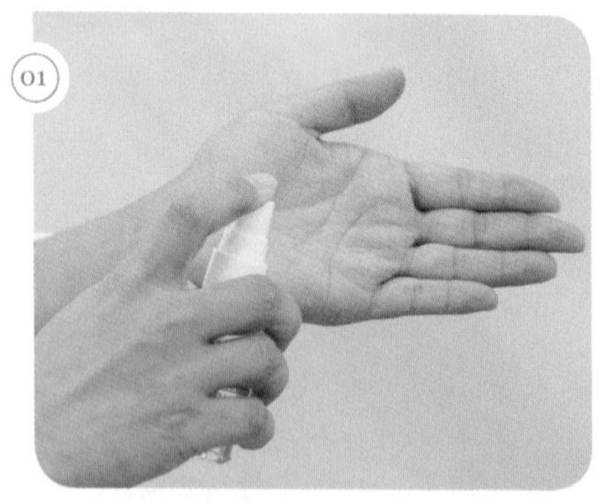

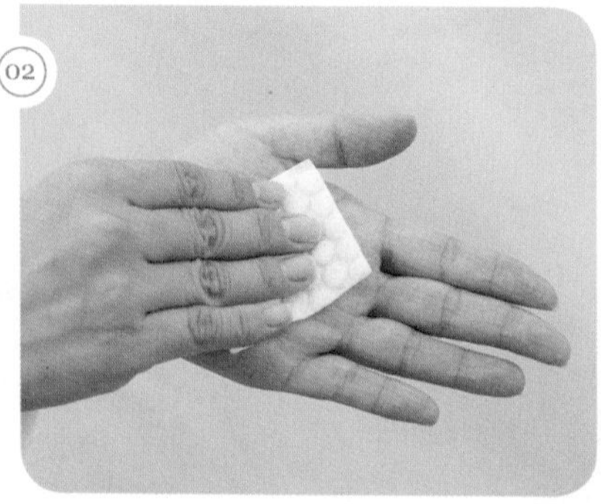

① 손 소독제 사용 : 손 소독제를 사용하여 수험자의 손을 전체적으로 소독한다.
② 화장솜으로 손 소독 : 화장솜을 사용해 손을 한 번 더 닦아 준다.

(2) 도구 소독하기

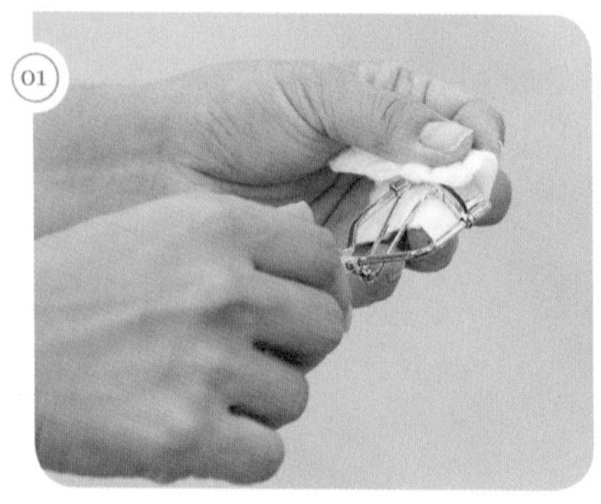

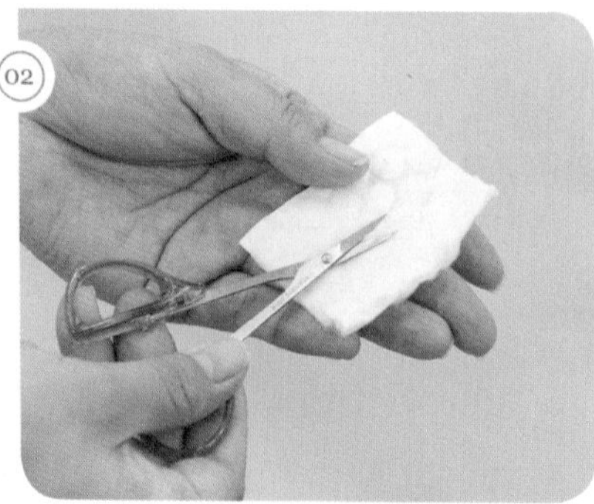

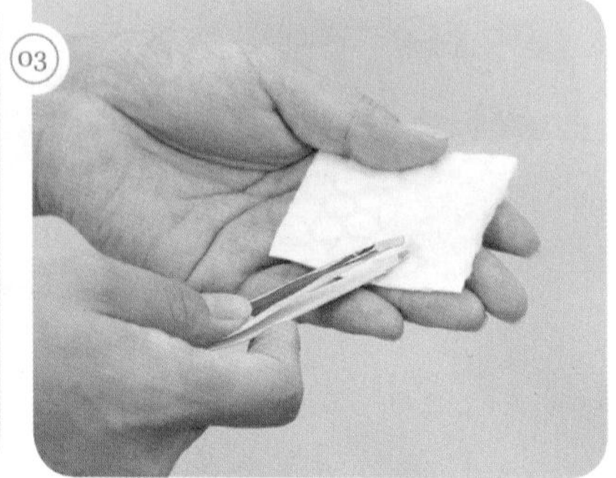

뷰러, 쪽가위, 족집게, 스패튤러, 눈썹칼 등을 소독해 준다.

02 | 베이스 메이크업

(1) 메이크업 베이스

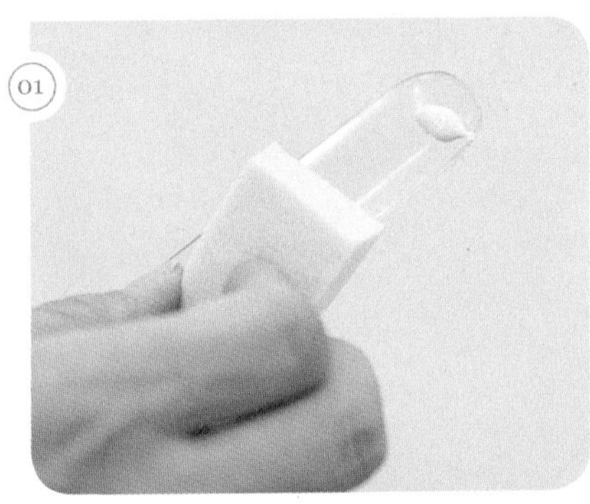
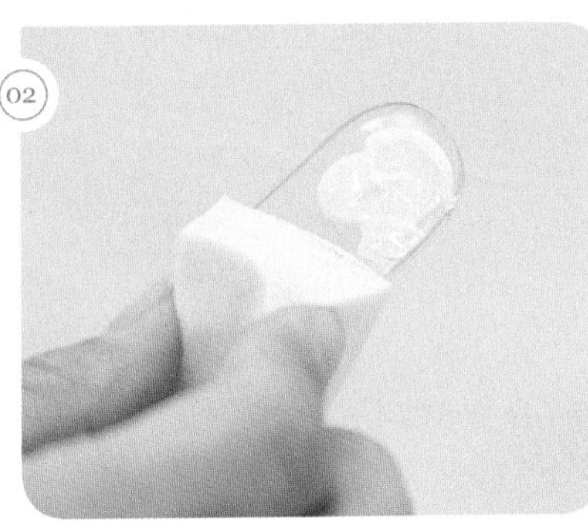
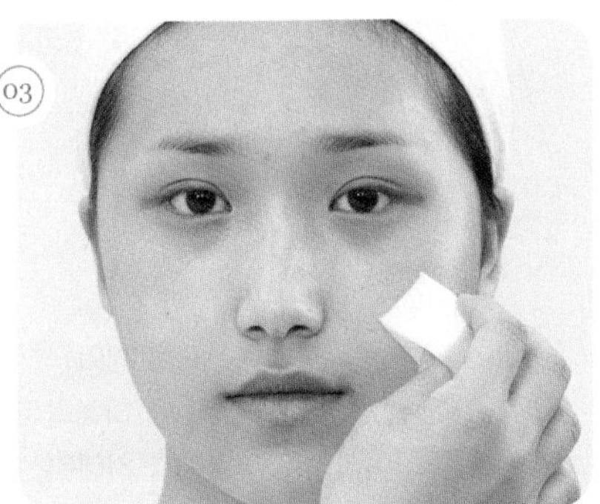

모델 피부톤에 적합한 메이크업 베이스를 선택하여 얇고 고르게 펴 바른다.

(2) 파운데이션, 컨실러

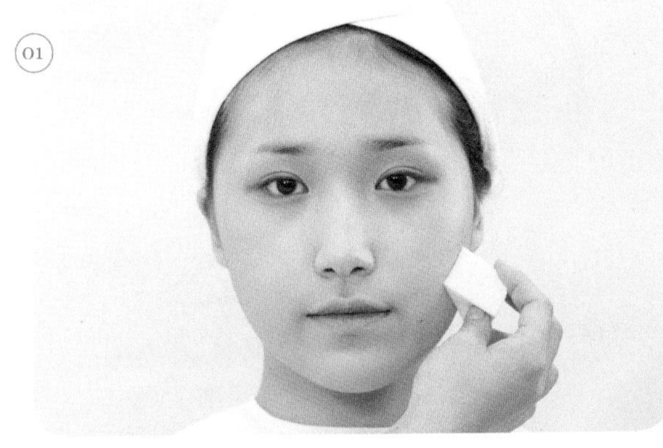
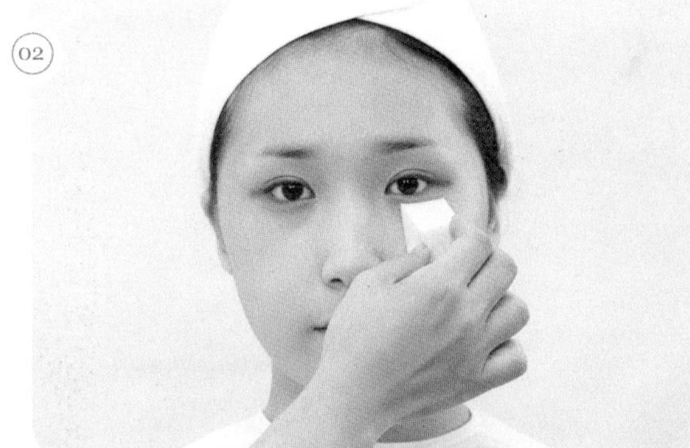

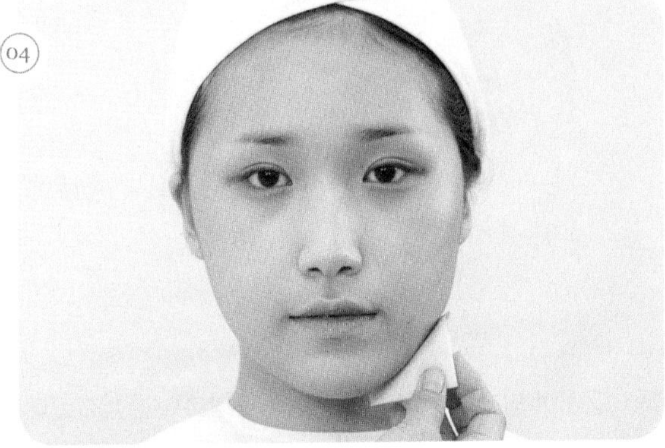

① 모델의 피부톤에 맞춰 결점을 커버하고 파운데이션으로 깨끗하게 피부를 표현한다.
② 피부톤보다 약간 밝은 컨실러를 이용하여 잡티, 다크서클, 입 주변, 코 등을 컨실러로 깨끗하게 정리한다.

(3) 셰이딩, 하이라이트

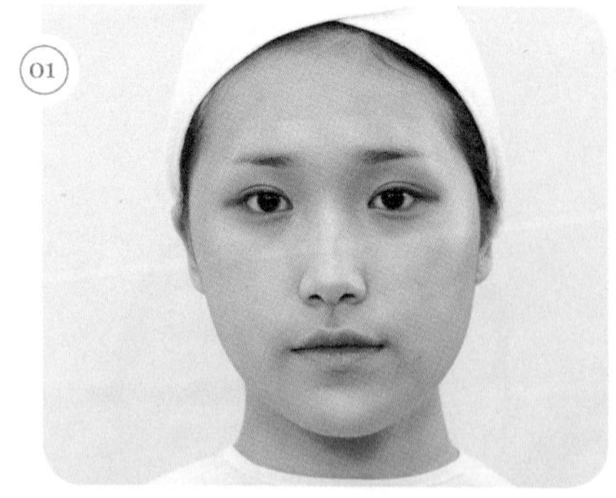

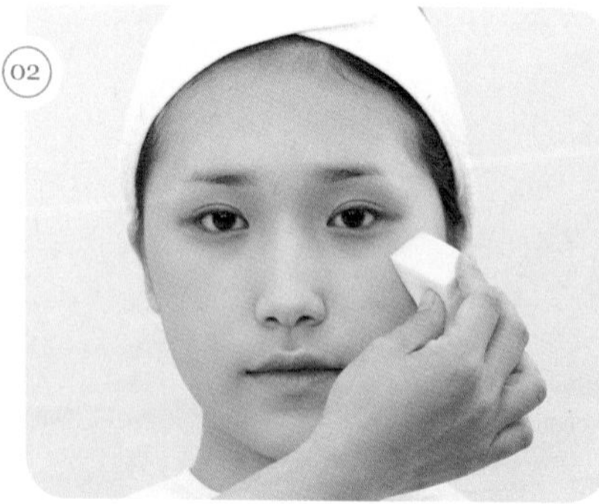

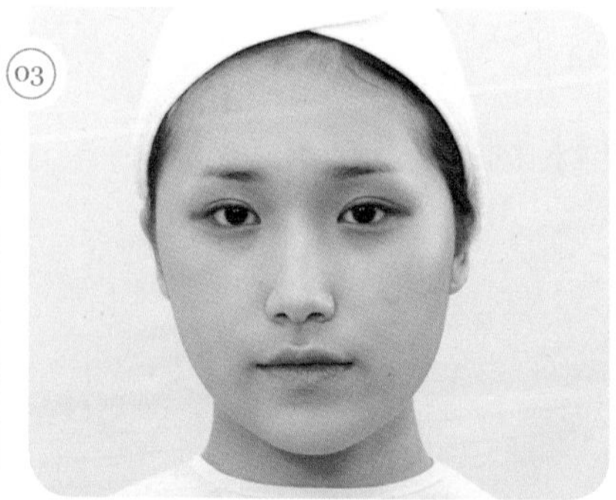

① 한톤 어두운 파운데이션으로 셰이딩한다.
② T존, 애플존, 팔자주름, 턱 등 하이라이트 부위를 체크한다.
③ 체크한 하이라이트 부분에 그러데이션을 해 준다.

(4) 파우더

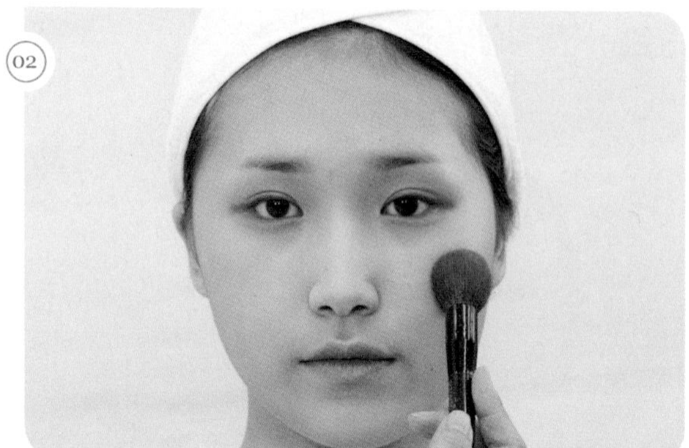

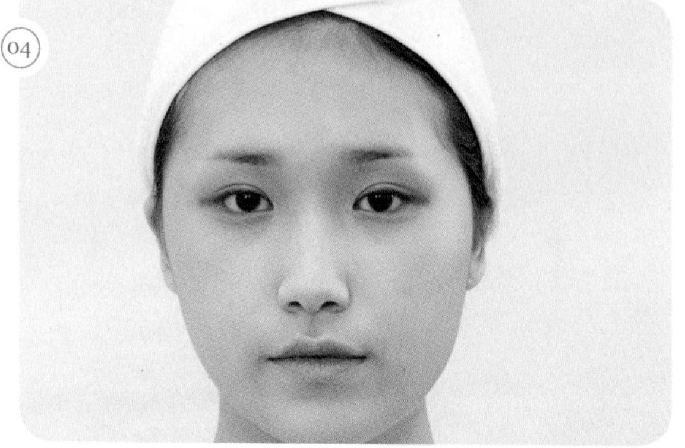

브러시를 이용하여 핑크 파우더를 얼굴 전체에 바르고 분첩으로 매트하게 마무리 해 준다.

TIP
- 브러시의 파우더 양은 분첩을 이용해 조절한다.
- 분첩을 이용할 시 볼, 이마 등 넓은 부분은 전체를 사용하고 면적이 작은 부위(눈 밑, 코 옆, 인중, 턱)는 분첩을 반으로 접어서 사용한다.

03 | 아이브로

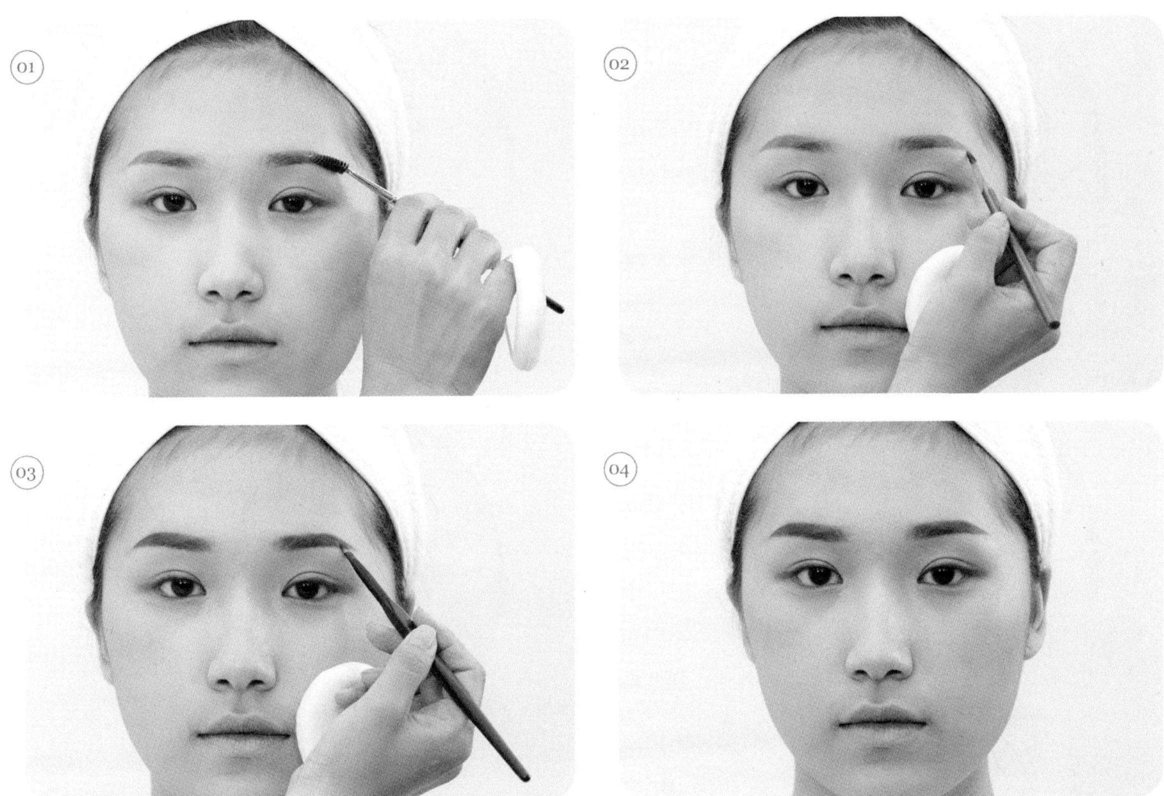

눈썹은 브라운으로 시작하여 검은색으로 자연스럽게 연결되도록 표현하며, 도면과 같이 부드러운 곡선의 동양적인 눈썹으로 표현한다.

- 스크루 브러시로 눈썹 결을 정리한 후 에보니 펜슬로 베이스를 그리고 사선브러시로 색을 입힌다.
- 스크루 브러시는 눈썹 결 정리뿐만 아니라 눈썹 수정에도 도움을 준다.
- 일반적으로 자연 눈썹은 대칭이 아닌 경우가 많으므로 눈썹 앞머리의 높이를 주의해서 그려야 한다.

04 | 코 셰이딩, 하이라이트

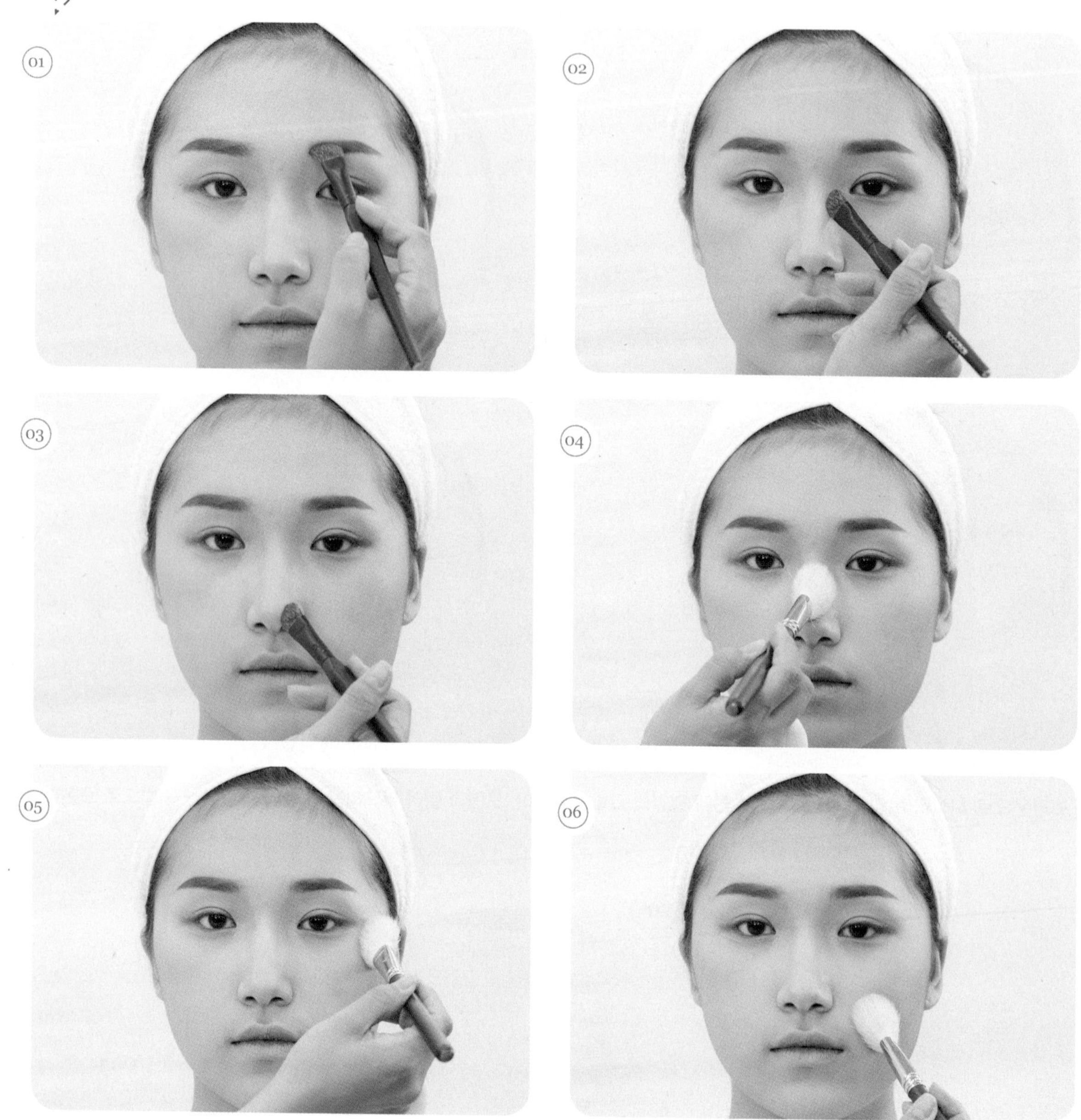

① 노즈 브러시로 브라운색 섀도를 눈썹 앞머리에서 콧방울 끝까지 쓸어서 발라 입체감을 더해 준다.

TIP 노즈 브러시로 눈썹을 한번 쓸어준 뒤 콧대와 이어주면 더욱 자연스럽게 연출할 수 있다.

② 하이라이트는 밝은색 파우더를 이용하여 T존, 애플존, 팔자주름, 턱에 펴 발라 준다.

05 | 아이섀도

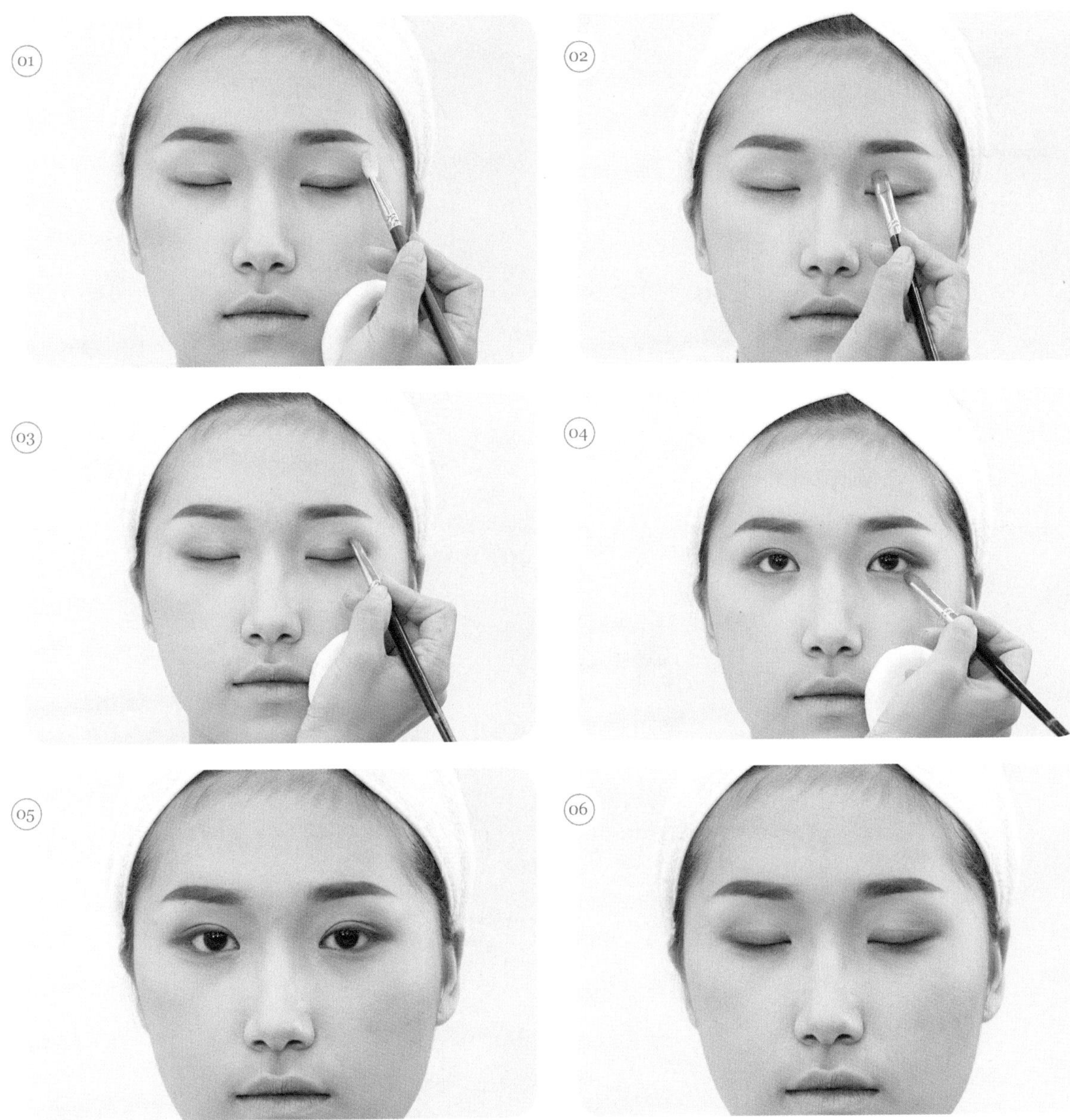

① 눈썹 뼈 부분에 흰색 하이라이트를 바른다.
② 연분홍색 아이섀도를 이용하여 눈두덩이를 그러데이션한다.
③ 눈꼬리 부분에 마젠타색으로 포인트를 주고 도면과 같이 상승형으로 표현한다.
④ 언더라인에도 마젠타색으로 포인트를 준다.

06 | 아이라인, 속눈썹 컬링

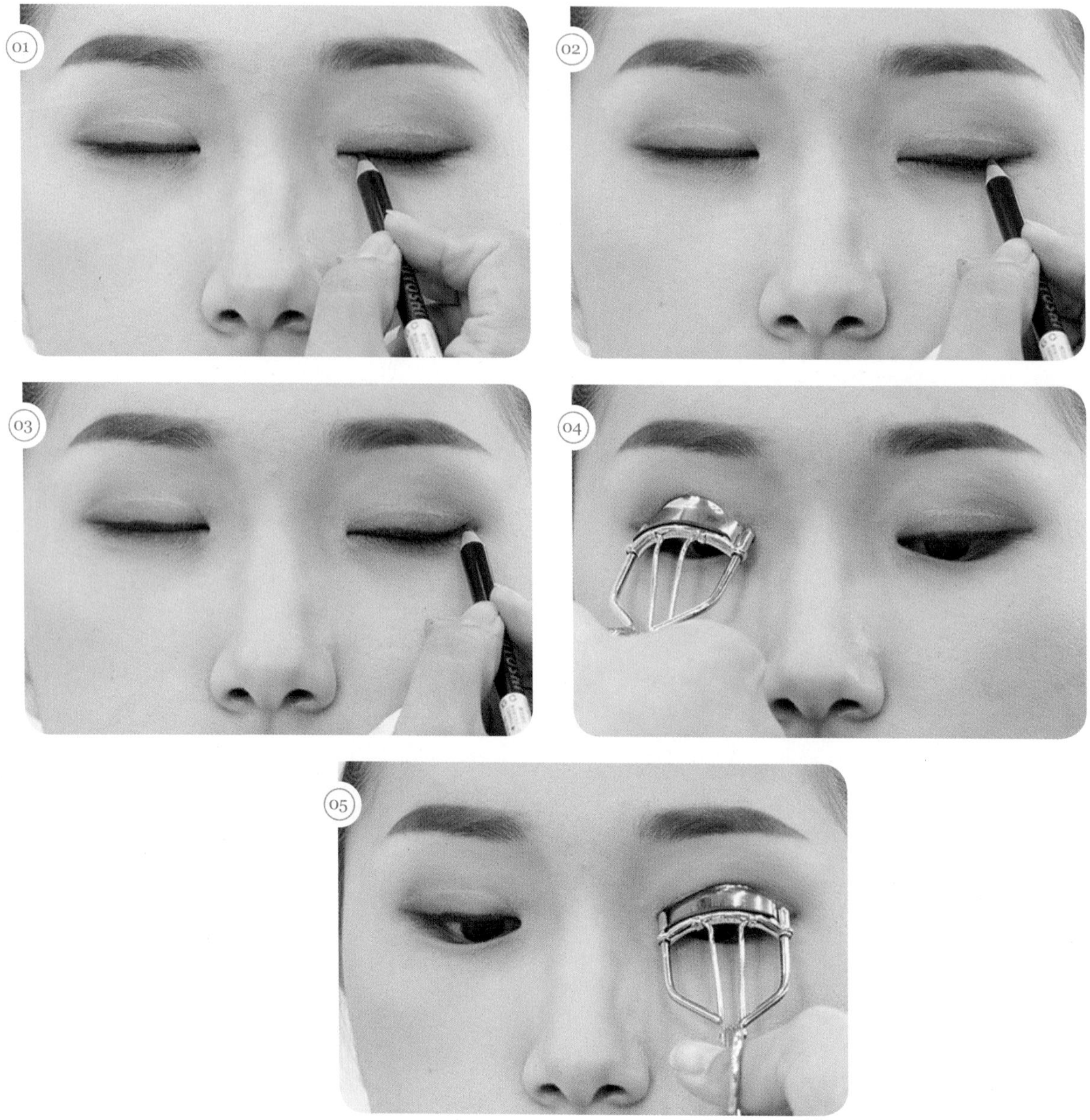

① 아이라인은 아이라이너를 이용하여 눈썹 사이사이를 메꾸어 선명하게 그린다.
② 뷰러를 이용하여 속눈썹을 자연스럽게 컬링해 준다.

TIP

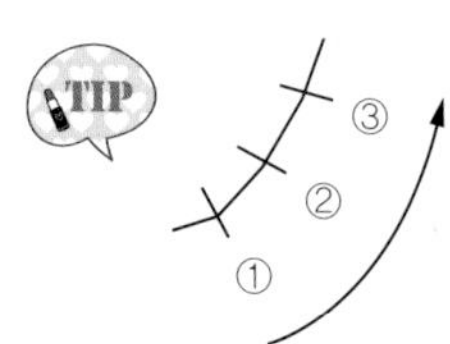

3번의 컬링으로 자연스럽게 집어준다.

07 | 마스카라, 인조 속눈썹 붙이기

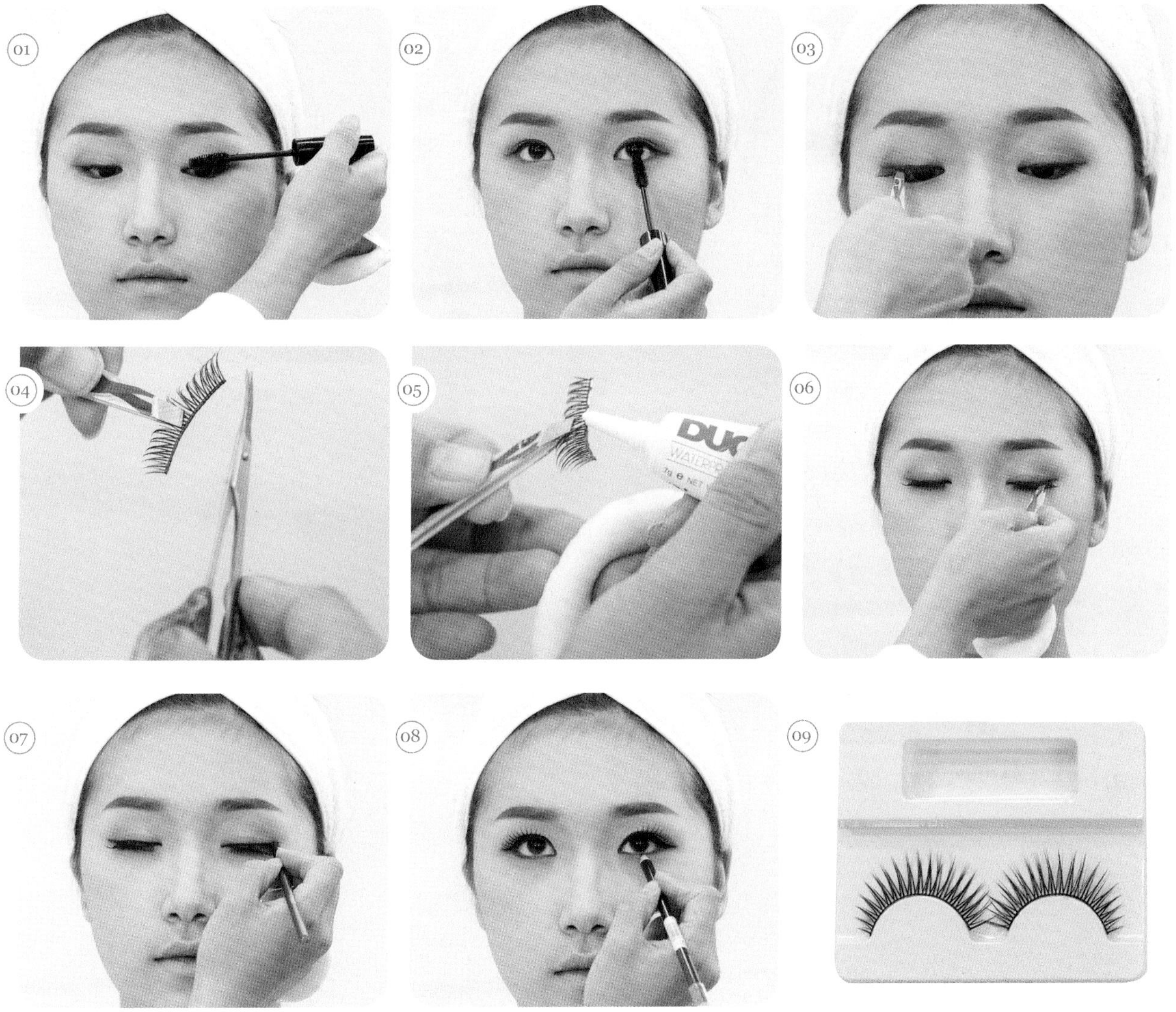

01 02 03

04 05 06

07 08 09

① 마스카라를 이용하여 속눈썹을 자연스럽게 표현해 준다.

TIP
- 마스카라를 이용할 때 마스카라 입구에서 양 조절을 하면 과한 사용을 방지할 수 있다.
- 모델에게 눈을 뜨고 아래방향으로 시선 처리를 하게 한 후 마스카라를 사용하면 바르기 쉽다.

② 인조 속눈썹의 길이는 모델의 아이라인 선에 맞춰 눈썹 길이를 조정한 후 붙여준다.

TIP
이때 자연 속눈썹과 인조 속눈썹이 분리되지 않도록 한다.

③ 인조 속눈썹을 붙인 후 아이라인을 그려주고 언더 아이라인도 블랙색상의 펜슬로 그려준다.

08 | 치크

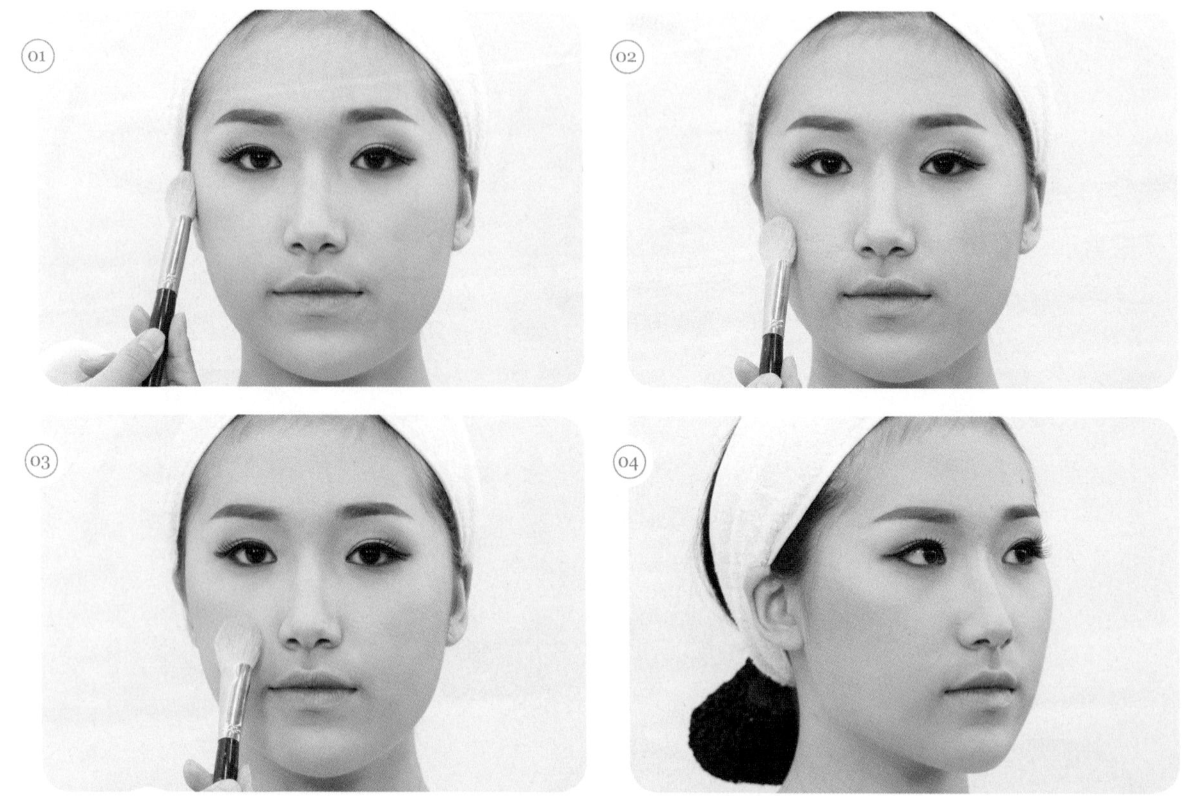

치크는 핑크색으로 광대뼈를 감싸듯 화사하게 표현한다.

09 | 립

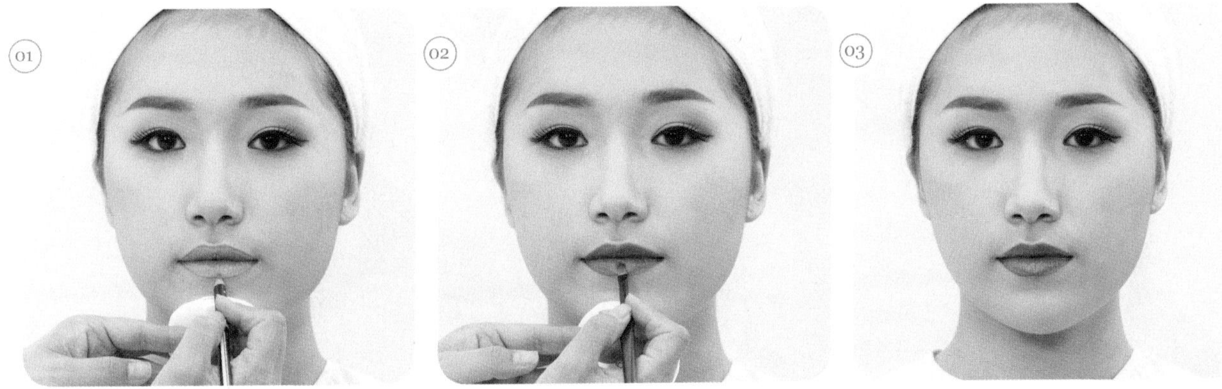
01 02 03

① 립은 레드색 립라이너를 이용하여 립 안쪽으로 그러데이션한다.
② 핑크가 기미된 레드색의 립 컬러로 안을 채워 립라인과 그러데이션을 해 준다.

10 | 셰이딩

01 02 03

셰이딩은 브라운색 섀도를 이용하여 페이스라인을 쓸어주듯 펴 바르고 치크 부분을 한 번 더 지나가 준다.

11 | 귀밑머리 그리기

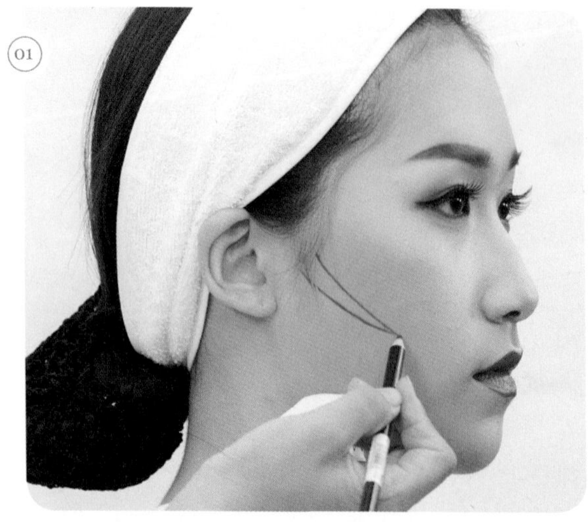
01

02

블랙 펜슬 또는 블랙 아이라이너를 이용하여 귀밑머리를 자연스럽게 그린다.

양쪽이 맞도록 밸런스를 맞춰 준다.

12 | 마무리

① 시술 시 사용한 도구는 모두 제자리에 정리한다.
② 작업대 위를 깨끗하게 정리 정돈한다.

시술이 끝난 후 위생봉지(쓰레기)를 정리한다.

13 | 완성

Ballet Make-up

발레 메이크업

Check Point

- 핑크 파우더로 매트하게 마무리한다.
- 눈썹은 다크브라운색으로 시작하여 검은색으로 자연스럽게 연결되게 하며, 갈매기형으로 그린다.
- 핑크와 퍼플색을 이용하여 그러데이션하고, 홀의 안쪽은 흰색을 채운다.
- 속눈썹 라인을 따라 아쿠아 블루색으로 포인트를 주고, 언더라인에도 눈과 일정한 간격을 두고 그린 후 흰색을 넣어 눈이 커 보이도록 표현한다.
- 검은색 아이라이너로 아이라인과 언더라인을 길게 그린다.
- 짙은 인조 속눈썹을 끝이 쳐지지 않게 상승형으로 붙인다.
- 핑크색으로 광대뼈를 감싸듯 화사하게 표현한다.
- 로즈색의 립라이너를 이용하여 립 안쪽으로 그러데이션하고, 핑크색 립 컬러로 블렌딩한다.

일러두기

01 과제유형

베이스	눈 썹	눈	볼	입 술	배 점	시험시간
깨끗하게	• 다크 브라운 • 블 랙 • 갈매기	• 핑 크 • 퍼 플 • 아쿠아 블루	핑 크	• 로 즈 • 핑 크	25	50분

02 심사기준 및 감점요인

(1) 작업장 청결, 재료준비상태, 위생 및 소독 등의 사전준비자세

(2) 기본 및 숙련도 : 피부 베이스 들뜸없이 표현

(3) 기술력 : ① 양쪽 눈썹이 밸런스가 맞는지 여부
② 섀도 그러데이션 여부

(4) 완성도 : 미작일 경우 실격 처리된다.

03 요구사항 및 수험자 유의사항

1 요구사항(제3과제)

※ 지참 재료 및 도구를 사용하여 다음의 요구사항에 따라 캐릭터 메이크업(발레)을 시험시간 내에 완성하시오.

① 과제를 수행하기 전 수험자의 손 및 도구류를 소독한 후 제시된 도면을 참고하여 캐릭터 메이크업(발레) 스타일을 연출하시오.

② 모델의 피부톤에 적합한 메이크업 베이스를 선택하여 얇고 고르게 펴 바르시오.

③ 모델의 피부톤에 맞춰 결점을 커버하고 파운데이션으로 깨끗하게 피부표현하시오.

④ 셰이딩과 하이라이트로 윤곽 수정 후 핑크 파우더로 매트하게 마무리하시오.

⑤ 눈썹은 다크 브라운색으로 시작하여 블랙으로 자연스럽게 연결되도록 표현하며, 모델의 얼굴형을 고려하여 갈매기 형태로 그리시오.

⑥ 눈썹 뼈에 흰색으로 하이라이트를 주어 입체감 있는 눈매를 연출하시오.

⑦ 아이홀은 핑크와 퍼플컬러를 이용하여 그러데이션하고 홀의 안쪽은 흰색으로 채워 표현하시오.

⑧ 속눈썹라인을 따라서 아쿠아 블루색으로 포인트를 주고, 언더라인도 같은 색으로 눈과 일정한 간격을 두고 그린 후 흰색을 넣어 눈이 커 보이도록 표현하시오.

⑨ 검은색 아이라이너를 사용하여 도면과 같이 아이라인과 언더라인을 길게 그리시오.

⑩ 뷰러를 이용하여 자연 속눈썹을 컬링하시오.

⑪ 마스카라 후 검은색의 짙은 인조 속눈썹을 사용하여 끝부분이 쳐지지 않도록 상승형으로 붙이시오.

⑫ 치크는 핑크색으로 광대뼈를 감싸듯 화사하게 표현하시오.

⑬ 로즈컬러의 립라이너를 이용하여 립 안쪽으로 그러데이션하고 핑크색 립 컬러로 블렌딩하시오.

2 수험자 유의사항

① 모델은 문신(눈썹, 아이라인, 입술 등), 속눈썹 연장 및 메이크업이 되어 있지 않은 상태이어야 한다.

② 스패튤러, 속눈썹 가위, 족집게, 눈썹칼 등의 도구류를 사용 전 소독제로 소독해야 한다.

③ 메이크업 베이스, 파운데이션을 펴 바를 때 스펀지 퍼프 또는 브러시를 사용하시오.

④ 아이섀도, 치크, 립 등의 표현 시 브러시 등 적합한 도구를 사용하시오.

⑤ 화장품은 요구사항이 지정된 제형 외에는 타입에 상관없이 자유롭게 사용하시오.

화장품은 용기에 덜어오지 않는다. 단 소독제는 다른 용기에 덜어와도 무방하다.

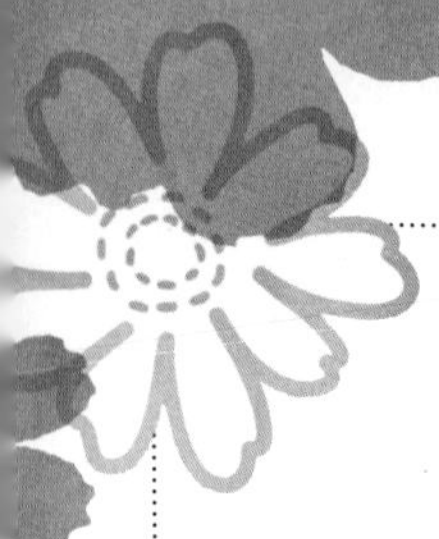

준비사항

01 | 수험자 및 모델의 복장

(1) 수험자 복장

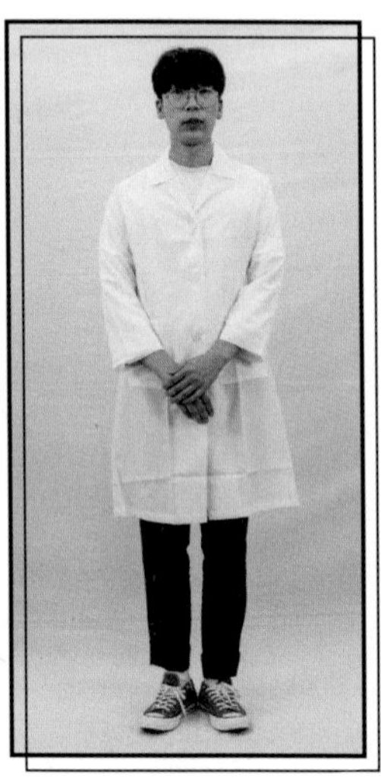

① **마스크(흰색) 착용**

② **상의** : 흰색 위생가운(반팔 또는 긴팔 가능, 일회용 가운 불가)

③ **하의** : 긴바지(색상, 소재 무관)

주의사항

- 눈에 보이는 표식[문신, 헤나, 컬러링(지정색 외)], 디자인, 손톱장식이 없어야 함
- 복장에 소속을 나타내는 표식이 없어야 함
- 액세서리 착용금지(반지, 팔찌, 시계, 목걸이, 귀걸이 등)
- 고정용품(머리핀, 머리망, 고무줄 등)은 검은색만 허용
- 스톱워치나 휴대전화 사용금지
- 재료 구별을 위한 스티커 부착금지

(2) 모델의 복장

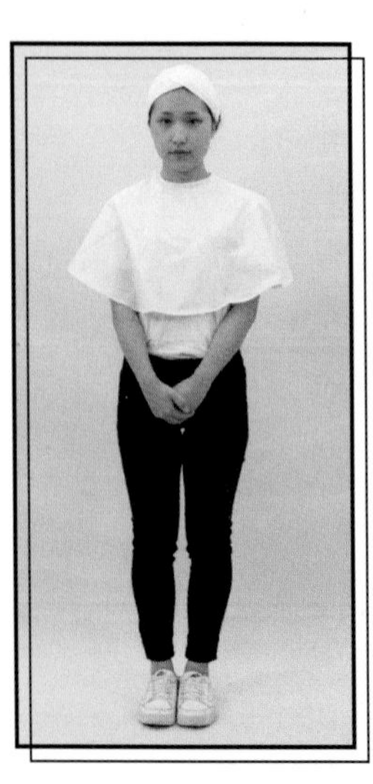

① **마스크(흰색) 착용**

② **상의** : 흰색 무지 상의(유색 무늬 불가, 소재 무관, 남방 및 니트류 허용, 아이보리색 등의 유색 불가)

③ **하의** : 긴바지(색상, 소재 무관)

※ 모델의 준비 상태가 부적합한 경우 감점 또는 0점 처리된다.

주의사항

- 눈에 보이는 표식[문신, 헤나, 컬러링(지정색 외)], 디자인, 손톱장식이 없어야 함
- 액세서리 착용금지(반지, 팔찌 시계, 목걸이, 귀걸이 등)
- 고정용품(머리핀, 머리망, 고무줄 등)은 검은색만 허용

02 | 도면 및 작업대 세팅

(1) 도구 및 재료

01	위생가운	16	아이브로 펜슬(에보니)
02	헤어밴드	17	인조 속눈썹
03	위생봉지	18	속눈썹 접착제(풀)
04	타월(흰색)	19	눈썹 칼
05	어깨보	20	눈썹 가위
06	탈지면 용기	21	브러시 세트
07	소독제	22	스펀지(퍼프)
08	화장솜(탈지면)	23	스패튤러
09	메이크업 베이스	24	분 첩
10	파운데이션	25	뷰 러
11	페이스 파우더	26	미용티슈
12	아이섀도 팔래트	27	물티슈
13	립 팔래트	28	면 봉
14	아이라이너	29	족집게
15	마스카라	30	클렌징 제품

(2) 사전준비

모든 세팅이 준비되어 있어야 한다.

과제 재료 세팅 시 감점 요인

- 과제가 시작되면 도구나 재료를 꺼낼 수 없으므로 흰 타월 안에 과제에 필요한 모든 재료를 세팅한다.
- 불필요한 도구가 세팅되어 있으면 안 되고 도구 및 재료는 바닥에 떨어뜨리지 않는다.

시술과정

01 | 소독 및 위생

(1) 수험자 손 소독하기

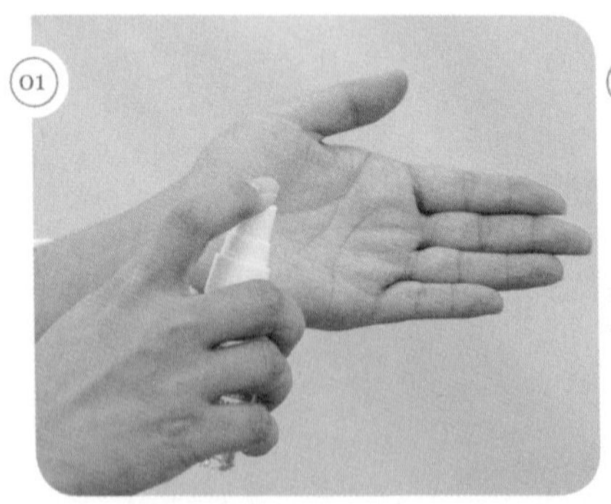

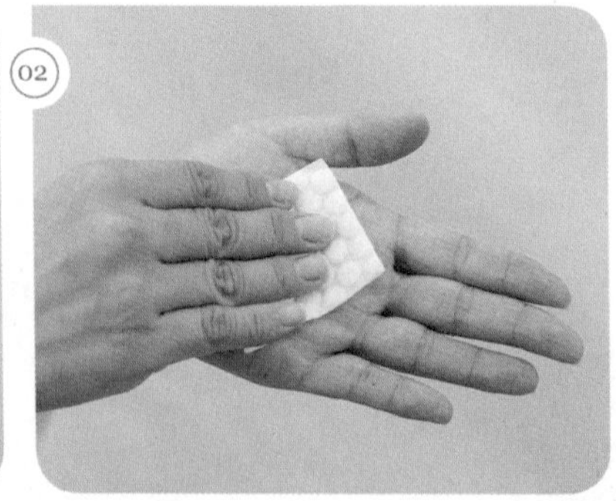

① 손 소독제 사용 : 손 소독제를 사용하여 수험자의 손을 전체적으로 소독한다.

② 화장솜으로 손 소독 : 화장솜을 사용해 손을 한 번 더 닦아 준다.

(2) 도구 소독하기

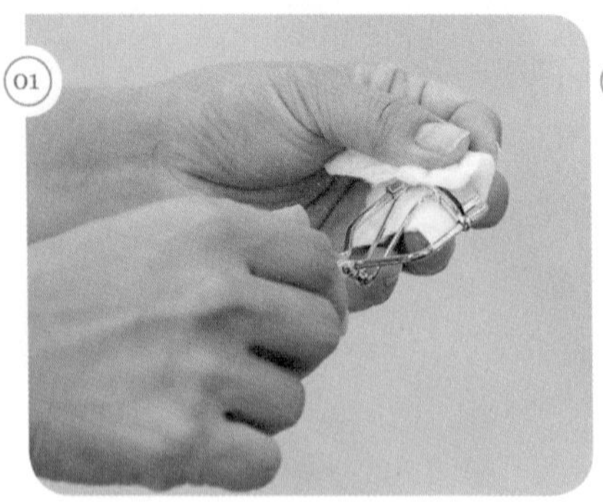

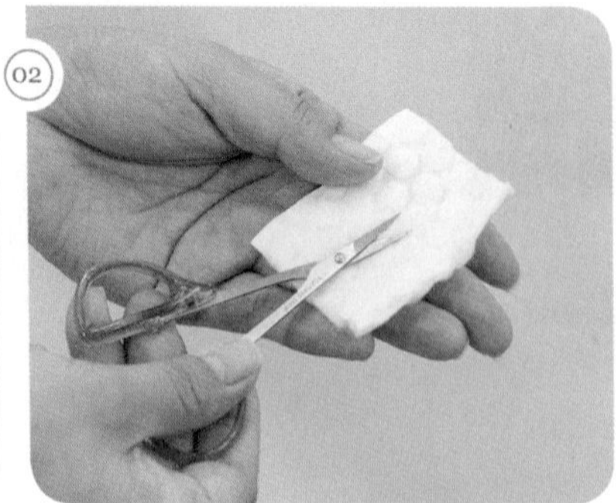

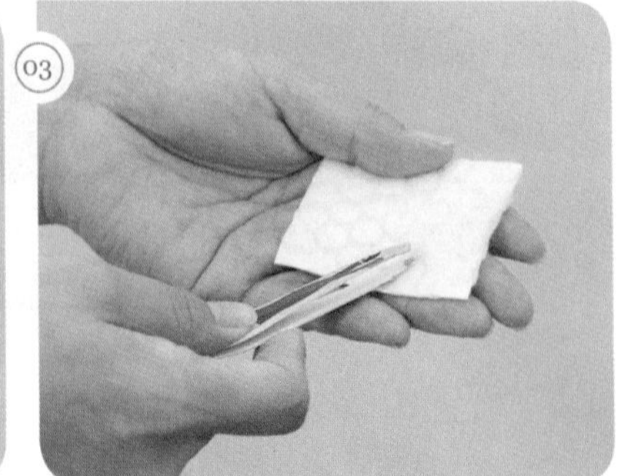

뷰러, 쪽가위, 족집게, 스패튤러, 눈썹칼 등을 소독해 준다.

02 | 베이스 메이크업

(1) 메이크업 베이스

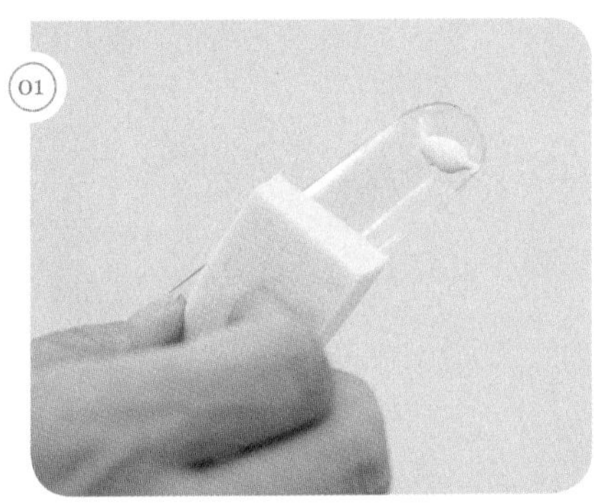

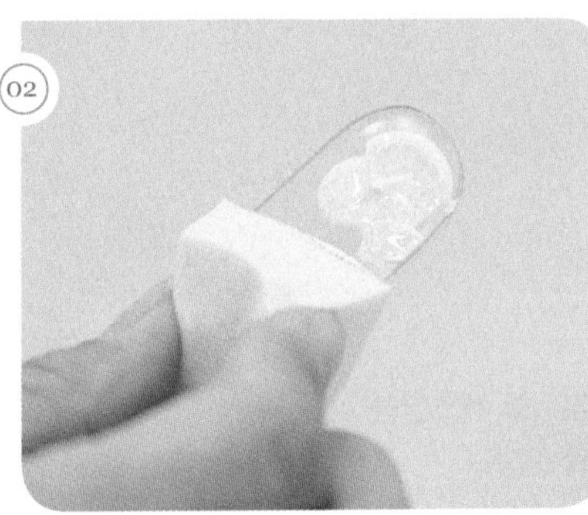

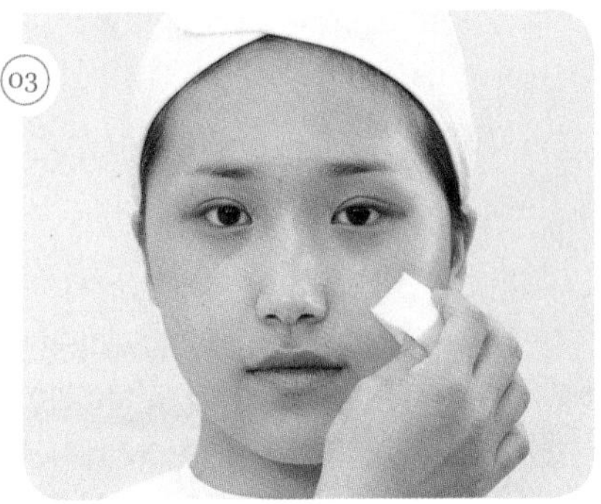

모델 피부톤에 적합한 메이크업 베이스를 선택하여 얇고 고르게 펴 바른다.

(2) 파운데이션, 컨실러

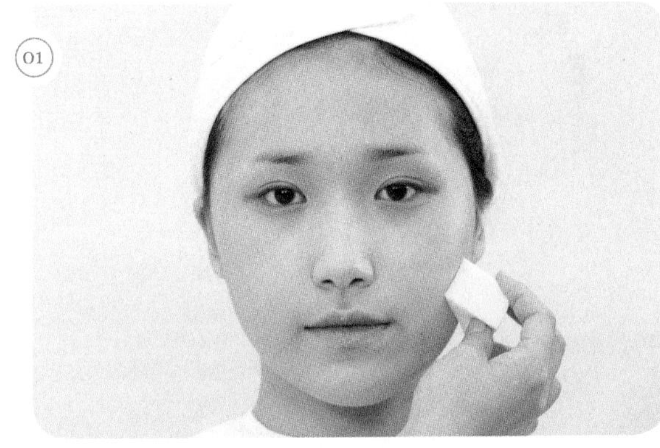

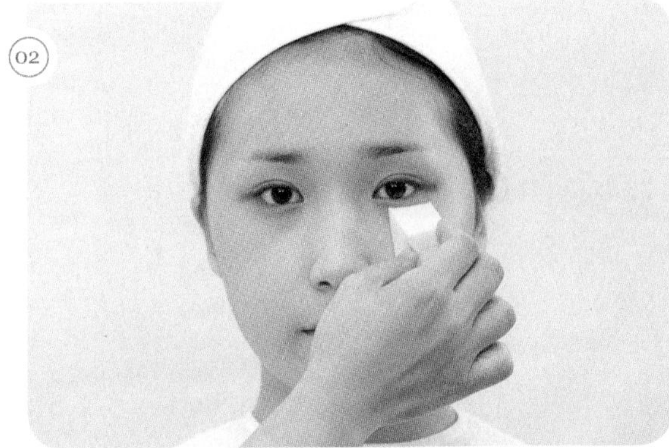

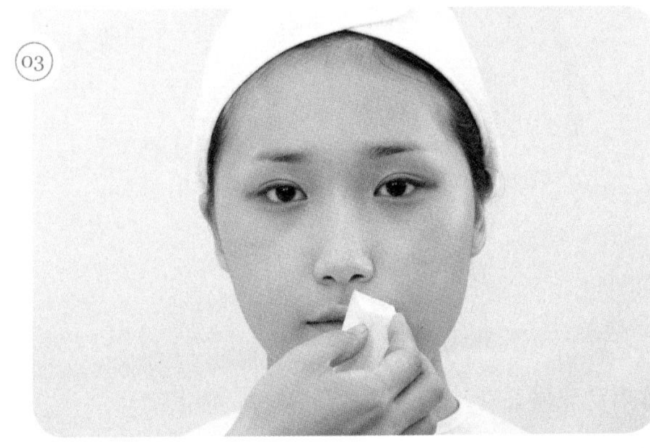

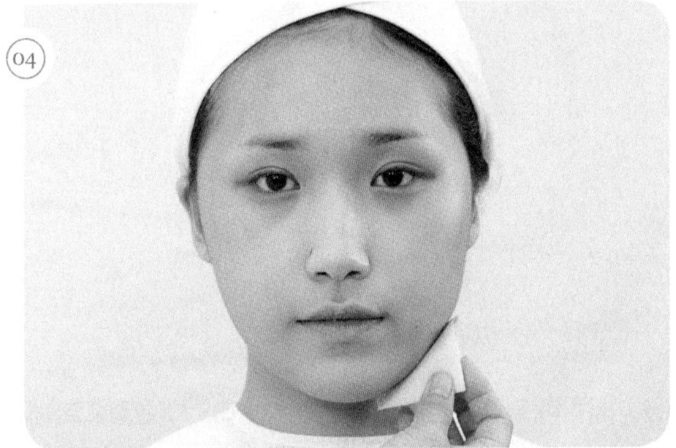

① 모델의 피부톤에 맞춰 결점을 커버하고 파운데이션으로 깨끗하게 피부를 표현한다.
② 피부톤보다 약간 밝은 컨실러를 이용하여 잡티, 다크서클, 입 주변, 코 등을 컨실러로 깨끗하게 정리한다.

(3) 셰이딩, 하이라이트

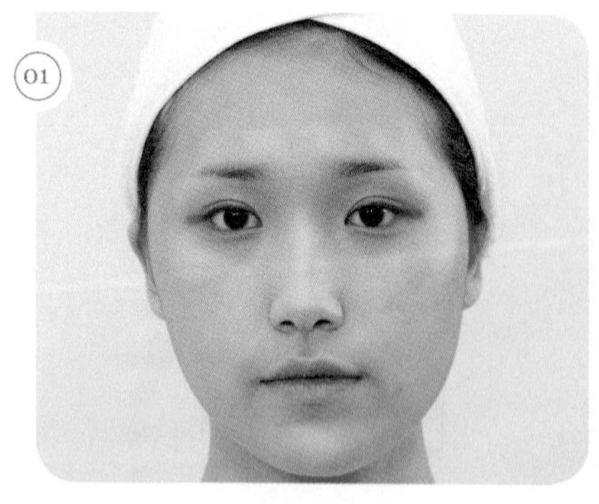

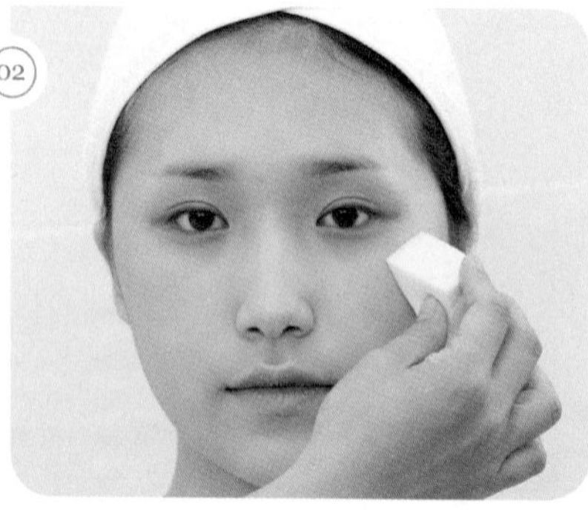

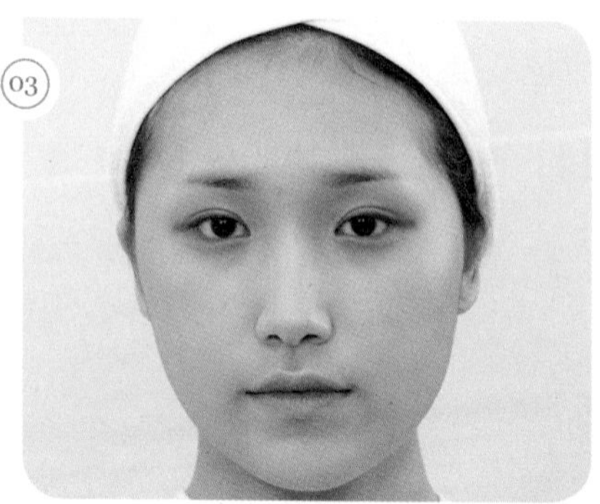

① 한톤 어두운 파운데이션으로 셰이딩한다.
② T존, 애플존, 팔자주름, 턱 등 하이라이트 부위를 체크한다.
③ 체크한 하이라이트 부분에 그러데이션을 해 준다.

(4) 파우더

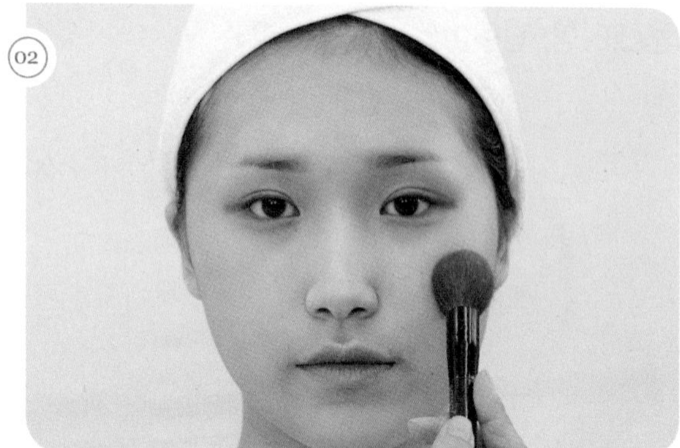

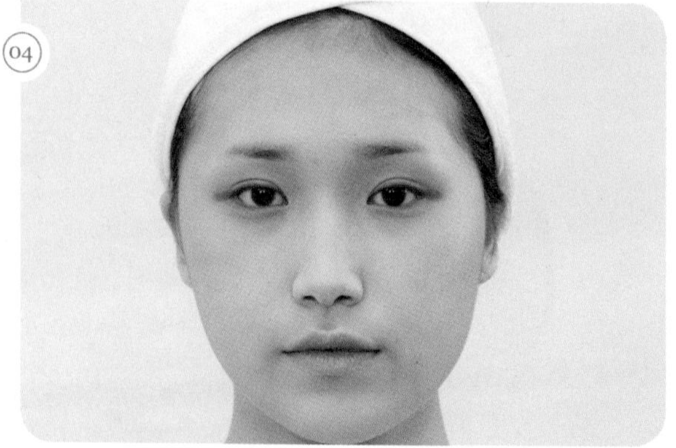

브러시를 이용하여 핑크 파우더를 얼굴 전체에 바르고 분첩으로 매트하게 마무리 해 준다.

- 브러시의 파우더 양은 분첩을 이용해 조절한다.
- 분첩을 이용할 시 볼, 이마 등 넓은 부분은 전체를 사용하고 면적이 작은 부위(눈 밑, 코 옆, 인중, 턱)는 분첩을 반으로 접어서 사용한다.

03 | 아이브로

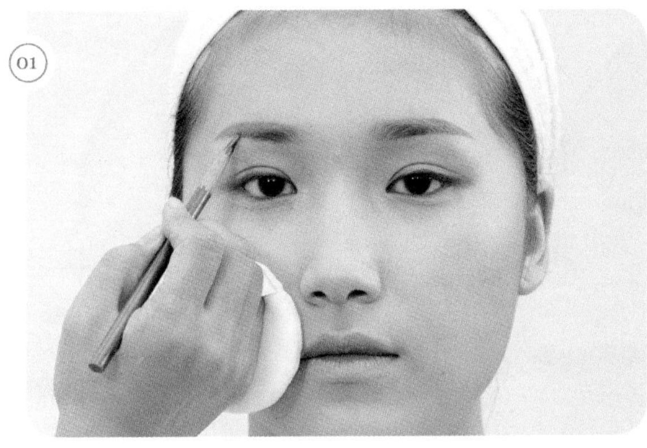
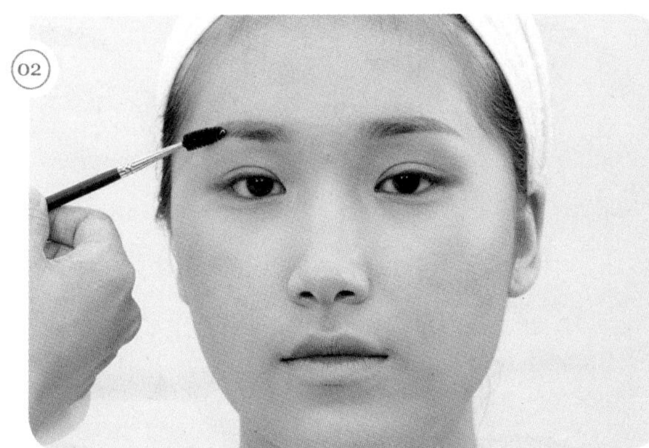
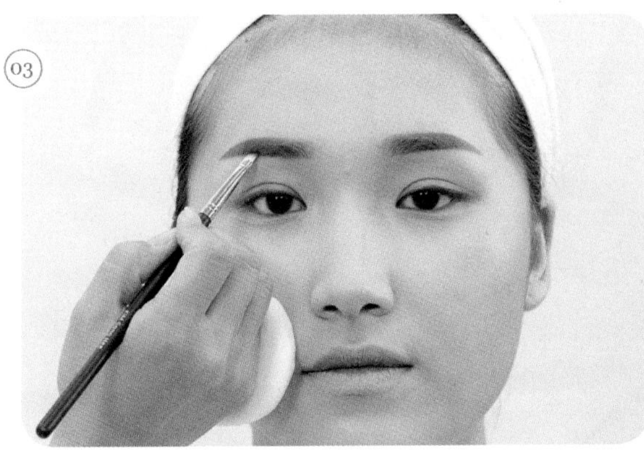
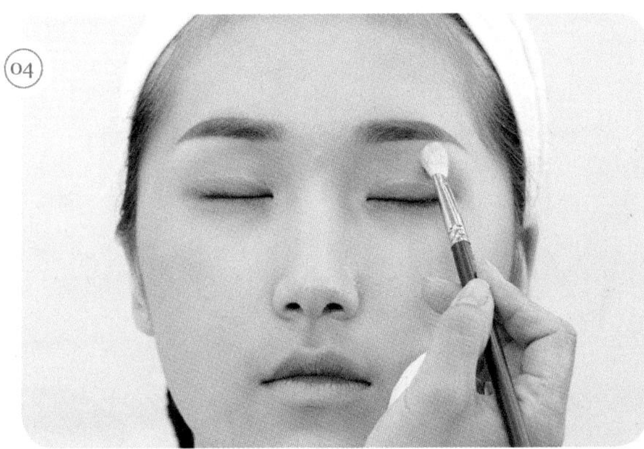

① 눈썹은 다크 브라운으로 시작하여 블랙으로 자연스럽게 연결되도록 표현하며, 모델의 얼굴형을 고려하여 갈매기 형태로 그려준다.
② 화이트 베이지 섀도로 눈썹 뼈 밑 하이라이트를 해 준다.

- 스크루 브러시로 눈썹 결을 정리한 후 에보니 펜슬로 베이스를 그리고 사선브러시로 색을 입힌다.
- 스크루 브러시는 눈썹 결 정리뿐만 아니라 눈썹 수정에도 도움을 준다.
- 일반적으로 자연 눈썹은 대칭이 아닌 경우가 많으므로 눈썹 앞머리의 높이를 주의해서 그려야 한다.

04 | 아이섀도

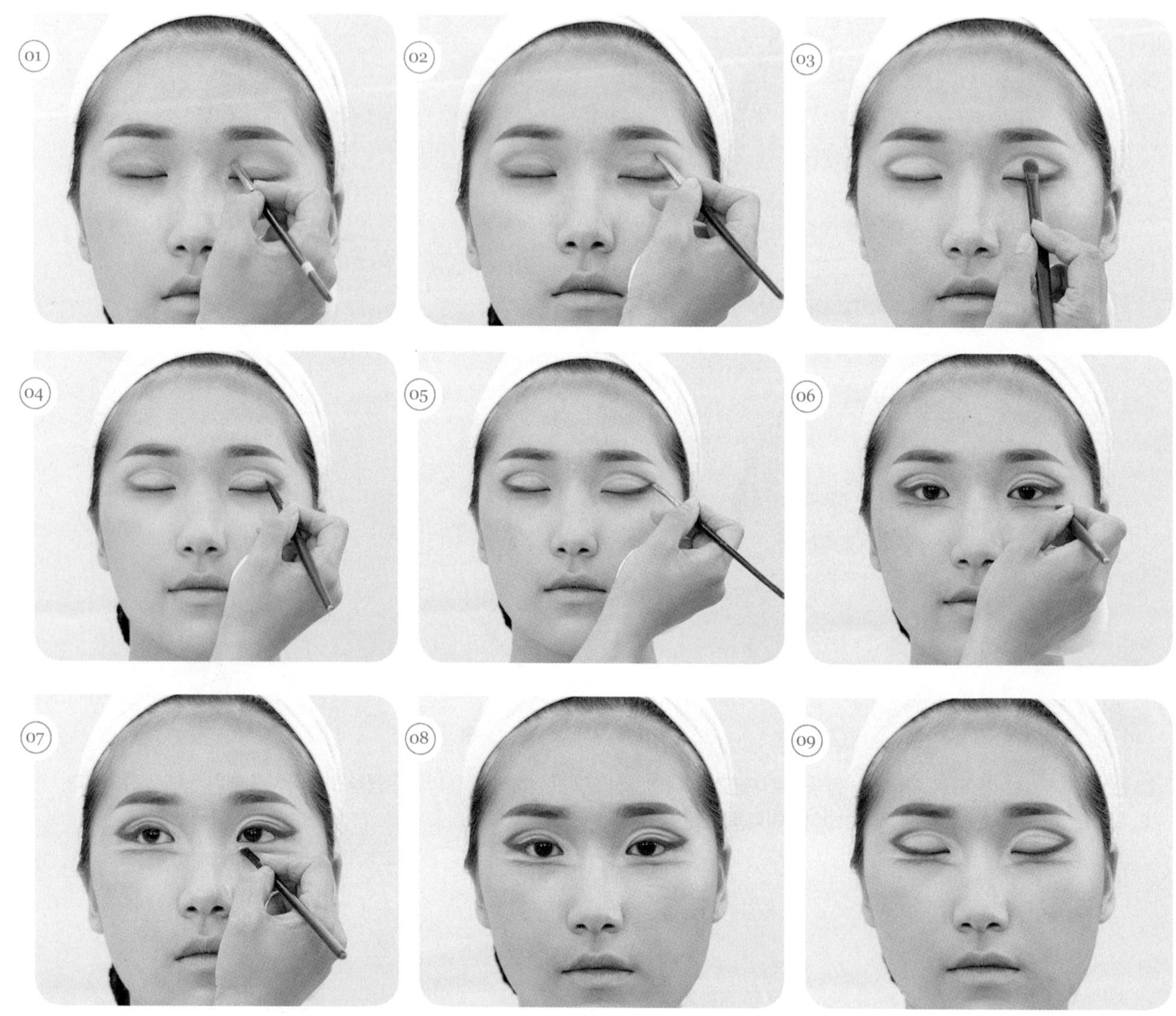

① 핑크색 아이섀도를 이용하여 아이홀을 잡아준 뒤 아이홀 바깥쪽으로 그러데이션한다.
② 화이트색 아이섀도를 이용하여 아이홀 안쪽을 채워준다.
③ 아쿠아 블루색을 이용하여 속눈썹라인을 그려 포인트를 준다.

TIP 아이라인을 두껍게 그리기 때문에 아쿠아 블루라인을 높게 잡아 준다.

④ 퍼플색 아이섀도를 이용하여 핑크로 잡은 아이홀보다 작은 면적에 칠해 포인트를 주도록 한다. 단, 눈꼬리쪽을 더 진하게 표현한다.
⑤ 언더라인 또한 아쿠아 블루를 이용하여 라인을 그려준다.

TIP 도면과 같이 아쿠아 블루색을 언더라인 앞머리에 2줄, 뒤쪽에 4줄을 그어 준다.

⑥ 언더라인 안쪽을 흰색 섀도를 이용하여 채워 넣어준다.

05 | 아이라인, 속눈썹 컬링

01

02

03

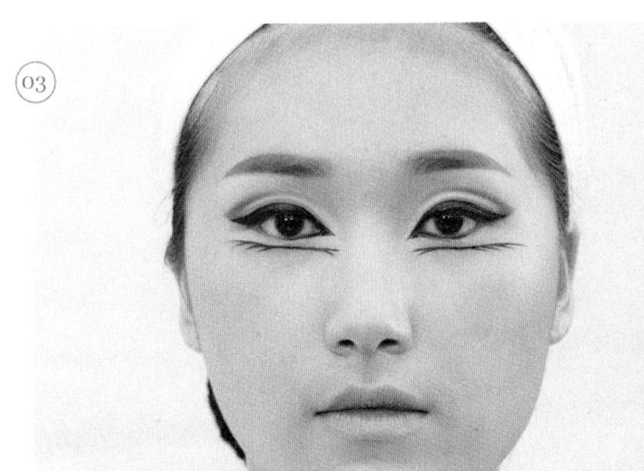

04

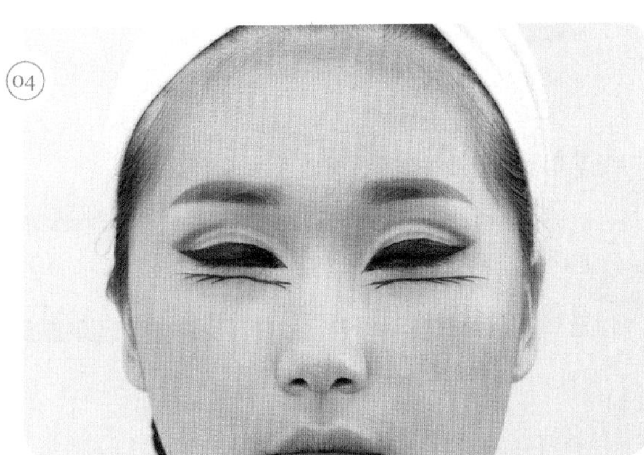

05

① 아이라인은 아이라이너를 이용하여 아쿠아 블루의 아랫부분까지 채워준다.
② 눈 앞머리와 뒷부분까지 그려준 후 언더라인의 2/3까지 그려준다.
③ 언더 블루라인과 똑같이 아이라인을 그려준다(앞머리에 2가닥, 뒤쪽에 4가닥을 표현한다).
④ 뷰러를 이용하여 속눈썹을 자연스럽게 컬링해 준다.

뷰러를 이용할 때 세 번 나누어 집어주면 더욱 자연스러운 컬링을 연출할 수 있다.

06 | 마스카라, 인조 속눈썹 붙이기

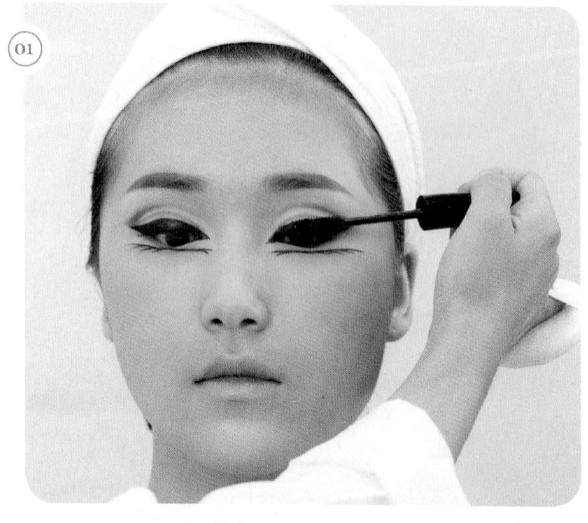

① 마스카라를 이용하여 속눈썹을 자연스럽게 표현해 준다.

- 마스카라를 이용할 때 마스카라 입구에서 양 조절을 하면 과한 사용을 방지할 수 있다.
- 모델에게 눈을 뜨고 아래방향으로 시선 처리를 하게 한 후 마스카라를 사용하면 바르기 쉽다.

② 인조 속눈썹의 길이는 모델의 아이라인 선에 맞춰 눈썹 길이를 조정한 후 붙여준다.

이때 자연 속눈썹과 인조 속눈썹이 분리되지 않도록 한다.

07 | 코 셰이딩, 하이라이트

① 노즈 브러시로 브라운색 섀도를 눈썹 앞머리에서 콧방울 끝까지 쓸어서 진하게 발라 준다.

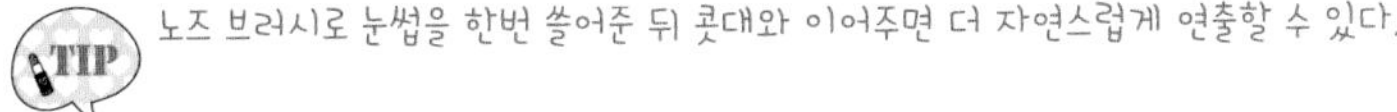

노즈 브러시로 눈썹을 한번 쓸어준 뒤 콧대와 이어주면 더 자연스럽게 연출할 수 있다.

② 하이라이트는 밝은색 파우더를 이용하여 T존, 눈 밑, 애플존, 팔자주름, 턱에 펴 발라 준다.

08 | 치크

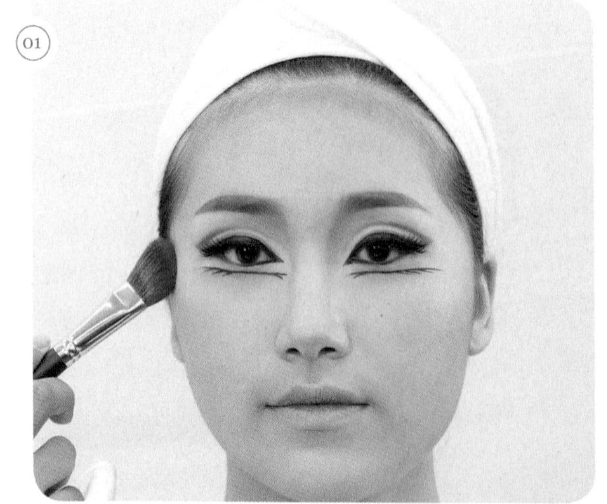

치크는 핑크색으로 광대뼈를 감싸듯 화사하게 표현한다.

09 | 립

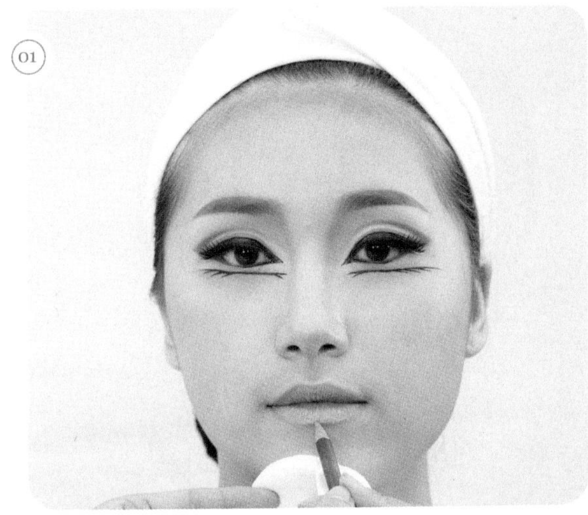

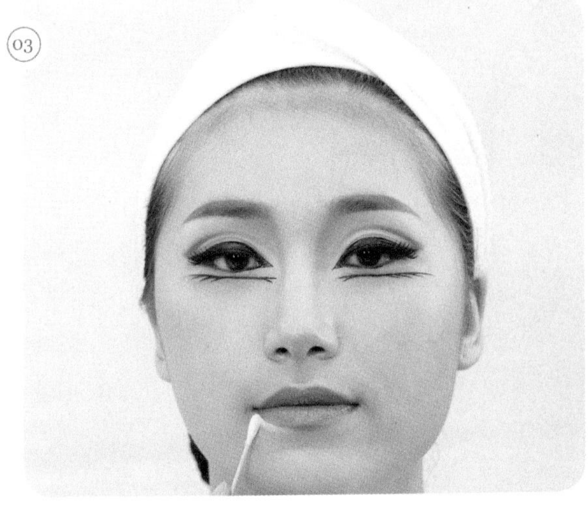

① 립은 로즈색 립라이너를 이용하여 립 안쪽으로 그러데이션한다.
② 핑크색 립 컬러로 안을 채워 립라인과 그러데이션을 해 준다.

입술 수정 시 면봉으로 터치 후 브러시로 마무리하면 깔끔해진다.

10 | 셰이딩

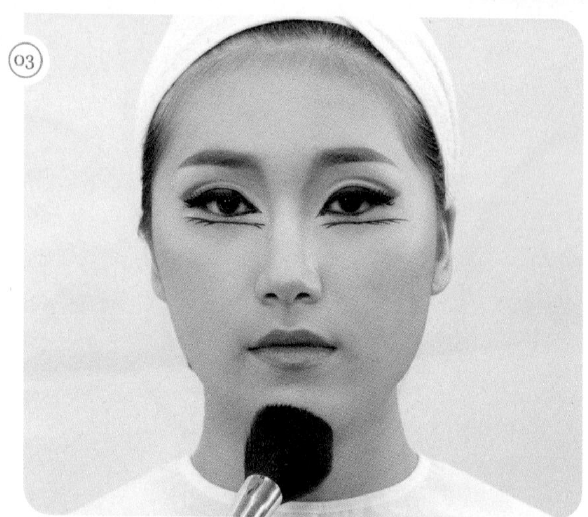

셰이딩은 브라운색 섀도를 이용하여 페이스라인을 쓸어주듯 펴 바르고 치크 부분을 한 번 더 지나가 준다.

11 | 마무리

① 시술 시 사용한 도구는 모두 제자리에 정리한다.
② 작업대 위를 깨끗하게 정리 정돈한다.

시술이 끝난 후 위생봉지(쓰레기)를 정리한다.

12 | 완성

Before & After

Old Age Make-up

노역 메이크업

Check Point

- 셰이딩 컬러로 얼굴의 굴곡 부분을 자연스럽게 표현한다.
- 하이라이트 컬러로 돌출 부분을 표현한다.
- 갈색 펜슬을 이용하여 얼굴의 주름을 표현한다.
- 눈썹은 회갈색 눈썹으로 강하지 않게 표현한다.
- 내추럴 베이지색을 이용하여 아랫입술이 윗입술보다 두껍지 않게 표현한다.
- 입술의 주름을 표현한다.

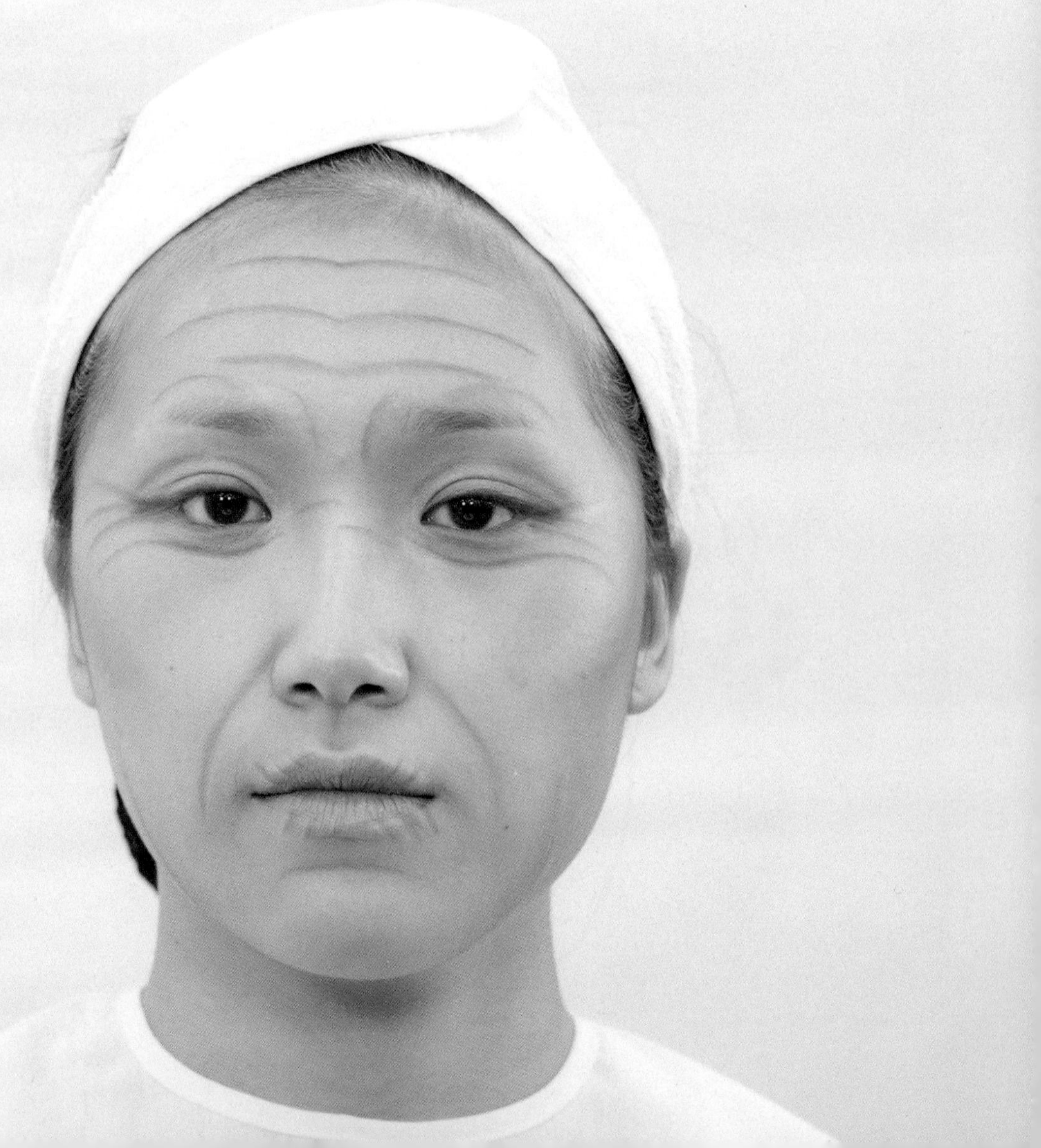

알려두기

01 과제유형

베이스	눈 썹	눈	볼	입 술	배 점	시험시간
어둡게	회갈색	갈색 펜슬	• 셰이딩 • 하이라이트	내추럴 베이지	25	50분

02 심사기준 및 감점요인

(1) 작업장 청결, 재료준비상태, 위생 및 소독 등의 사전준비자세
(2) 기본 및 숙련도 : 피부 베이스 들뜸없이 표현
(3) 기술력 : ① 양쪽 눈썹이 밸런스가 맞는지 여부
　　　　　② 섀도 그러데이션 여부
(4) 완성도 : 미작일 경우 실격 처리된다.

03 요구사항 및 수험자 유의사항

1 요구사항(제3과제)

※ 지참 재료 및 도구를 사용하여 다음의 요구사항에 따라 캐릭터 메이크업(노역)을 시험시간 내에 완성하시오.

① 과제를 수행하기 전 수험자의 손 및 도구류를 소독한 후 제시된 도면을 참고하여 캐릭터 메이크업(노역) 스타일을 연출하시오.
② 모델의 피부 타입에 맞는 메이크업 베이스를 바르시오.
③ 파운데이션을 가볍게 바르고 모델 피부톤보다 한 톤 어둡게 피부표현하시오.
④ 셰이딩 컬러로 얼굴의 굴곡 부분을 자연스럽게 표현하시오.
⑤ 하이라이트 컬러를 이용하여 돌출 부분을 도면과 같이 표현하시오.
⑥ 갈색 펜슬을 이용하여 얼굴의 주름을 표현하고 파우더로 가볍게 마무리하시오.
⑦ 눈썹은 강하지 않게 회갈색을 이용하여 표현하시오.
⑧ 립 컬러는 내추럴 베이지를 이용하여 아랫입술이 윗입술보다 두껍지 않게 표현하시오.

2 수험자 유의사항

① 모델은 문신(눈썹, 아이라인, 입술 등), 속눈썹 연장 및 메이크업이 되어 있지 않은 상태이어야 한다.
② 스패튤러, 속눈썹 가위, 족집게, 눈썹칼 등의 도구류를 사용 전 소독제로 소독해야 한다.
③ 메이크업 베이스, 파운데이션을 펴 바를 때 스펀지 퍼프 또는 브러시를 사용하시오.
④ 아이섀도, 치크, 립 등의 표현 시 브러시 등 적합한 도구를 사용하시오.
⑤ 화장품은 요구사항이 지정된 제형 외에는 타입에 상관없이 자유롭게 사용하시오.

화장품은 용기에 덜어오지 않는다. 단 소독제는 다른 용기에 덜어와도 무방하다.

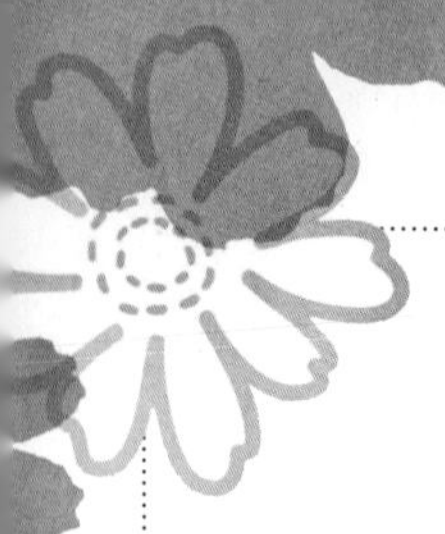

준비사항

01 | 수험자 및 모델의 복장

(1) 수험자 복장

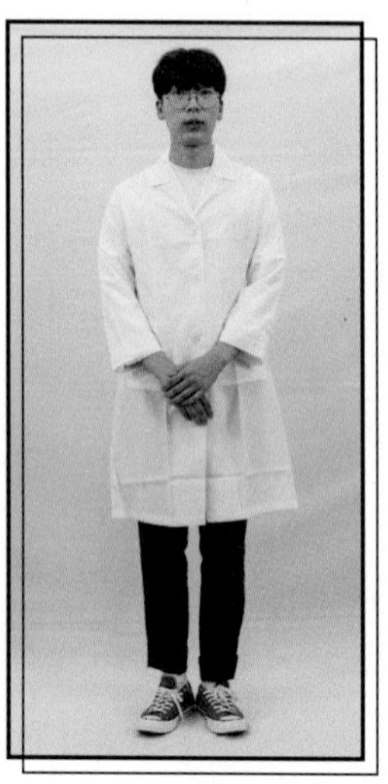

① **마스크(흰색) 착용**

② **상의** : 흰색 위생가운(반팔 또는 긴팔 가능, 일회용 가운 불가)

③ **하의** : 긴바지(색상, 소재 무관)

주의사항

- 눈에 보이는 표식[문신, 헤나, 컬러링(지정색 외)], 디자인, 손톱장식이 없어야 함
- 복장에 소속을 나타내는 표식이 없어야 함
- 액세서리 착용금지(반지, 팔찌, 시계, 목걸이, 귀걸이 등)
- 고정용품(머리핀, 머리망, 고무줄 등)은 검은색만 허용
- 스톱워치나 휴대전화 사용금지
- 재료 구별을 위한 스티커 부착금지

(2) 모델의 복장

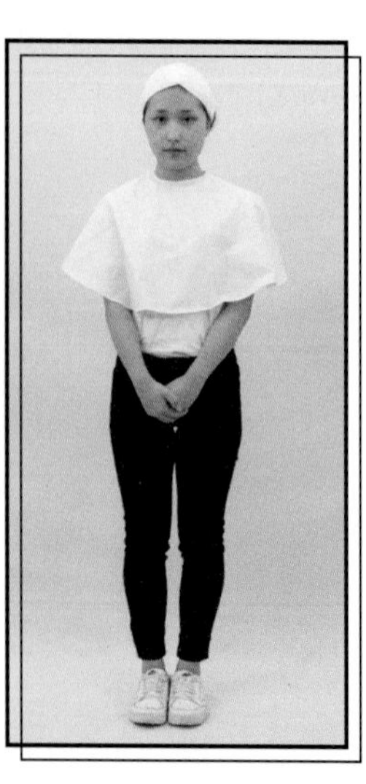

① **마스크(흰색) 착용**

② **상의** : 흰색 무지 상의(유색 무늬 불가, 소재 무관, 남방 및 니트류 허용, 아이보리색 등의 유색 불가)

③ **하의** : 긴바지(색상, 소재 무관)

※ 모델의 준비 상태가 부적합한 경우 감점 또는 0점 처리된다.

주의사항

- 눈에 보이는 표식[문신, 헤나, 컬러링(지정색 외)], 디자인, 손톱장식이 없어야 함
- 액세서리 착용금지(반지, 팔찌 시계, 목걸이, 귀걸이 등)
- 고정용품(머리핀, 머리망, 고무줄 등)은 검은색만 허용

02 | 도면 및 작업대 세팅

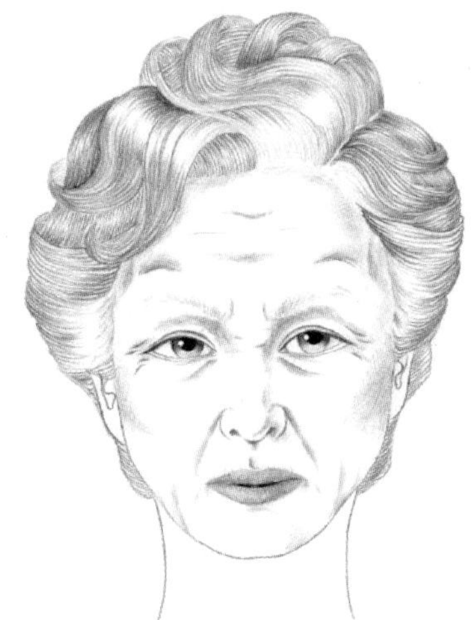

(1) 도구 및 재료

01	위생가운	12	립 팔래트
02	헤어밴드	13	브러시 세트
03	위생봉지	14	스펀지(퍼프)
04	타월(흰색)	15	스패튤러
05	어깨보	16	분 첩
06	탈지면 용기	17	미용티슈
07	소독제	18	물티슈
08	화장솜(탈지면)	19	면 봉
09	메이크업 베이스	20	클렌징 제품
10	파운데이션	21	셰이딩, 하이라이트 팔레트
11	페이스 파우더		

(2) 사전준비

모든 세팅이 준비되어 있어야 한다.

과제 재료 세팅 시 감점 요인

- 과제가 시작되면 도구나 재료를 꺼낼 수 없으므로 흰 타월 안에 과제에 필요한 모든 재료를 세팅한다.
- 불필요한 도구가 세팅되어 있으면 안 되고 도구 및 재료는 바닥에 떨어뜨리지 않는다.

시술과정

01 | 소독 및 위생

(1) 수험자 손 소독하기

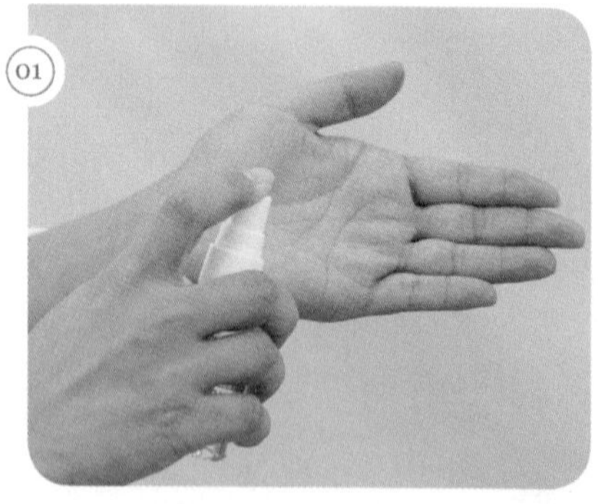

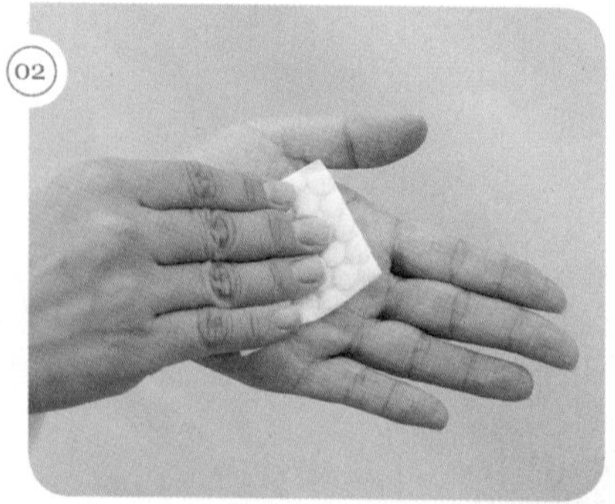

① 손 소독제 사용 : 손 소독제를 사용하여 수험자의 손을 전체적으로 소독한다.
② 화장솜으로 손 소독 : 화장솜을 사용해 손을 한 번 더 닦아 준다.

(2) 도구 소독하기

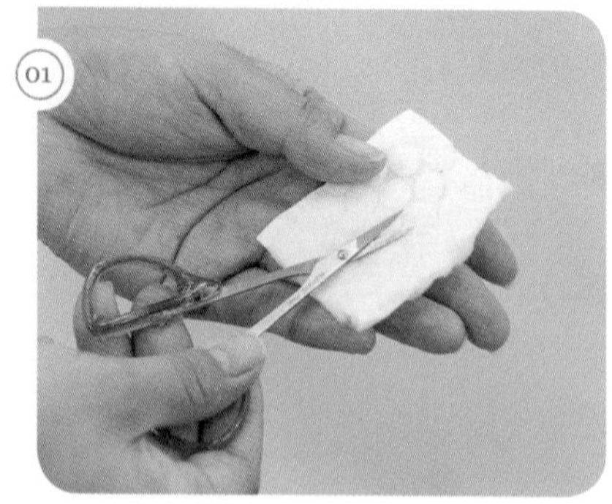

쪽가위, 스패튤러 등을 소독해 준다.

02 | 베이스 메이크업

(1) 메이크업 베이스

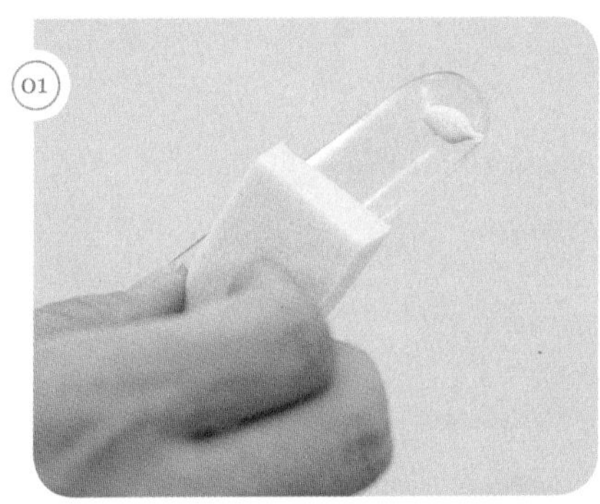
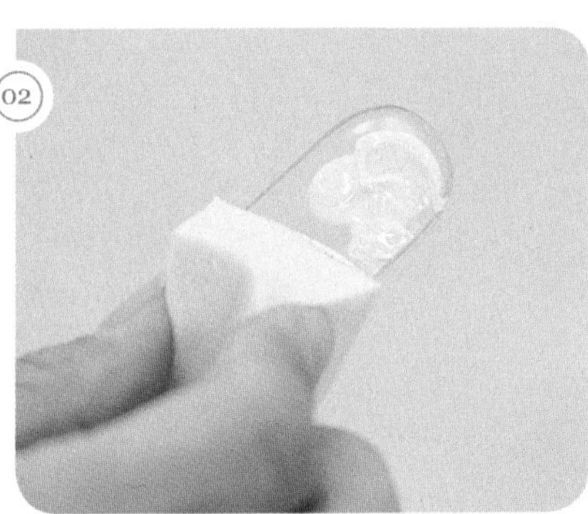
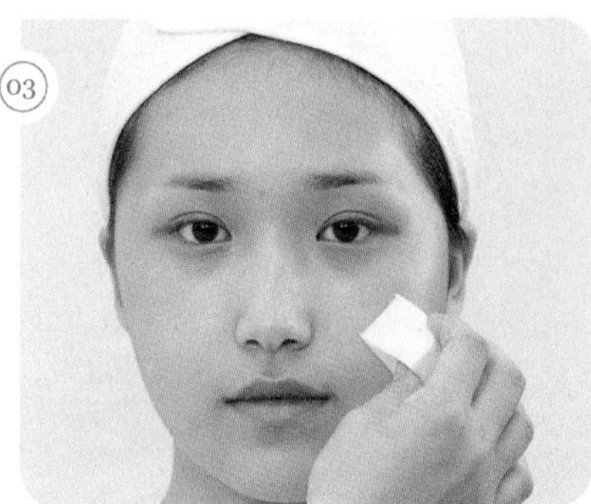

모델 피부톤에 적합한 메이크업 베이스를 선택하여 얇고 고르게 펴 바른다.

(2) 파운데이션

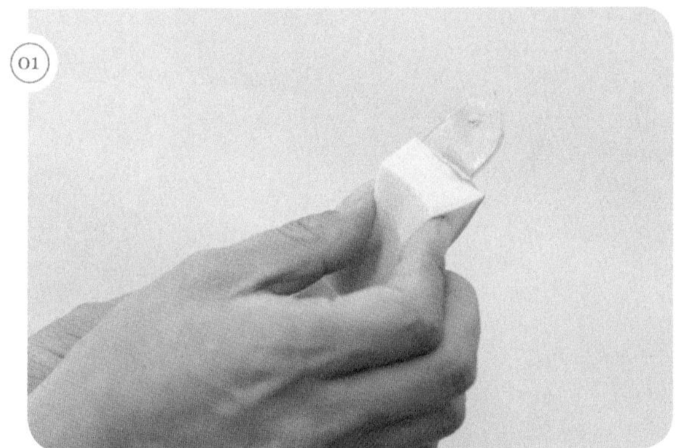
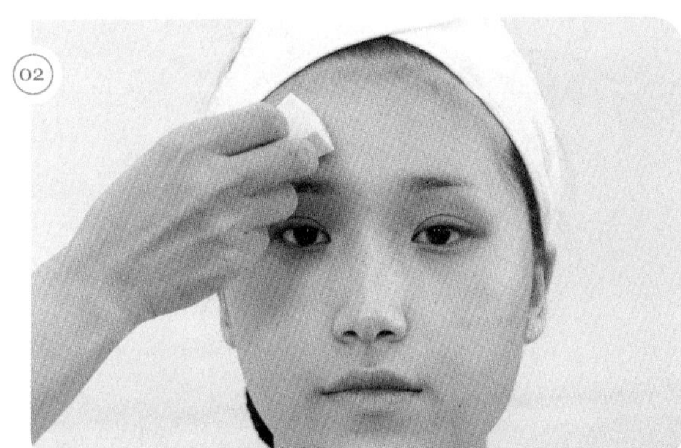
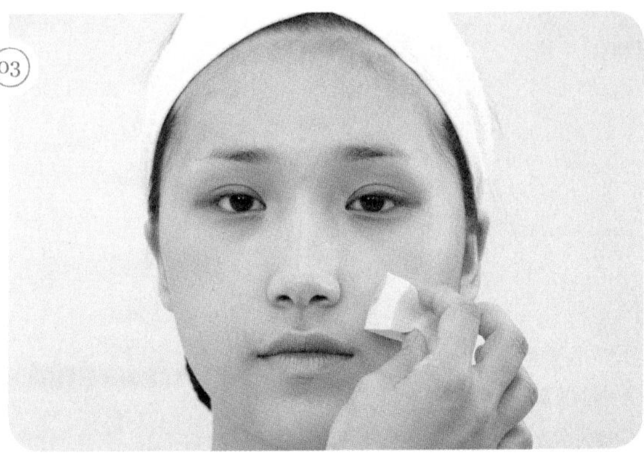

모델의 피부톤보다 한톤 어두운 파운데이션을 고르게 펴 바른다.

(3) 하이라이트, 셰이딩

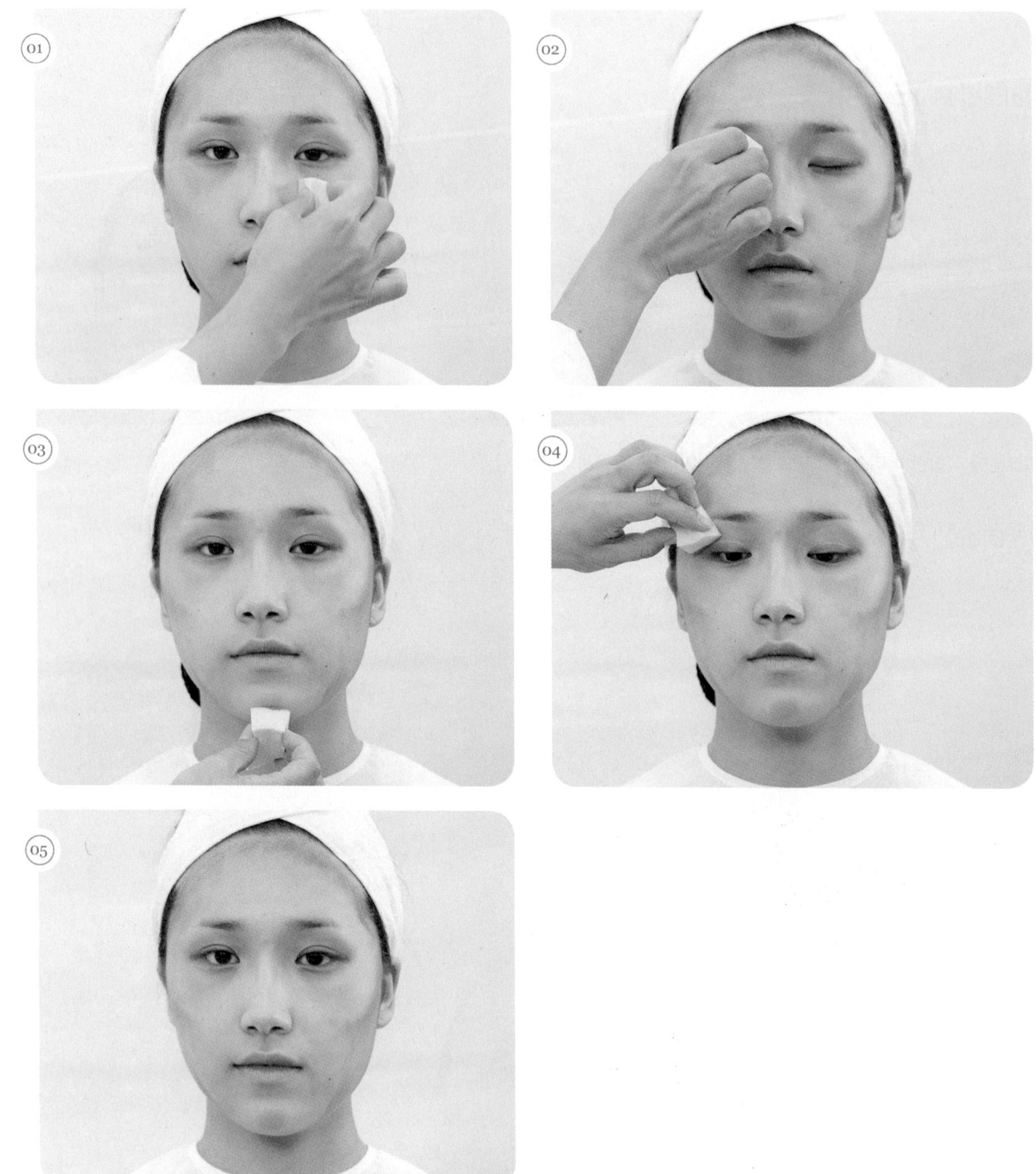

① 하이라이트 컬러로 돌출부위(눈썹 뼈, 애플존)를 표현한다.

② 셰이딩 컬러로 얼굴의 굴곡 부분(관자놀이, 콧대, 광대 밑, 털주름 라인, 팔자주름)을 표현한다.

03 | 주름

(1) 이마, 팔자 주름

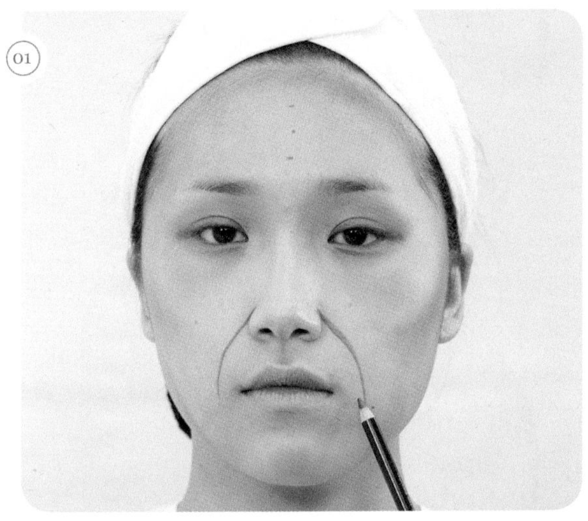
01

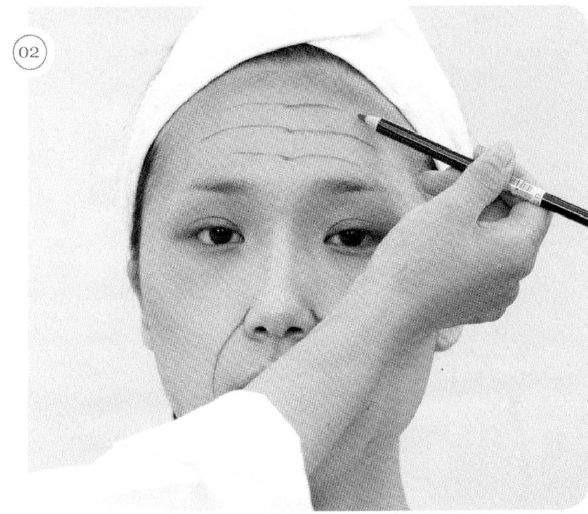
02

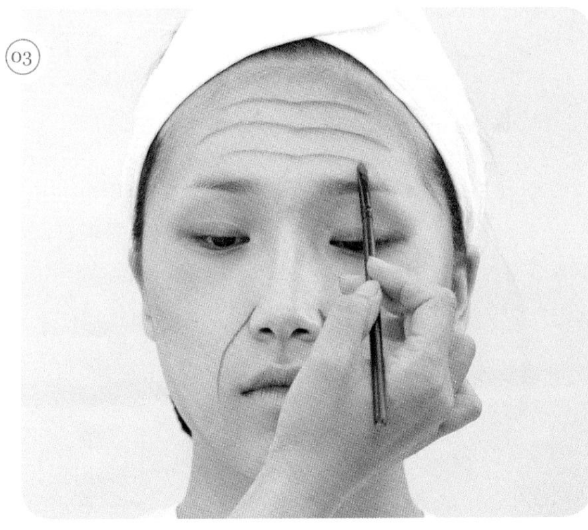
03

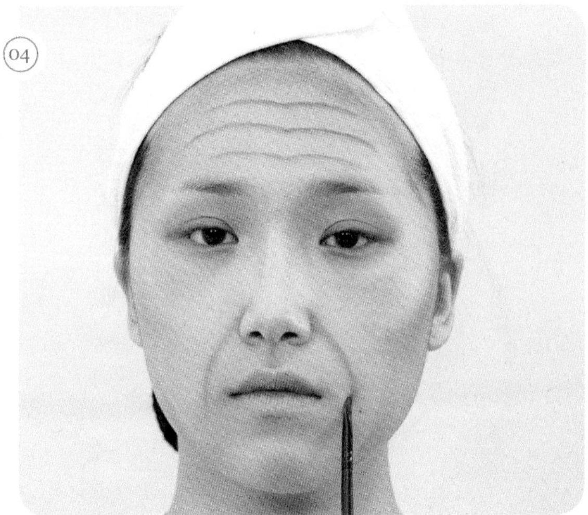
04

① 갈색 펜슬을 이용하여 얼굴의 큰 주름을 먼저 표현해 준다.
② 이마 세로에 3개의 점을 찍어두고 맨 아래부터 갈매기 모양으로 가로로 이어 이마주름과 팔자주름을 그린다.
③ 주름의 경계선이 진해지지 않도록 작은 브러시를 이용하여 갈색 펜슬자국의 아랫부분을 자연스럽게 그러데이션한다.

(2) 눈가, 눈두덩이, 눈썹 위 근육 주름

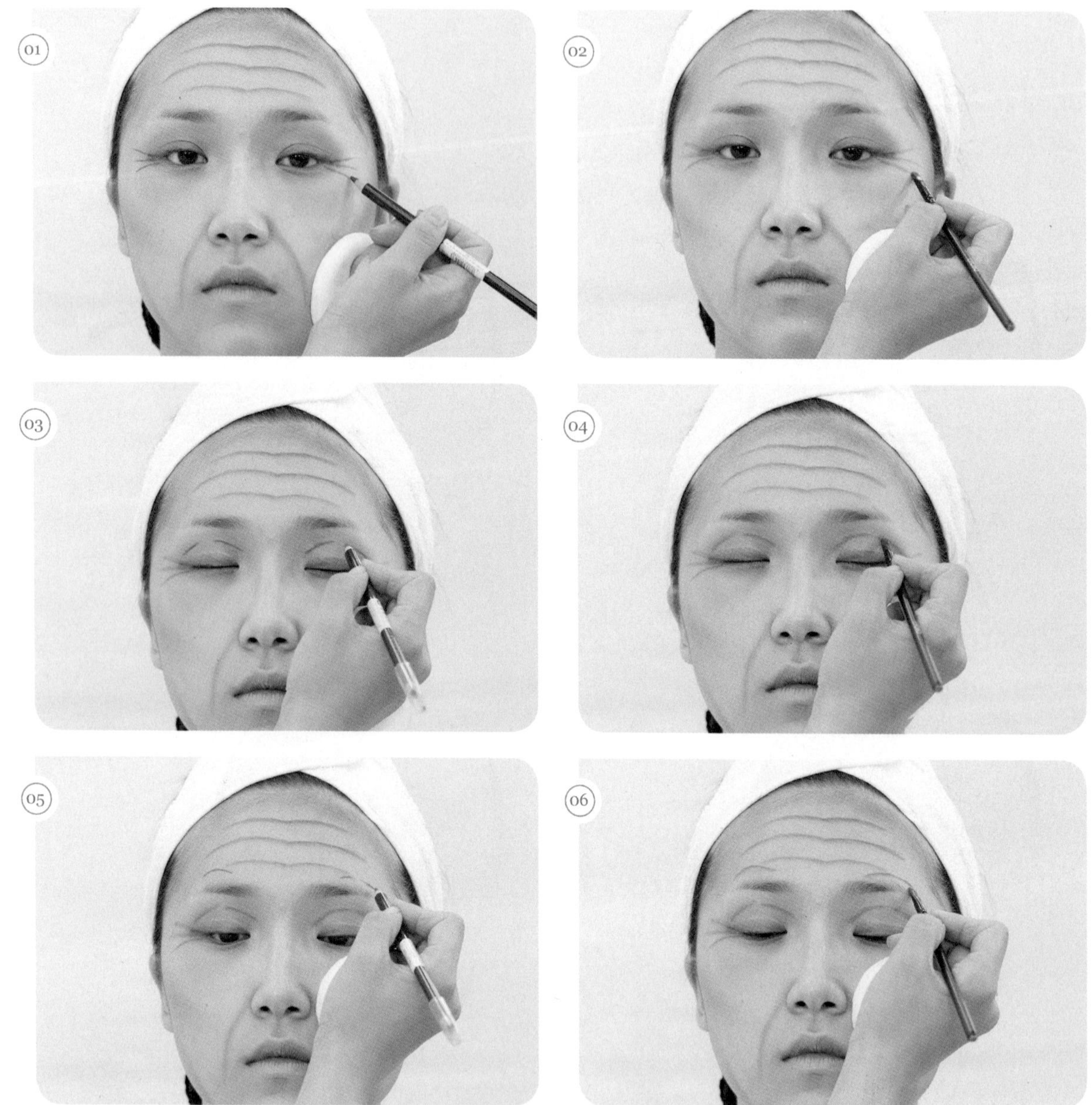

① 갈색 펜슬을 이용하여 눈 옆(웃을 때 접히는 부분) 주름을 표현한다.
② 눈 옆 주름의 경계선이 진해지지 않도록 작은 브러시를 이용하여 갈색 펜슬자국의 아랫부분을 자연스럽게 그러데이션한다.
③ 갈색 펜슬을 이용하여 아이홀 주름을 표현한다.
④ 아이홀 주름의 경계선이 진해지지 않도록 작은 브러시를 이용하여 갈색 펜슬자국의 아랫부분을 자연스럽게 그러데이션한다.
⑤ 갈색 펜슬을 이용하여 눈썹 근육 주름을 표현한다.
⑥ 눈썹 근육 주름의 경계선이 진해지지 않도록 작은 브러시를 이용하여 갈색 펜슬자국의 아랫부분을 자연스럽게 그러데이션한다.

(3) 미간, 콧등, 눈 밑 주름

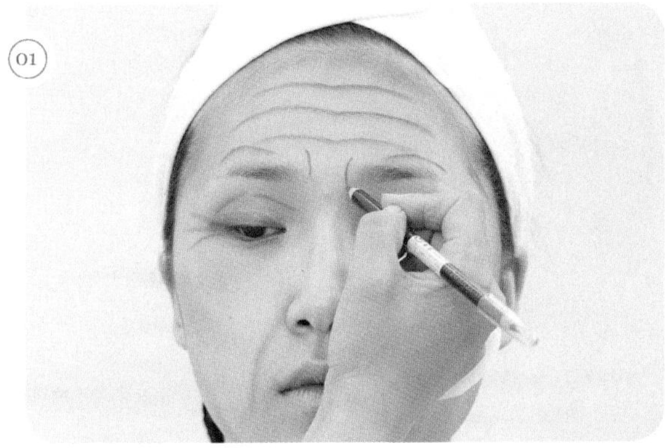

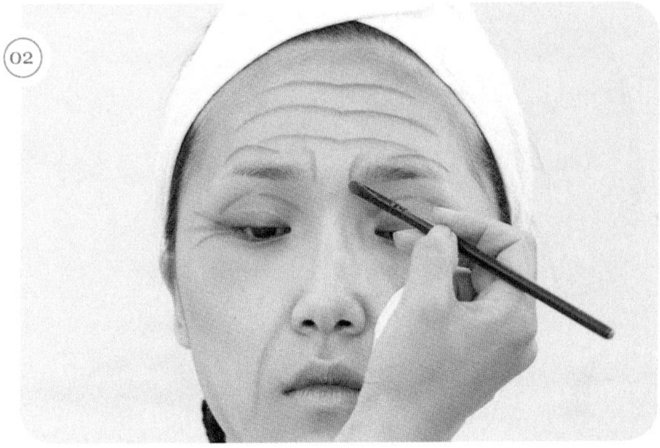

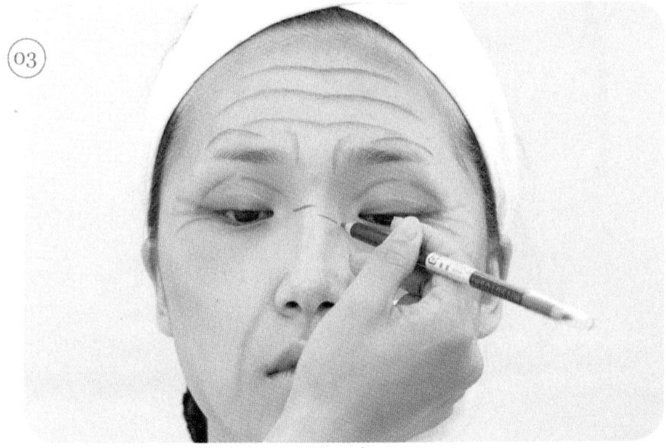

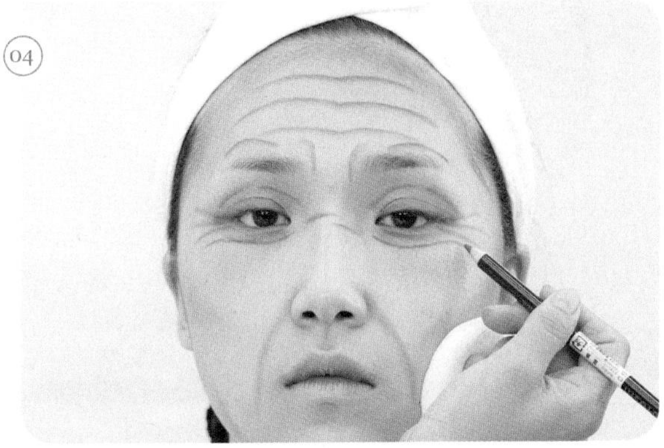

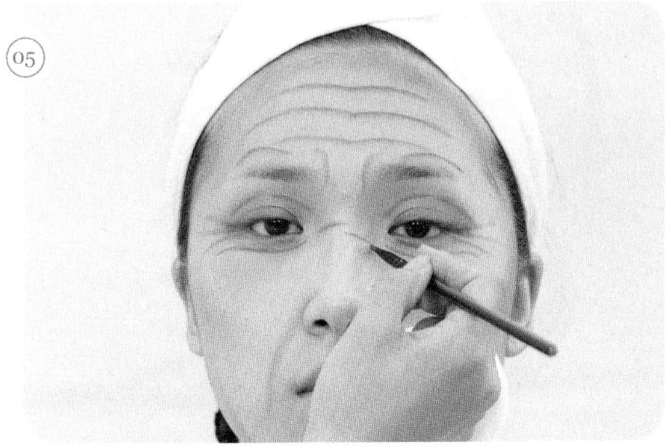

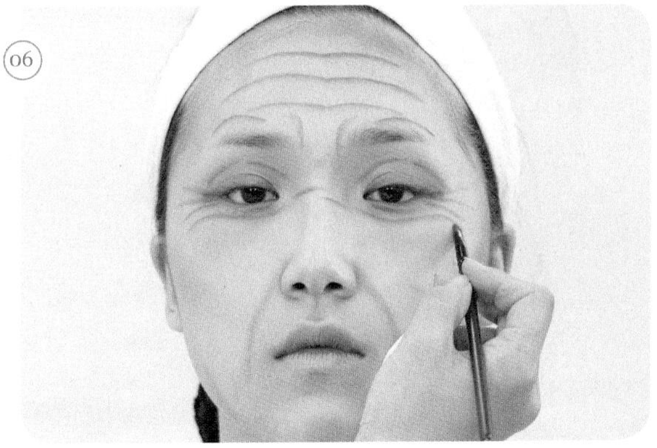

01

02

03

04

05

06

① 갈색 펜슬을 이용하여 미간 주름을 표현한다.
② 미간 주름의 경계선이 진해지지 않도록 작은 브러시를 이용하여 갈색 펜슬자국의 아랫부분을 자연스럽게 그러데이션한다.
③ 갈색 펜슬을 이용하여 콧등 주름을 표현한다.
④ 갈색 펜슬을 이용하여 눈 밑 주름을 표현한다.
⑤ 콧등 주름의 경계선이 진해지지 않도록 작은 브러시를 이용하여 갈색 펜슬자국의 아랫부분을 자연스럽게 그러데이션한다.
⑥ 눈 밑 주름의 경계선이 진해지지 않도록 작은 브러시를 이용하여 갈색 펜슬자국의 아랫부분을 자연스럽게 그러데이션한다.

(4) 턱, 입술 주름

01

02

03

04

05

06

07

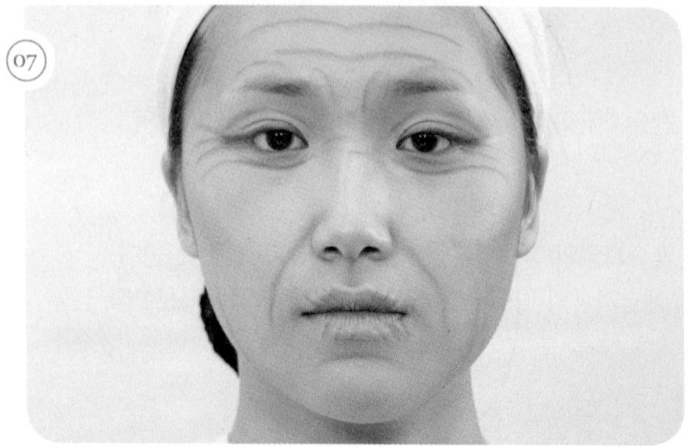

① 턱 아래에서 위로, 턱 선, 턱 밑 주름, 입술 주름을 그린다.

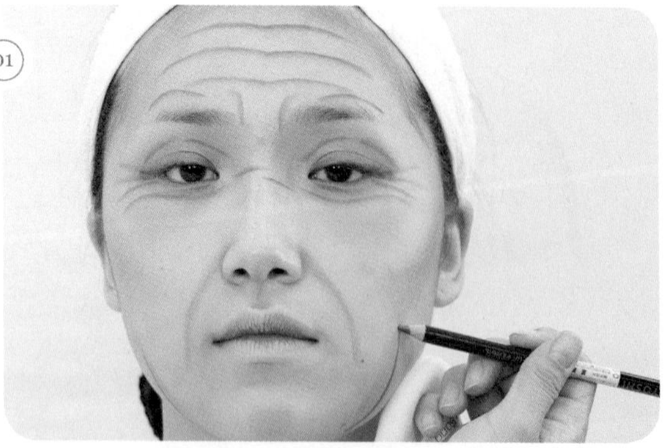

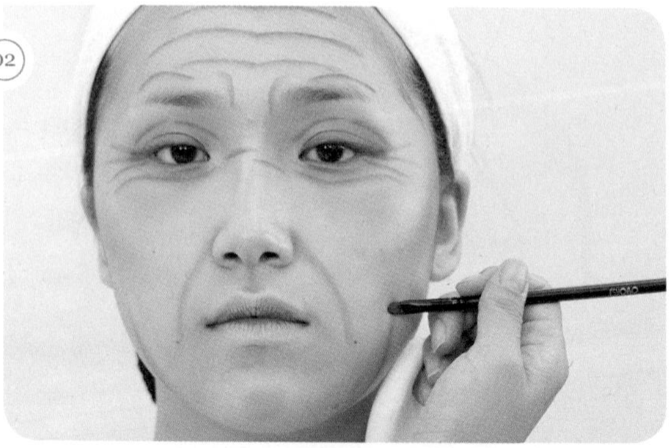

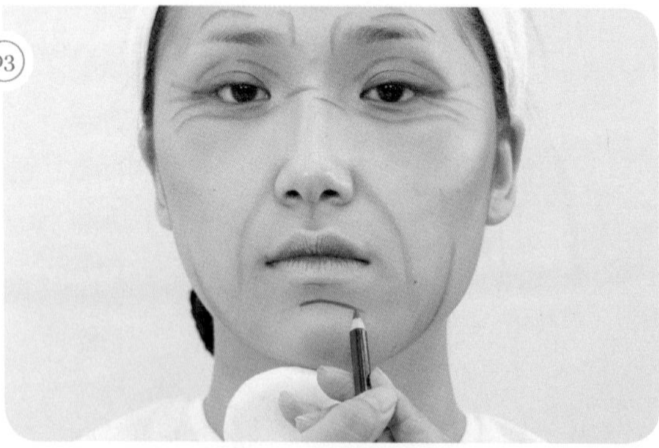

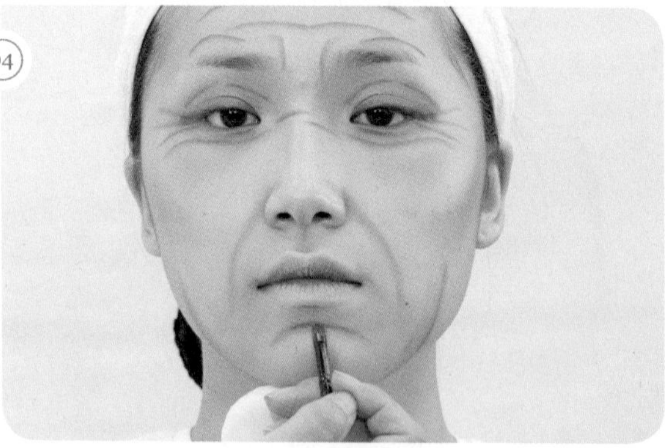

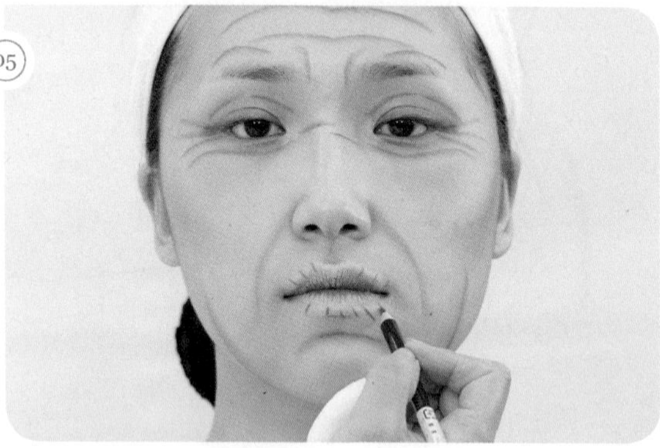

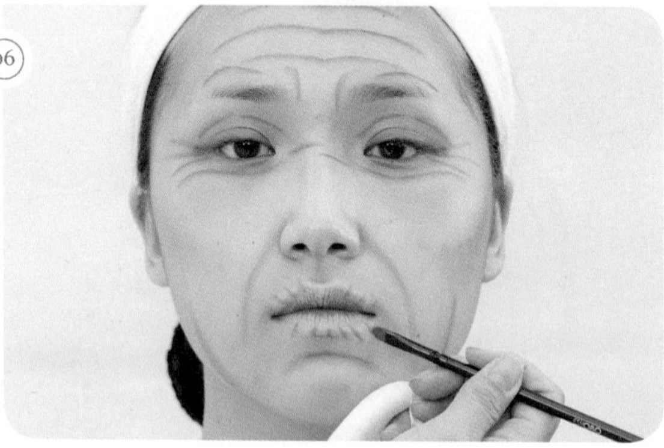

② 주름의 경계선이 진해지지 않도록 작은 브러시를 이용하여 갈색 펜슬자국의 아랫부분을 자연스럽게 그러데이션한다.

04 | 그러데이션 음영주기

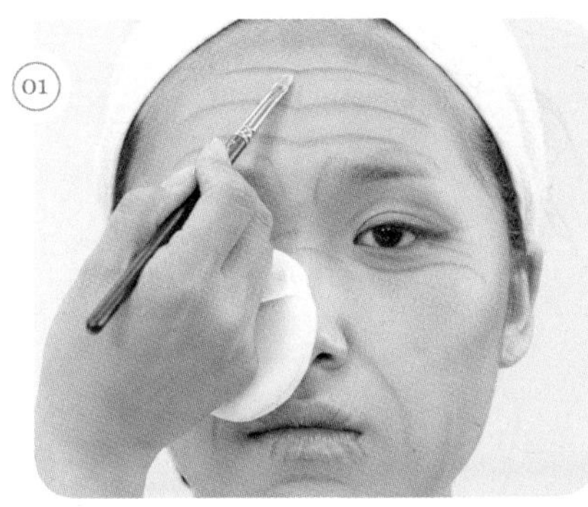
01

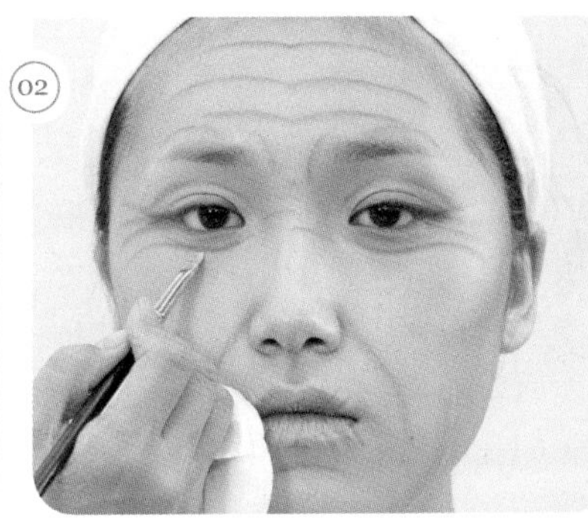
02

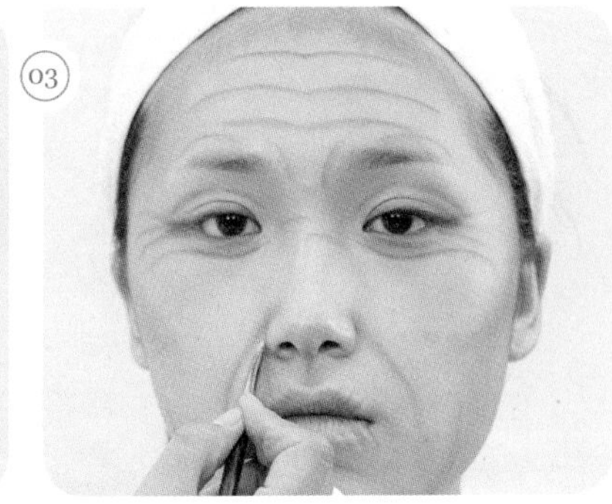
03

① 베이지색 컬러의 파운데이션으로 전체 주름의 밑 부분을 그리고 그러데이션해 음영을 표현한다.
② 파우더를 가볍게 발라 고르게 밀착시킨다.

05 | 아이브로

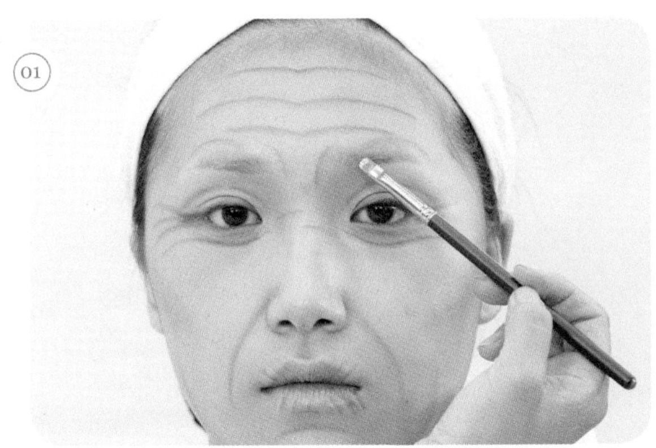
01

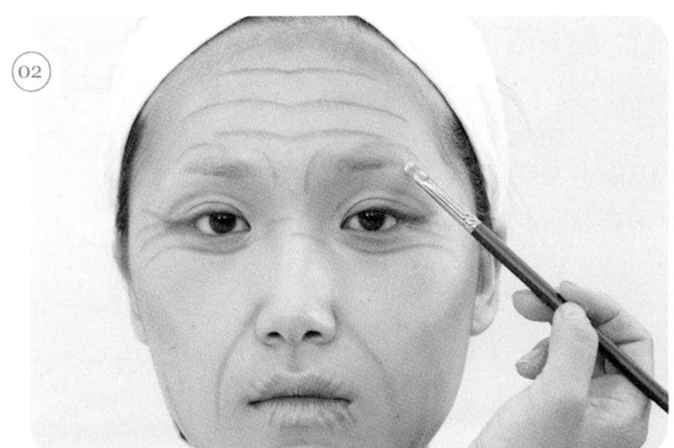
02

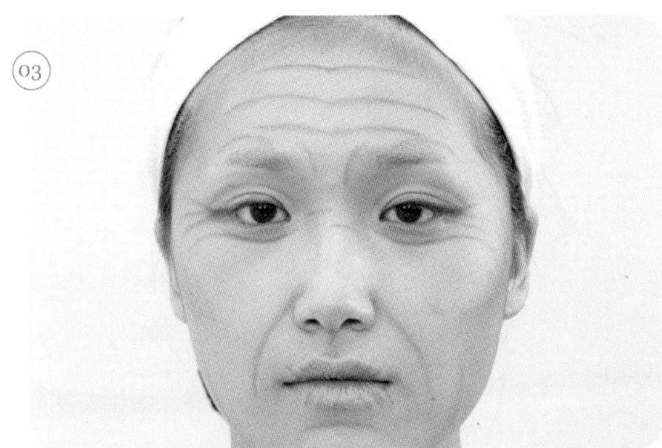
03

밝은색 파운데이션을 이용해 회갈색의 눈썹을 표현한다.

06 | 립

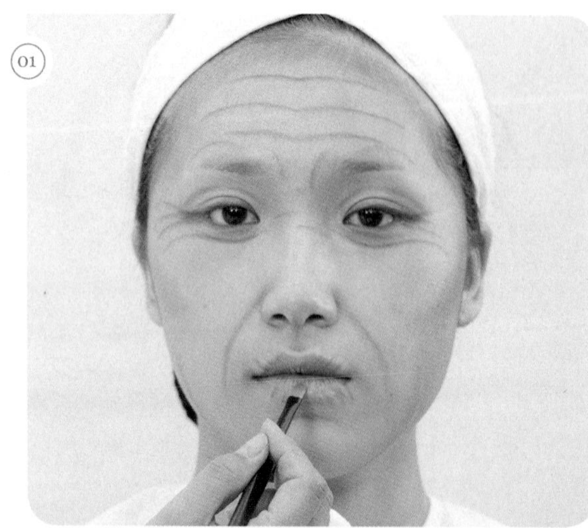

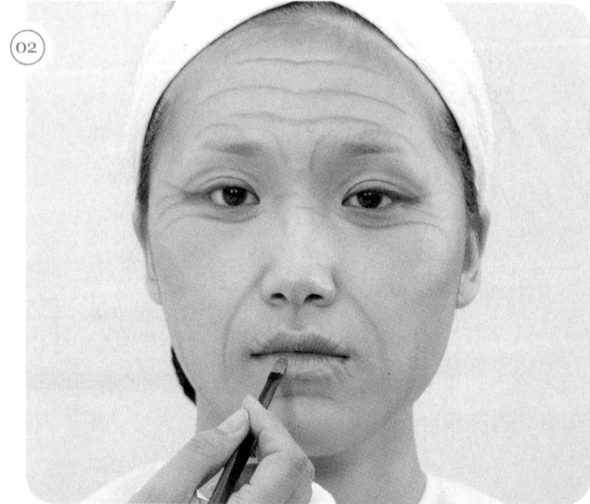

내추럴 베이지색을 이용하여 아랫입술이 윗입술보다 두껍지 않게 표현한다.

07 | 마무리

① 시술 시 사용한 도구는 모두 제자리에 정리한다.
② 작업대 위를 깨끗하게 정리 정돈한다.

시술이 끝난 후 위생봉지(쓰레기)를 정리한다.

08 | 완성

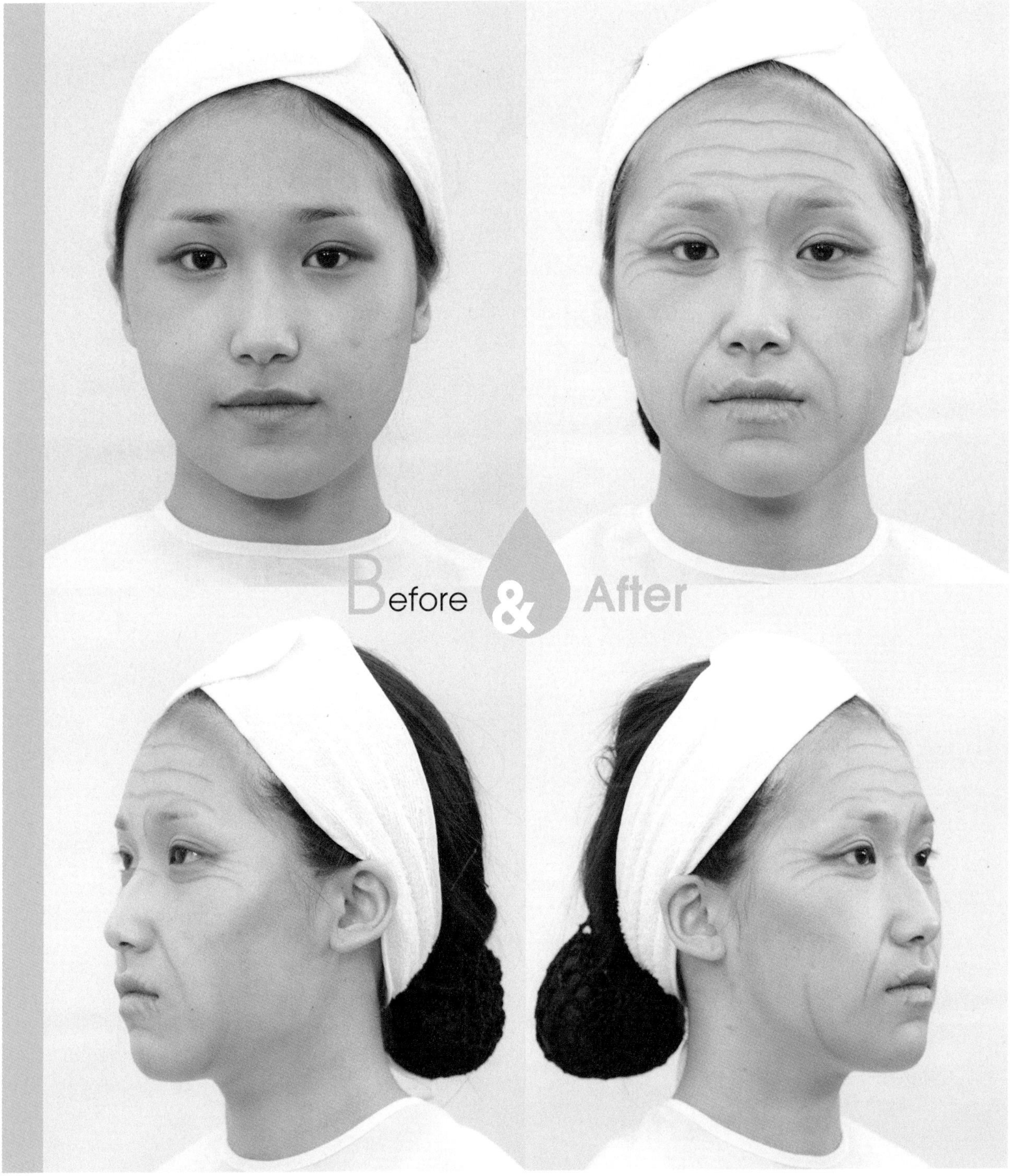

Before & After

Make up
Make up

Part 4
속눈썹 익스텐션 및 수염

Eyelash Extension

속눈썹 익스텐션

Check Point

- 과제를 수행하기 전 수험자의 손 및 마네킹 작업부위를 소독한다.
- 핀셋은 사용 전에 알코올 소독 용기에 담가 두거나 소독한다.
- 마네킹은 속눈썹 연장이 되어 있지 않은 상태의 규정된 인조 속눈썹으로 부착되어야 한다.
- 전처리제는 반드시 눈에 들어가지 않도록 나무 스패튤러를 속눈썹 아래에 받쳐서 관리하여야 한다.
- 속눈썹 연장 전용 아이패치를 사용하여야 하며, 그 외 테이프나 인증되지 않은 재료를 사용할 수 없다.
- 글루와 속눈썹은 인증된 제품만을 사용한다.
- 당일 과제명으로 왼쪽과 오른쪽 중 나온 쪽의 속눈썹만 작업하여야 한다.

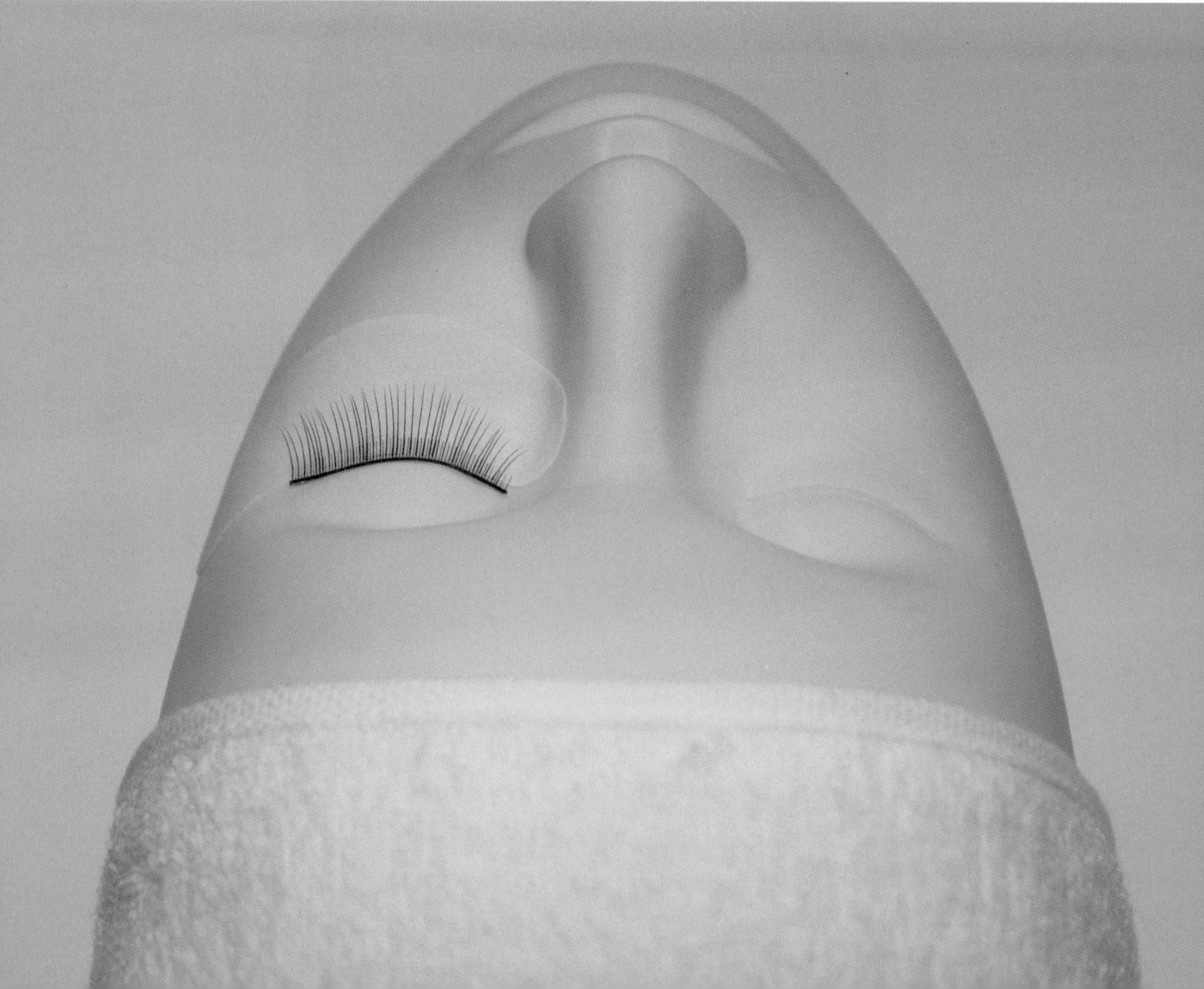

알려두기

01 과제유형

속눈썹 연장	배 점	시험시간
오른쪽/왼쪽	15	25분

02 심사기준 및 감점요인

(1) 기본준비사항 : 작업대의 청결상태, 수검재료준비상태, 수험자의 복장상태, 위생 및 소독

(2) 사전심사 및 숙련도 : 사전준비자세 및 속눈썹 연장의 정해진 과제에 따른 숙련도

(3) 기술력 : ① 시간 내 완성할 수 있는 스피드능력
② 시술의 불편함이 없는 속눈썹 연장 기술테크닉의 난이도

(4) 완성도 : 미작과 오작의 경우 실격 처리된다.

03 요구사항 및 수험자 유의사항

1 요구사항(제4과제)

※ 지참 재료 및 도구를 사용하여 다음의 요구사항에 따라 속눈썹 연장술을 시험시간 내에 완성하시오.

① 5~6mm의 인조 속눈썹이 부착된 마네킹을 준비하시오.
② 과제를 수행하기 전 수험자의 손 및 도구류와 마네킹의 작업부위를 소독한 후 적절한 위치에 아이패치를 부착하시오.
③ 일회용 도구를 사용하여 전처리제를 균일하게 도포하시오.
④ 연장하는 속눈썹은 J컬 타입으로 길이 8, 9, 10, 11, 12mm, 두께 0.15mm의 싱글모를 사용하시오.
⑤ 제시된 도면과 같이 전체적으로 중앙이 길어 보이는 라운드형(부채꼴 디자인)의 속눈썹 익스텐션(왼쪽 or 오른쪽)으로 완성하시오.
⑥ 마네킹에 부착된 속눈썹 한 개당 하나의 속눈썹(J컬)만 연장하시오.
⑦ 5가지 길이(8, 9, 10, 11, 12mm)의 속눈썹(J컬)을 모두 사용하여 자연스러운 디자인이 되도록 완성하시오.
⑧ 모근에서 1~1.5mm를 반드시 떨어뜨려 부착하시오.
⑨ 왼쪽 or 오른쪽 인조 속눈썹에 최소 40가닥 이상의 속눈썹(J컬)을 연장하시오(단, 눈 앞머리 부분의 속눈썹 2~3가닥은 연장하지 마시오).

2 수험자 유의사항

① 마네킹은 속눈썹 연장이 되어 있지 않은 인조 속눈썹만 부착되어 있는 상태이어야 한다.
② 핀셋 등의 도구류를 사용 전 소독제로 소독해야 한다.
③ 전처리제가 눈에 들어가지 않도록 나무 스패튤러를 속눈썹 아래에 받쳐서 작업하시오.
④ 속눈썹 연장용 아이패치 이외의 테이프류 및 인증이 되지 않은 글루는 사용할 수 없다.
⑤ 마네킹의 왼쪽 or 오른쪽 인조 속눈썹에만 작업하시오.
⑥ 작업 시 연장하는 속눈썹(J컬)을 신체부위(손등, 이마 등)에 올려놓고 사용할 수 없다.

※ 감점요인
- 수험자의 양쪽 눈 중 당일 과제에 따른 시술을 반드시 시행하여야 한다.
- 시험시간(25분) 내 40모의 시술을 완결하여야 한다.
- 눈매의 시술 밸런스가 맞도록 시술한다.
- 요구된 과제가 아닌 다른 과제를 작업하는 경우(속눈썹 좌우를 바꿔서 작업하는 경우 등) 감점된다.

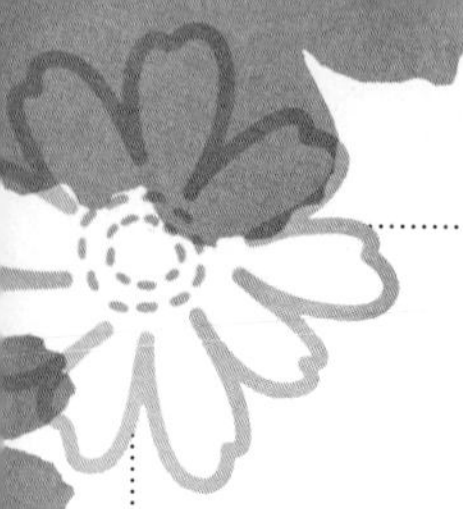

준비사항

01 | 수험자 복장 및 마네킹의 준비 상태

(1) 수험자 복장

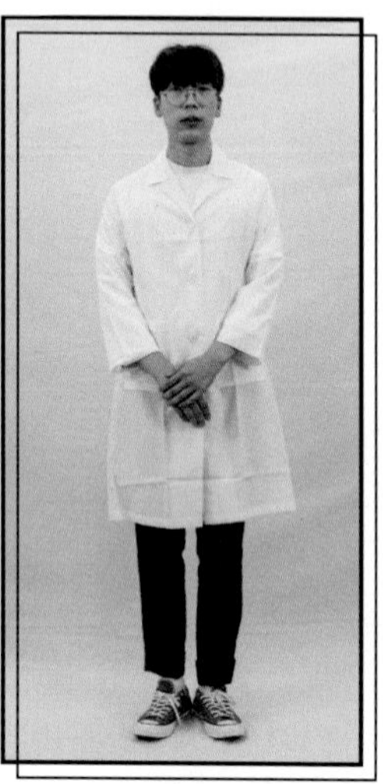

① **마스크(흰색) 착용**

② **상의** : 흰색 위생가운(반팔 또는 긴팔 가능, 일회용 가운 불가)

③ **하의** : 긴바지(색상, 소재 무관)

주의사항

- 눈에 보이는 표식[문신, 헤나, 컬러링(지정색 외)], 디자인, 손톱장식이 없어야 함
- 복장에 소속을 나타내는 표식이 없어야 함
- 액세서리 착용금지(반지, 팔찌, 시계, 목걸이, 귀걸이 등)
- 고정용품(머리핀, 머리망, 고무줄 등)은 검은색만 허용
- 스톱워치나 휴대전화 사용금지
- 재료 구별을 위한 스티커 부착금지

(2) 마네킹의 준비 상태

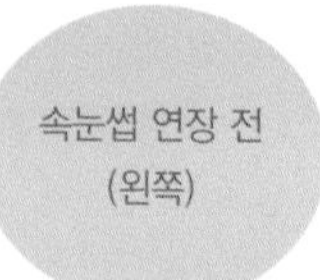

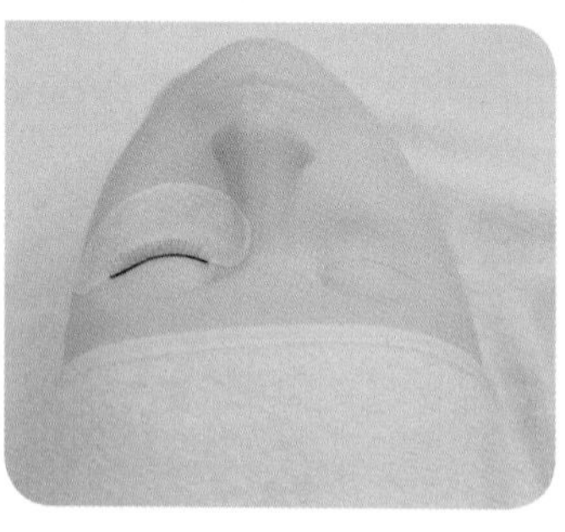

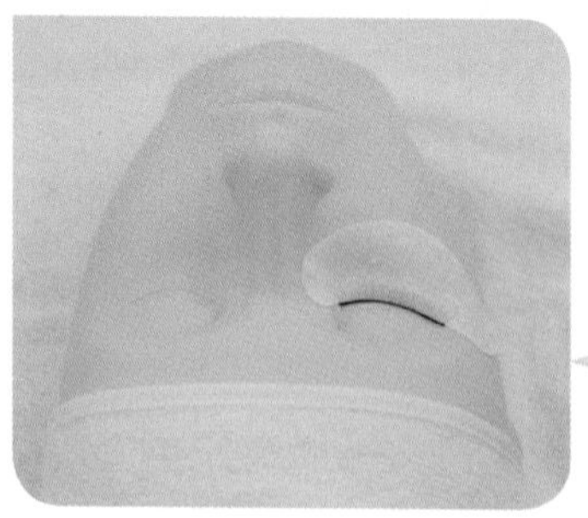

속눈썹 연장 전
(오른쪽)

왼쪽, 오른쪽 중 하나의 과제가 나왔을 시 각각 속눈썹 연장이 되어 있지 않아야 하며, 5~6mm의 인조 속눈썹이 부착되어 있어야 한다.

(3) 과제 수행 전 준비작업

① 흰 타월 위에 마네킹과 흰 바구니에 재료를 넣어 정리한다.

② 마네킹의 이마에 흰색 헤어밴드를 감싸 놓는다.

③ 위생봉지는 작업대에 스카치테이프로 붙여서 쓰레기통을 만든다.

④ 손 소독 후 마네킹 시술 부위를 소독하고, 인조 속눈썹과 아이패치를 부착한다.

⑤ 글루 한 방울을 글루판에 덜어 놓고 시험을 준비한다.

02 | 도면 및 작업대 세팅

속눈썹 연장 전
마네킹 준비상태

완성상태
(왼쪽)

속눈썹 연장 전
마네킹 준비상태

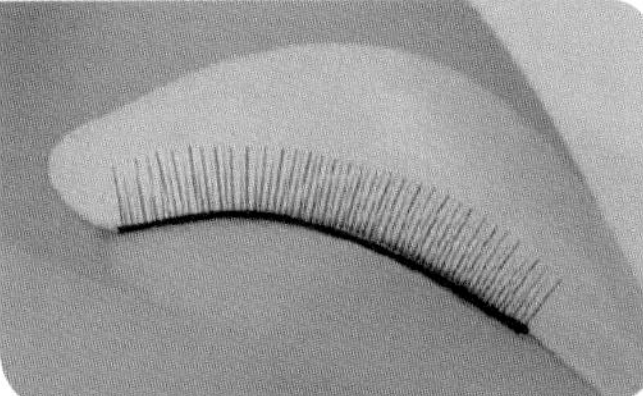

완성상태
(오른쪽)

(1) 도구 및 재료

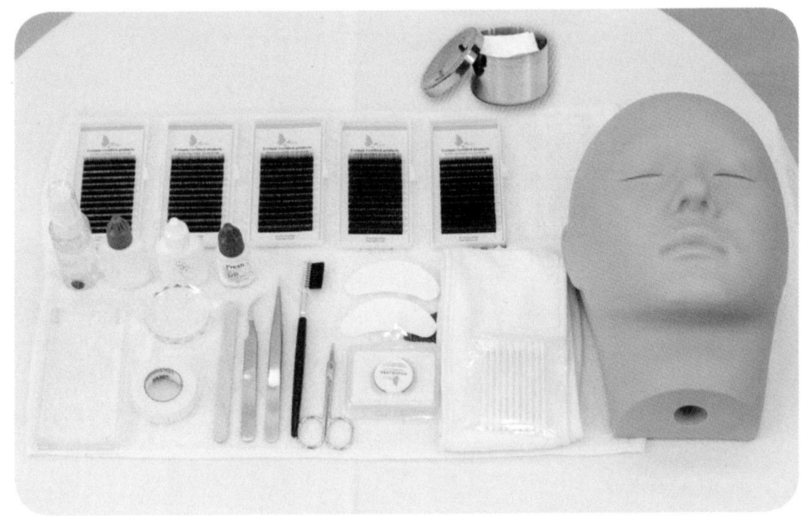

01 위생가운
02 헤어밴드(흰색)
03 속눈썹 (J컬-8~12mm)
04 마네킹(5~6mm 인조 속눈썹이 50가닥 이상이 부착된 상태)
05 핀셋 (일자형, 곡선형 2개)
06 속눈썹 글루(KC, KPS 등 공인인증제품)
07 속눈썹 가모판
08 속눈썹 글루판
09 속눈썹 연장 전용 아이패치
10 전처리제
11 속눈썹 빗
12 우드 스패튤러
13 속눈썹 접착제
14 손소독제
15 탈지면(미용솜)
16 탈지면 위생용기
17 세팅타월
18 세팅박스
19 핀셋 소독용 알코올
20 위생비닐
21 면 봉
22 마이크로 면봉
23 3M 테이프

(2) 사전준비

모든 세팅이 준비되어 있어야 한다.

과제 재료 세팅 시 감점 요인

- 수험자의 복장상태, 마네킹의 사전준비상태, 재료세팅상태 등이 미흡한 경우
- 필요한 기구 및 재료 등을 시험 도중에 꺼내는 경우
- 시험시간을 초과하여 작업하는 경우(해당 과제 0점 처리)
- 인조 속눈썹이 미리 부착되어 있지 않은 경우
- 당일 과제 오작일 경우(왼쪽 or 오른쪽)
- 속눈썹 컬과 길이를 규정에 맞게 사용하지 않았을 경우

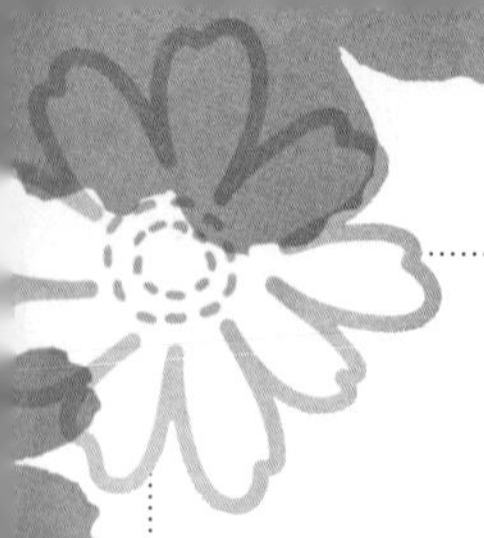

시술과정

01 | 소독 및 위생

(1) 수험자 손 소독하기

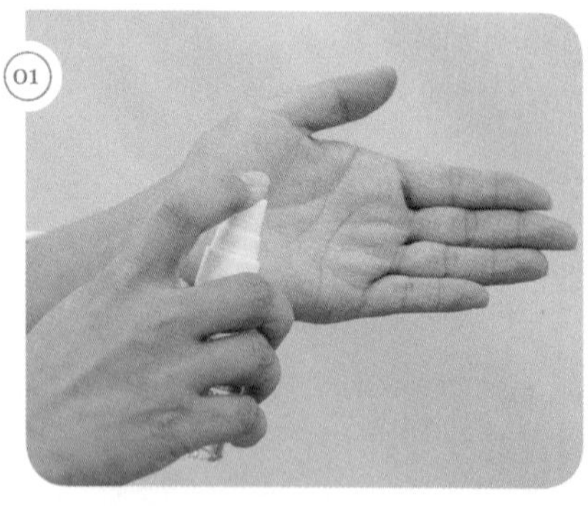

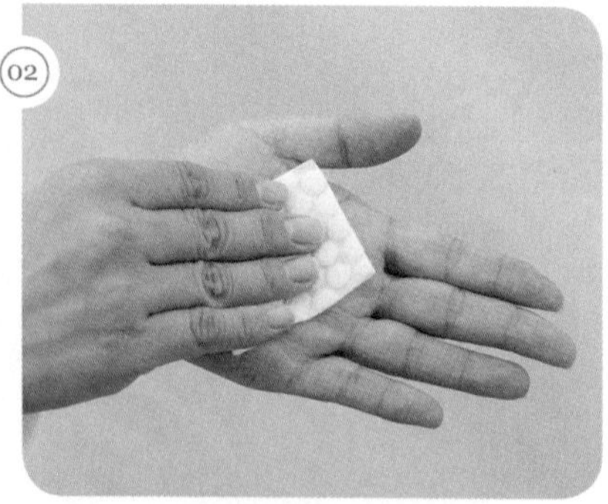

① 손 소독제 사용 : 손 소독제를 사용하여 수험자의 손을 전체적으로 소독한다.
② 화장솜으로 손 소독 : 화장솜에 알코올 소독제를 2~3회 뿌려 양손을 꼼꼼히 닦아 소독 후 위생봉지에 버린다.

(2) 도구 및 마네킹 소독하기

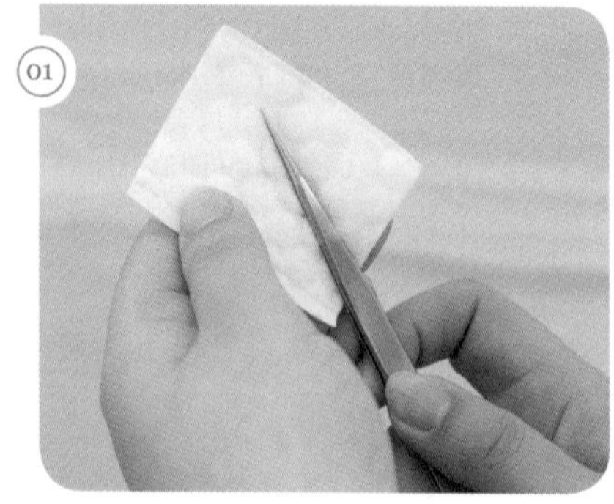

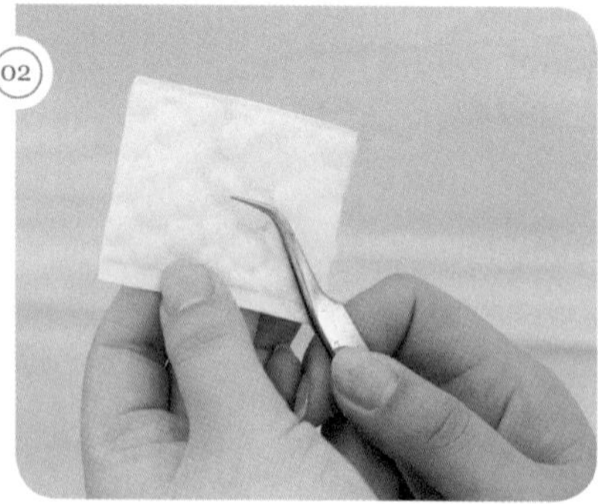

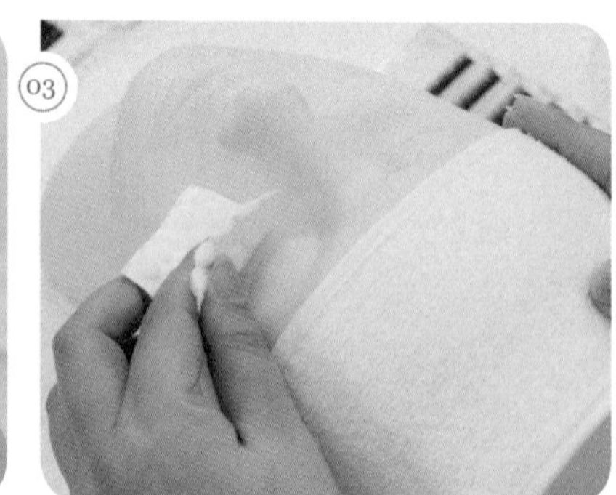

① 핀셋, 가위 등의 도구를 소독제로 소독한다.
② 멸균거즈에 알코올 소독제를 2~3회 뿌려 마네킹의 작업 부위를 소독한다.

02 | 시술 작업준비하기

(1) 마네킹 준비하기

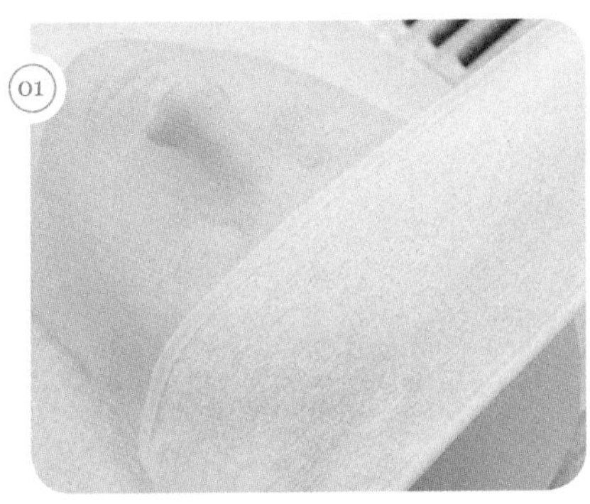
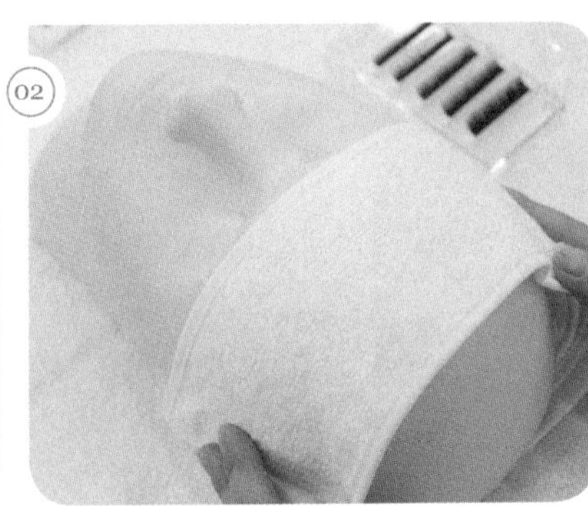
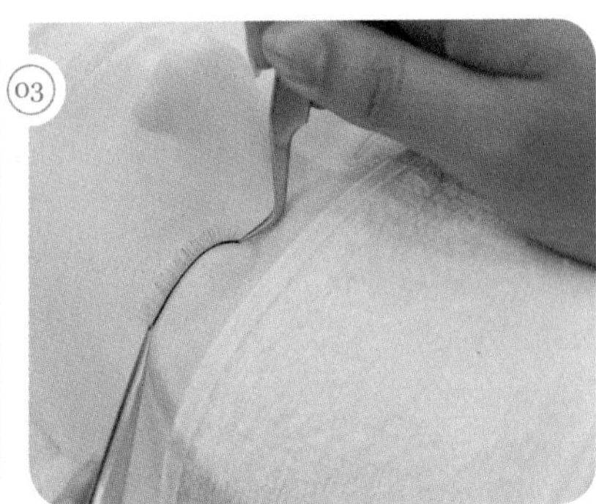

① 마네킹에 헤어밴드를 감싸서 준비한다.
② 단면형 속눈썹 마네킹에 5~6mm 길이의 인조 속눈썹을 부착하여 준비한다.

(2) 속눈썹 전용 아이패치 붙이기

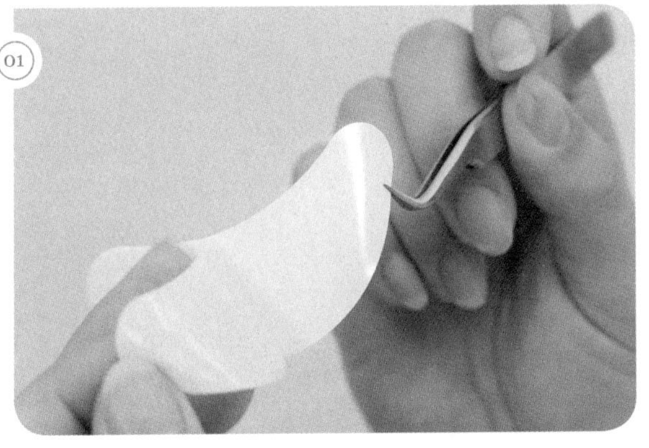
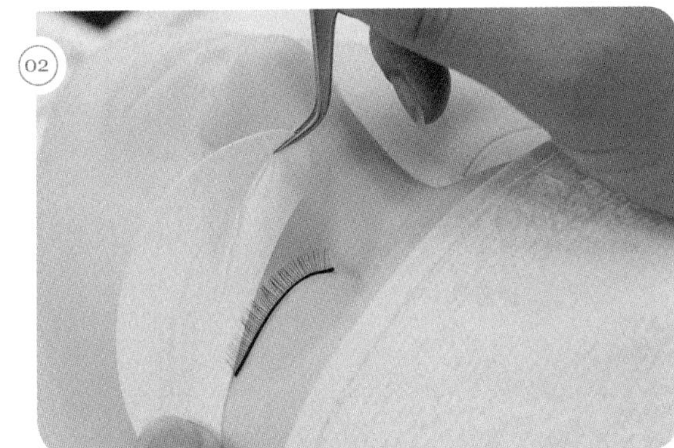
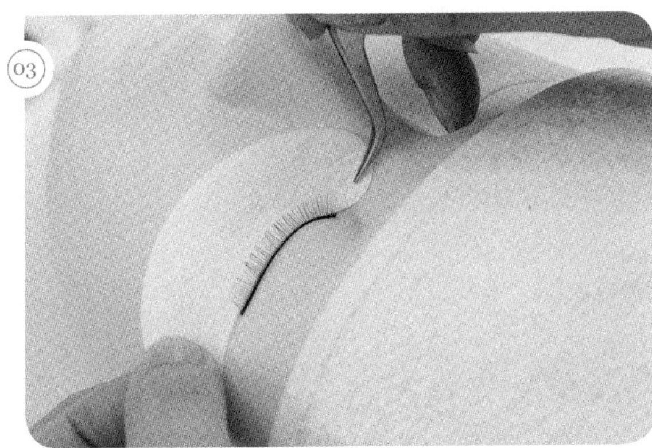
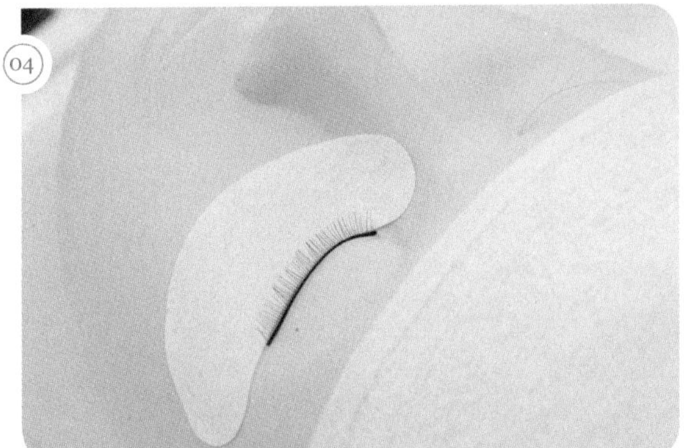

① 속눈썹 전용 아이패치의 포장을 분리한다.
② 인조 속눈썹 아래로 아이패치가 잘 붙도록 핀셋을 활용하여 시술한다.
③ 인조 속눈썹이 눌리지 않도록 마네킹의 눈매 아이라인 곡선에 맞추어 붙여준다.

- 아이패치를 붙인 후 인조 속눈썹이 눌릴 경우 속눈썹 디자인과 시술이 제대로 이루어지지 않는다.
- 아이패치 이외의 테이프류는 사용할 수 없다.

(3) 전처리제 과정

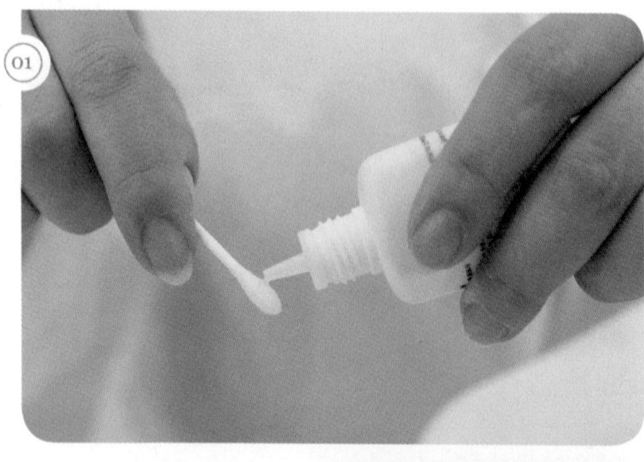

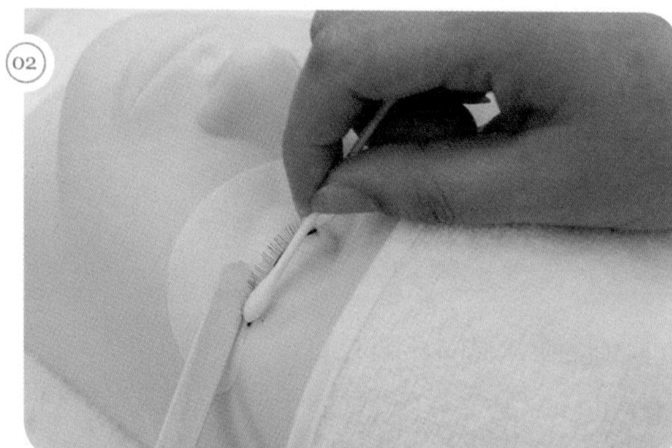

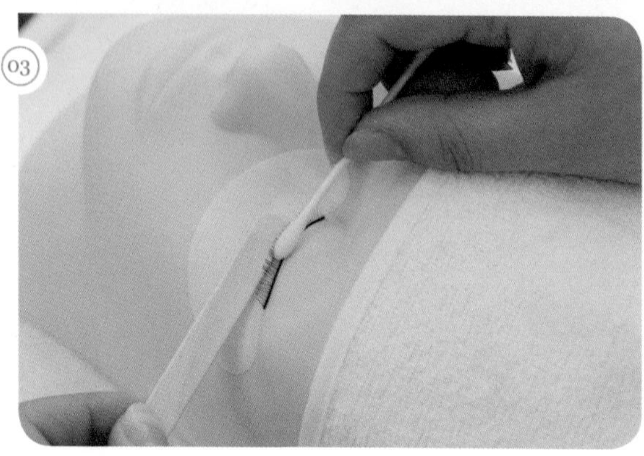

① 일회용 나무 스패튤러를 반드시 사용해야 한다.
② 준비된 나무 스패튤러를 인조 속눈썹 아래에 받치고 면봉을 사용하여 전처리제를 균일하게 도포한다.

(4) 인조 속눈썹을 속눈썹 빗으로 가지런하게 정리하기

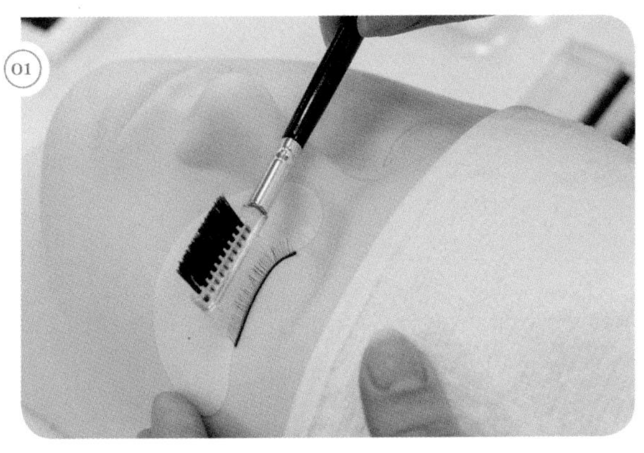

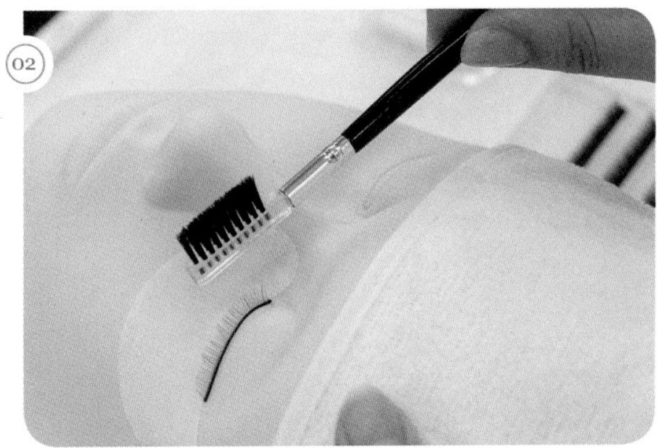

인조 속눈썹을 속눈썹 빗을 사용하여 가지런하게 정리하여 준비한다.

(5) 속눈썹 연장에 사용할 가모를 미리 세팅하여 준비하기

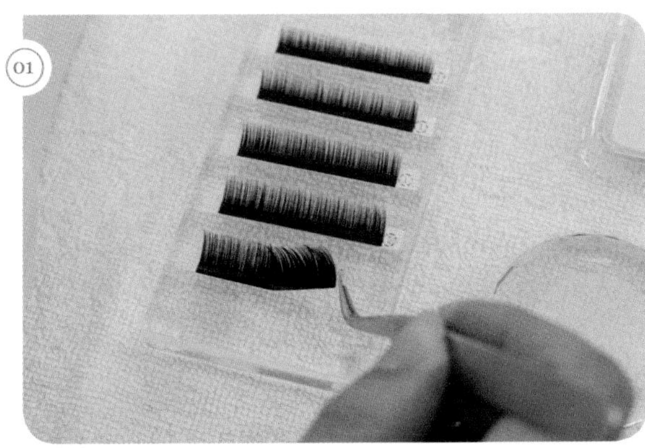

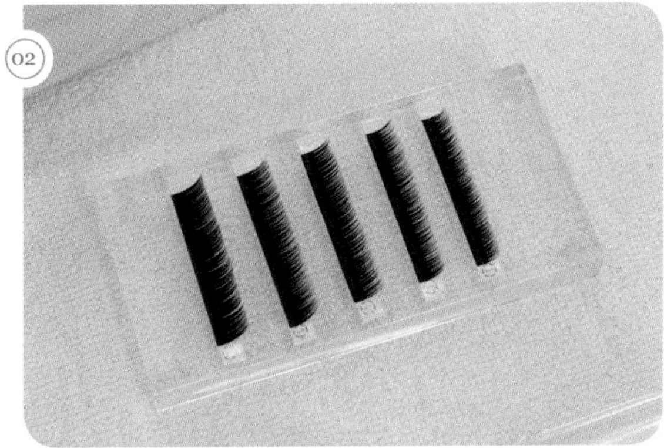

속눈썹 가모 판에 J컬 타입의 5가지 길이(8mm, 9mm, 10mm, 11mm, 12mm)의 속눈썹 싱글가모를 순서대로 정리하여 준비한다.

(6) 속눈썹 인증 글루 준비하기

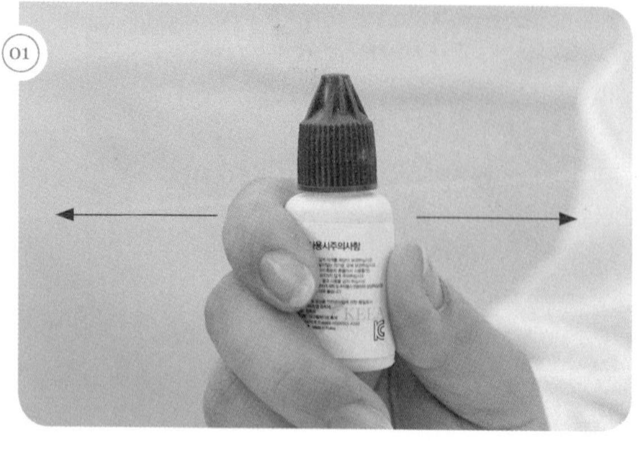

① 속눈썹 글루판에 안전인증글루를 좌우로 30회 이상 흔든다.
② 혼합이 잘 된 글루를 90° 수직으로 한 방울을 덜어서 준비한다.

- 속눈썹 글루는 인증이 되지 않는 제품은 사용할 수 없다.
- 속눈썹 글루는 오랜 기간 변질된 제품은 사용하지 않아야 한다.

※ 감점요인

- 연장하는 속눈썹(J컬)을 손등 등의 신체 부위에 올려놓고 사용할 경우
- 반드시 KC, KPS마크가 있는 글루를 사용한다.

03 | 속눈썹 연장 시술하기

(1) 마네킹 인조 속눈썹 가르기

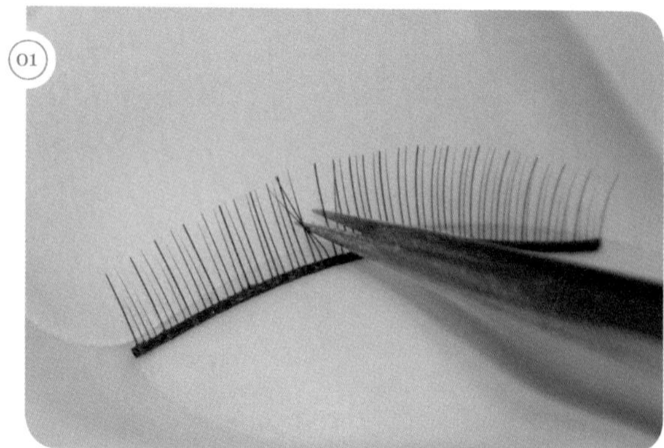

일자 핀셋을 이용하여 핀셋 사이로 인조모가 하나만 나오도록 가른다.

핀셋을 잡는 연습과 인조가모를 가르는 연습을 충분히 해야 한다.

(2) 속눈썹 가모잡기

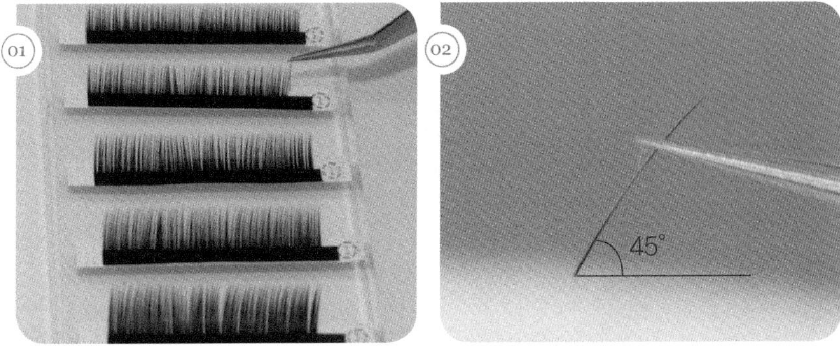

① 핀셋으로 가모의 2/3 지점을 잡고 정면으로 들어 올리면서 가슴방향으로 떼어 낸다.

② 떼어낸 가모를 핀셋으로부터 45° 사선방향이 되도록 잡는다.

TIP 잘못된 가모 떼고 잡는 법

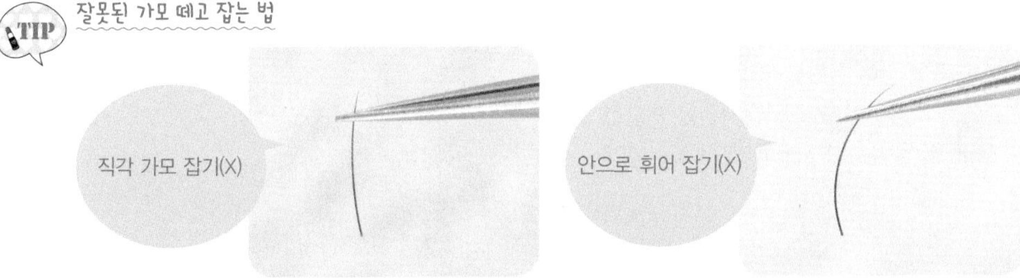

(3) 속눈썹 가모에 글루 묻히기

① 속눈썹 연장용 가모를 핀셋으로 쥐고 글루가 멍울이 지지 않도록 조심해서 묻힌다.

② 가모에 글루가 멍울이 생겼을 때에는 글루판에 글루를 덜어낸 후 시술한다.

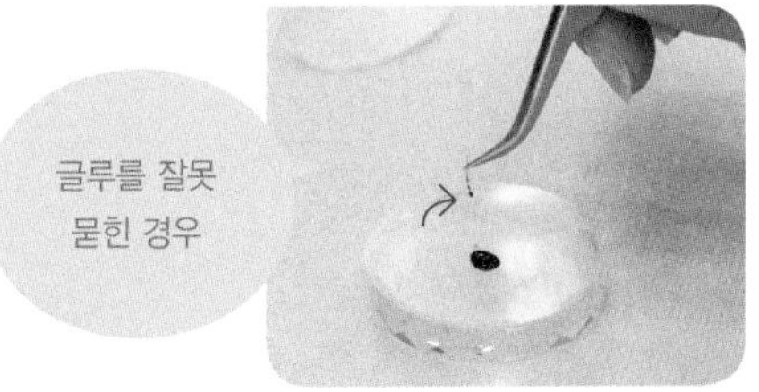

TIP 글루의 양이 가모에 많을 경우(멍울이진 경우) 아이패치에 붙거나 시술이 지저분해진다.

(4) 속눈썹 연장 가모 붙이기

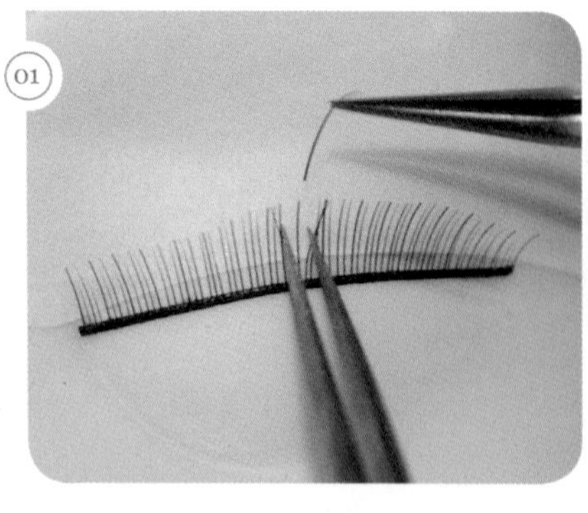

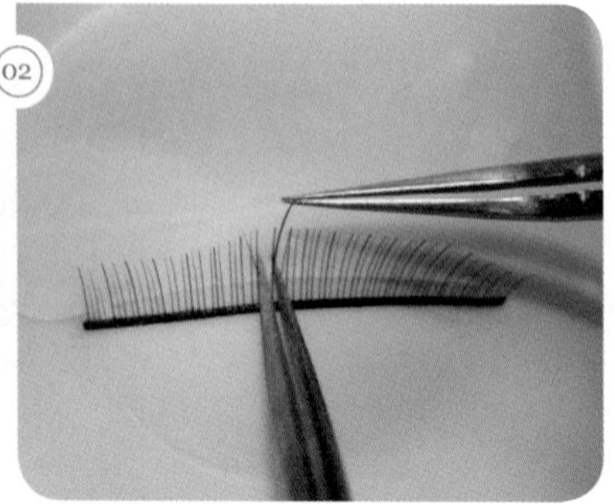

① 속눈썹 연장 가모를 천천히 마네킹 인조 속눈썹에 1/2 지점까지 글루를 고르게 터치한 후 슬라이딩하여 시술한다.
② 속눈썹 연장 가모를 마네킹 인조 속눈썹 뿌리에 1~1.5mm를 띄우고 시술한다.
③ 속눈썹 연장 가모 시술 시 뿌리가 서로 틀어지지 않도록 정확하게 시술한다.
④ 속눈썹 연장 시 글루의 양이 많아서 흘러내리지 않도록 글루 양을 조절한다.
⑤ 아이패치에 시술 전과 하는 도중에 잔여 글루를 덜어내지 않는다.
⑥ 속눈썹 연장 시 5가지의 길이를 사용하여 부채꼴 디자인을 시술한다.
⑦ 속눈썹 연장 속눈썹은 한 올에 한 올씩 1 : 1 시술을 원칙으로 한다.

04 | 속눈썹 연장 부채꼴 디자인

(1) 5가지 길이의 눈매기준점 잡기

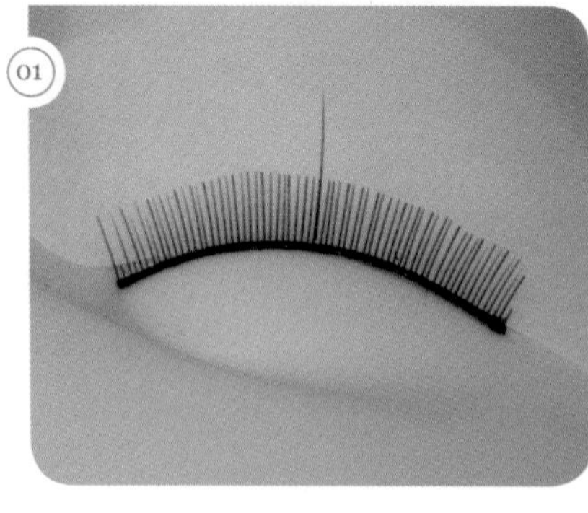

① 12mm 가모를 눈 가운데 중앙부분(T.P)에 붙여준다.
② 눈 앞머리(I.P) 2~3가닥은 연장하지 않고 눈 앞머리부분에 8mm 가모를 붙여준다.
③ 눈 뒷머리(O.P)부분에 9mm 가모를 붙여준다.

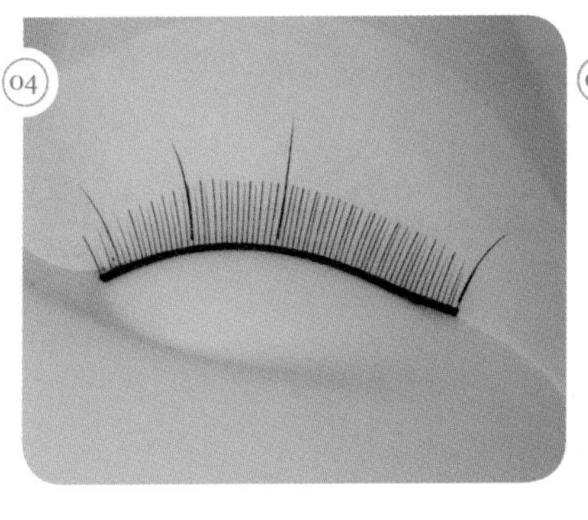

④ 앞머리(8mm)와 눈매기준점(정중앙 12mm)과의 중간모(I.P ↔ T.P) 10mm를 붙여준다.

⑤ 뒷머리(9mm)와 눈매기준점(12mm)과의 중간모(T.P ↔ O.P) 11mm를 붙여준다.

부채꼴 기본 디자인길이 배열

- 눈매기준점(Top, Line, Point)=12mm
- 눈 앞머리(In, Line, Point)=8mm
- 눈 뒷머리(Out, Line, Point)=9mm
- 눈 앞머리와 중앙 사이(I.P – T.P)=10mm
- 눈 뒷머리와 중앙 사이(O.P – T.P)=11mm

(2) 전체 속눈썹 연장 40모 채워 붙여나가기

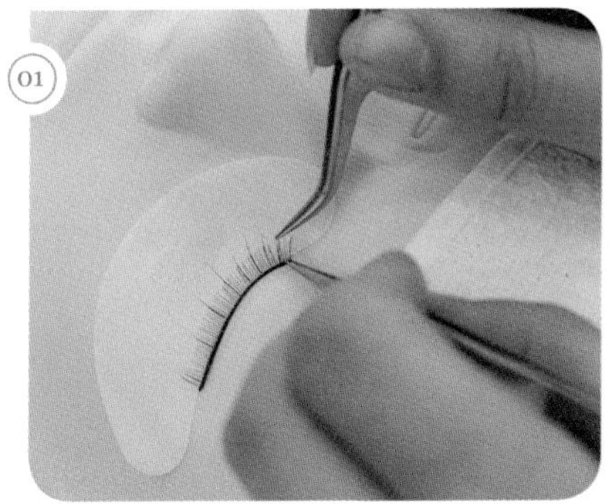

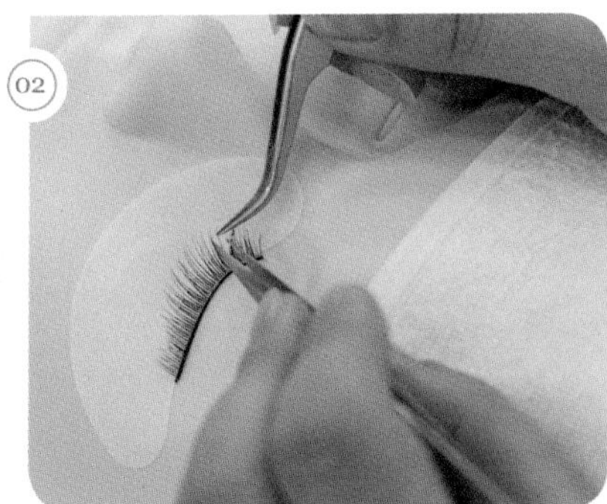

① 전체 5가지의 눈매기준점을 시술한 후 모와 모 사이사이의 중간지점에 시술하여 25분 이내에 40모의 눈매밸런스를 맞춘다.

② 앞, 뒤, 중간의 부분을 오가면서 글루가 서로 겹치지 않도록 연장한 속눈썹 바로 옆 시술은 피한다.

③ 시술 완성 후 자연스럽고 중앙이 길어 보이는 라운드형 부채꼴 디자인을 완성한다.

④ 시험시간이 종료되면 사용한 재료와 도구는 모두 제자리에 정리하고 작업대 위를 깔끔하게 정리한다.

※ 40가닥이 되지 않을 때는 미작으로 인정되어 0점 처리가 될 수 있으므로 유의하도록 한다.

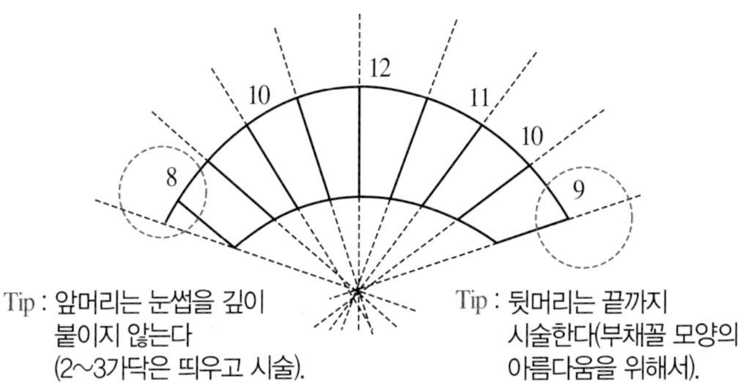

05 | 마무리

① 시술 시 사용한 도구는 모두 제자리에 정리한다.
② 작업대 위를 깨끗하게 정리 정돈한다.

시술이 끝난 후 위생봉지(쓰레기)를 정리한다.

06 | 완성

Before & After

지켜야 할 것

- 속눈썹과 글루는 반드시 KC 인증 스티커가 부착되어 있어야 한다.
- 흰 가운, 흰 마스크를 착용하여야 한다(흰 가운 일회용 안 됨).
- 과제 시 도구가 흰 수건에서 이탈하지 않도록 유의한다.
- 손 소독은 반드시 해야 한다.
- J컬로 8~12mm 5가지 모두 사용해서 40모 이상 붙여서 부채꼴을 만들어야 한다.
- 모근에서 1~1.5mm 정도 반드시 떨어트려서 부착한다.
- I.P를 붙일 때 앞머리부분 2~3 가닥을 꼭 띄우고 시작한다(뒷머리는 끝까지 시술).
- 글루의 양을 잘 조절하여 뭉쳐 보이지 않도록 한다.
- 시험 도중 웃거나 말을 해서는 안 되며, 옆 사람과 눈빛 교환도 해서는 안 된다.
- 어느 곳이라도 소속, 이름을 보여서는 안 되며, 재료 구별을 위한 표시를 해도 안 된다.
- 타이머, 핸드폰 모두 사용이 불가하다.

Q 인조 속눈썹을 마네킹에 붙일 때 홈이 너무 파여 있는 마네킹은 눈두덩이 라인에 맞춰서 붙여도 되나요?

A 네. 눈두덩이 라인에 최대한 맞춰서 붙여주세요.

Q 속눈썹, 글루에 KC 인증마크 스티커가 붙어 있지 않은데 시험 볼 때 갖고 가도 되나요?

A 아니요. 절대 안 됩니다. 국가시험을 볼 때는 마크가 꼭 부착되어 있어야 합니다.

Q 입장하기 전에 마네킹에 인조 속눈썹을 붙여서 들어가도 되나요?

A 아니요. 시험장에서 모두 다 같이 붙이고 시작합니다. 단, 5~6mm로 미리 잘라 놓는 건 가능합니다.

Q 감독관이 옆에 와서 이것저것 요구하나요?

A 아니요. 감독관은 옆에서 지켜보기만 합니다.

Q 25분이 지나고 바로 감독관이 채점하고 종료되는지, 아니면 붙인 눈썹을 제출하고 나오나요?

A 시술이 끝나면 그대로 있다가 점수를 채점하면 시술 종료된 마네킹을 들고 나오시면 됩니다.

Medium Mustache

미디어 수염

Check Point

- 현대적인 남성스타일(수염의 길이는 마네킹의 턱 밑 1~2cm)을 연출한다.
- 수염 접착제를 균일하게 도포하여 마네킹의 좌우 균형, 위치, 형태를 주의하면서 사진에 가공된 상태의 수염을 붙인다.
- 빗과 핀셋으로 붙인 수염을 다듬은 후 고정 스프레이와 라텍스 등을 이용하여 스타일링한다.

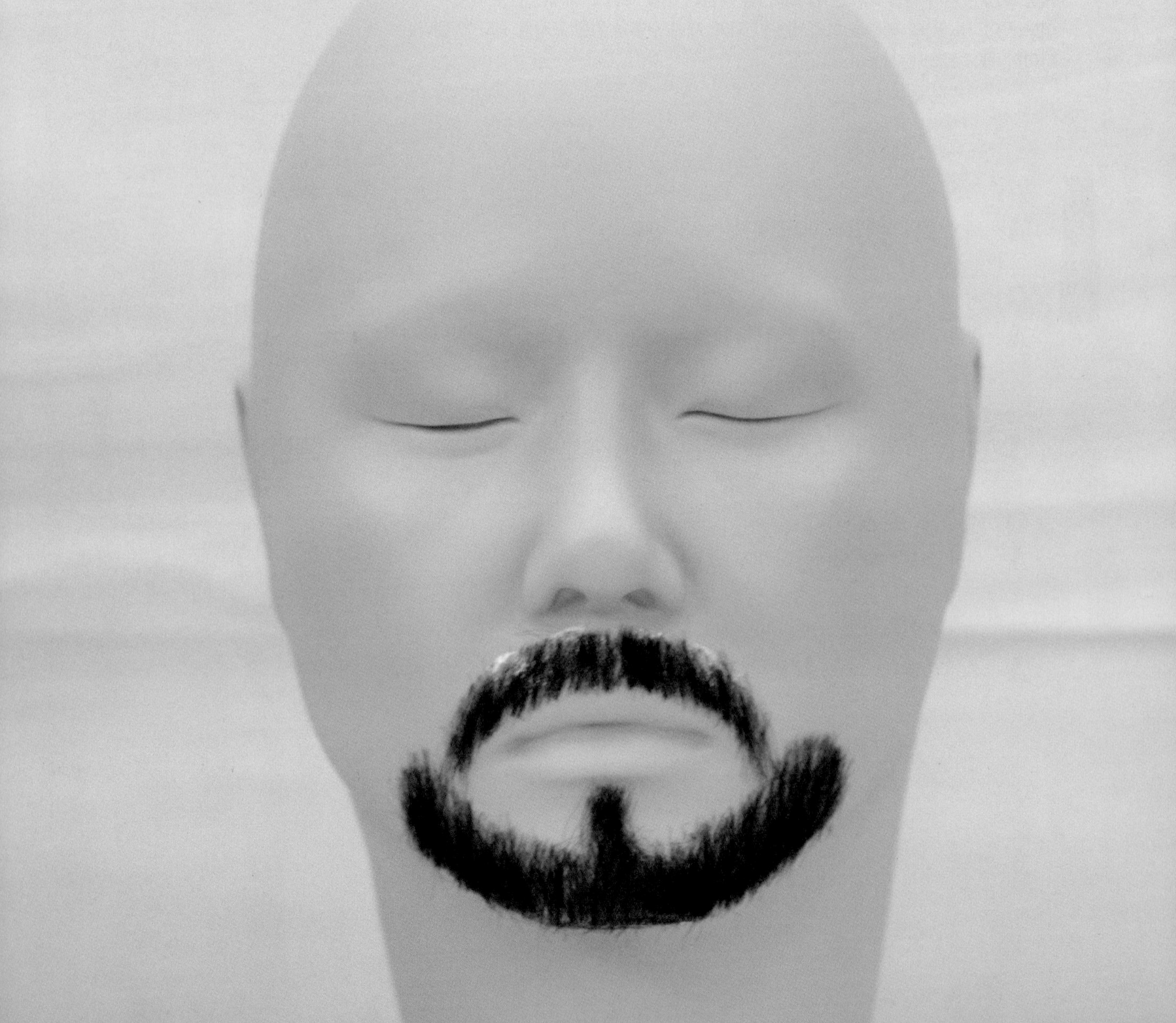

일러두기

01 과제유형

수염 부착	배 점	시험시간
턱수염 및 콧수염 부착	15	25분

02 심사기준 및 감점요인

(1) 작업장 청결, 재료준비상태, 위생 및 소독 등의 사전준비자세
(2) 기본 및 숙련도 : 수염의 양 조절 연출
(3) 기술력 : ① 양쪽 턱수염/콧수염의 대칭표현
② 수염의 그러데이션 여부
(4) 완성도 : 미작일 경우 실격 처리된다.

03 요구사항 및 수험자 유의사항

1 요구사항(제4과제)

※ 지참 재료 및 도구를 사용하여 다음의 요구사항에 따라 미디어 수염을 시험시간 내에 완성하시오.

① 제시된 도면을 참고하여 현대적인 남성스타일을 연출하시오(단, 완성된 수염의 길이는 마네킹의 턱 및 1~2cm 정도로 작업한다).
② 과제를 수행하기 전 수험자의 손 및 도구류와 마네킹의 작업 부위를 소독하시오.
③ 수염 접착제(스프리트 검)를 균일하게 도포하여 마네킹의 좌우 균형, 위치, 형태를 주의하면서 사전에 가공된 상태의 수염을 붙이시오.
④ 수염의 양과 길이 및 형태는 도면과 같이 콧수염과 턱수염을 모두 완성하시오.
⑤ 빗과 핀셋으로 붙인 수염을 다듬은 후 고정 스프레이와 라텍스 등을 이용하여 스타일링하시오.

2 수험자 유의사항

① 마네킹에는 지정된 재료 및 도구 이외에는 사용할 수 없다.
② 수염은 사전에 가공된 상태로 준비해야 한다.
③ 핀셋, 가위 등의 도구류를 사용 전 소독제로 소독해야 한다.

준비사항

01 | 수험자 복장 및 마네킹의 준비 상태

(1) 수험자 복장

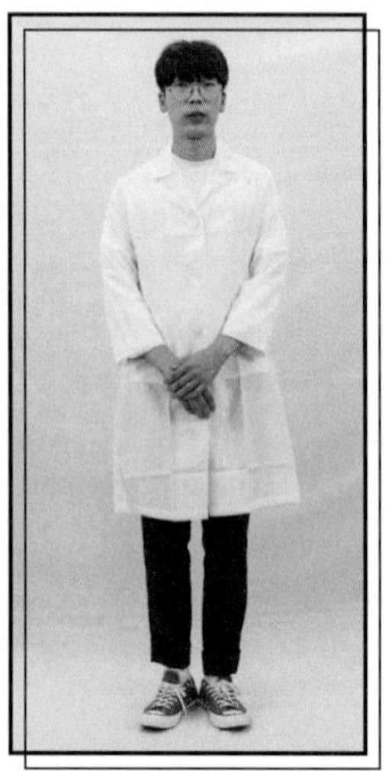

① **마스크(흰색) 착용**
② **상의** : 흰색 위생가운(반팔 또는 긴팔 가능, 일회용 가운 불가)
③ **하의** : 긴바지(색상, 소재 무관)

주의사항

- 눈에 보이는 표식[문신, 헤나, 컬러링(지정색 외)], 디자인, 손톱장식이 없어야 함
- 복장에 소속을 나타내는 표식이 없어야 함
- 액세서리 착용금지(반지, 팔찌, 시계, 목걸이, 귀걸이 등)
- 고정용품(머리핀, 머리망, 고무줄 등)은 검은색만 허용
- 스톱워치나 휴대전화 사용금지
- 재료 구별을 위한 스티커 부착금지

(2) 수염의 준비 상태

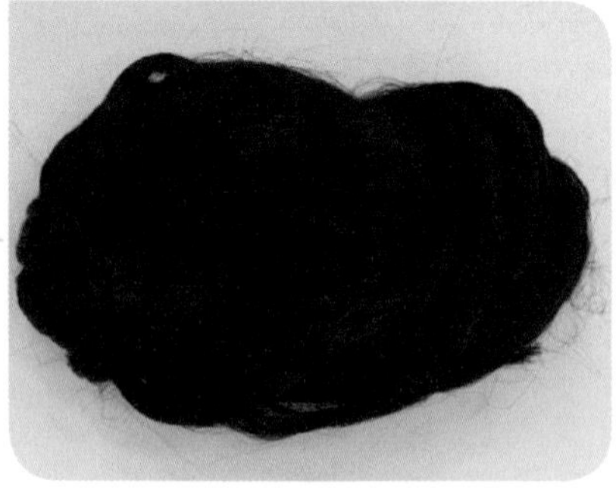

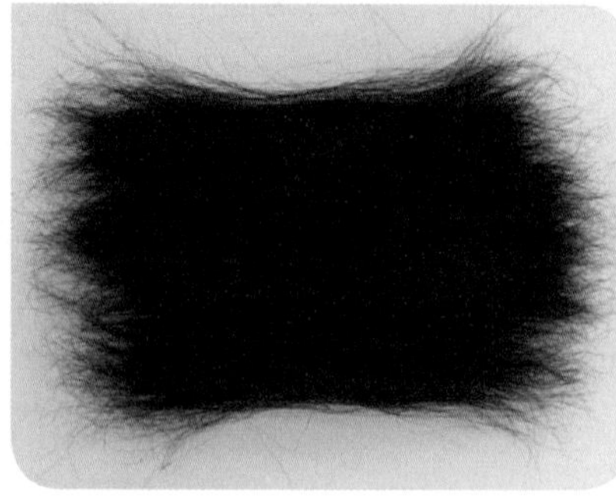

인조수염
준비 완료된 상태

인조수염은 시험을 보러 가기 전 미리 준비 완료된 상태의 모습으로 완성하여 가져가야 한다.

02 | 도면 및 작업대 세팅

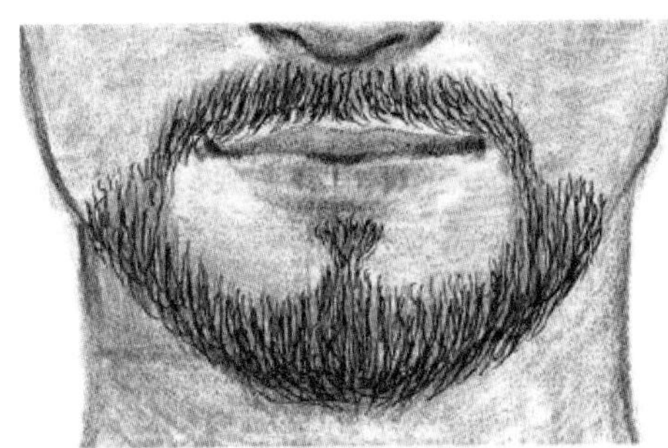

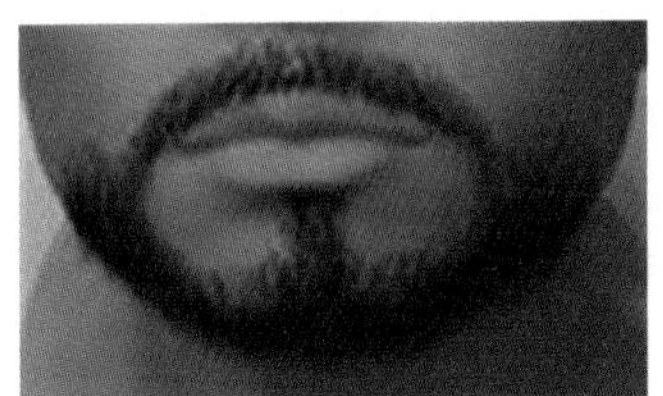

(1) 도구 및 재료

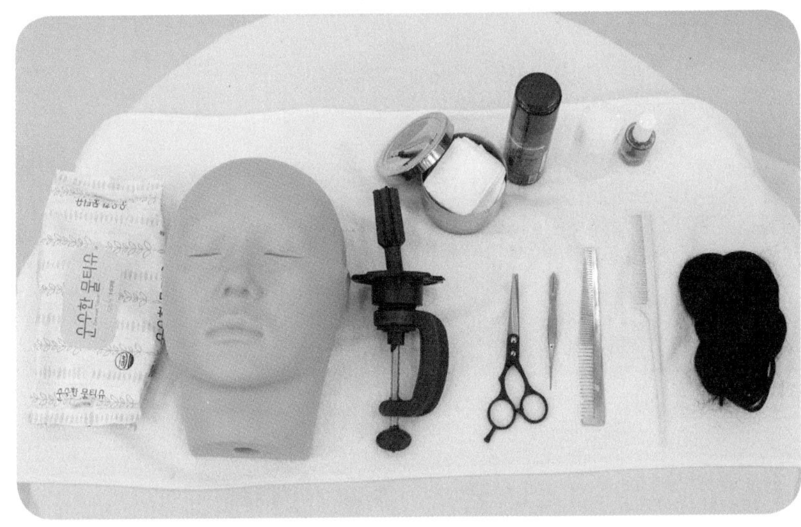

- 01 위생가운
- 03 위생봉지
- 04 타월(흰색)
- 06 탈지면 용기
- 07 소독제
- 08 화장솜(탈지면)
- 09 마네킹
- 10 수염 (가공된 검은색 생사 또는 인조사)
- 11 수염 접착제(스프리트 검, 프로세이드)
- 12 가 위
- 13 핀 셋
- 14 빗
- 15 고정 스프레이
- 16 가제수건 (거즈, 물티슈)
- 17 홀 더

(2) 사전준비

모든 세팅이 준비되어 있어야 한다.

과제 재료 세팅 시 감점 요인

- 과제가 시작되면 도구나 재료를 꺼낼 수 없으므로 흰 타월 안에 과제에 필요한 모든 재료를 세팅한다.
- 불필요한 도구가 세팅되어 있으면 안 되고 도구 및 재료는 바닥에 떨어뜨리지 않는다.

03 | 수염 준비과정

(1) 수염 치대기

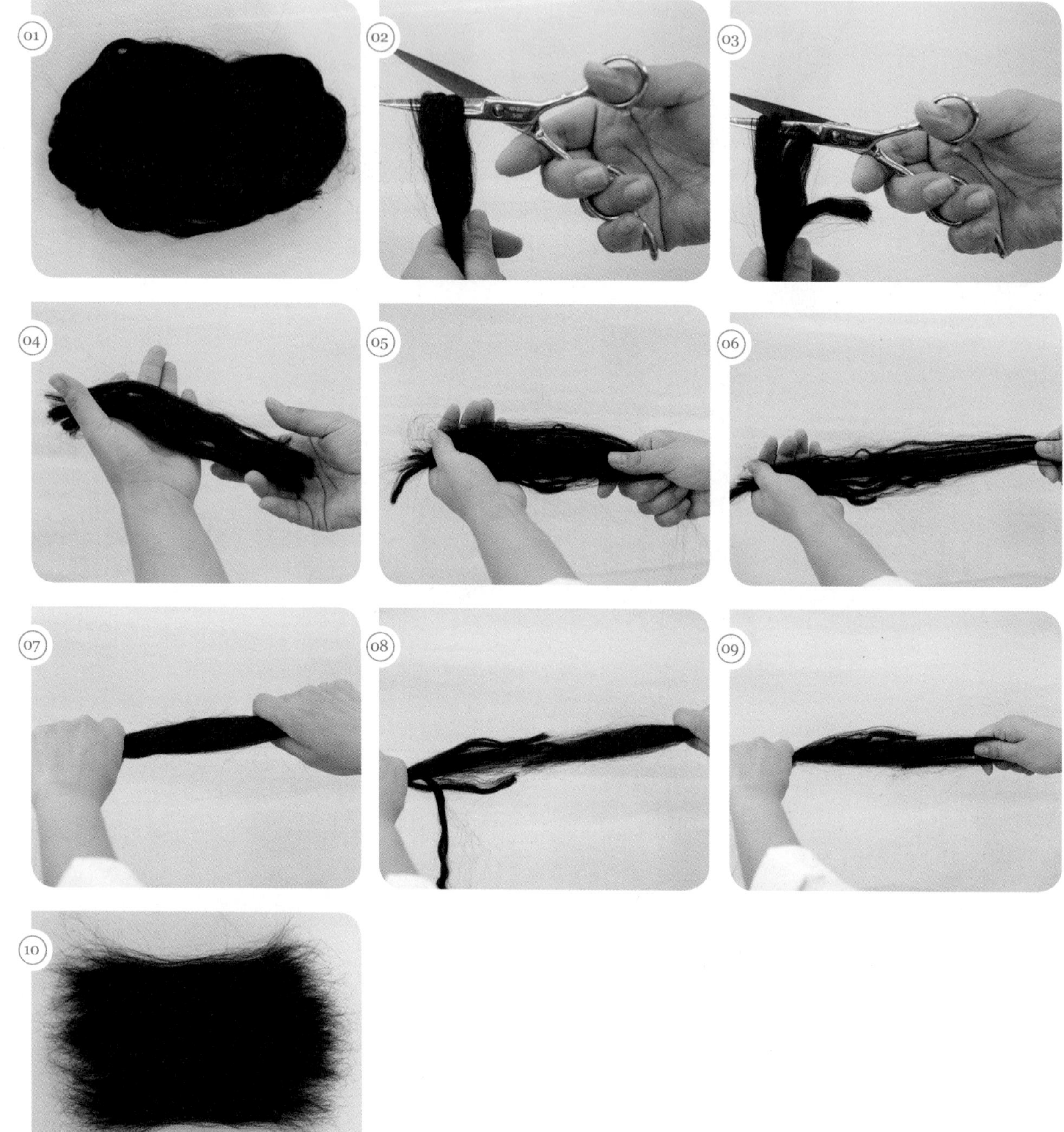

시술과정

01 | 소독 및 위생

(1) 수험자 손 소독하기

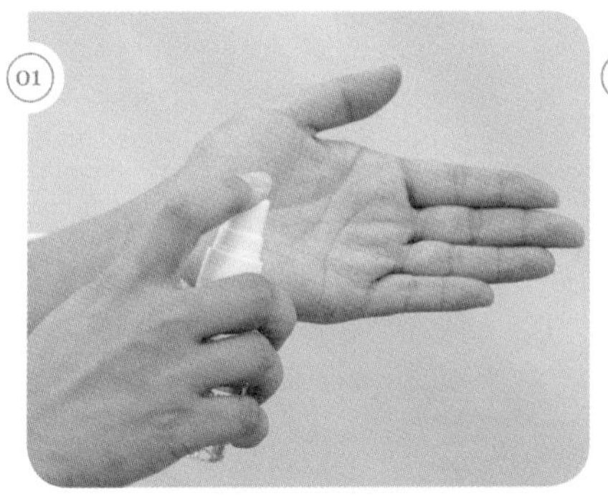

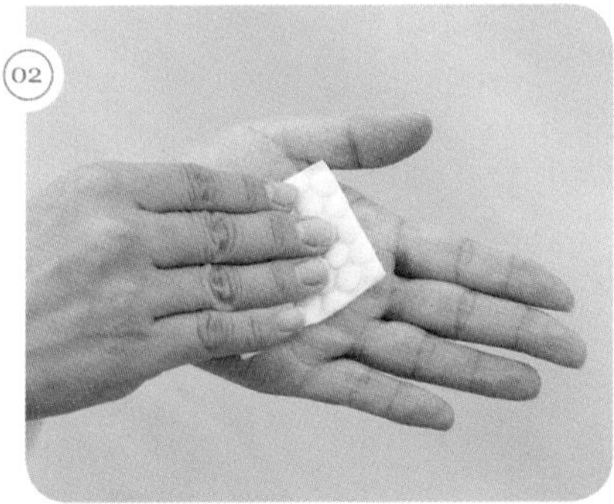

① 손 소독제 사용 : 손 소독제를 사용하여 손을 전체적으로 소독한다.
② 화장솜으로 손 소독 : 화장솜을 사용해 손을 한 번 더 닦아 준다.

(2) 도구 소독하기

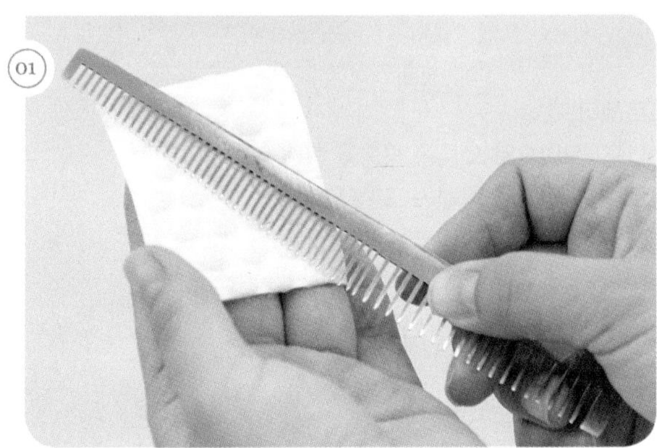

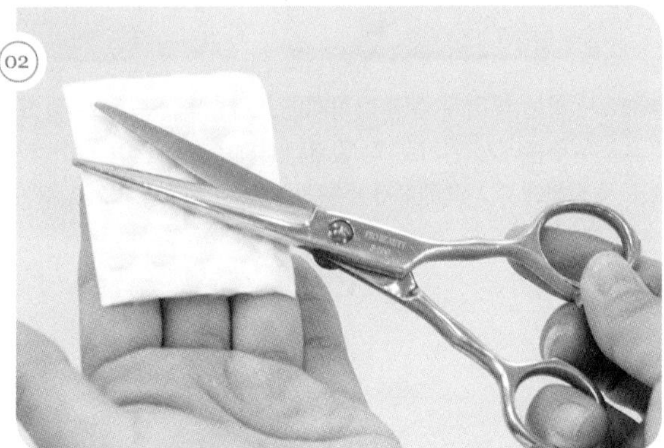

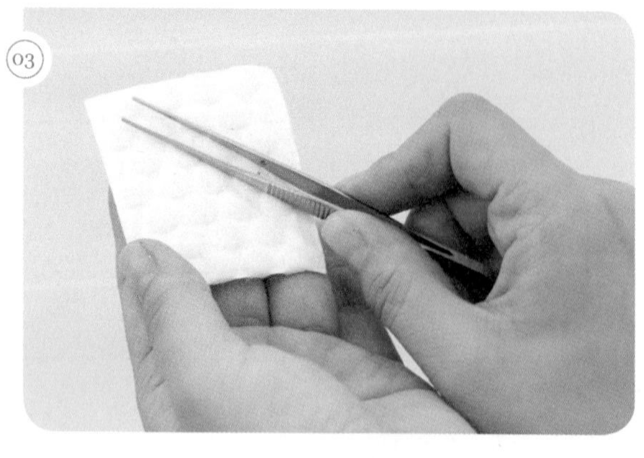
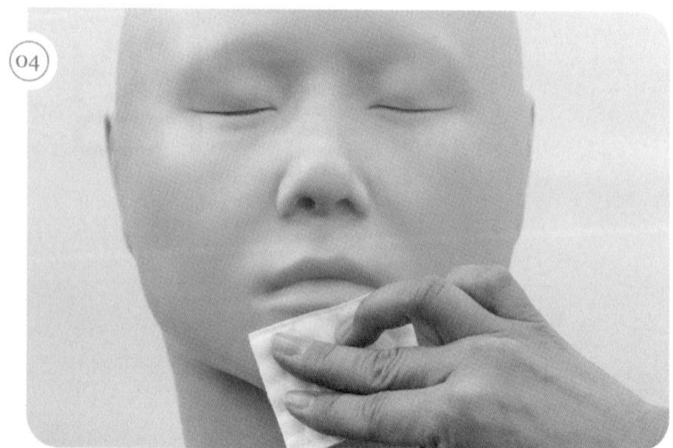

① 빗, 가위, 핀셋 등의 도구를 소독제로 소독한다.
② 멸균거즈에 알코올 소독제를 2~3회 뿌려 마네킹의 작업 부위를 소독한다.

02 | 턱수염 접착제 도포

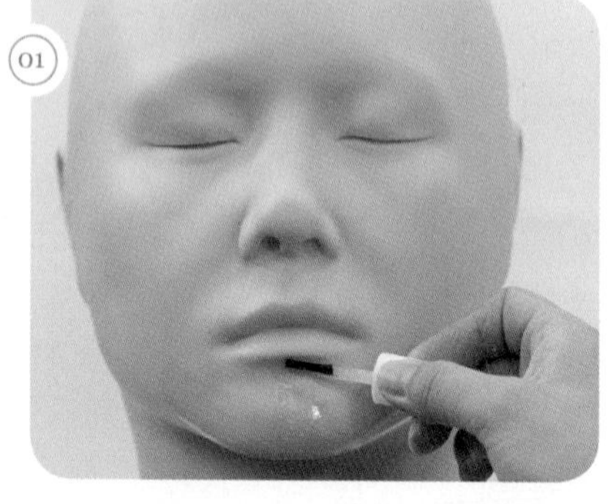
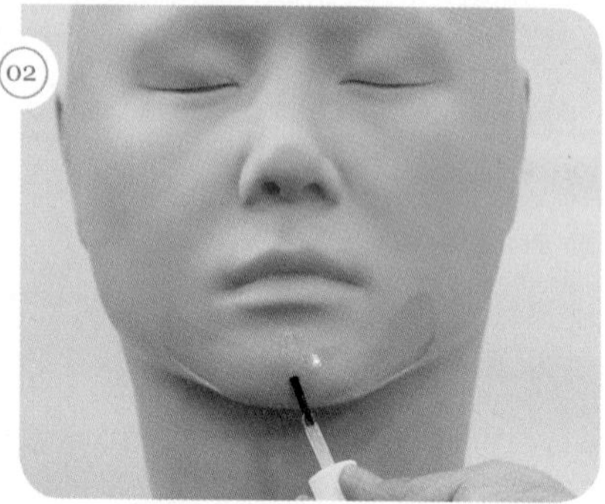
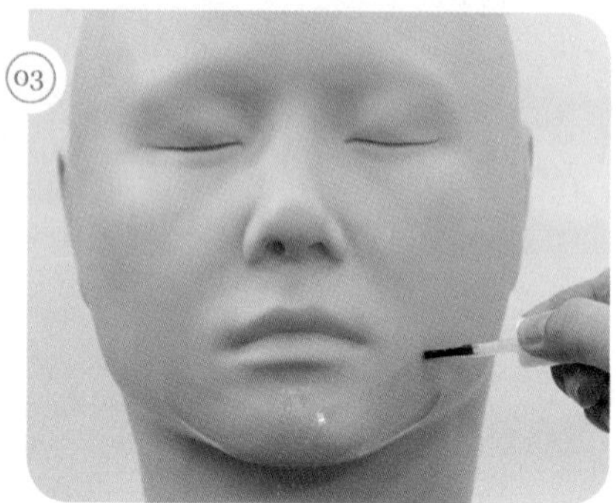

① 시술하고자 하는 부위에 수염 접착제를 도포한다(스프리트 검 또는 프로세이드).
② 아랫입술 밑부분에서 일자로 턱 밑부터 8자 주름라인이 벗어나지 않게 U자 모양으로 오른쪽 방향을 향해 도포한다.
③ 왼쪽도 중심선에서 시작해 8자 주름라인이 벗어나지 않게 U자 모양으로 왼쪽 방향을 향해 도포한다.

TIP

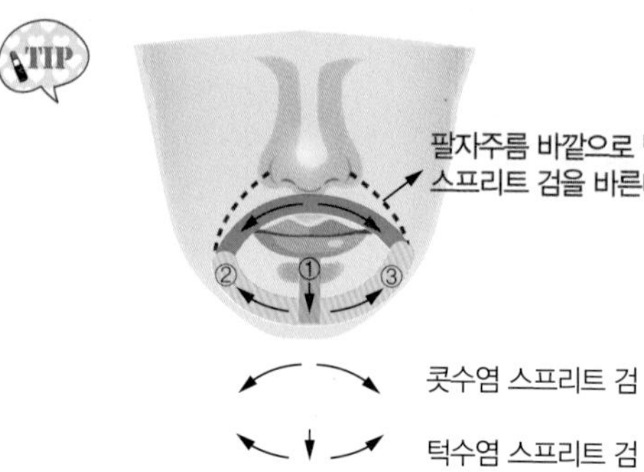

수염모양 : V라인의 형태

스프리트 검을 골고루 도포해야 수염이 뭉치거나 들뜸 현상이 없다.

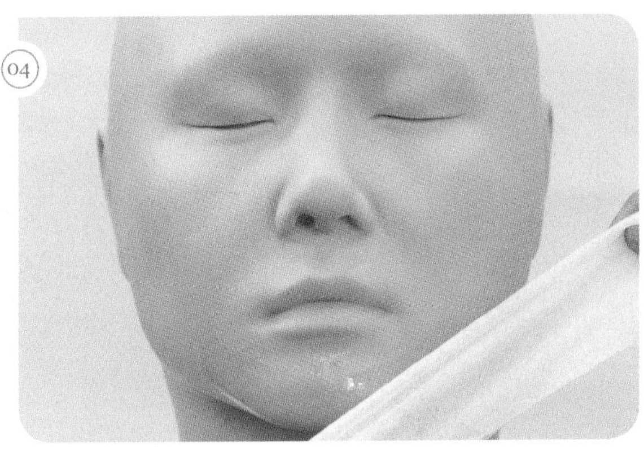
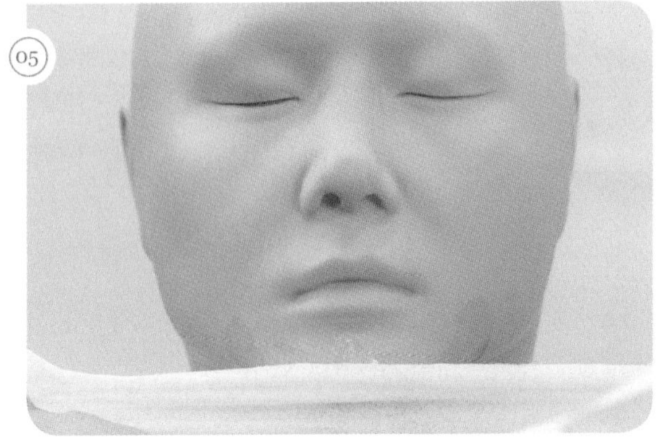

④ 도포 후 젖은 거즈를 이용하여 덮어주듯 눌러준다.

TIP 스프리트 검의 번들거림을 잡아 주고, 스프리트 검의 굳는 속도를 조절할 수 있다(스프리트 검이 적당히 마르면 수염을 붙이기 더 쉽다).

03 | 턱수염 붙이기

(1) 수염 정리

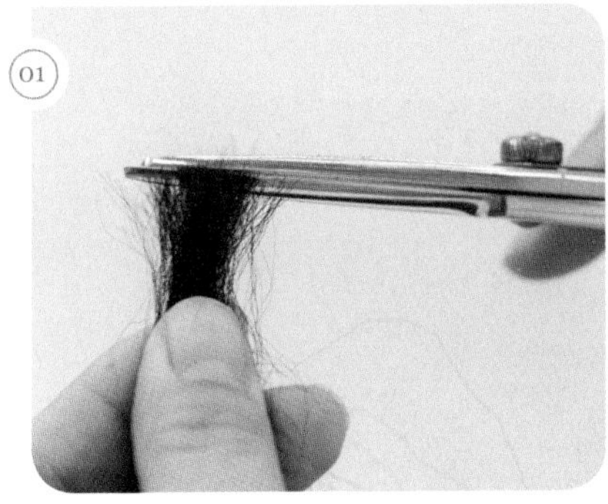

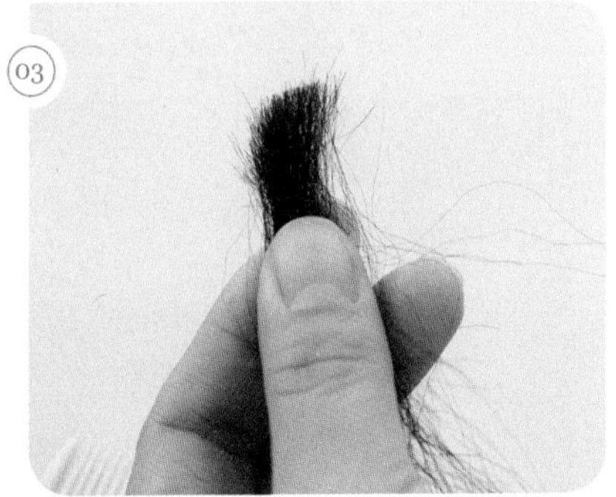

① 적당량의 준비된 수염을 손가락 마디 정도로 집어 윗부분을 커팅한 후 윗부분을 사선으로 잘라준다.

② 사선으로 자른 수염을 손가락을 이용하여 돌려 둥근 형태를 만들어 준다(돌리는 이유는 더욱 자연스러운 그러데이션 연출을 위해서 이다).

(2) 1단 수염 붙이기

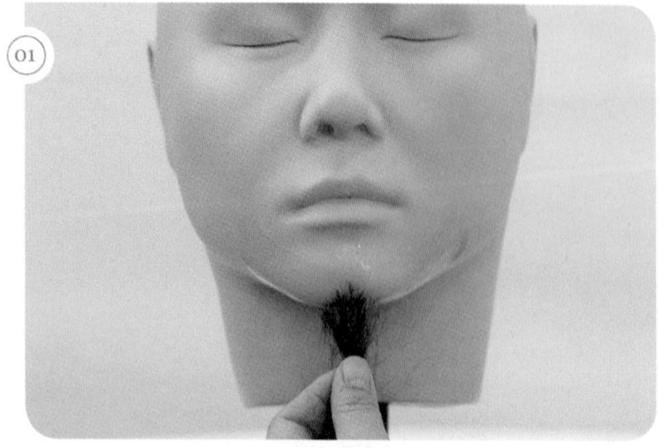

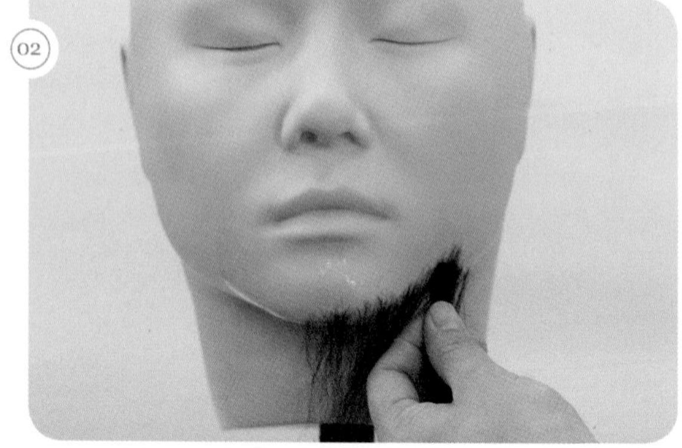

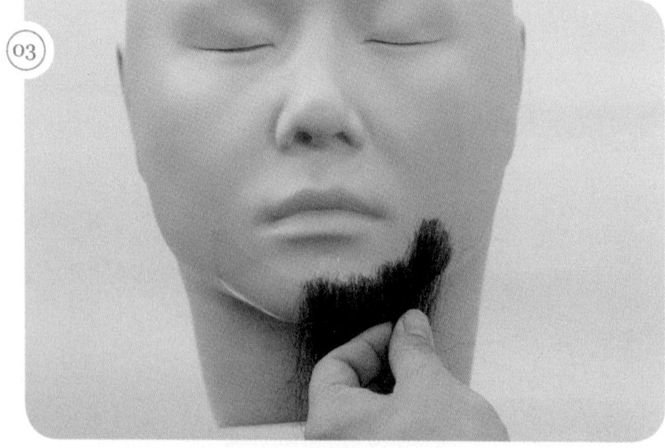

① 턱수염은 3단계로 붙여준다.

층이 지고 뭉쳐서 부자연스러운 수염 연출을 방지해 준다.

② 수염을 지그시 눌러 붙이고 빼주는 동작을 반복한다.

③ 턱수염의 모양이 V라인 형태가 될 수 있도록 사이드로 갈수록 기울여서 붙여준다.

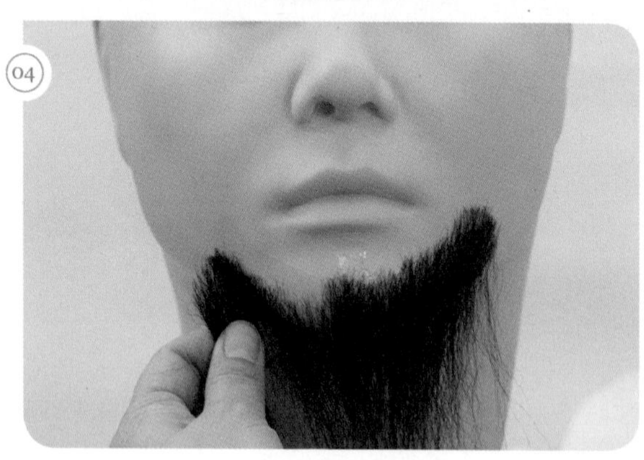

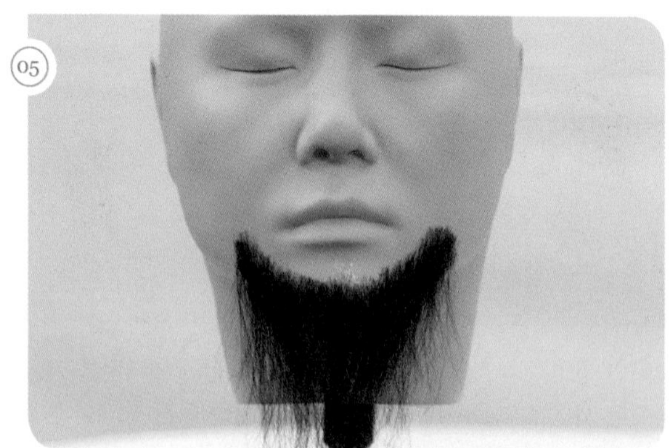

④ 오른쪽과 마찬가지로 3단계로 붙여준다.

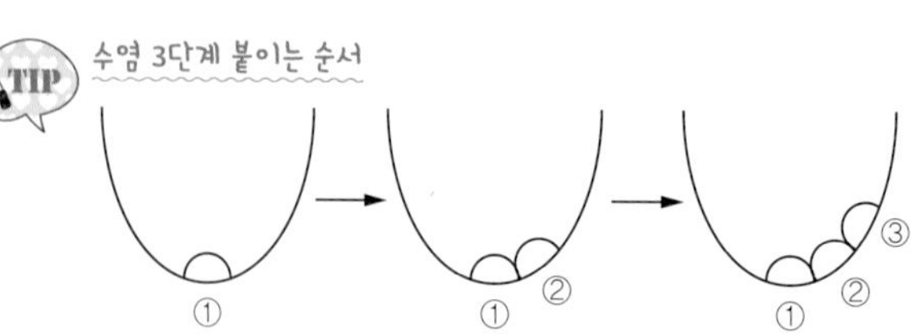

(3) 턱 밑 수염 붙이기

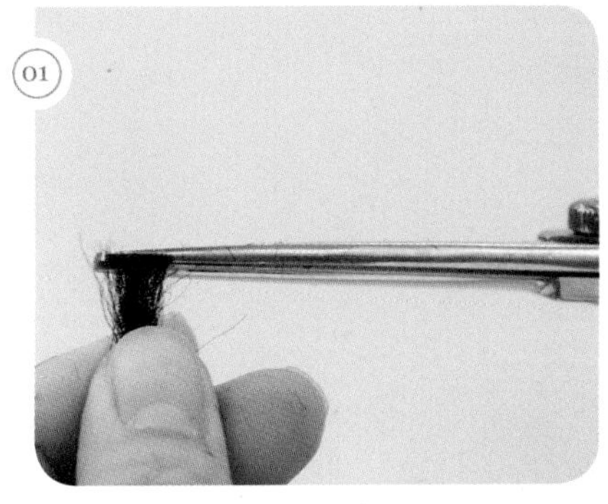

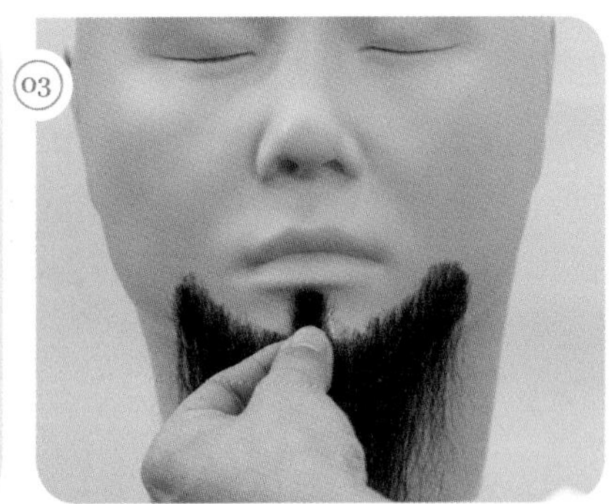

수염 윗부분을 깨끗하게 커팅한 후 아랫입술 밑부분에 붙여준다.

04 | 콧수염 접착제 도포

(1) 스프리트 검 도포

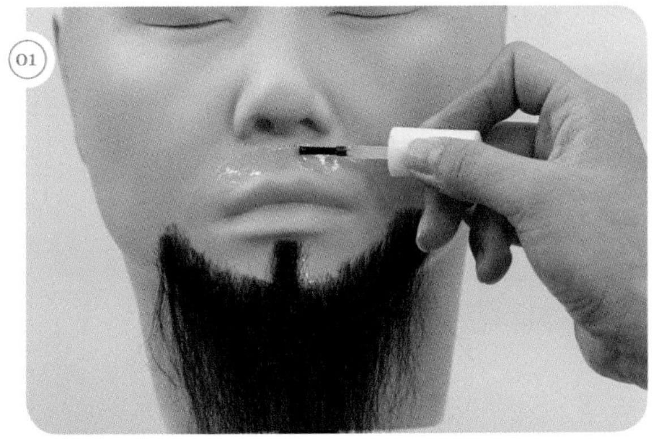
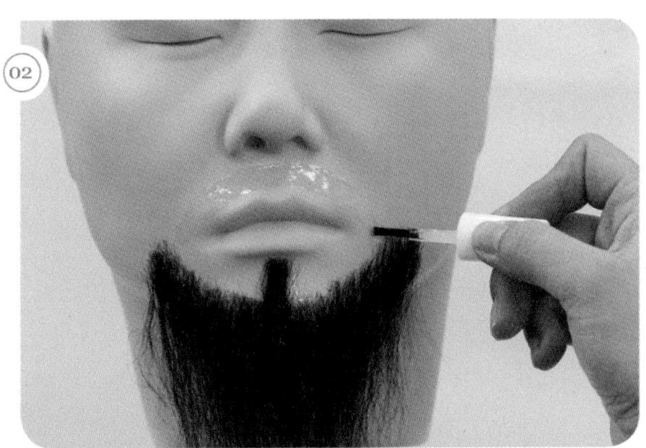

① 인중에서 시작하여 콧수염 부위에 스프리트 검을 도포해 준다.
② 8자 주름이 넘어가지 않게 라인을 따라 도포한다.

05 | 콧수염 붙이기

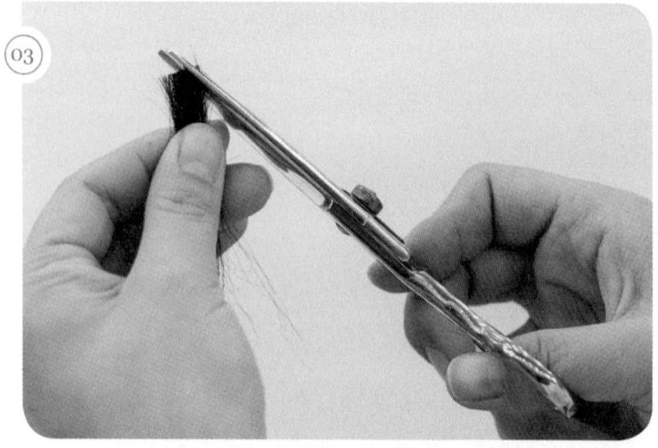

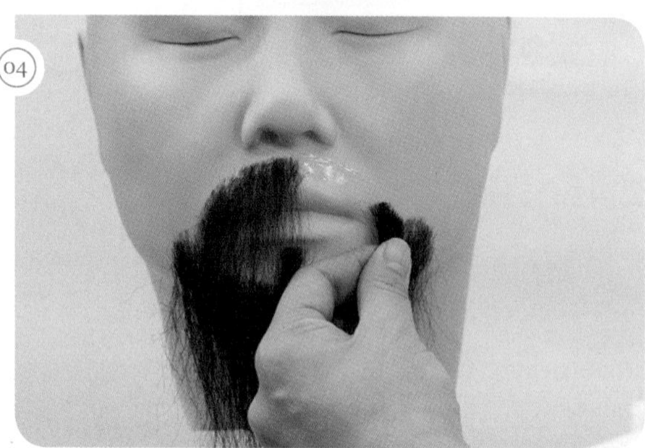

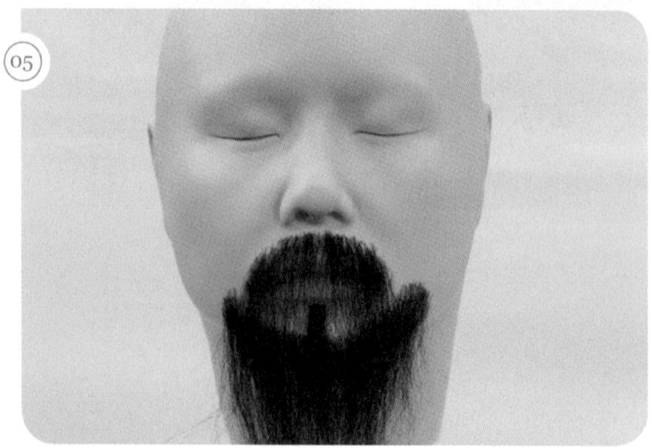

① 왼쪽 수염은 왼쪽을 사선으로 커팅하고 오른쪽 수염은 오른쪽을 사선으로 커팅한다.
② 밑부분은 사선으로 붙이다가 인중에 다가올수록 일직선이 될 수 있도록 붙여준다.

06 | 콧수염 및 턱수염 정리

(1) 빗질 및 핀셋으로 정리

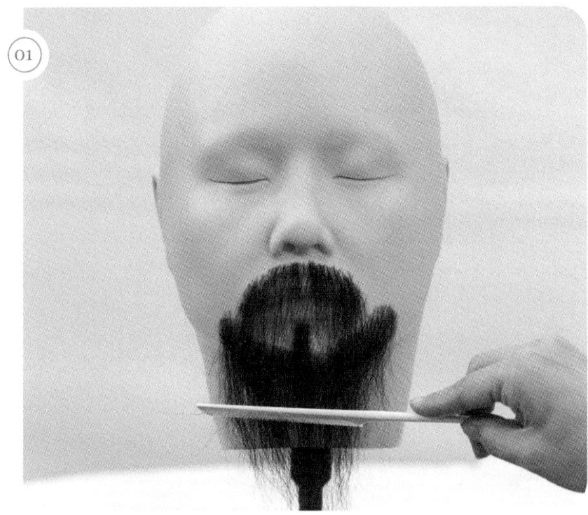

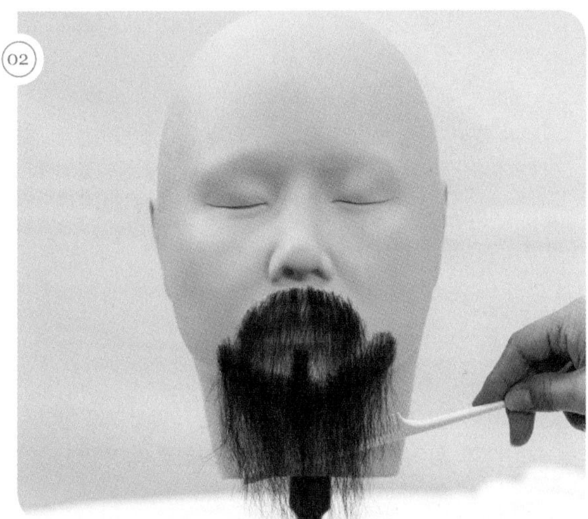

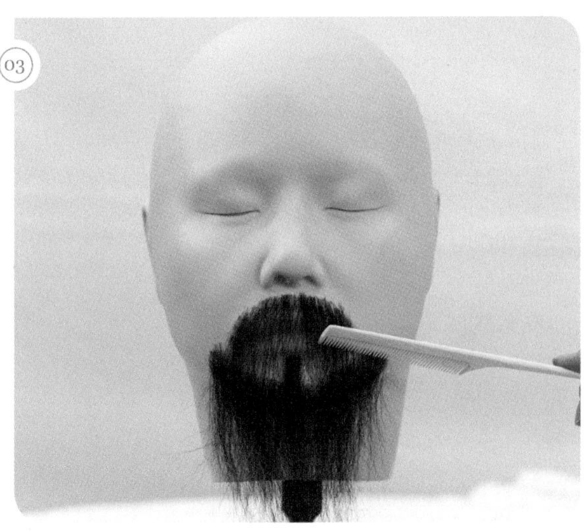

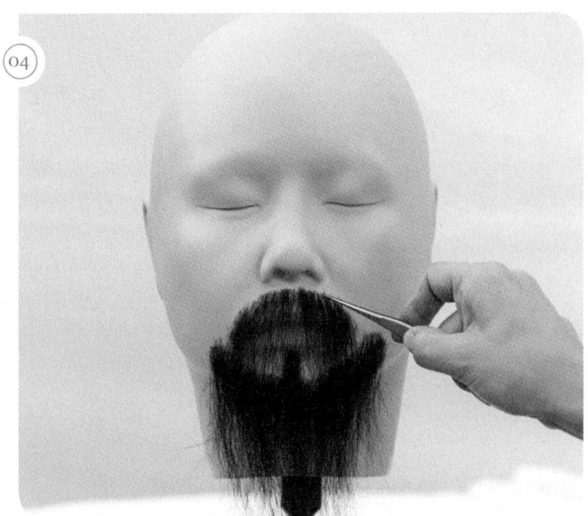

① 콧수염과 턱수염을 전체적으로 빗질한다.
② 핀셋을 이용하여 수염의 대칭을 맞춰준다.

수염을 붙이고 진해 보이는 부분을 꼬리빗으로 한 번씩 빗질을 해 주고, 핀셋을 이용하여 지저분한 수염은 정리해 준다.

(2) 수염 커팅

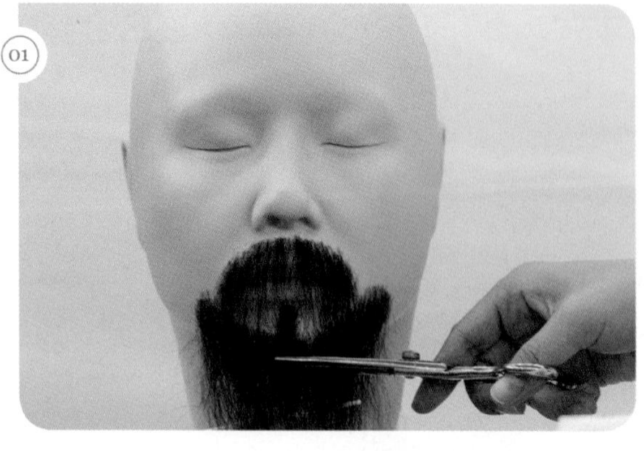

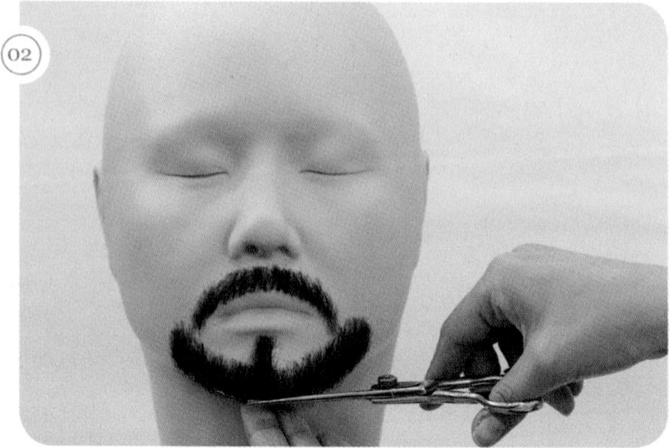

① 도면과 같이 1~2cm 정도의 길이로 작업한다.

TIP 왼쪽 검지를 턱 밑에 댄 후 가위로 커팅하면 2cm에 맞출 수 있다(떨림 방지 및 지지대 역할을 함).

② 콧수염은 일자로 자르며, 구각 끝으로 갈수록 세워서 커팅한다.
③ 수염을 커팅한 후 튀어나온 부분이 없도록 가위로 정리한다.

(3) 스프레이 도포

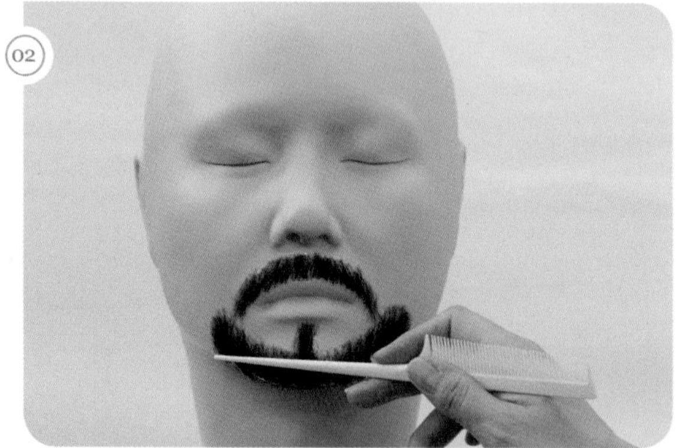

① 꼬리빗에 스프레이를 도포한다.
② 수염의 들뜨는 부분을 꼬리빗으로 눌러 차분하게 정리해 준다.

07 | 마무리

① 시술 시 사용한 도구는 모두 제자리에 정리한다.
② 작업대 위를 깨끗하게 정리 정돈한다.

시술이 끝난 후 위생봉지(쓰레기)를 정리한다.

08 | 완성

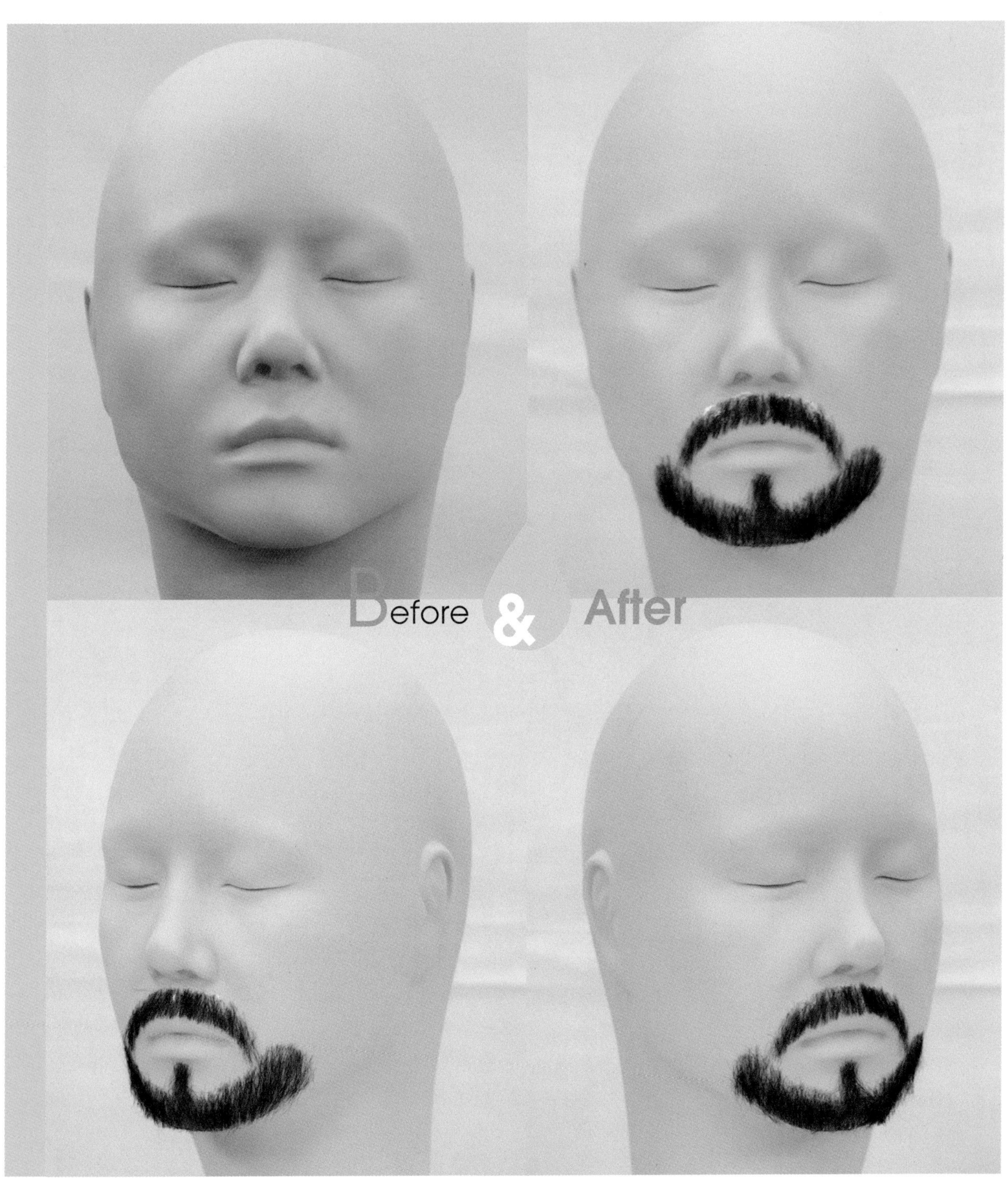

Make up

Make up

Part 5
부록

Eyebrow & 모양과 특징

01 기본형 눈썹

- 눈썹머리 : 콧방울에서 일직선이 되도록 한다.
- 눈썹산 : 눈썹꼬리로부터 1/3이 되는 지점이다.
- 눈썹꼬리 : 눈썹머리와 수평선상에 있도록 콧방울에서 눈꼬리를 지나는 45°가 되는 지점이다.
- 눈썹꼬리로 갈수록 점점 진하고 가늘어지도록 한다.
- 귀엽고 발랄한 느낌이 들며, 어느 얼굴형에나 잘 어울린다.

02 일자형 눈썹

- 여성과 남성 모두 잘 어울리는 형이다.
- 얼굴형이 넓어 보이는 효과가 있어 긴 얼굴형이나 폭이 좁은 얼굴형에 적합하다.
- 요즘 유행하는 눈썹으로 차분해 보이는 효과를 준다.

03 상승형 눈썹

- 끝으로 갈수록 점점 위로 상승하는 형이다.
- 야성적이고 활동적인 느낌을 준다.

04 아치형 눈썹

- 우아하고 여성적인 느낌을 준다.
- 역삼각형 얼굴이나 이마가 넓은 얼굴, 다이아몬드형 얼굴에 어울린다.

05 각진 눈썹

- 단정하고 지적인 인상을 준다.
- 둥근 얼굴형 또는 얼굴 길이가 짧은 경우에 어울린다.

웨딩(로맨틱) 메이크업

웨딩(클래식)
메이크업

바캉스 메이크업

그레타 가르보 메이크업

트위기 메이크업

펑크 메이크업

아이디어 표현하기

한국무용 메이크업

발레 메이크업

메이크업미용사 실기 한권으로 끝내기

개정2판1쇄 발행	2020년 06월 05일 (인쇄 2020년 04월 17일)
초 판 발 행	2018년 01월 05일 (인쇄 2017년 11월 28일)
발 행 인	박영일
책 임 편 집	이해욱
저 자	강경희 · 김송희 · 주현정 · 안옥진 · 김민호
편 집 진 행	윤진영 · 김미애
표지디자인	조혜령
본문디자인	조혜령
사 진 촬 영	박근혁
영 상 편 집	서강석
발 행 처	(주)시대고시기획
출 판 등 록	제10-1521호
주 소	서울시 마포구 큰우물로 75 [도화동 538 성지 B/D] 9F
전 화	1600-3600
팩 스	02-701-8823
홈 페 이 지	www.sidaegosi.com
I S B N	979-11-254-7145-5(13590)
정 가	22,000원

SH'MAKE-UP 지정교육

▶ **프로가 되기 위한**
강사 2회 프로젝트 강의 중!
(AM 10:00~PM 18:00)

"메이크업
국시를 위한
모든 재료
여기에"

모든 아티스트 강의를 할 수 있는 단 한번의 기회를 잡으세요!

교육문의 | 010-4743-4295

당신의 속눈썹을
보호해 드립니다.
성장케어 one grow care...
속눈썹모발의 성장주기에 따라 시술하며
눈매 디자인을 연출하는 우수업체 입니다..